Metalltechnik

Fachbildung
Technische Kommunikation

Jürgen Kaese
Wolfgang Rund

westermann

Zu diesem Buch kann ein Satz mit heraustrennbaren Arbeitsblättern DIN A4/A3 unter der Best.-Nr. **23 1123** bezogen werden.

Alle Ausgaben dieser Auflage können im Unterricht parallel verwendet werden.

1. Auflage, 2007

Redaktion: Dr. Steffen Decker, Martin Reinelt
Verlagsherstellung: Harald Kalkan
Layout/Zeichnungen: Sabine Fehmer, Grafik & Layout, Cremlingen
Druck und Bindung: westermann druck GmbH, Braunschweig

ISBN 978-3-14-**231122**-7

VORWORT

In 14 Kapiteln werden aufbauend auf die Grundbildung die Inhalte und Lernziele für die Fachbildung der industriellen Metallberufe und der handwerklichen Mechanikerberufe abgedeckt.

Die Lerninhalte werden an ausgewählten praxisorientierten Projekten vermittelt und dargestellt. Im Mittelpunkt stehen dabei einzelne Bauteile und Baugruppen eines zweistufigen Stirnrädergetriebes als komplexes technisches System. Fotos, Perspektiven und Explosionszeichnungen unterstützen den Lernprozess.

Zu diesem Schülerband gehört ein Band mit Arbeitsblättern. Die Arbeitsblätter bieten zur Vertiefung und Erweiterung zahlreiche, auf diesen Schülerband abgestimmte Aufgabenstellungen zum Auswerten und Erstellen technischer Unterlagen an.

Indem die technischen Unterlagen auf Arbeitshandlungen hin ausgewertet und erstellt werden, trägt das Unterrichtswerk dazu bei, berufliche Handlungskompetenz zu erwerben, um Arbeiten planen, durchführen, kontrollieren und bewerten zu können. Der Titel bereitet somit gezielt auf die Facharbeiterprüfung vor.

Die Verknüpfung informationstechnischer, technologischer und mathematischer Sachverhalte fördert den fächerübergreifenden Unterricht.

Die Sachverhalte sind verständlich geschrieben. Durch konsequente Anwendung von Aufzählungen, tabellarischen Darstellungen, kursiven Hervorhebungen und Verweisen auf die zugehörigen Abbildungen wird das selbständige Lernen unterstützt.

Farbig hervorgehobene Merksätze und Zusammenfassungen dienen dabei der schellen Orientierung und Wiederholung.

Auf die Darstellung umfangreicher Tabellenwerte, die in Tabellenbüchern nachgeschlagen werden können, wurde bewusst verzichtet. Im Text wird stattdessen die entsprechen Norm angegeben und durch ein besonderes Zeichen auf das Tabellenbuch verwiesen (→📖).

Durch das Nachschlagen von Informationen im Tabellenbuch soll zum selbständigen Arbeiten mit Informationsquellen angehalten werden.

Autoren und Verlag — Braunschweig 2007

INHALTSVERZEICHNIS

1 AXONOMETRISCHE DARSTELLUNGEN

2 ABWICKLUNGEN

3 BESONDERE BEARBEITUNGSFORMEN

4 TOLERANZANGABEN

5 OBERFLÄCHENKENNZEICHNUNG

6 GENORMTE FORMELEMENTE

7 KOORDINATENBEMASSUNG

8 GESAMT-ZEICHNUNGEN

INHALTSVERZEICHNIS

9 SCHWEISSGRUPPEN-ZEICHNUNGEN

10 ARBEITSPLÄNE

11 ELEKTROPNEUMATISCHE SCHALTPLÄNE

12 SPEICHERPROGRAMMIERBARE STEUERUNGEN

13 HYDRAULISCHE SCHALTPLÄNE

14 GRUNDLAGEN DER CAD-TECHNIK

1 AXONOMETRISCHE DARSTELLUNGEN

1.1 Räumliche Darstellungen

Bei der zeichnerischen Darstellung von Gegenständen erreicht man einen räumlichen Eindruck durch eine *axonometrische Darstellung* nach **DIN ISO 5456-3**. Unterschieden werden

- *isometrische Projektion* und
- *dimetrische Projektion*.

1.2 Isometrische Projektion

Die isometrische Projektion findet Anwendung, wenn an Gegenständen in allen drei Dimensionen (Länge, Breite, Höhe) Wesentliches gezeigt werden soll. Die Abmessungen für die jeweilige Dimension werden im *gleichen (iso) Maßstab* gezeichnet.

Hierbei werden die Dimensionen auf einem gedachten Koordinatensystem mit den Achsen *X*, *Y* und *Z* abgetragen. Die Z-Achse verläuft immer senkrecht, die X- und Y-Achsen haben jeweils einen Neigungswinkel von 30° zur Waagerechten (Abb. 1).

Die Lage der Gegenstände ist so zu wählen, dass sich eine gute Anschaulichkeit bzw. eine zweckbezogene Darstellung ergibt. Ein Beispiel hierfür ist die isometrische Darstellung des Werkzeuges *Richtspanner* (Abb. 2). Hier wird sowohl das Aussehen des Gegenstandes im zusammengebauten Zustand als auch der Fügefluss der Einzelteile für die Montage/Demontage illustriert. Das Erstellen solcher Anordnungspläne erfolgt hauptsächlich mit Hilfe der CAD-Technik (computerunterstütztes Zeichnen, Kapitel 14).

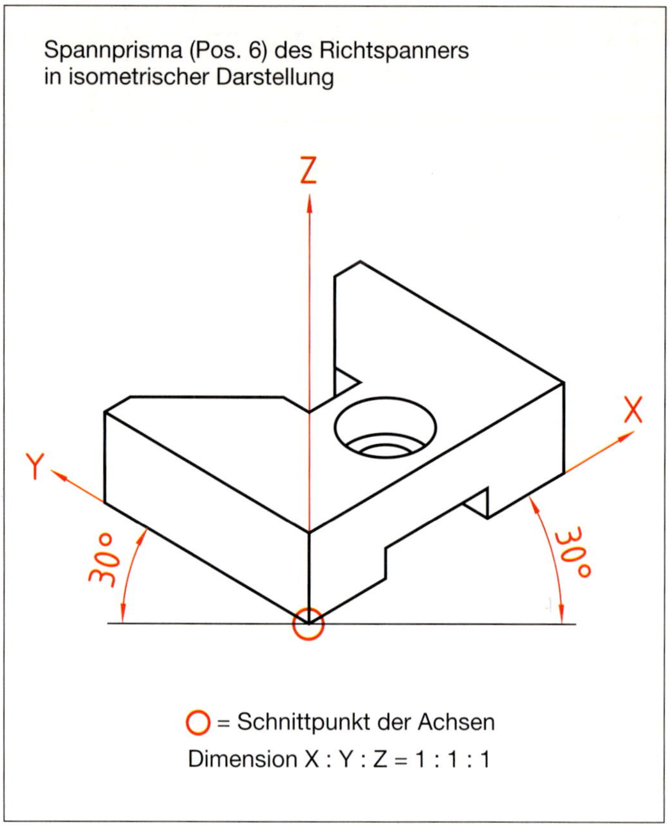

Abb. 1: Koordinatensystem für Isometrie

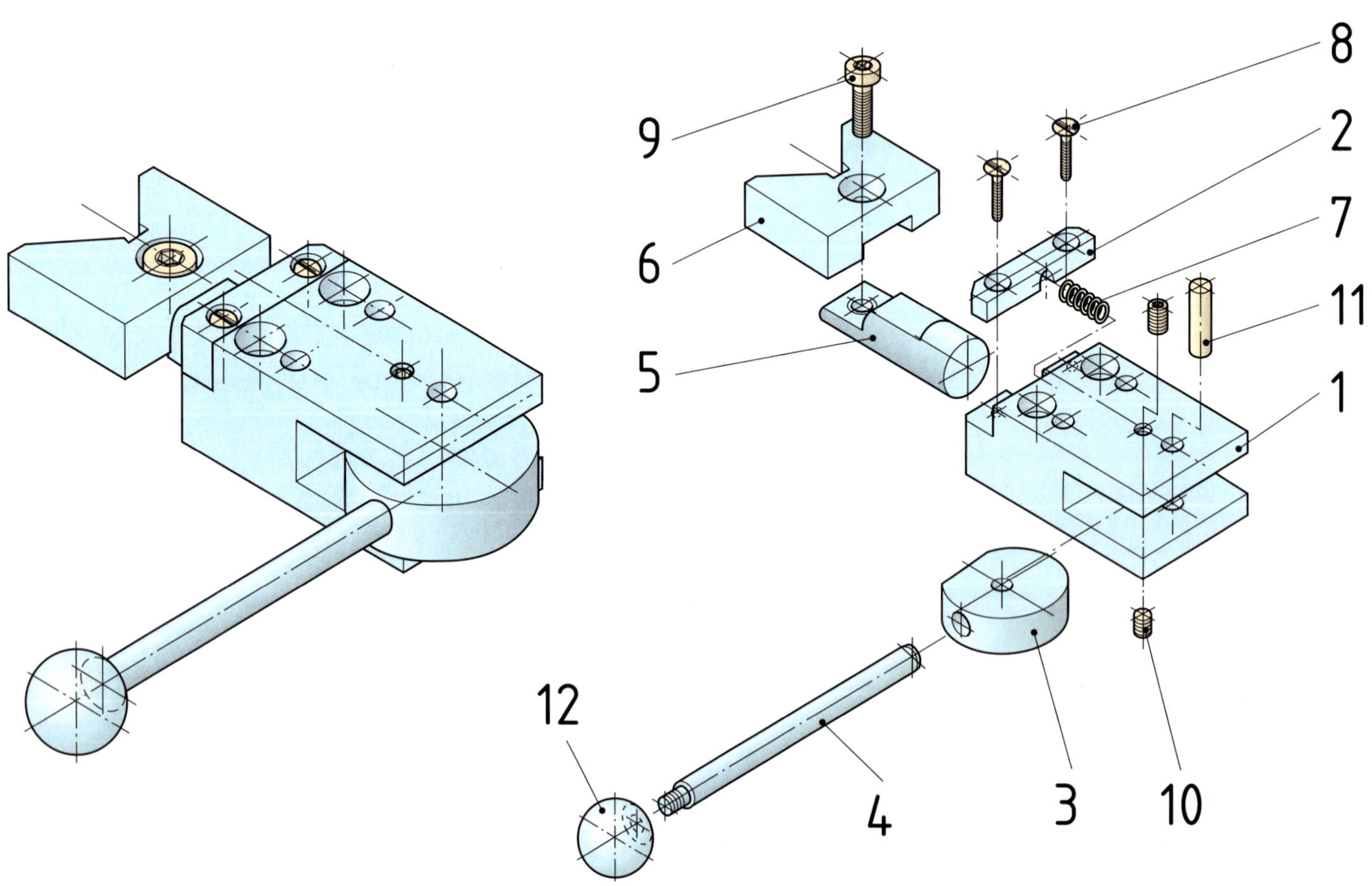

Abb. 2: Isometrische Darstellung

Zeichenschritte für ein prismatisches Werkstück (Abb. 4)

Das Spannprisma soll nach der Abb. 1 dargestellt werden. Als Arbeitsunterlage zur Erstellung der isometrischen Darstellung wird eine Teil-Zeichnung verwendet, aus der die Maße ermittelt werden können (Abb. 3).

① Zeichnen der Hüllform auf den Koordinatenachsen. Länge in X = 50, Länge in Y = 40, Länge in Z = 15. Zeichnen der Mittellinien auf der Deckfläche und der rechten Seitenfläche.

② Zeichnen der Nut 20 x 5. Zeichnen des Nutgrundes der Nut 10 x 20.

③ Länge der Nutkante (Maß x) aus der Teil-Zeichnung ermitteln oder berechnen und Kante einzeichnen. Markierungen für das Maß 40 der 90°-Nut abtragen und die schräg verlaufenden Kanten einzeichnen.

④ Mittelpunkt der Bohrung Ø 14 auf der Deckfläche der Hüllform kennzeichnen. Ellipse mit Hilfe einer dimetrischen Ellipsenschablone zeichnen.

⑤ Vom Mittelpunkt der Ellipse 6 nach unten eine weitere Mittelpunktsmarkierung für die Tiefe der Bohrung zeichnen. Ellipsenbögen für die Bohrungen Ø 14 und Ø 9 zeichnen.

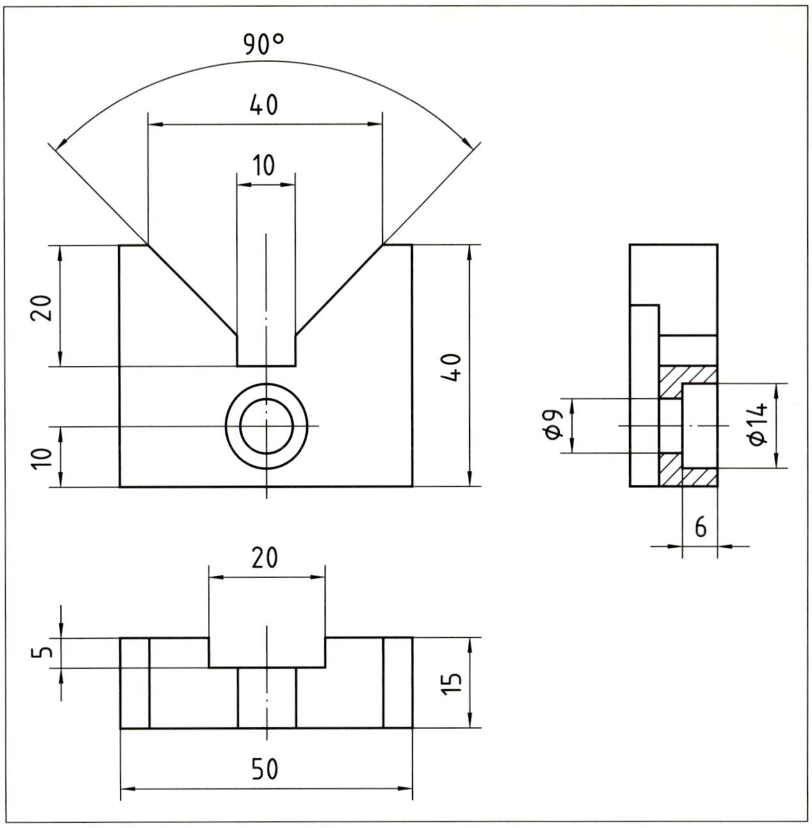

Abb. 3: Teil-Zeichnung Spannprisma

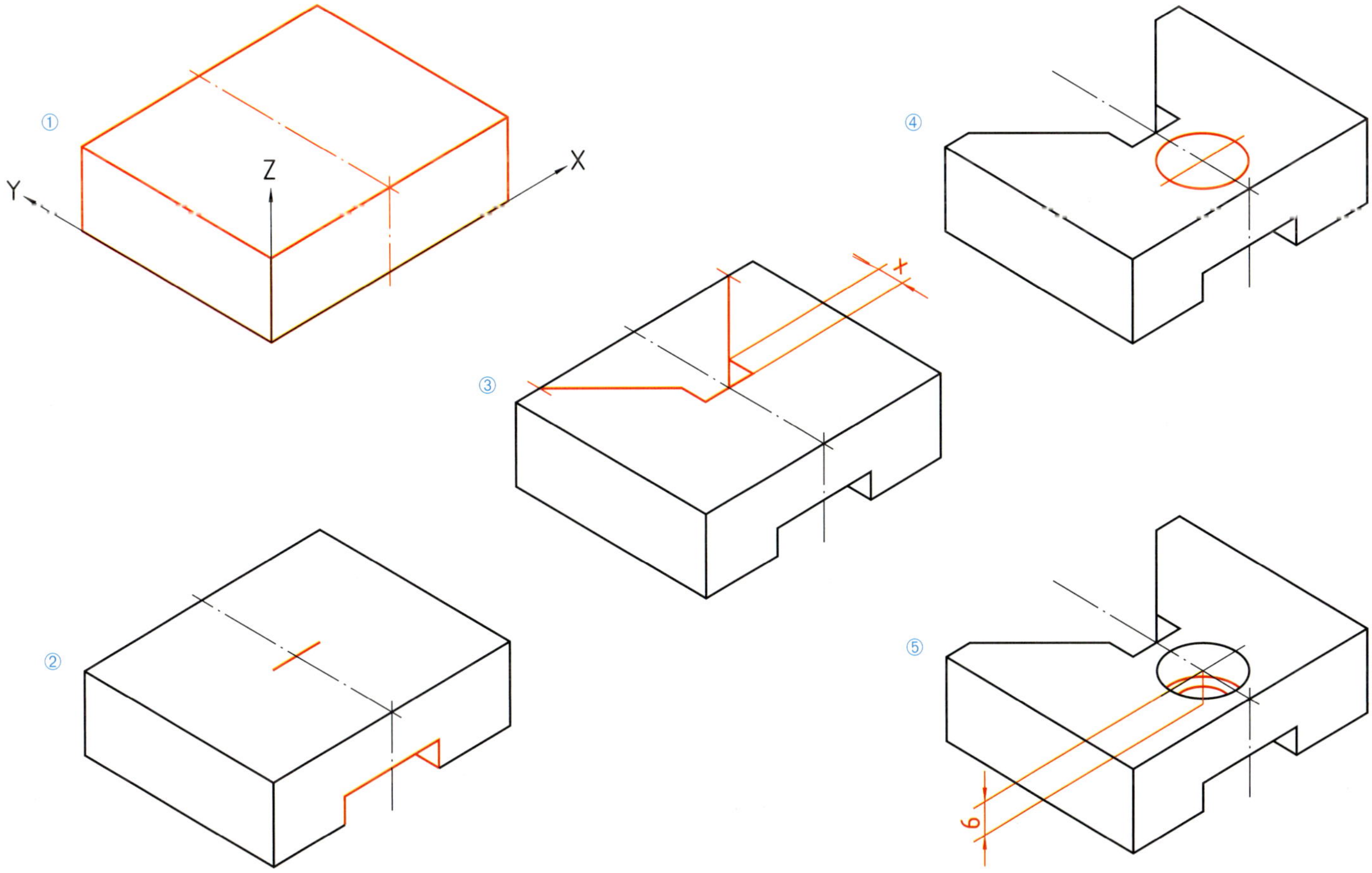

Abb. 4: Zeichenschritte zur isometrischen Darstellung

1 AXONOMETRISCHE DARSTELLUNGEN

Zeichenschritte für ein zylindrisches Werkstück (Abb. 2)

Der Spannbolzen (Pos. 5 des Richtspanners) soll isometrisch dargestellt werden. Als Arbeitsunterlage wird eine Teil-Zeichnung verwendet, aus der die Maße ermittelt werden können (Abb. 1).

① Mittelachse unter 30° in der Länge des Werkstücks zeichnen.

② Mittelachsen für jede Ausklinkungslänge zeichnen.

③ Ellipsen für den Außendurchmesser 22 mit Hilfe einer isometrischen Ellipsenschablone zeichnen.

④ An den Hüllformen der Ellipsen die jeweilige Ausklinkungstiefe abmessen.

⑤ Linien zur Begrenzung der ebenen Flächen zeichnen sowie mit Tangenten die Ellipsen verbinden.

⑥ Überflüssige Linien und Ellipsenbögen radieren.

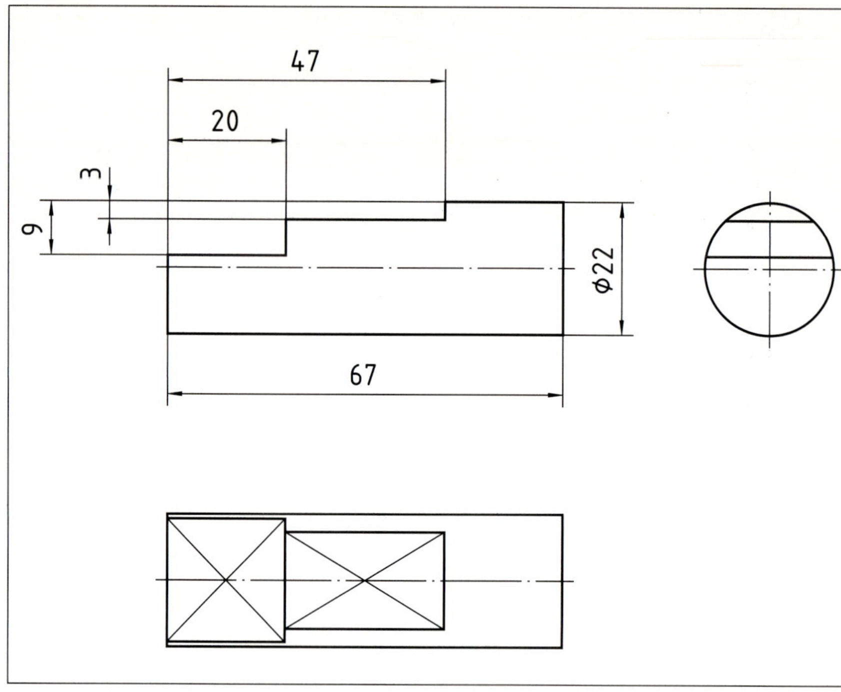

Abb. 1: Teil-Zeichnung Spannbolzen

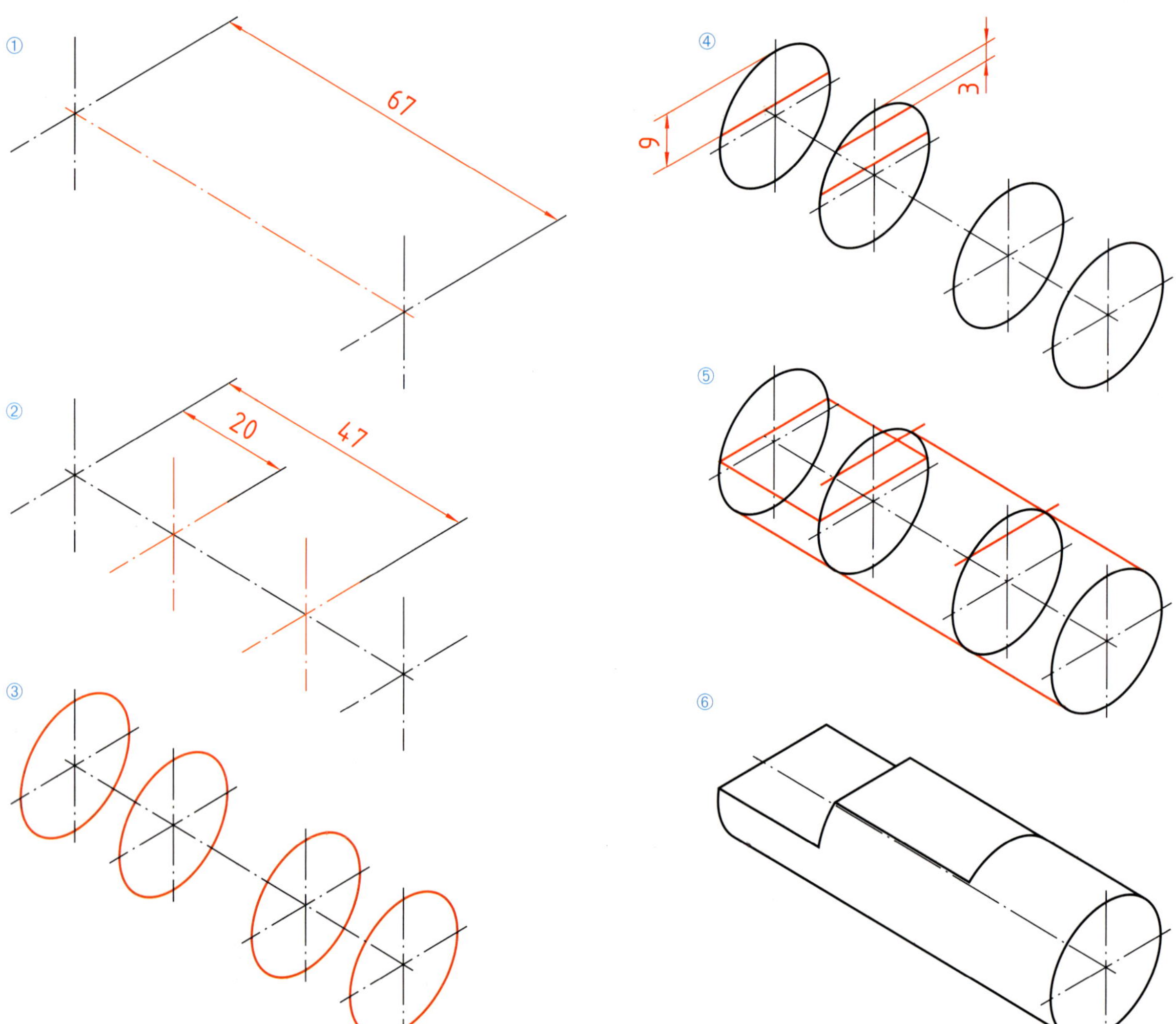

Abb. 2: Zeichenschritte zur isometrischen Darstellung

1.3 Dimetrische Projektion

Die dimetrische Projektion findet Anwendung, wenn an Gegenständen Wesentliches nur von vorne gezeigt werden soll. Die Abmessungen für die jeweilige Dimension (Länge, Breite, Höhe) werden in *zwei (di) verschiedenen Maßstäben* gezeichnet.

Hierbei werden die Dimensionen auf einem gedachten Koordinatensystem mit den Achsen *X*, *Y* und *Z* abgetragen. Die Z-Achse verläuft immer senkrecht, die X-Achse ist zur Horizontalen unter 42° geneigt und die Y-Achse unter 7°. Alle Dimensionen auf der X-Achse werden *um die Hälfte* verkürzt gezeichnet (Abb. 3).

Die manuelle Erstellung einer dimetrischen Projektion ist zeitaufwendiger, weil die Maße entsprechend umgerechnet werden müssen.

Müssen Ellipsen- bzw. Ellipsenbögen gezeichnet werden, geschieht dieses mit einer dimetrischen Ellipsenschablone.

Die Abb. 4 zeigt das Werkzeug *Richtspanner* ebenfalls als Anordnungsplan, jedoch in dimetrischer Darstellung.

Spannprisma (Pos. 6) des Richtspanners in dimetrischer Darstellung

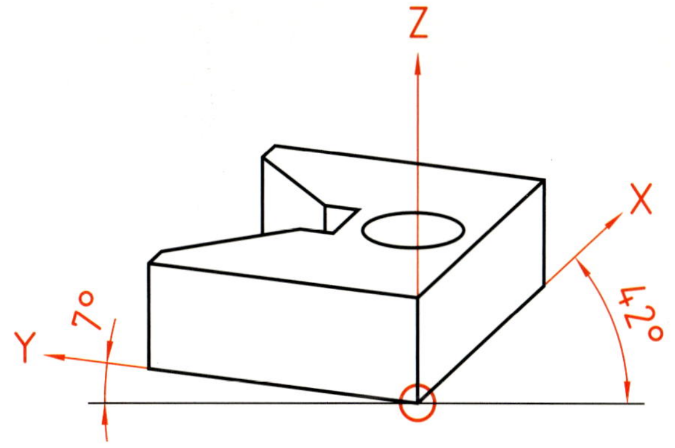

○ = Schnittpunkt der Achsen
Dimension X : Y : Z = 0,5 : 1 : 1

Abb. 3: Koordinatensystem für Dimetrie

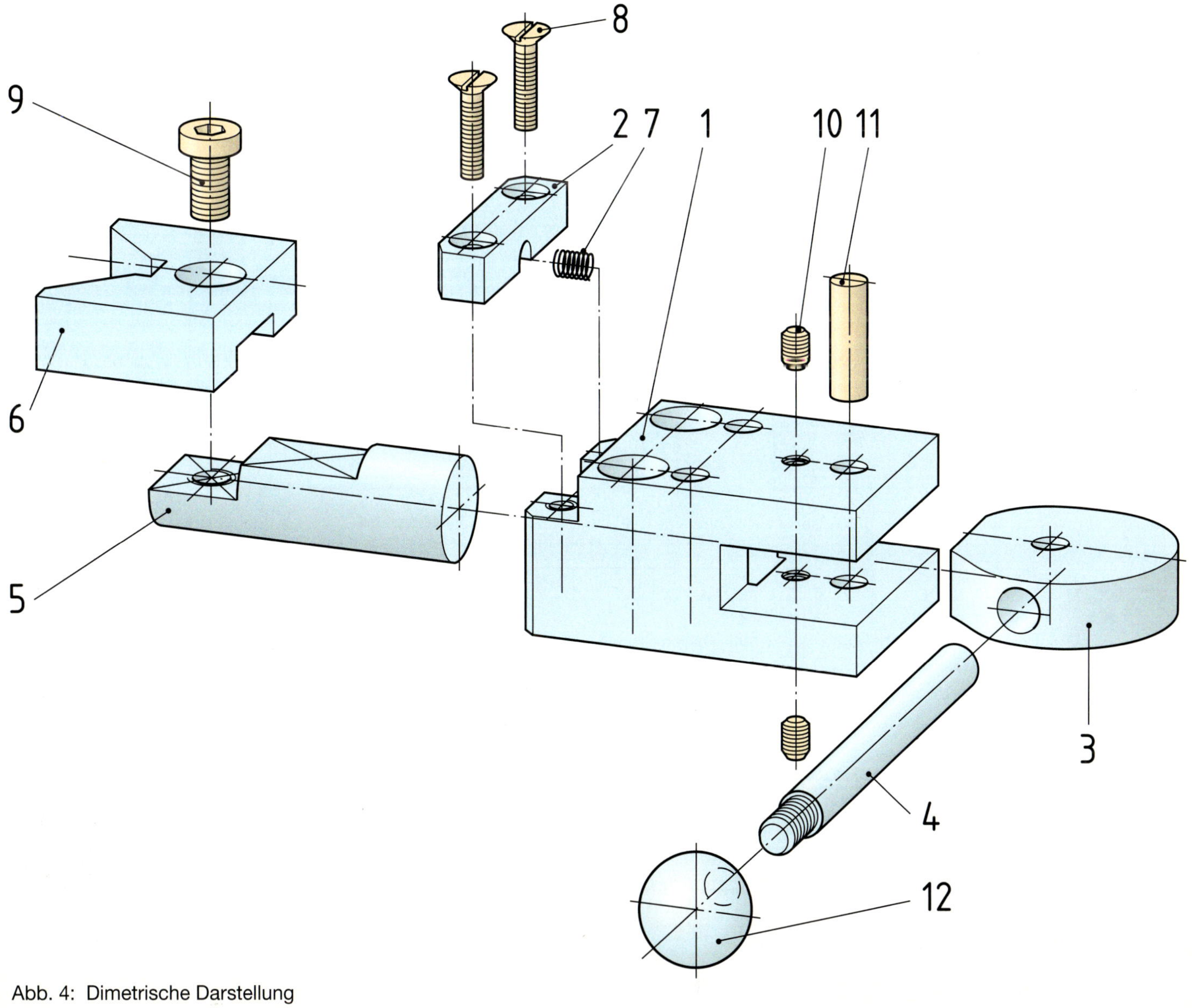

Abb. 4: Dimetrische Darstellung

Z. B. im Heizungs-, Lüftungs- oder Rohrleitungsbau werden Bleche durch Rollbiegen zu Hohlkörpern geformt. Gängige Hohlkörper sind Zylinder, Kegel, Übergangskörper oder prismatische Faltkörper.

Vor dem Rollbiegen muss eine *Abwicklung* des jeweiligen Körpers erstellt werden.

Abwicklung bedeutet, einen Hohlkörper mit seiner Mantelfläche in wahrer Größe in einer Ebene aufzuzeichnen bzw. anzureißen.

Die zeichnerische Darstellung von Abwicklungen erfolgt in *Zuschnittszeichnungen*. Dabei müssen sowohl zeichentechnische als auch mathematische Aufgaben gelöst werden.

2.1 Abwickeln zylinderförmiger Hohlkörper

Von dem Zylinder (1) der Abb. 1 soll eine Abwicklung erstellt werden. Die Hüllform einer Zylinderabwicklung ist immer ein Rechteck oder Quadrat. Die Maße der Hüllform entsprechen dem Zylinderumfang und der Zylinderhöhe. Die Arbeitsschritte zum Erstellen der Abbildung zeigt Abb. 2.

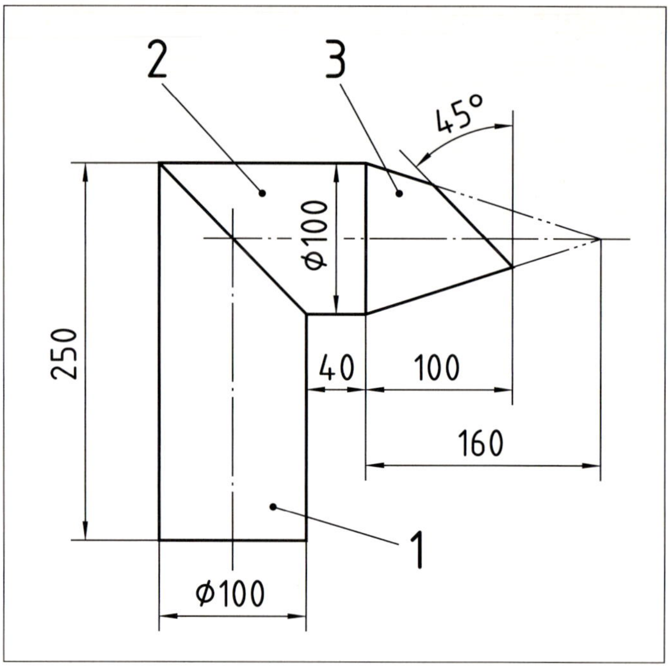

Abb. 1: Rechtwinkliger Hohlzylinder mit Hohlkegel

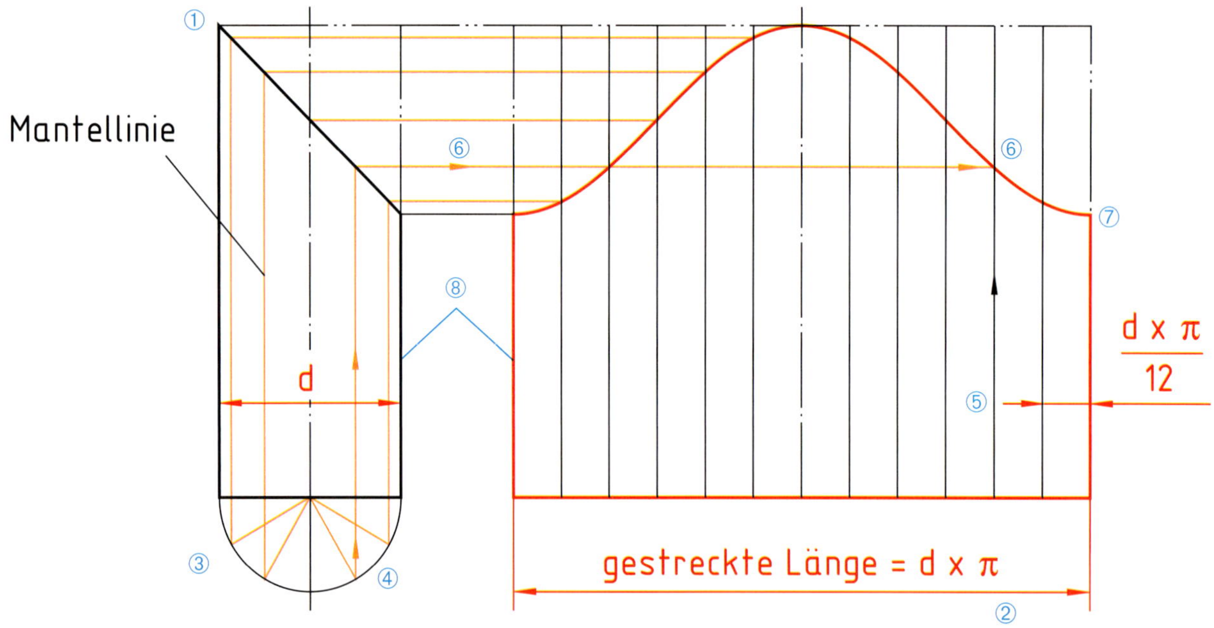

① Zylinder in der Ansicht zeichnen, in der der Schrägschnitt erkennbar ist.

② Gestreckte Länge des Zylinders berechnen und unter Berücksichtigung der Höhe die Hüllform der Abwicklung zeichnen.

③ Zeichnen eines Halbkreises unter die Zylinderansicht als Ersatz für die Draufsicht.

④ Halbkreis in sechs gleich große Teile teilen und durch die Teilungspunkte Mantellinien bis zum Schrägschnitt zeichnen.

⑤ Gestreckte Länge in 12 gleich große Teile teilen und Mantellinien zeichnen.

⑥ Hilfslinien von den Schnittpunkten des Schrägschnitts in beide symmetrische Hälften der Abwicklung zeichnen.

⑦ Zuschnittskurve mit Hilfe eines Kurvenlineals zeichnen.

Hinweis:

⑧ Zylindrische Hohlkörper werden im Regelfall an der kürzesten Mantellinie verbunden.

Abb. 2: Zeichnen einer Zylinderabwicklung

2.2 Abwickeln kegelförmiger Hohlkörper

Von dem Kegel (3) der Abb. 1 soll eine Abwicklung erstellt werden. Die Hüllform von kegelförmigen Hohlkörpern ist immer ein Kreissegment. Der Abwicklungsradius des Kreissegments entspricht der Seitenlänge des Kegels. Der Winkel des Kreissegments muss berechnet werden. Zur leichteren Erstellung der Abwicklung kann diese direkt an die Kegelansicht anschließen. Die zeichnerische Lösung erfolgt in 3 Abschnitten:

a) Zeichenschritte zum Erstellen der Hüllform (Abb. 3)

① Zeichnen des Kegels in der Ansicht, in der der Schrägschnitt zu erkennen ist.

② Zeichnen eines Halbkreises unter die Grundfläche des Kegels.

③ Halbkreis in sechs gleich große Teile teilen und von den Teilungspunkten Hilfslinien bis auf die Grundfläche des Kegels zeichnen.

④ Mantellinien von der Grundfläche des Kegels bis zu seiner Spitze zeichnen. Diese Mantellinien werden für das Zeichnen der Abwicklungskurve benötigt.

⑤ Hüllform der Abwicklung mit Radius = L zeichnen. Der Abwicklungswinkel kann nach folgender Formel berechnet werden:

$$\alpha = \frac{D \cdot 180°}{L}$$

⑥ Abwicklungswinkel α der Hüllform in 12 gleich große Teile teilen und Mantellinien von den Teilungspunkten bis zur Kegelspitze (Mittelpunkt Radius L) zeichnen.

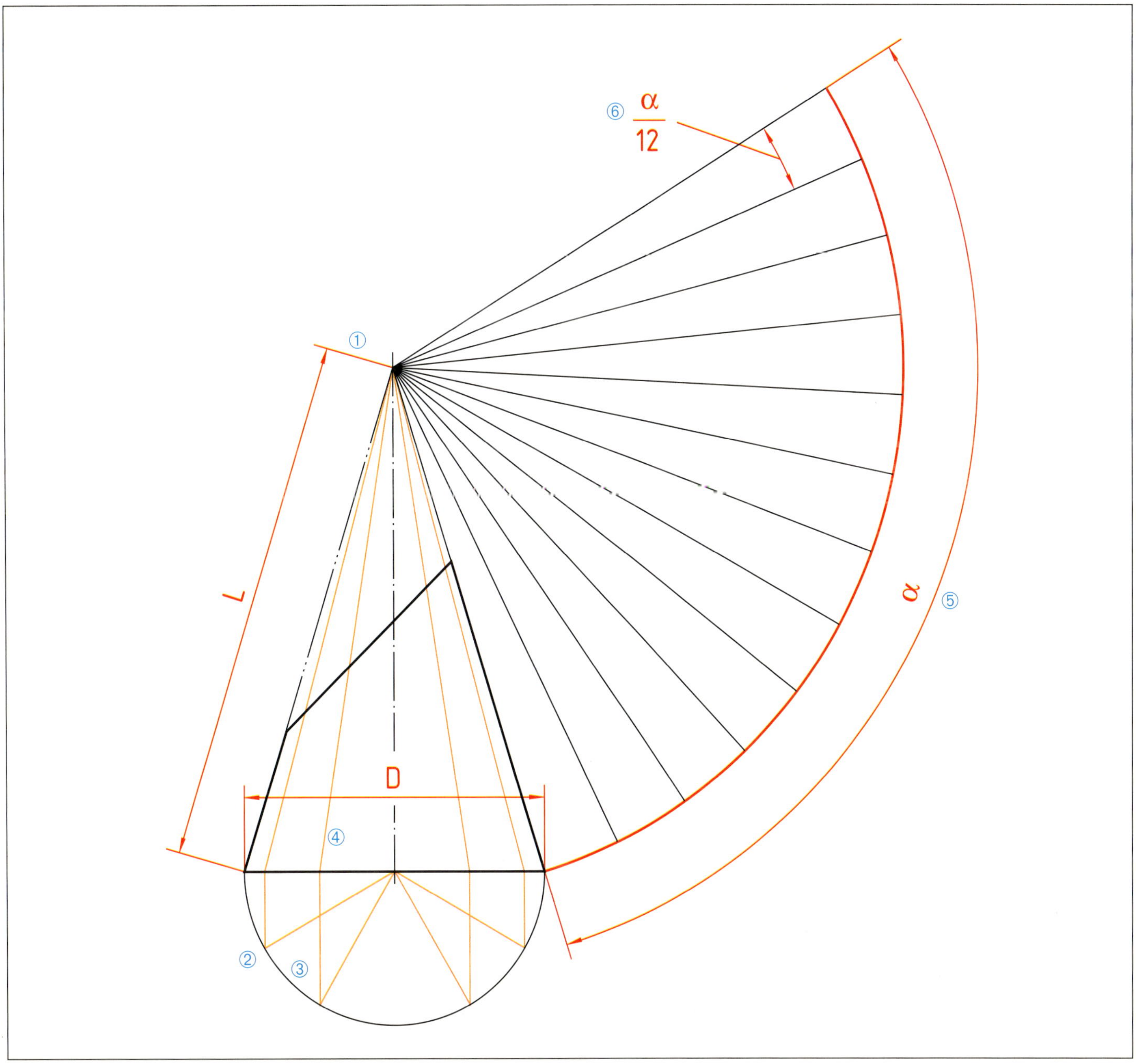

Abb. 3: Hüllform für Kegelabwicklung zeichnen

b) Ermitteln wahrer Längen (Abb. 1)

In der Abwicklung eines schräg geschnittenen Kegels entsteht immer eine Kurve, die mit Hilfe der eingezeichneten Mantellinien konstruiert werden kann. Die Mantellinien erscheinen jedoch nicht in wahrer Länge. Durch Projizieren einer Mantellinie in die rechtwinklige Betrachtungsebene (auf die Kegel-Außenlinie) kann die wahre Länge ermittelt werden.

c) Zeichenschritte zum Erstellen der Abwicklungskurve (Abb. 2)

① Teilungspunkte bzw. Mantellinien auf dem Halbkreis durchnummerieren, z. B. von 0 – 6. Danach die Nummerierung an die zugehörigen Mantellinien der Abwicklung übertragen.

② Schnittpunkt z. B. der Mantellinie 2 mit dem Schrägschnitt des Kegels auf die rechte Kegelaußenlinie projizieren.

③ Mit dem Zirkel in der Kegelspitze einstechen und den projizierten Punkt auf die Mantellinie 2 der Abwicklung übertragen. Diesen Punkt auch in die zweite Hälfte der symmetrischen Abwicklungsfläche übertragen.

④ Übrige Längen übertragen und Punkte mit einem Kurvenlineal verbinden.

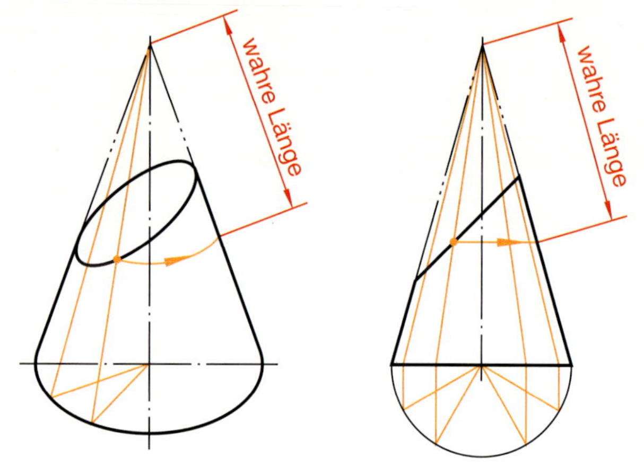

Der Schnittpunkt zwischen der Mantellinie und dem Schrägschnitt wird in die rechtwinklige Betrachtungsebene projiziert.

Abb. 1: Ermittlung wahrer Längen am Kegel

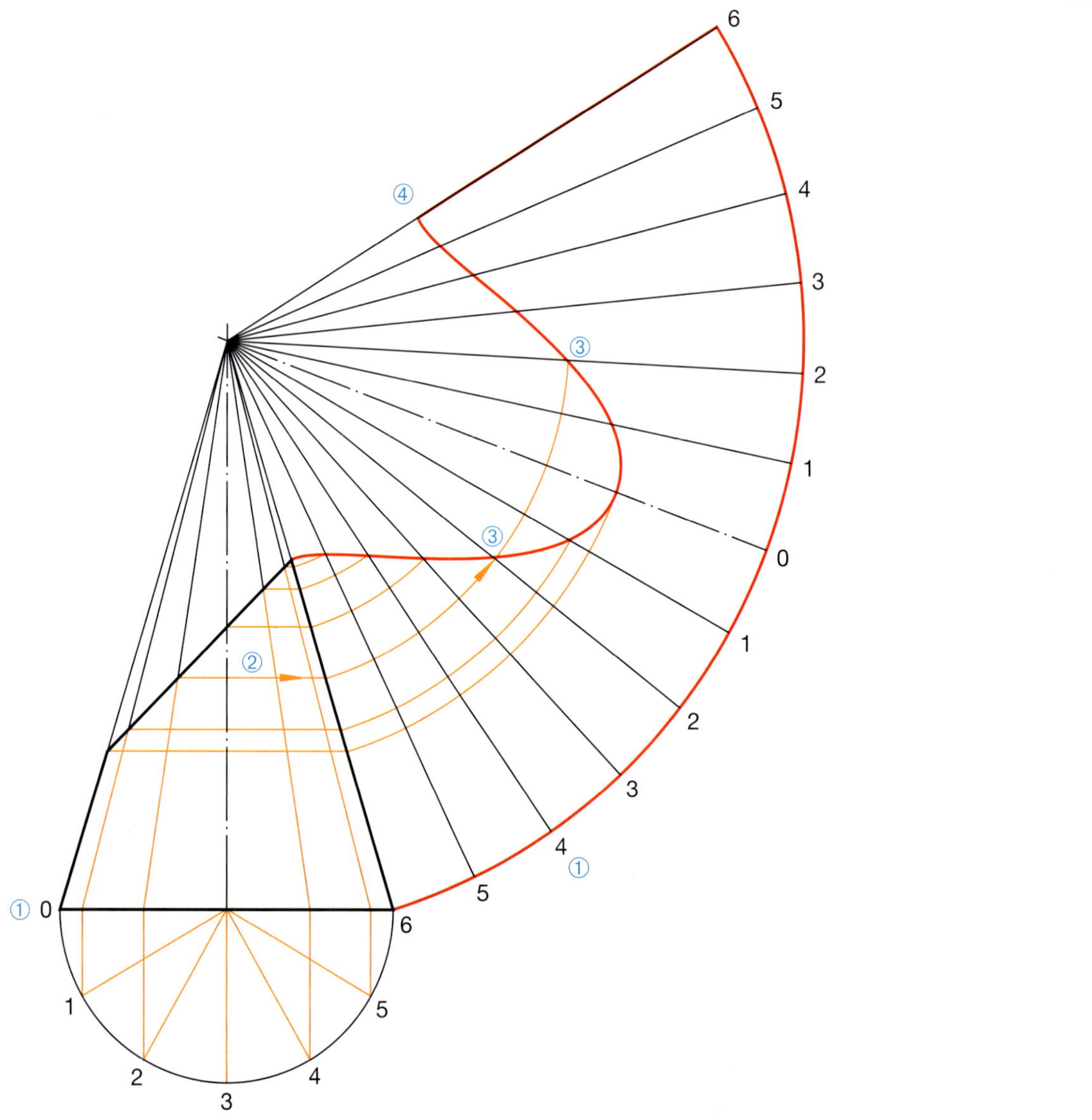

Abb. 2: Kurve für Kegelabwicklung zeichnen

2.3 Abwickeln von Übergangskörpern

Übergangskörper sind Hohlkörper, deren Anschlussquerschnitte in Form und Größe unterschiedlich sind. Sie dienen zur Verbindung unterschiedlicher Rohrquerschnitte, z. B. von einem rechteckigen auf einen runden Querschnitt. Die Abwicklung eines Übergangskörpers setzt sich aus ebenen und gekrümmten Dreiecksflächen zusammen (Abb. 3). Die gekrümmten Dreiecksflächen werden durch mehrmaliges Abkanten annähernd rund gefertigt. Zum Aufzeichnen der Abwicklung müssen die wahren Längen aller Dreiecksflächen ermittelt werden, da sich in den Ansichten keine Fläche in ihrer wahren Größe zeigt. Die zeichnerische Lösung erfolgt in 2 Abschnitten:

a) Zeichenschritte für die wahre Größe der ebenen Dreiecksfläche

Von dem Übergangskörper in der Abb. 3 soll eine symmetrische Hälfte als Abwicklung dargestellt werden. Dazu ist zunächst der runde Querschnitt in zwölf gleich große Teile zu teilen und durch die Teilungspunkte Mantellinien einzuzeichnen. Eine Nummerierung der Mantelllinien ist zweckmäßig. Danach sollte zuerst die ebene Dreiecksfläche in wahrer Größe gezeichnet werden (Abb. 4).

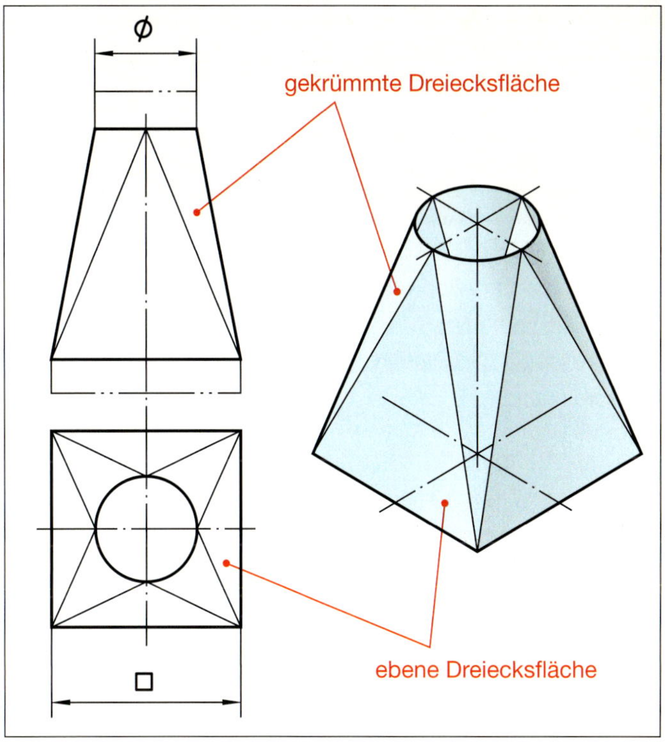

Abb. 3: Übergangskörper von einem rechteckigen auf einen runden Arbeitsquerschnitt

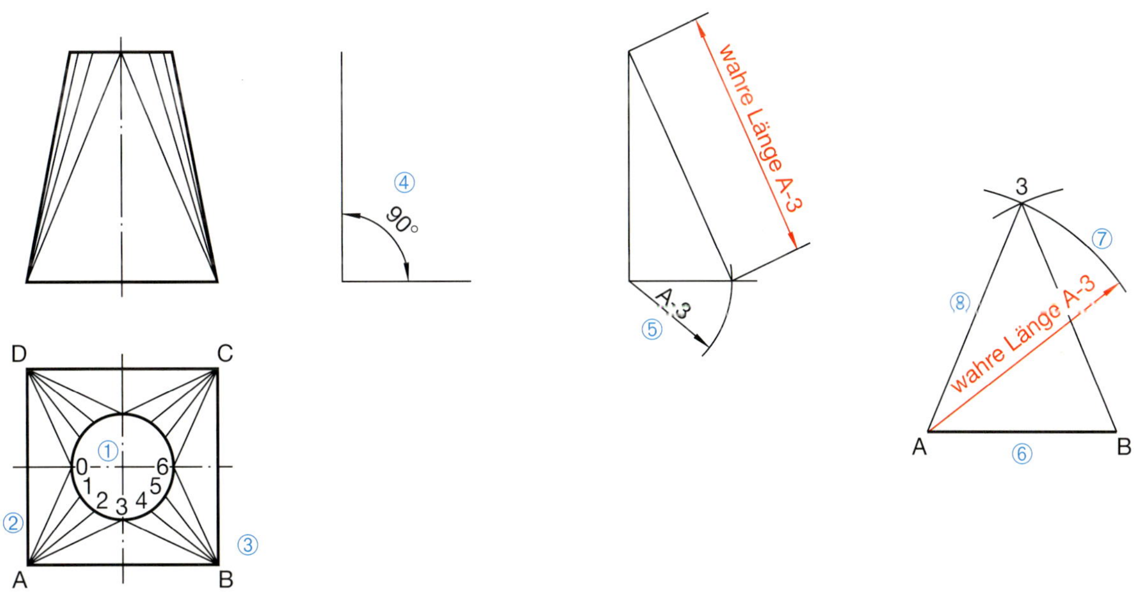

① Runden Querschnitt in sechs gleich große Teile teilen.

② Mantellinien (= Biegelinien) von den Teilungspunkten an die Ecken des rechteckigen Querschnitts zeichnen.

③ Eckpunkte und Teilungspunkte beschriften.

④ Neben die Vorderansicht einen rechten Winkel zeichnen. Die Höhe der Senkrechten entspricht der Höhe des Übergangskörpers. Die Länge der Waagerechten ist beliebig.

⑤ Länge A - 3 aus der Draufsicht mit dem Zirkel abgreifen und auf die Grundlinie des rechten Winkels übertragen.

⑥ Strecke A - B für die Abwicklung zeichnen.

⑦ Die Länge der Diagonalen im rechten Winkel mit dem Zirkel abgreifen und jeweils um A und B sich schneidende Kreisbögen zeichnen.

⑧ Mantellinien zur Begrenzung der Dreiecksfläche zeichnen.

Abb. 4: Zeichenschritte für die wahre Größe der ebenen Dreiecksfläche

b) Zeichenschritte für die wahre Größe der gekrümmten Dreiecksflächen

Die gekrümmte Dreiecksfläche wurde bereits durch Einzeichnen von Mantellinien in drei einzelne Dreiecksflächen unterteilt. Diese werden einzeln abgewickelt und aneinander gezeichnet. Dazu sind wieder wahre Längen von Mantellinien zu ermitteln. Alle Längen können mit dem Zirkel in den Ansichten abgegriffen und in die Abwicklung übertragen werden (Abb. 1).

Bei Übergangskörpern mit einem quadratischen auf einen runden Querschnitt haben bestimmte Mantellinien eine identische wahre Länge:

- wahre Länge *A-0* = *A-3*,
- wahre Länge *A-1* = *A-2*,
- wahre Länge *N-0* = Außenmantellinie der Vorderansicht.

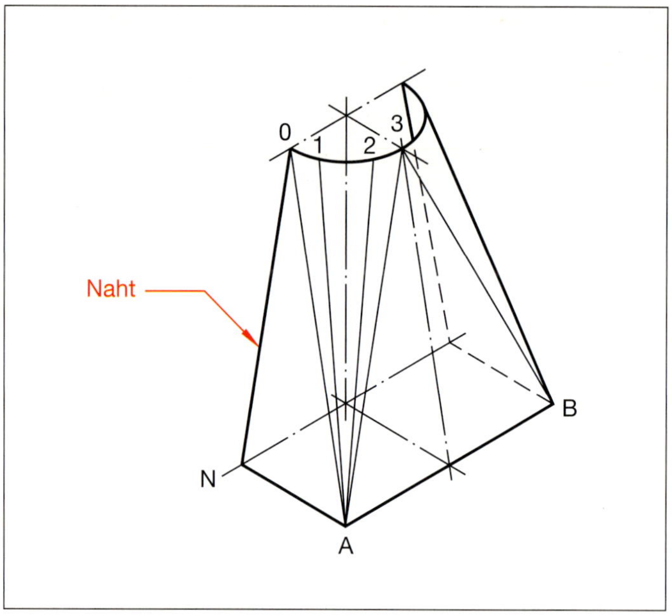

Abb. 2: Symmetrische Hälfte des Übergangskörpers

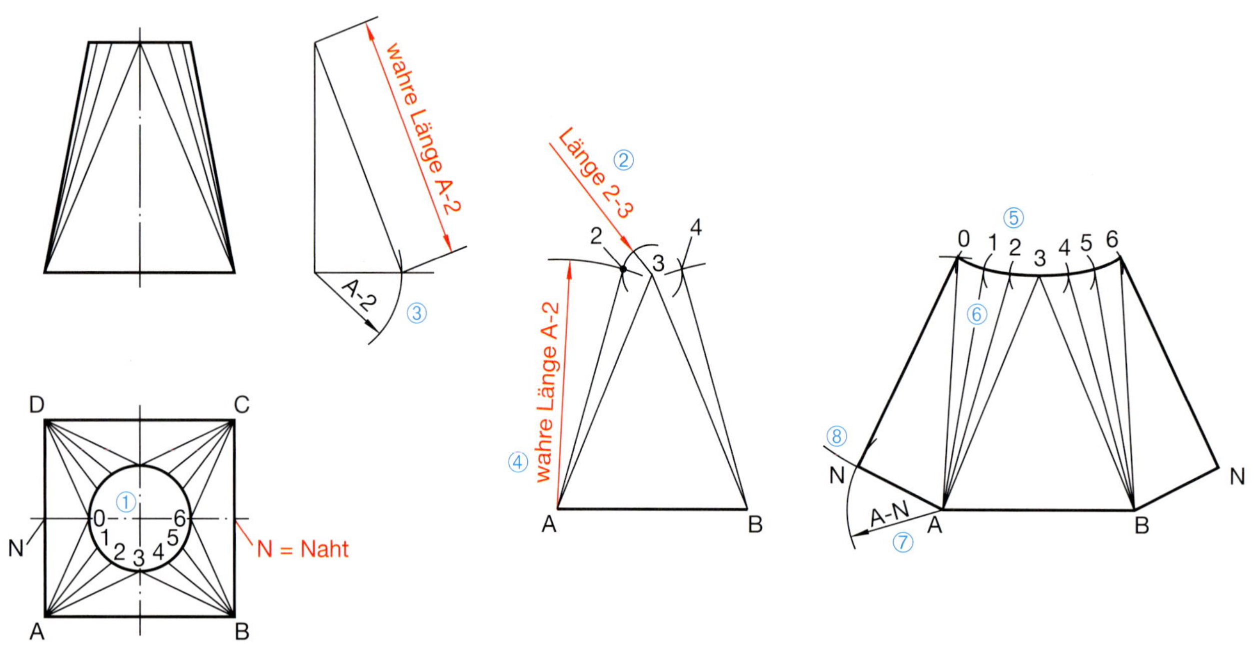

① Länge 2 - 3 in der Draufsicht mit dem Zirkel abgreifen.

② Mit der Länge 2 - 3 um die Spitze der ebenen Dreiecksfläche nach links und rechts je einen Kreisbogen zeichnen.

③ Wahre Länge der Mantellinie A - 2 ermitteln. Diese Länge ist mit der wahren Länge B - 4 identisch.

④ Die wahre Länge A - 2 in den Zirkel nehmen und in der Abwicklung jeweils um A und B einen Kreisbogen zeichnen. Diese müssen sich mit den Kreisbögen der Länge 2 - 3 bzw. 3 - 4 schneiden.

⑤ Länge 1 - 2 in den Zirkel nehmen und um Punkt 2 bzw. 4 einen Kreisbogen zeichnen.

⑥ Die wahre Länge A - 2 entspricht der wahren Länge A - 1 (symmetrische Formen). Deshalb mit A - 2 einen Kreisbogen um A und B zeichnen. Es entstehen die Schnittpunkte 1 und 5. Dieser Vorgang ist für die Punkte 0 und 6 zu wiederholen.

⑦ Kreisbogen mit der Länge A - N um A und B zeichnen.

⑧ Mit der wahren Länge 0 - N einen Kreisbogen um 0 und 6 zeichnen.

Abb. 1: Zeichenschritte für die gekrümmten Dreiecksflächen

2.4 Abwickeln pyramidenförmiger Hohlkörper

Der Belüftungsstutzen (Abb. 3) hat eine pyramidenförmige Grundform. Der obere und untere Anschlussquerschnitt ist jeweils rechteckig.

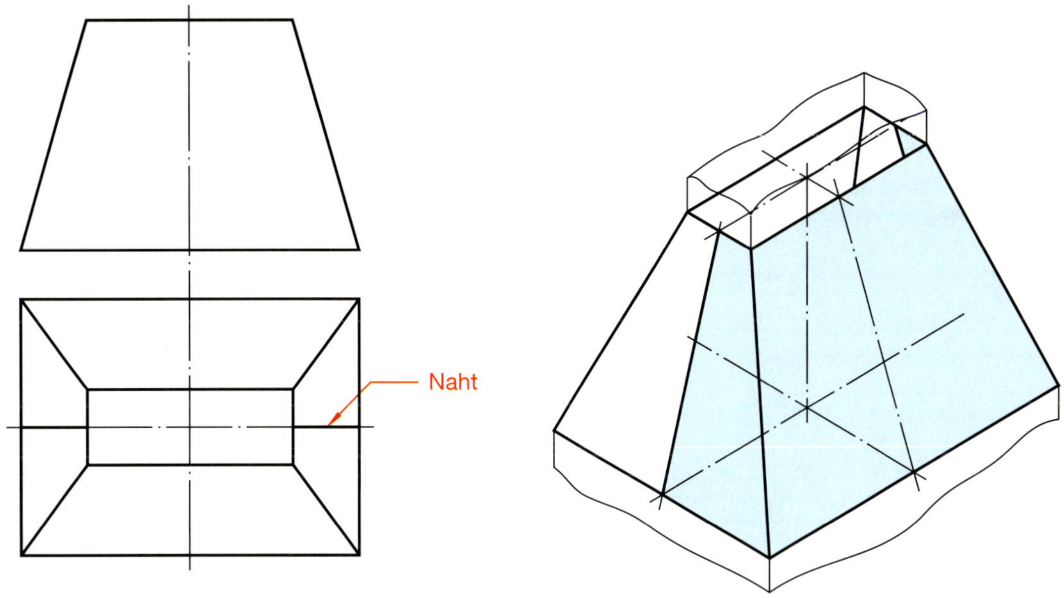

Abb. 3: Pyramidenförmiger Hohlkörper

Zur Konstruktion der Abwicklung muss die wahre Größe der trapezförmigen Seitenfläche ermittelt werden (Abb. 4). Die Abwicklung soll nur für eine symmetrische Hälfte erstellt werden.

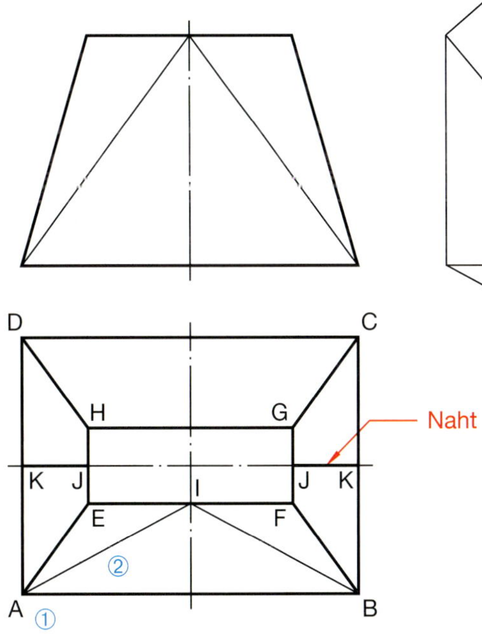

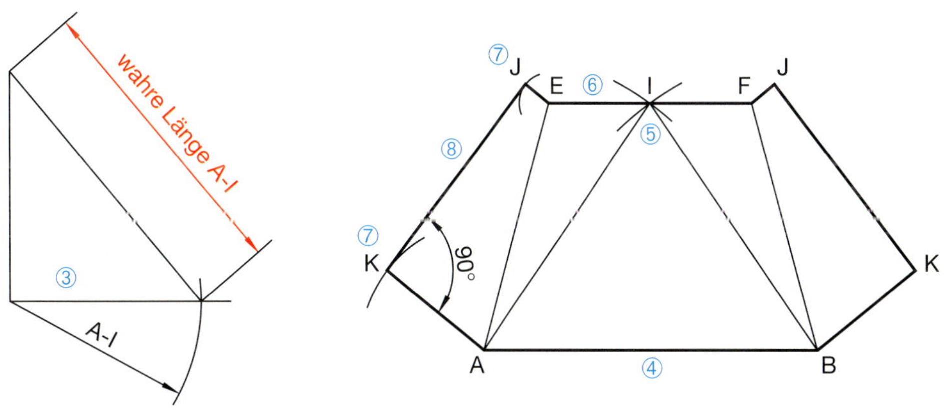

① Draufsicht beschriften.

② Mantellinien von A - I bzw. B - I zeichnen.

③ Rechten Winkel als Hilfsansicht neben die Vorderansicht zeichnen. Länge A - I in den Zirkel nehmen und auf die Waagerechte des rechten Winkels übertragen.

④ Grundlinie A - B für die Abwicklung zeichnen.

⑤ Mit der wahren Länge A - I jeweils um A und B einen Kreisbogen zeichnen. Es ensteht der Punkt I.

⑥ Durch I eine horizontale Linie mit der Länge E - F zeichnen. Endpunkte von E und F mit A bzw. B verbinden. Damit ist die trapezförmige Fläche der Abwicklung gezeichnet.

⑦ Um E Kreisbogen mit E - J und um A Kreisbogen mit A - K zeichnen.

⑧ Tangente J - K und Verbindungslinien E - J und A - K zeichnen.

Abb. 4: Abwickeln eines pyramidenförmigen Hohlkörpers

Werden an zylinder- und kegelförmigen Werkstücken Abschrägungen oder Bohrungen gefertigt, entstehen Flächen mit einer kurvenförmigen Begrenzung. Die Kurve muss – je nach Grundform des Werkstücks – nach einer bestimmten Methode konstruiert werden.

3.1 Bearbeitungsformen an zylindrischen Werkstücken

3.1.1 Abschrägungen

Abschrägungen an zylindrischen Werkstücken werden gefertigt, um diese z. B. winklig miteinander zu verbinden oder Kraftrichtungen und Wegeänderungen an Bauteilen zu bewirken (Abb. 1).

Jede Abschrägung an einem zylindrischen Werkstück ergibt eine ellipsenförmige Fläche.

In Teil-Zeichnungen wird die Ansicht mit der ellipsenförmigen Fläche oft nicht dargestellt, weil sie zur Fertigung nicht notwendig ist.

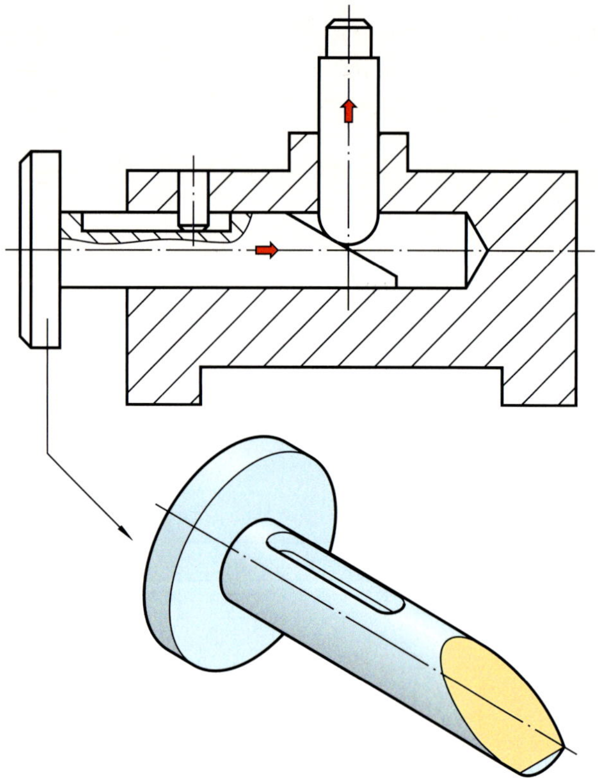

Abb. 1: Abschrägung am zylindrischen Werkstück

Zeichenschritte zur Konstruktion einer ellipsenförmigen Fläche (Abb. 2):

① Zeichnen der Ansicht, in der die Abschrägung zu sehen ist. Diese Ansicht wurde im Beispiel als Vorderansicht gewählt. Zeichnen der Umrisse für die Draufsicht.

② Zeichnen der Ansicht, in der die Kreisform des Zylinders zu sehen ist. Wird diese Ansicht nicht für eine Teil-Zeichnung benötigt, dient sie nur vorübergehend als Hilfsansicht zur Konstruktion der Ellipse.

③ Zeichnen einer 45°-Umlenklinie. Diese verläuft durch den Schnittpunkt der sich kreuzenden Mittellinien aus Draufsicht und Seitenansicht.

④ Zeichnen von mehreren Konstruktionslinien durch die Abschrägung bis auf den Durchmesser der Seitenansicht.

⑤ Projizieren der Schnittpunkte zwischen Konstruktionslinien und Zylinderdurchmesser über die 45°-Umlenklinie in die Draufsicht.

⑥ Projizieren der Schnittpunkte zwischen Abschrägung und den Konstruktionslinien in die Draufsicht. Die Schnittpunkte der vertikalen Konstruktionslinien mit den horizontalen Konstruktionslinien ergeben den Verlauf der Ellipse bzw. des Ellipsenbogens.

⑦ Ellipse bzw. Ellipsenbogen mit einem Kurvenlineal zeichnen.

⑧ Außenkanten des Rundprofils an der Stelle radieren, an der die Abschrägung in Blickrichtung der Draufsicht unter der Mittellinie verläuft.

⑨ Konstruktionslinien radieren.

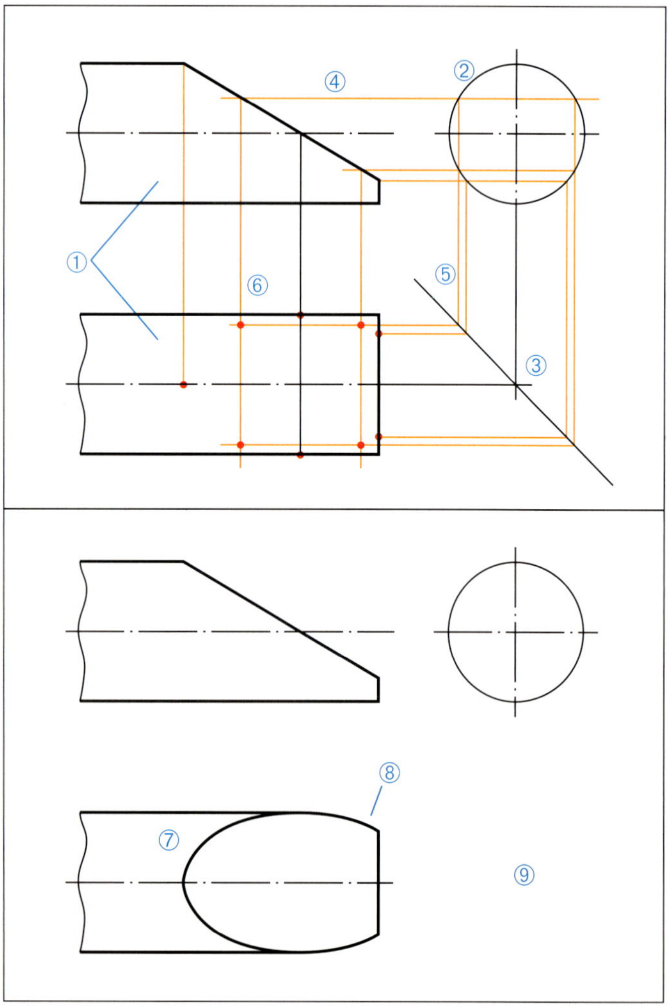

Abb. 2: Konstruktion einer ellipsenförmigen Schnittfläche

Abschrägung unter 45°

Verläuft die Abschrägung unter einem Winkel von 45° zur Zylinderachse, erscheint die elliptische Schnittfläche als Kreis. Dieser kann mit dem Zirkel gezeichnet werden (Abb. 3).

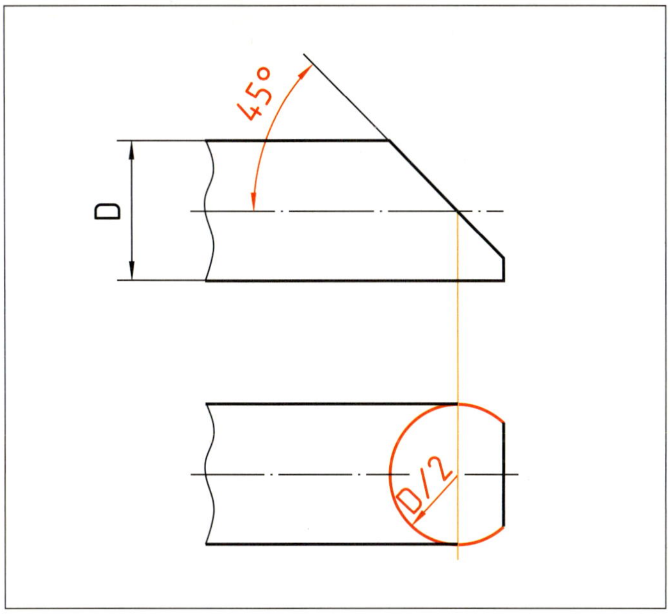

Abb. 3: Abschrägung unter 45°

Bemaßung von Abschrägungen

Abschrägungen am Zylinder werden meist durch die Angabe des Abschrägungswinkels und ein Lagemaß angegeben. Das Lagemaß gibt den Scheitelpunkt des Winkels an (Abb. 4). Die ellipsenförmige Fläche selber erhält keine Maße, da sich ihre Form und Größe durch Fertigung der Abschrägung ergibt.

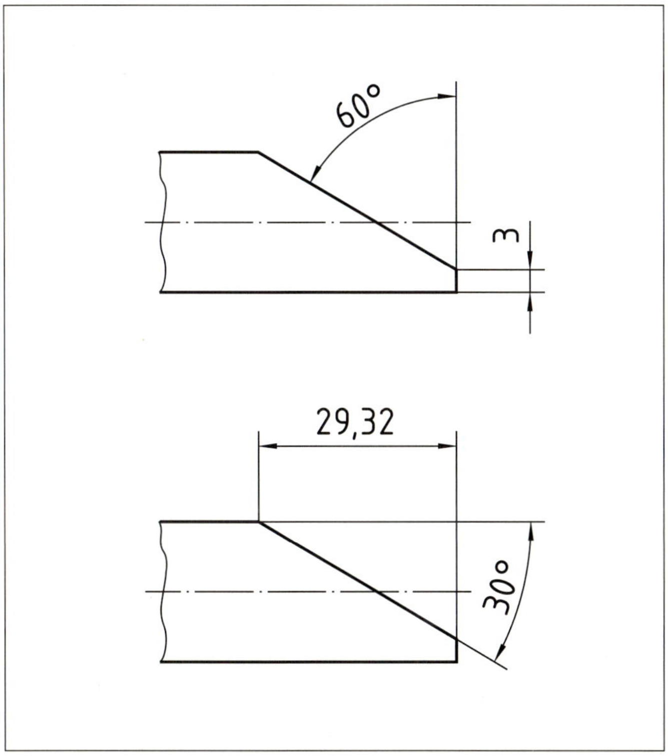

Abb. 4: Unterschiedliche Bemaßung von Abschrägungen

3.1.2 Bohrungsdurchdringungen

Kreuzen sich Bohrungen mit unterschiedlichen Durchmessern, entsteht im Durchdringungsbereich eine Kurve.

Zur Darstellung auf einer Teil-Zeichnung genügt ein Näherungsverfahren.

Zeichenschritte für eine Bohrungsdurchdringung (Abb. 5):

① Bohrungen mit sich kreuzenden Mittellinien zeichnen.

② Im Schnittpunkt der beiden Bohrungsmittellinien einen Hilfskreis mit dem Durchmesser der größeren Bohrung zeichnen.

③ Hilfslinie von der Kante der kleinen Bohrung auf den Hilfskreis der größeren Bohrung zeichnen.

④ Diesen Schnittpunkt mit einer Hilfslinie auf die Mittellinie der kleinen Bohrung projizieren. Der sich ergebende Schnittpunkt ist der tiefste Punkt der kurvenförmigen Begrenzungskante.

⑤ Kurve mit einem Kurvenlineal zeichnen.

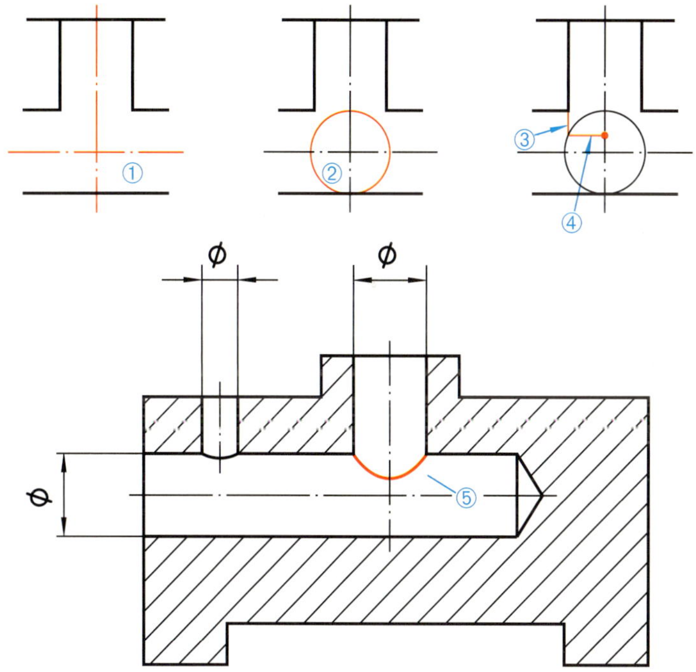

Abb. 5: Zeichnen von Bohrungsdurchdringungen

Haben beide Bohrungen einen gleichgroßen Durchmesser, erscheint die Durchdringung als gerade Kante (Abb. 6).

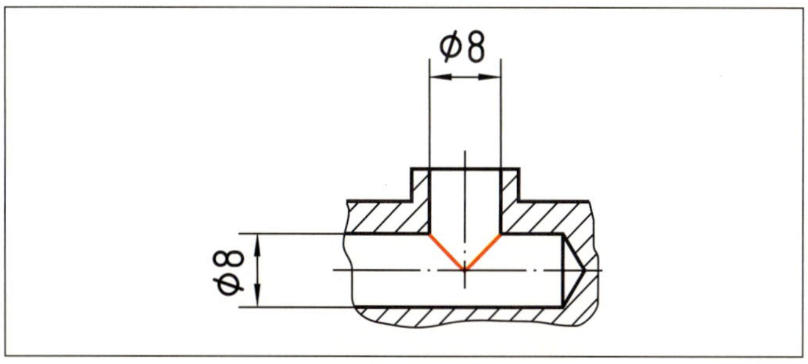

Abb. 6: Durchdringung gleichgroßer Bohrungen

3.2 Bearbeitungsformen an kegeligen Werkstücken

Kegelformen werden verwendet, um an Drehteilen Übergänge zwischen unterschiedlich großen Durchmessern zu schaffen. Kegelformen können auch genormt sein. Sie werden z. B. für Zentrierbohrungen, Zentrierspitzen, Kegelstifte oder Werkzeugschäfte verwendet.

3.2.1 Achsparallele Bearbeitungsflächen

Die Abb. 1 zeigt das Werkstück *Spanneinsatz*. Dieses hat einen langen genormten Kegelschaft zum Einsatz in einer Werkzeugmaschine und eine nicht genormte Kegelform am zylindrischen Grundkörper.

In der Seitenansicht des Werkstücks ist erkennbar, dass der zylindrische Grundkörper mit dem Kegelansatz parallel zur Drehachse beidseitig abgefräst wurde. Dadurch entstehen am Zylinder ebene Flächen mit geraden Kanten und am Kegel Flächen mit einer kurvenförmigen Begrenzung. Diese muss nach einer bestimmten Methode konstruiert werden.

*Schnittflächen, die parallel zur Kegelachse verlaufen, lassen eine Begrenzungsfläche mit einer Kurve entstehen. Diese wird als **Hyperbel** bezeichnet.*
Schnittflächen rechtwinklig zur Kegelachse erzeugen eine kreisförmige Begrenzungsfläche.

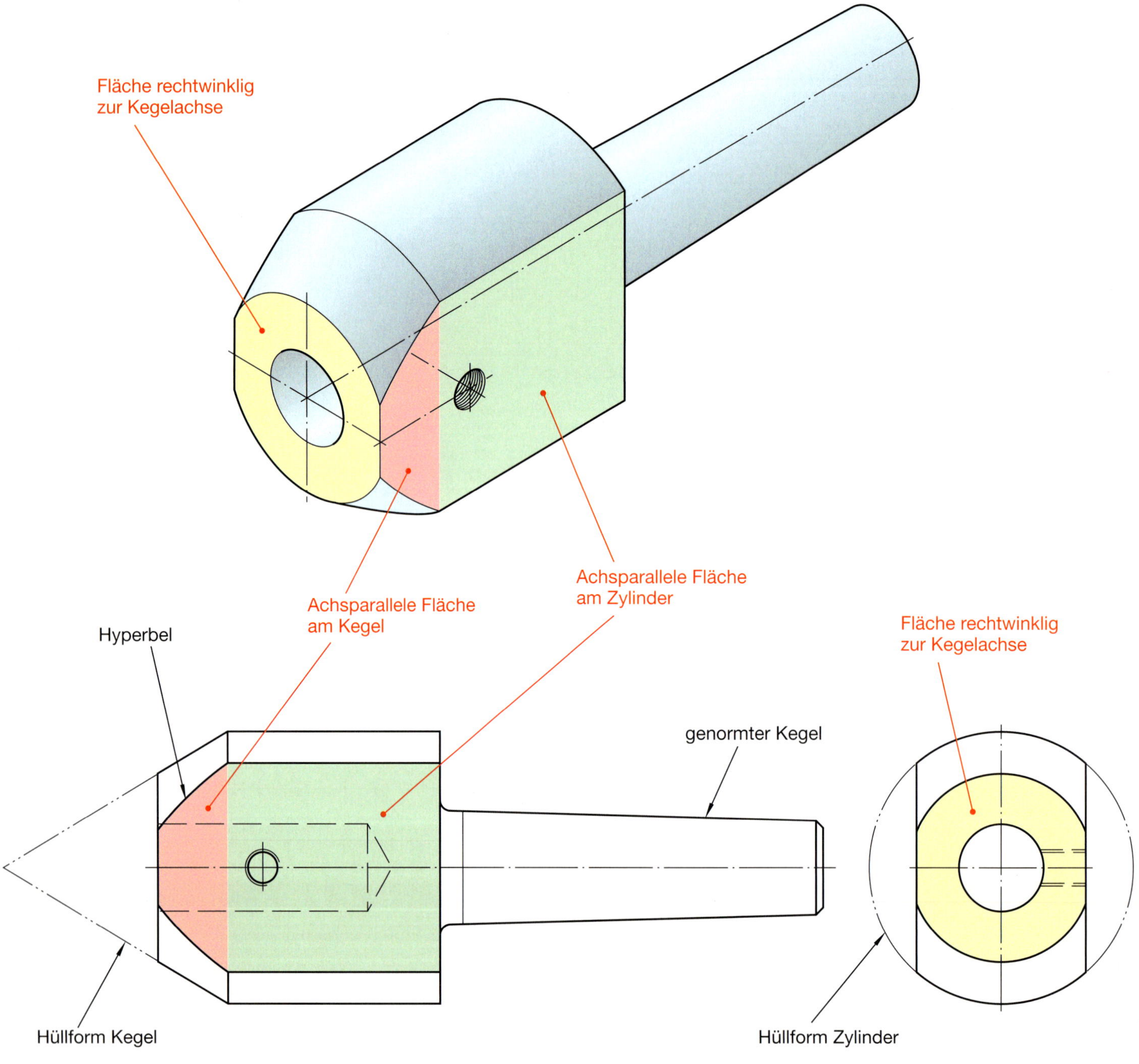

Abb. 1: Bearbeitungsformen am Kegel

Zeichenschritte zur Konstruktion eines achsparallelen Kegelschnitts (Abb. 3):

① Hüllform des Werkstücks, insbesondere des Kegels, in den erforderlichen Ansichten zeichnen.

② Start- und Endpunkt des Kurvenverlaufs durch Projizieren von Hilfslinien bestimmen.

③ In der Ansicht, in der die Neigung des Kegels zu sehen ist, eine Hilfslinie rechtwinklig zur Kegelachse zeichnen. Den Schnittpunkt mit der Kegelaußenlinie in die Ansicht projizieren, in der die Kreisform erkennbar ist. Die Projizierung erfolgt bis auf die Mittelachse, so dass ein neuer Schnittpunkt entsteht.

④ Diesen Schnittpunkt mit dem Zirkel auf die Außenkante der Schnittfläche projizieren, so dass ein neuer Schnittpunkt entsteht. Diesen bis auf die senkrechte Hilfslinie in der Vorderansicht projizieren. Der neue Punkt ist ein Zwischenpunkt für den Kurvenverlauf.

⑤ Gefundenen Punkt in die untere Hälfte der Ansicht übertragen. Kurven mit einem Kurvenlineal zeichnen.

⑥ Zeichnen der umlaufenden Kanten für den großen Kegeldurchmesser und Zeichnen der Begrenzungskanten für die Schnittfläche am Zylinder.

3.2.2 Neigungsparallele Bearbeitungsflächen

*Schnittflächen, die parallel zur Kegelneigung verlaufen, lassen eine Begrenzungsfläche mit einer Kurve entstehen. Diese wird als **Parabel** bezeichnet.*

Die Konstruktion (Abb. 2) erfolgt nach dem Grundprinzip wie in der Abb. 3 gezeigt.

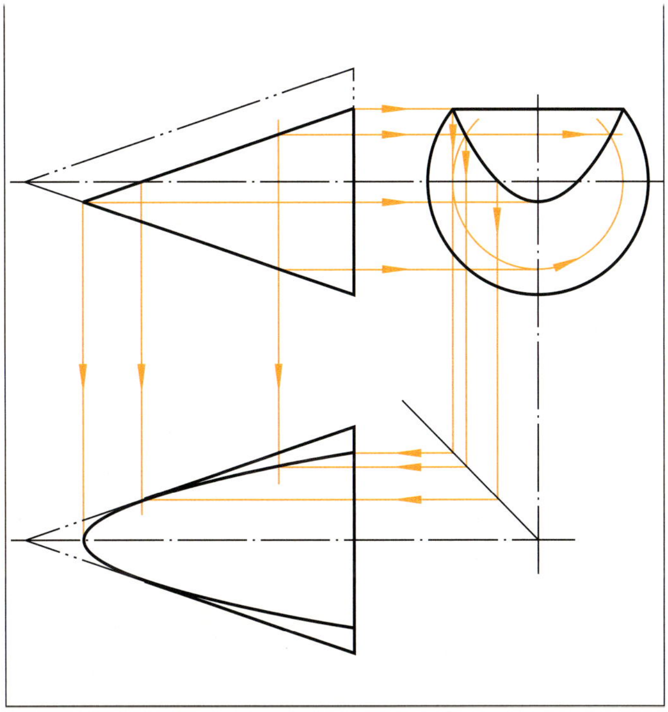

Abb. 2: Parabelkonstruktion

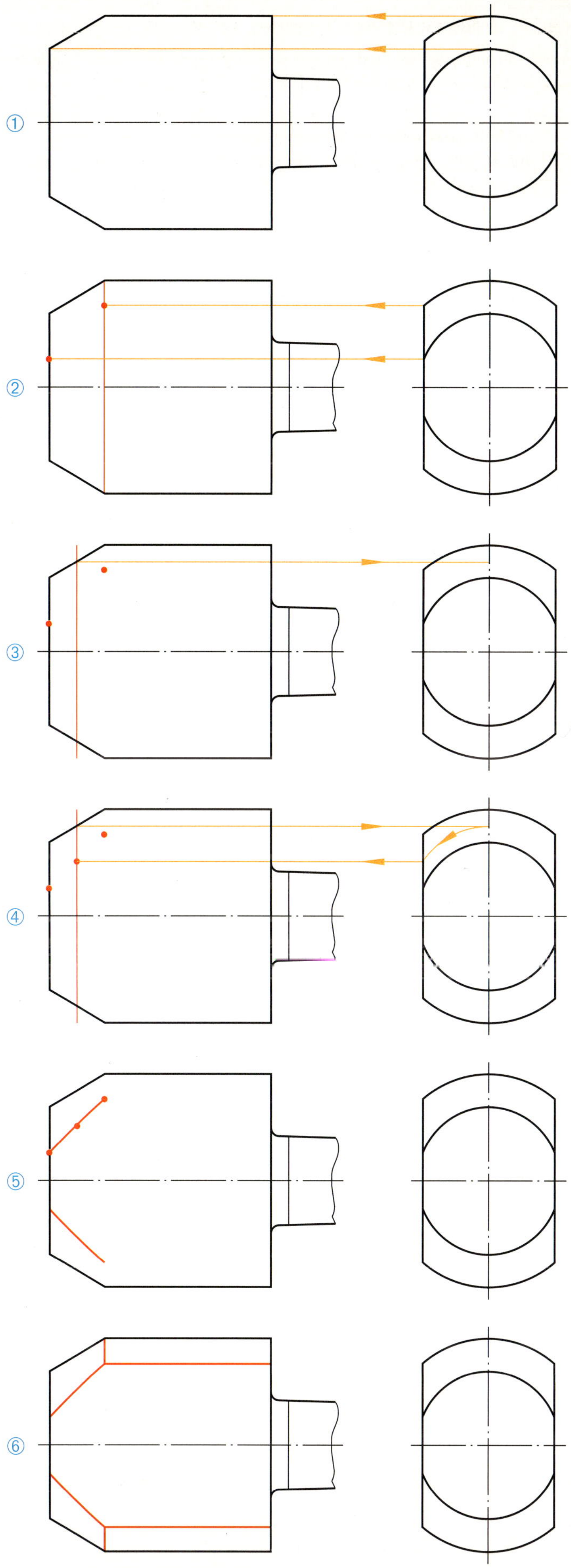

Abb. 3: Hyperbelkonstruktion

3.2.3 Bemaßung von Kegeln

Die Bemaßung von Kegeln muss die geforderte Genauigkeit der Kegelform berücksichtigen.

Kegel mit besonderen Anforderungen

Kegel, die eine besondere Funktion erfüllen (z. B. Formschluss mit einer kegelförmigen Bohrung), werden nach **DIN ISO 3040** bemaßt (Abb. 1).

Zur Bemaßung des Kegels gehören mindestens:

① Größter Kegeldurchmesser,

② Länge des Kegels,

③ Winkel $\alpha/2$ in runden Klammern als Hilfsmaß,

④ Kegelverjüngung 1 : *x* mit einem Kegelsymbol.

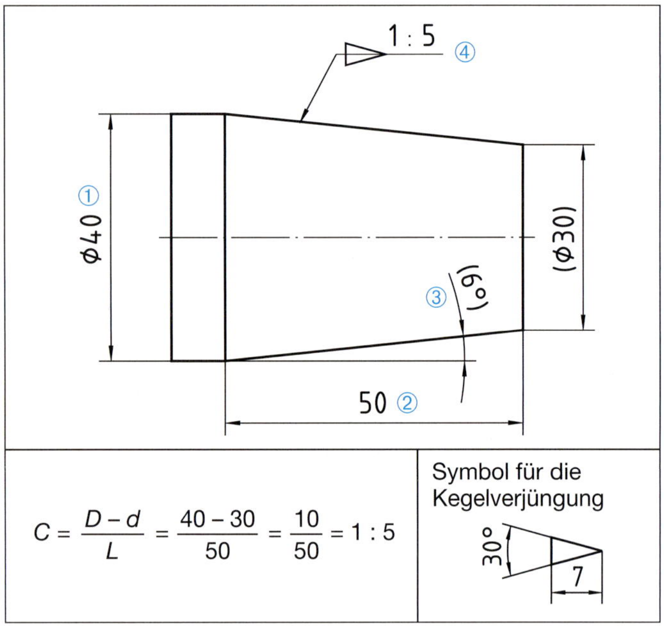

$$C = \frac{D - d}{L} = \frac{40 - 30}{50} = \frac{10}{50} = 1 : 5$$

Abb. 1: Kegelbemaßung nach DIN ISO 3040

Die Kegelverjüngung ist der Verhältniswert aus der Differenz von zwei Kegeldurchmessern (D und d) und deren Abstand (L).

Kegelverjüngung $C = \frac{D - d}{L}$

Das Kegelsymbol ist ein gleichseitiges Dreieck, dessen Spitze in Richtung der Kegelverjüngung zeigt. Es ist mit einer abgewinkelten Hinweislinie über dem Kegel und parallel zur Kegelachse anzuordnen. Der Verhältniswert wird rechts neben dem Symbol eingetragen (④).

Kegel für Werkzeuge bzw. Werkzeugmaschinen sind nach **DIN 228** genormt und danach zu bemaßen (Abb. 2). Ein Werkzeug-Kegelschaft zur Aufnahme in einer Kegelhülse trägt die Bezeichnung *Morsekegel* (MK). Statt der Kegelverjüngung wird das Kegelsymbol mit der Angabe der DIN und der Kegelform (z. B. DIN 228 – MK – A4) angegeben (⑤). Zusätzliche Maße sind der größte Kegeldurchmesser (⑥) und die Kegellänge (⑦).

Kegel ohne besondere Anforderungen

Spanlos hergestellte Kegel oder kegelförmige Übergänge an zylindrischen Werkstücken ohne besondere Anforderungen an die Funktion (Abb. 2), werden mit dem großen Kegeldurchmesser, Kegellänge und mit dem Kegelwinkel bemaßt (⑧). Das Winkelmaß ist z. B. für das Fertigungsverfahren Drehen zweckmäßig. Für spanlos hergestellte Kegel kann das Winkelmaß entfallen. Dafür wird dann der kleine Kegeldurchmesser angegeben.

Wird der kleine Kegeldurchmesser zusätzlich zum Kegelwinkel angegeben, ist die Maßzahl des kleinen Durchmessers in runde Klammern zu setzen (⑨).

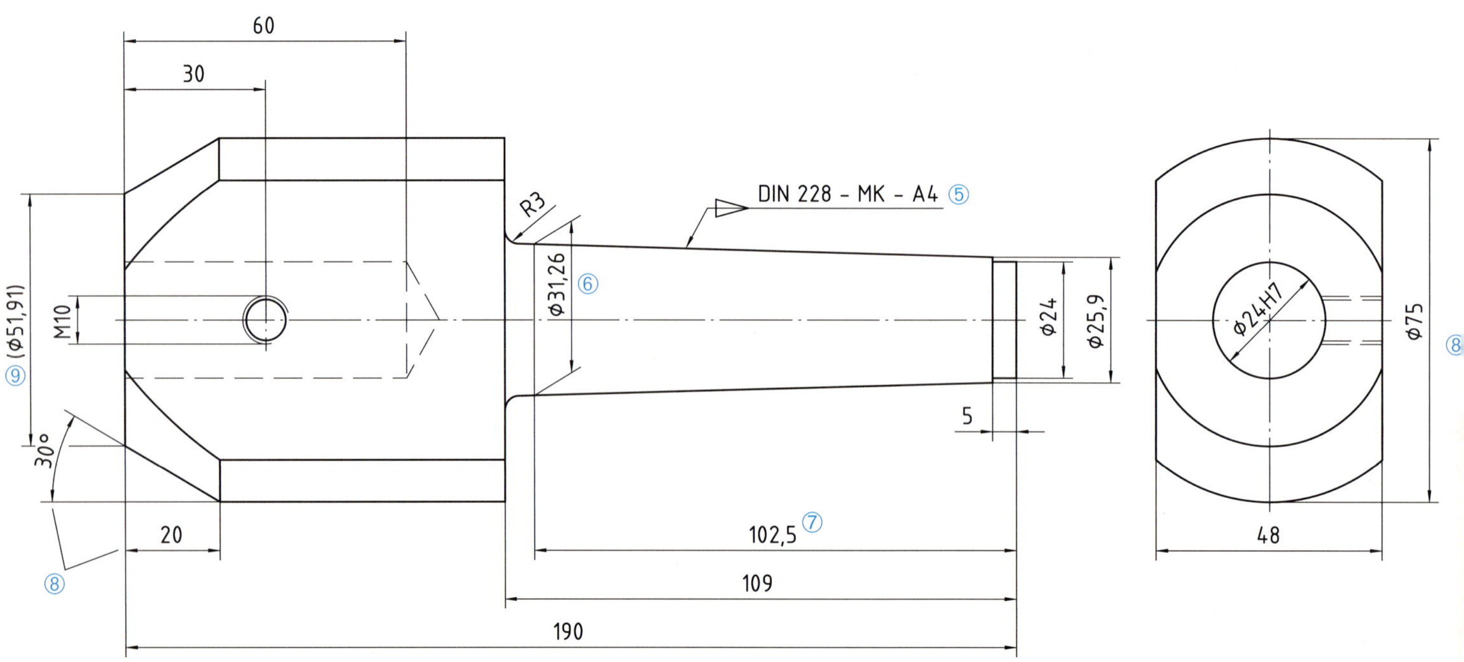

Abb. 2: Kegelbemaßung

3.3 Bearbeitungsformen an pyramidenförmigen Werkstücken

Pyramidenförmige Werkstücke werden oft für Stützen, Auflageböcke oder Grundplatten verwendet. Sie haben eine rechteckige oder quadratische Grund- bzw. Deckfläche in unterschiedlicher Größe.

3.3.1 Nuten an Pyramiden

Durchdringt eine Nut die geneigte Fläche einer Pyramide, entstehen neue Kanten. Deren Konstruktion kann der Abb. 3 entnommen werden.

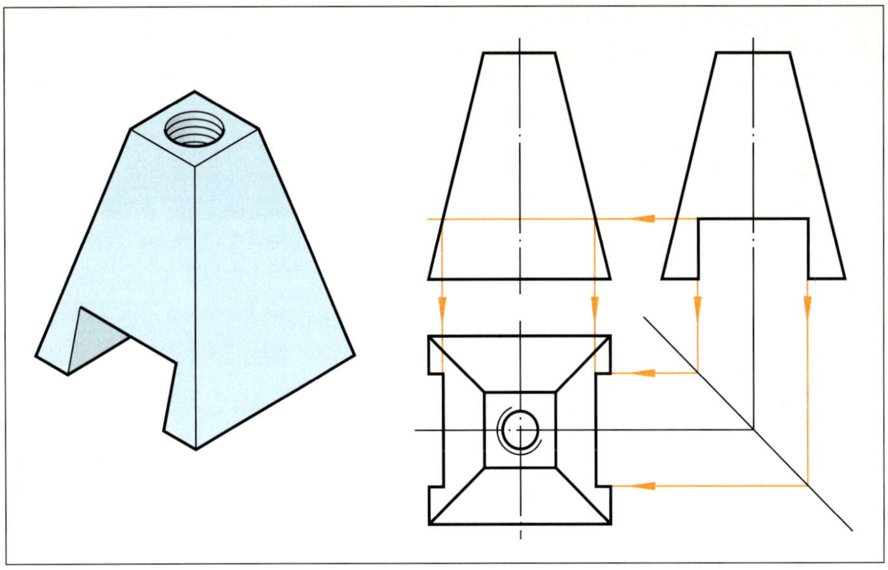

Abb. 3: Pyramidenförmiger Stützbock

3.3.2 Bemaßung von Pyramiden

Pyramidenförmige Werkstücke mit einer quadratischen Grund- und Deckfläche können, wenn keine weiteren Bearbeitungsformen dargestellt werden müssen, in nur einer Ansicht dargestellt werden. Der Maßzahl für die Seitenlänge ist dann das Quadratzeichen voranzustellen (Abb. 4).

Pyramidenformen, die eine besondere Funktion erfüllen, erhalten zusätzlich ein Symbol für die Verjüngung. Die Verjüngung wird als Verhältniswert aus der Differenz zwischen den beiden Seitenlängen (*S* – *s*) von Grund- und Deckfläche zur Pyramidenlänge (*L*) angegeben (Abb. 4).

$$\text{Pyramidenverjüngung} = \frac{S - s}{L}$$

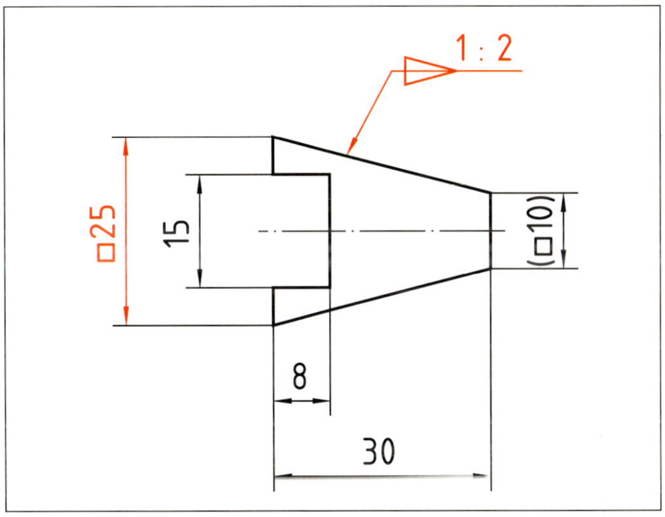

Abb. 4: Bemaßte Pyramidenform

3.3.3 Bemaßung einzelner geneigter Flächen

Keilförmige Werkstücke oder keilförmige Nuten in Bohrungen weisen geneigte Flächen auf. Diese werden besonders bemaßt, wenn sie eine bestimmte Funktion (z. B. Formschluss) zu erfüllen haben.

Die Neigung einer Fläche ist ein Verhältniswert aus der Differenz der rechtwinklig zu einer Grundlinie stehenden Höhe (*H* – *h*) und deren Abstand (*L*).

$$\text{Neigung} = \frac{H - h}{L}$$

Der Verhältniswert wird zusammen mit einem Neigungssymbol – vorzugsweise an einer Hilfslinie – eingetragen. Das Symbol zeigt mit seiner Spitze in Richtung der Neigung (Abb. 5).

Als Hilfsmaß für die Fertigung kann zusätzlich der Neigungswinkel in Klammern angegeben werden.

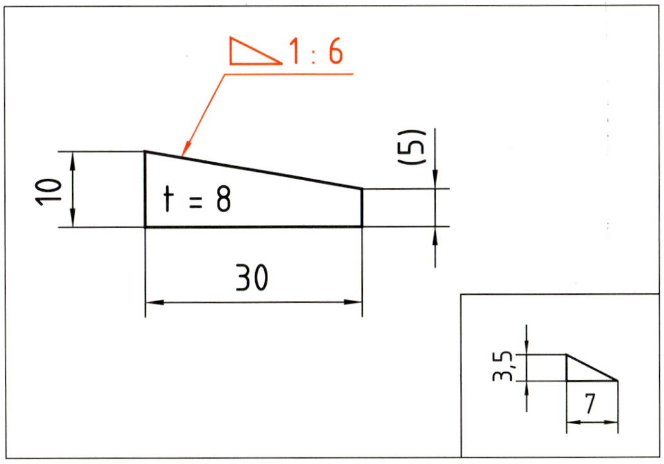

Abb. 5: Bemaßung einer Neigung

4.1 Genauigkeitsanforderungen

Die Baugruppe Abtriebswelle komplett (Abb. 1) gehört zu einem zweistufigen Stirnrädergetriebe (siehe Abb. hintere Umschlaginnenseite). Wie genau die Einzelteile hergestellt werden müssen, ergibt sich aus der Anordnung und Funktion der Teile im Gesamtzusammenhang des Getriebes.

Durch das Stirnrad (8) wird der Energiefluss auf die Baugruppe übertragen. Die Passfeder (26) überträgt die Drehbewegung und das Drehmoment formschlüssig auf die Abtriebswelle (3). Am gegenüberliegenden Wellenende wird die Abtriebsenergie über die Passfeder (27) von der Abtriebswelle abgenommen.

Die Abtriebswelle ist mit zwei Rillenkugellagern (11) im Gehäuse gelagert. Die Lager müssen die Welle stützen und tragen. Zwischen beiden Lagern befindet sich eine Buchse (9). Die Buchse bestimmt die axiale Lage der beiden Rillenkugellager zueinander. Der Wellendichtring (20) verhindert, dass Schmiermittel austreten kann bzw. dass Feuchtigkeit und Schmutz in das Getriebegehäuse eindringen.

Damit die Gesamtfunktion und die Teilfunktionen der Gruppe gewährleistet sind, müssen die Bauteile entsprechend genau gefertigt sein. Die Anforderungen an die Genauigkeit der Teile sind in Teilzeichnungen angegeben. Solche Angaben beziehen sich auf:

- Maßtoleranzen und Passungsangaben,
- Form- und Lagetoleranzen und
- Oberflächenbeschaffenheiten.

Die Abtriebswelle weist mehrere Flächen und Formelemente auf, die andere Teile aufnehmen und von ihrer Funktion her entsprechend genau gestaltet werden müssen.

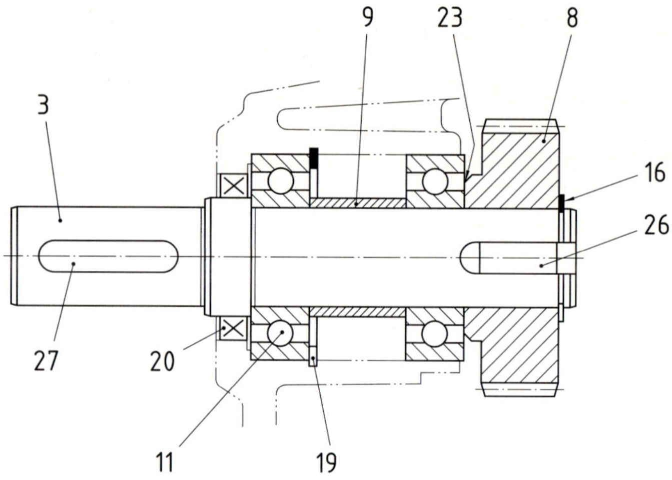

Abb. 1: Baugruppe Abtriebswelle komplett

Diese Flächen sind in der Explosionszeichnung der Baugruppe besonders gekennzeichnet (Abb. 2). Es sind dies die Pass- und Anlageflächen

- der beiden Rillenkugellager,
- des Stirnrades,
- der beiden Passfedern und
- des Wellendichtringes.

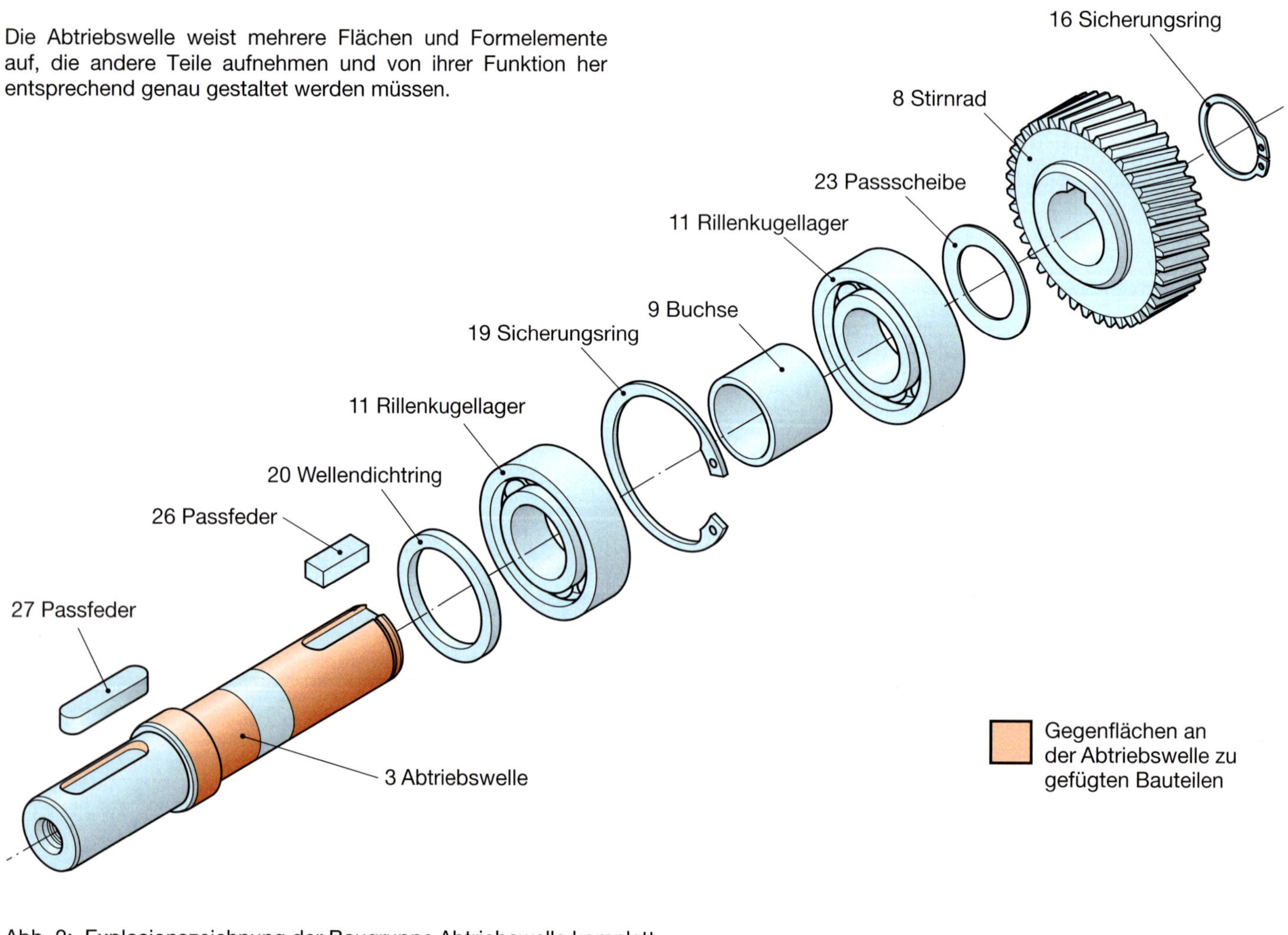

Abb. 2: Explosionszeichnung der Baugruppe Abtriebswelle komplett

4.2 Passungen

Passungen werden festgelegt zwischen

- zu paarenden kreisrunden Formelementen wie dem Durchmesser von Welle und Bohrung bzw.
- zwei parallelen Passflächen wie der Breite von Passfedernut und Passfeder (Abb. 3).

Eine Passung gibt den Maßunterschied von zwei zu fügenden Teilen an. Die beiden zu einer Passung gehörenden Passteile haben dasselbe Nennmaß.

Der Maßunterschied einer Passung ergibt sich aus der Tolerierung der Nennmaße der beiden Passteile. Bei Passungen erfolgt die Toleranzangabe nach **DIN ISO 286 - 1** durch Toleranzklassen (➜📖).

4.2.1 Toleranzangaben durch Toleranzklassen

Ein toleriertes Maß setzt sich zusammen aus dem Nennmaß und einer Toleranzangabe. Die Toleranzangabe bezeichnet man im ISO-System als *Toleranzklasse*. Sie wird durch Buchstaben und Zahlen angegeben.

Nennmaß — **25** **H7** — **Toleranzklasse**

Grundabmaß (H) Toleranzgrad (7)

Der *Toleranzgrad* wird mit Zahlen angegeben. Er gibt die Größe der geduldeten Maßabweichung an. Bei der grafischen Darstellung entspricht er der Größe des Toleranzfeldes (Abb. 4).

Das *Grundabmaß* wird mit Buchstaben angegeben. Es ist das Abmaß, welches der Nulllinie am nächsten liegt. Bei der grafischen Darstellung kennzeichnet es die Lage des Toleranzfeldes zur Nulllinie.

Das Grundabmaß wird angegeben:

- für Innenmaße wie bei Bohrungen und Nuten mit Großbuchstaben (25H7) und
- für Außenmaße wie bei Wellen und Passfedern mit Kleinbuchstaben (25k6).

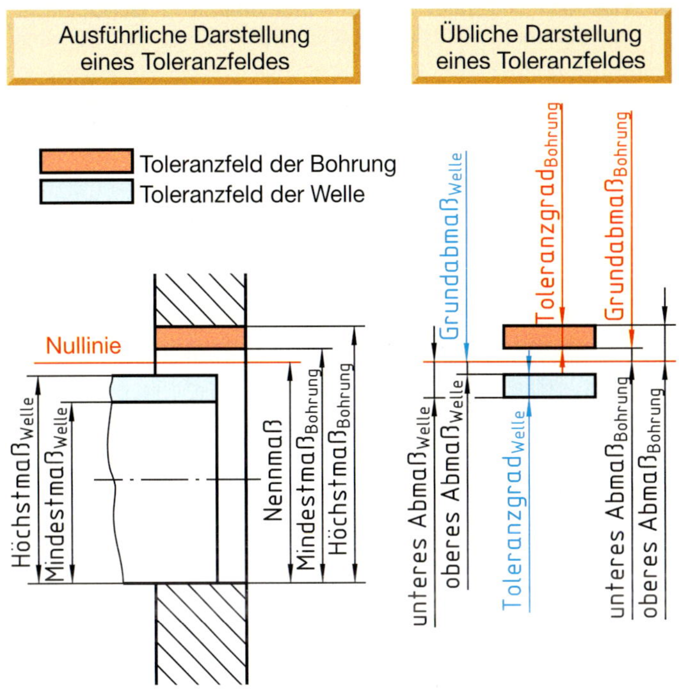

Abb. 4: Grafische Darstellung von Toleranzfeldern

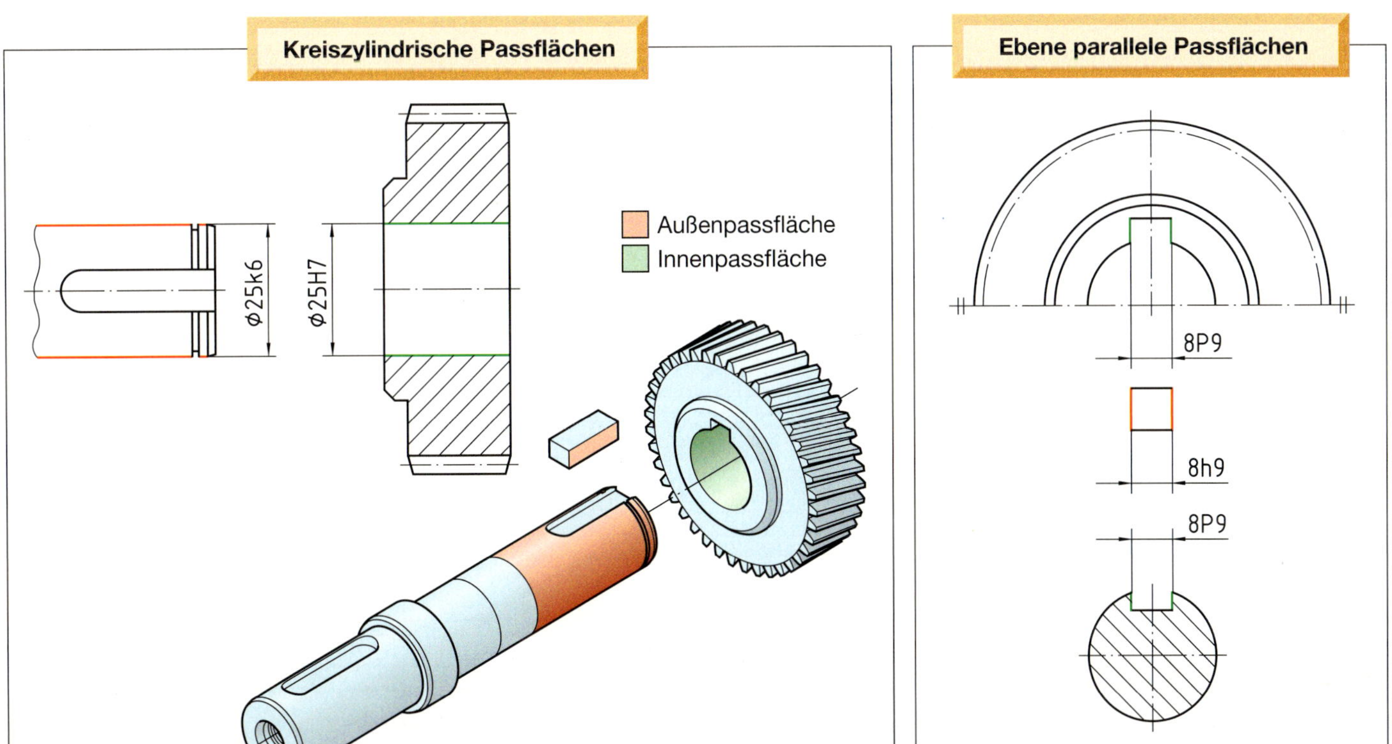

Abb. 3: Passteile und deren Kennzeichnung

4.2.2 Zeichnungseintragungen

Das Eintragen von tolerierten Maßen in technischen Zeichnungen erfolgt nach **DIN 406 - 12** ➔. In der Teilzeichnung der Abtriebswelle sind die Toleranzangaben durch Toleranzklassen farbig hervorgehoben (Abb. 1).

① Eine Toleranzangabe durch Toleranzklassen darf nur angewendet werden bei kreisförmigen Formelementen (z. B. Wellen) oder parallelen ebenen Formelementen (z. B. Nuten).

② Die Form und Lage anderer Formelemente (z. B. Abstände von Nuten oder Absätzen) kann durch Grenzabmaße toleriert werden (Abb. 2).

Eintragen der Toleranzklasse

Die Toleranzklasse wird mit Buchstaben und Zahlen eingetragen.

③ Üblicherweise wird die Toleranzklasse in der gleichen Schriftgröße geschrieben wie das Nennmaß und direkt hinter dem Nennmaß in gleicher Höhe angegeben.

④ Gilt die Toleranzangabe nur für einen bestimmten Bereich, so ist dieser Teil mit einer schmalen Volllinie zu begrenzen und durch eine Längenangabe zu kennzeichnen (Abb. 3).

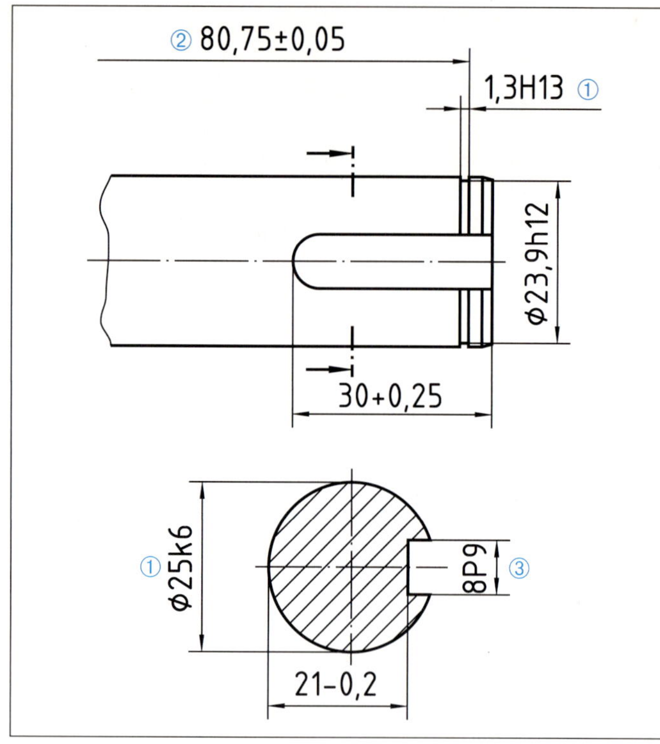

Abb. 2: Unterschiedliche Toleranzangaben

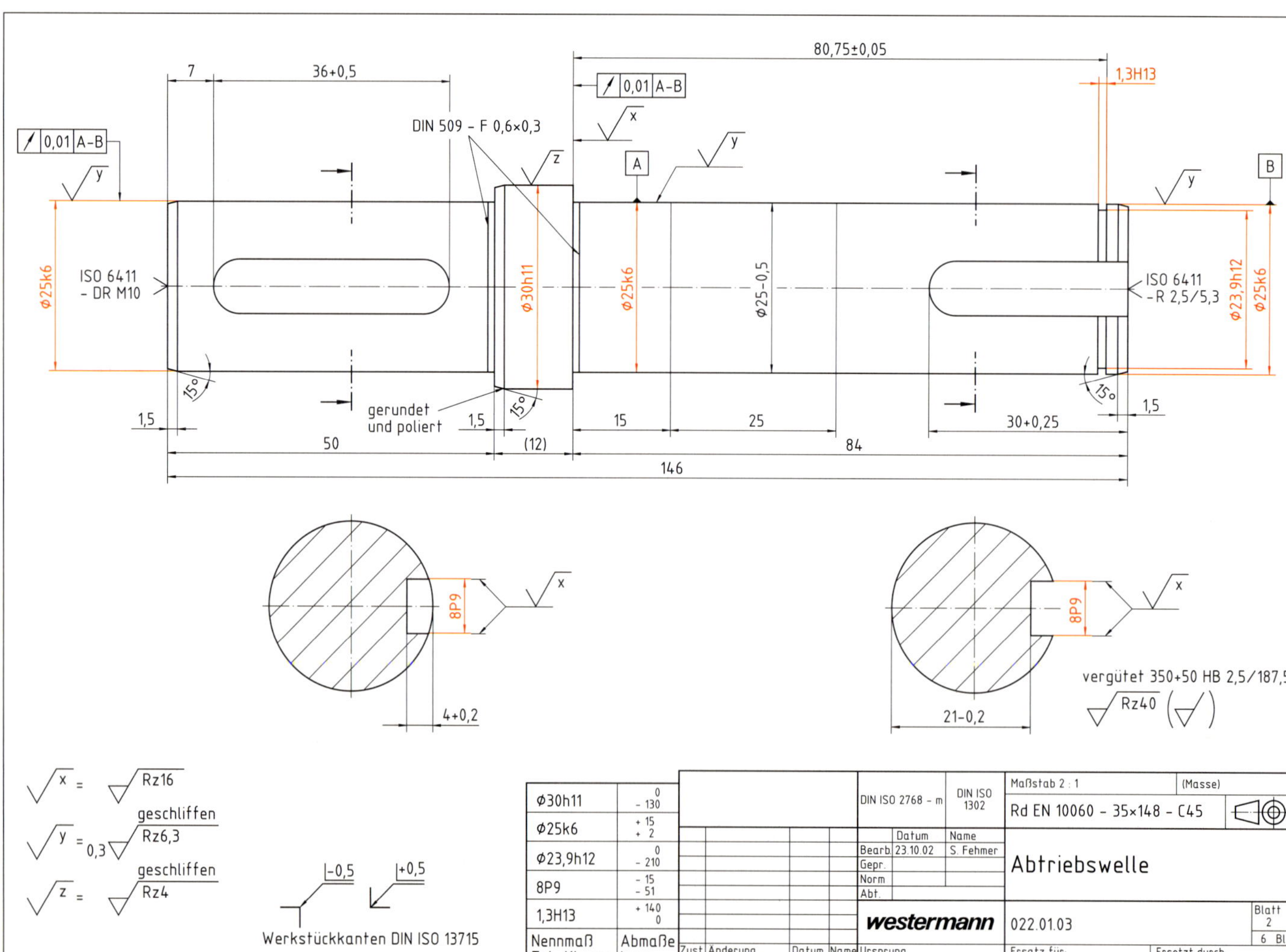

Abb. 1: Teil-Zeichnung der Abtriebswelle

Zusätzliches Eintragen von Abmaßen

Auf der Zeichnung können neben der Toleranzklasse auch die hierfür geltenden Grenzabmaße (oberes und unteres Abmaß) oder Grenzmaße (Höchst- und Mindestmaß) angegeben werden. Die Abmaße brauchen in diesem Fall bei der Fertigung und Maßkontrolle nicht extra aus Tabellen herausgesucht werden. Dadurch werden Ablesefehler vermieden.

Die Grenzabmaße bzw. Grenzmaße können in Klammern hinter dem Kurzzeichen hinzugefügt werden. Sie sind immer in Millimetern anzugeben. Dabei steht das obere Abmaß bzw. Höchstmaß immer über dem unteren Abmaß bzw. Mindestmaß (Abb. 4).

Bevorzugt wird die Angabe der Grenzabmaße in einer Tabelle in der Nähe des Schriftfeldes in Millimeter oder in Mikrometer. Bei der Angabe in Millimetern wird keine Einheit geschrieben. Bei der Angabe in Mikrometern ist die Einheit µm unter dem Wort Abmaße anzugeben (Abb. 5).

Toleranzangaben in Gruppenzeichnungen

Erfolgt die Bemaßung mit Toleranzklassen bei gefügt dargestellten Teilen, so wird das Nennmaß nur einmal angetragen und beide Toleranzklassen angefügt (Abb. 6).

⑤ Die Toleranzangaben können hintereinander geschrieben werden. Das Kurzzeichen für das Innenmaß (Großbuchstabe) wird zuerst geschrieben und durch einen Schrägstrich vom Kurzzeichen für das Außenmaß getrennt.

⑥ Die Toleranzangaben können übereinander geschrieben werden. Das Kurzzeichen für das Außenmaß (Kleinbuchstabe) steht auf gleicher Höhe wie das Nennmaß. Das Kurzzeichen für das Innenmaß steht über dem Kurzzeichen für das Außenmaß.

⑦ Die Grenzabmaße können in Klammern dem Kurzzeichen der Toleranzklasse hinzugefügt werden. Dann wird das Nennmaß zweimal geschrieben und üblicherweise mit zwei Maßlinien bemaßt. Aus Gründen der Vereinfachung kann auch nur mit einer Maßlinie bemaßt werden.

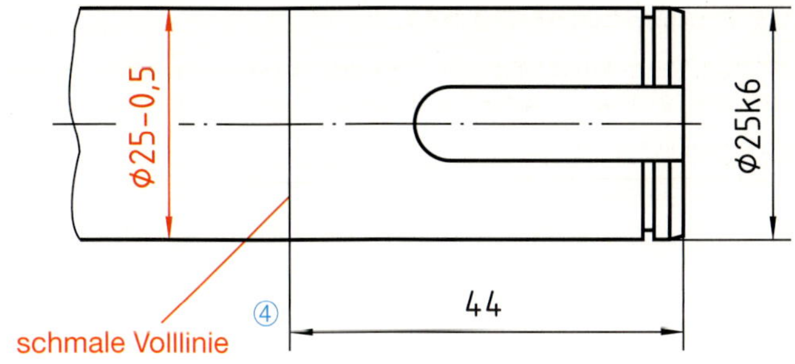

Abb. 3: Kennzeichnung eines begrenzten Toleranzbereiches

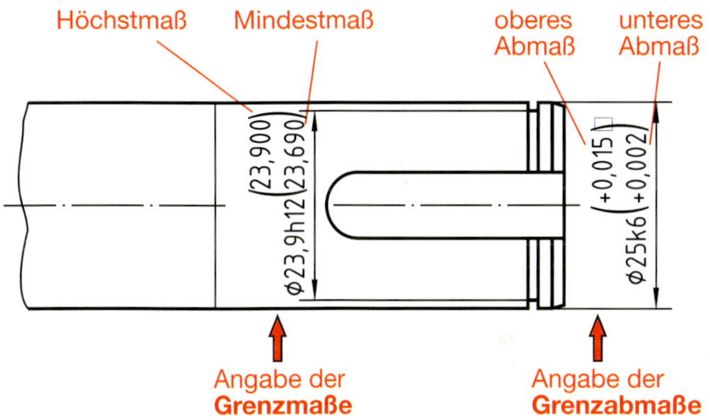

Abb. 4: Grenzabmaße in Klammern hinzugefügt

Grenzabmaße in µm	
ϕ30h11	0 − 130
ϕ25k6	+ 15 + 2
ϕ23,9h12	0 − 210
8P9	− 15 − 51
1,3H13	+ 140 0
Nennmaß Tol.-Klasse	Abmaße in µm

Grenzabmaße in mm	
ϕ30h11	0 − 0,130
ϕ25k6	+ 0,015 + 0,002
ϕ23,9h12	0 − 0,210
8P9	− 0,015 − 0,051
1,3H13	+ 0,140 0
Nennmaß Tol.-Klasse	Abmaße

Abb. 5: Abmaßtabellen

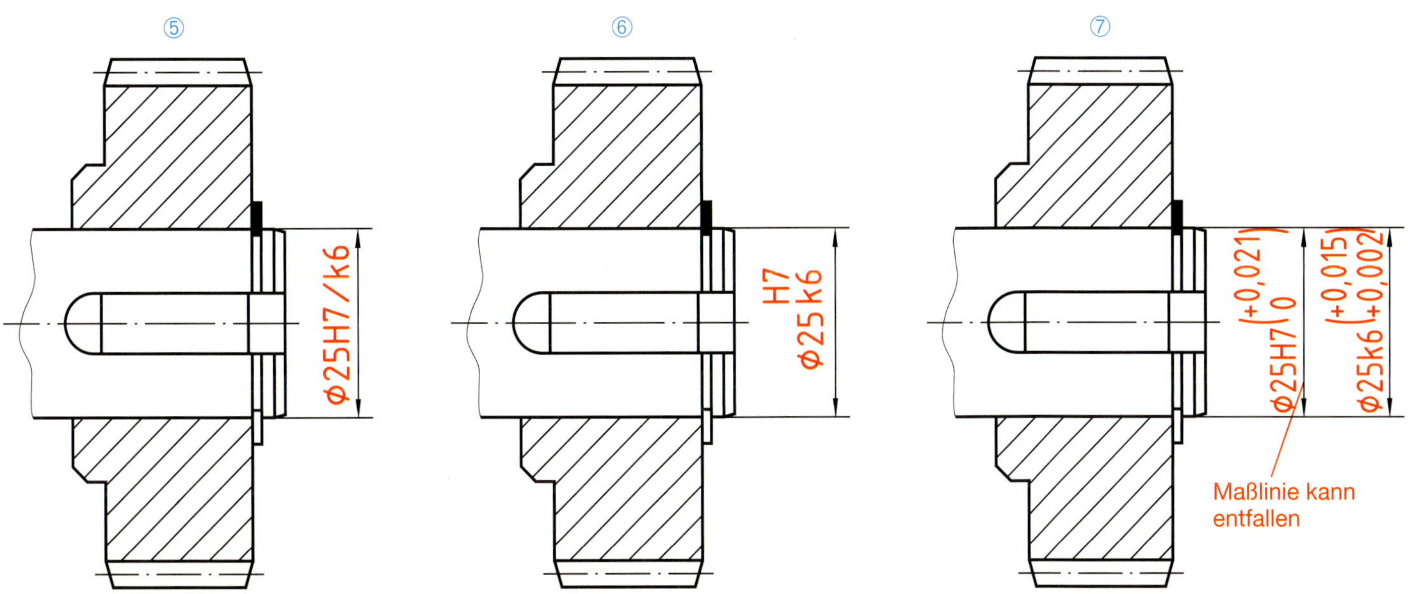

Abb. 6: Anordnung der Toleranzklasse bei gefügten Teilen

4.2.3 Passungsarten

Je nach Lage und Größe der Toleranzfelder zueinander ergeben sich drei verschiedene Passungsarten:

- Spielpassung,
- Übergangspassung oder
- Übermaßpassung.

Bei der *Spielpassung* ergibt sich beim Fügen von Welle (Außenteil) und Bohrung (Innenteil) ein Spiel. Das Mindestmaß der Bohrung ist größer oder im Grenzfall gleich dem Höchstmaß der Welle (Abb. 1).

Bei der *Übergangspassung* kann beim Fügen der beiden Teile ein Spiel oder ein Übermaß entstehen. Die Toleranzfelder von Welle und Bohrung überdecken sich vollständig oder teilweise.

Bei der *Übermaßpassung* liegt beim Fügen von Welle und Bohrung ein Übermaß vor. Das Höchstmaß der Bohrung ist kleiner oder im Grenzfall gleich dem Mindestmaß der Welle.

Übermaßpassungen lassen sich nur unter hohem Druck oder durch Schrumpfen zusammenfügen. Für die Kraftübertragung zwischen den gefügten Teilen ist keine zusätzliche Sicherung in radialer oder axialer Richtung notwendig.

Übergangspassungen müssen in jedem Fall durch zusätzliche Maschinenelemente gegen Verdrehen und in einigen Fällen auch gegen Verschieben gesichert werden. Die Bauteile lassen sich unter geringem Kraftaufwand fügen.

Bei Spielpassung können die Teile von Hand zusammengebaut werden. Sie lassen sich durch Handkraft gegeneinander verschieben. Spielpassung wählt man auch bei Teilen, die nach dem Zusammenstecken stoffschlüssig verbunden werden.

Für das Fügen von Stirnrad (8) und Abtriebswelle (3) wurde eine Übergangspassung gewählt. Dadurch kann das Stirnrad mit geringem Kraftaufwand auf die Abtriebswelle montiert werden. Das Drehmoment wird vom Stirnrad auf die Abtriebswelle durch eine Passfeder (26) übertragen. Gegen axiales Verschieben ist das Stirnrad u. a. durch den Sicherungsring (16) gesichert.

4.2.4 Größe der Maßtoleranz

Die Größe der Maßtoleranz bestimmt die Genauigkeit einer Passung. Sie wird durch den *Toleranzgrad* festgelegt (Abb. 2).

Im ISO-System sind 20 Grundtoleranzgrade festgelegt: IT 01, IT 0, IT 1 bis IT 18. Dabei steht IT 01 für die kleinste und IT 18 für die größte Maßtoleranz. Im allgemeinen Maschinenbau wird üblicherweise nach dem Grundtoleranzgrad IT 5 bis IT 12 gefertigt. Die Buchstaben IT werden in Zeichnungen nicht angegeben, da der Toleranzgrad immer im Zusammenhang mit einem Grundabmaß steht.

Der Toleranzgrad ist außerdem vom Nennmaß abhängig. Innerhalb eines Grundtoleranzgrades gilt: Je größer das Nennmaß, um so größer ist die zugeordnete Maßtoleranz. Die Nennmaße sind dazu in 21 Nennmaßbereiche gegliedert. Die Norm legt die Grundtoleranzgrade für Längenmaße bis 3150 mm fest.

Die Größe der Maßtoleranz innerhalb des ISO-Systems ist abhängig vom Grundtoleranzmaß und vom Nennmaß.

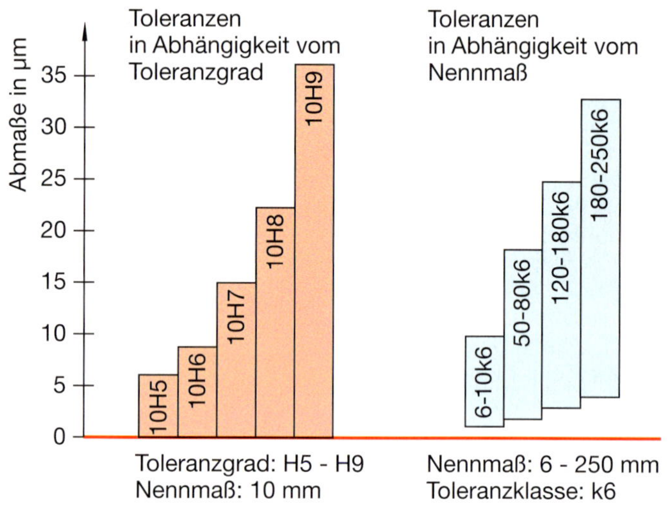

Abb. 2: Einflussgrößen auf die Maßtoleranz

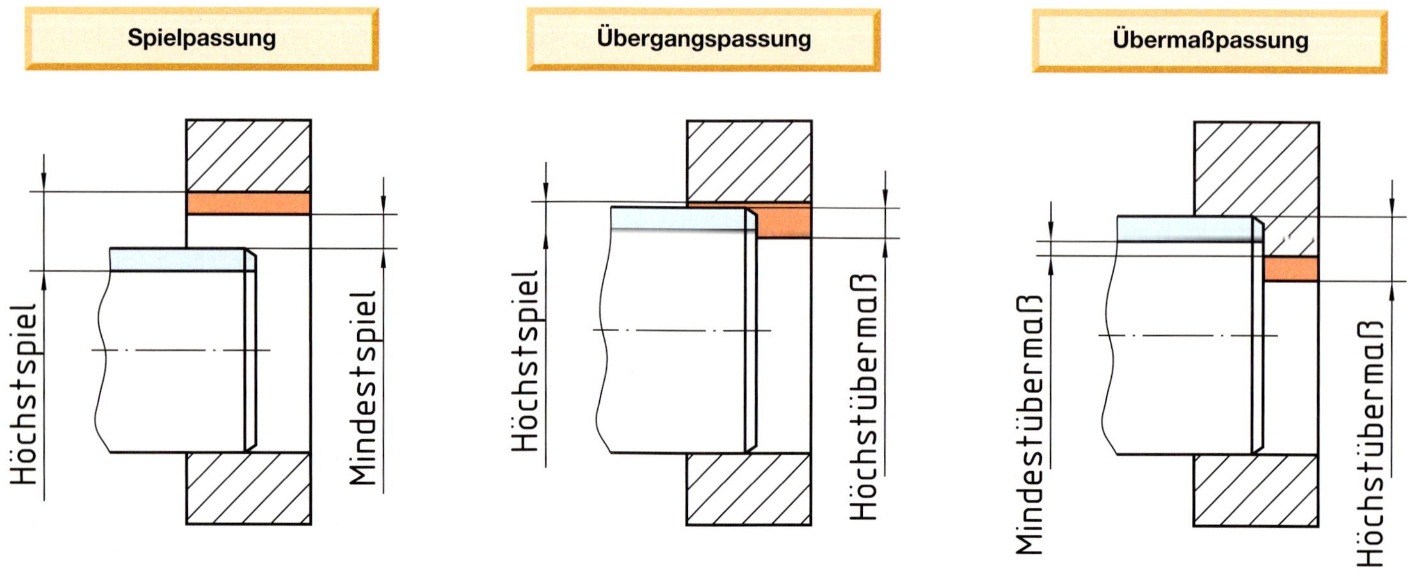

Abb. 1: Passungsarten und Lage der Toleranzfelder

4.2.5 Passungssysteme

Passungssysteme sind planmäßig und systematisch aufgebaute Reihen von Passungen. In den meisten Fällen wird das international einheitlich ISO-System nach **DIN ISO 286 - 1** verwendet (→📖).

Das *Grundabmaß* gibt die Maßabweichung zum Nennmaß an. Es entspricht bei der grafischen Darstellung der *Lage des Toleranzfeldes zur Nulllinie* und wird durch einen oder auch durch zwei Buchstaben gekennzeichnet (Abb. 3):

- Großbuchstaben für Bohrungen (Innenmaße),
- Kleinbuchstaben für Wellen (Außenmaße).

Toleranzfelder mit Buchstaben vom Anfang und Ende des Alphabetes liegen besonders weit von der Nulllinie entfernt. Das Toleranzfeld H bzw. h berührt die Nulllinie. Mit JS bzw. js werden die Toleranzfelder bezeichnet, deren Lage symmetrisch zur Nulllinie ist.

Das ISO-System wird unterteilt in

- System Einheitsbohrung und
- System Einheitswelle.

System Einheitsbohrung

Im System Einheitsbohrung werden alle *Bohrungen* einheitlich mit einer *H-Toleranz* hergestellt. Das Mindestmaß der Bohrung entspricht dem Nennmaß. Das H-Toleranzfeld liegt im Plusbereich und grenzt an die Nulllinie (Abb. 4).

Die Art der Passung (Spiel-, Übermaß- oder Übergangspassung) ergibt sich aus der Wahl der Toleranzfelder für die Wellen.

System Einheitswelle

Im System Einheitswelle werden alle *Wellen* einheitlich mit einer *h-Toleranz* hergestellt. Das Höchstmaß der Welle entspricht dem Nennmaß. Das h-Toleranzfeld liegt im Minusbereich und grenzt an die Nulllinie.

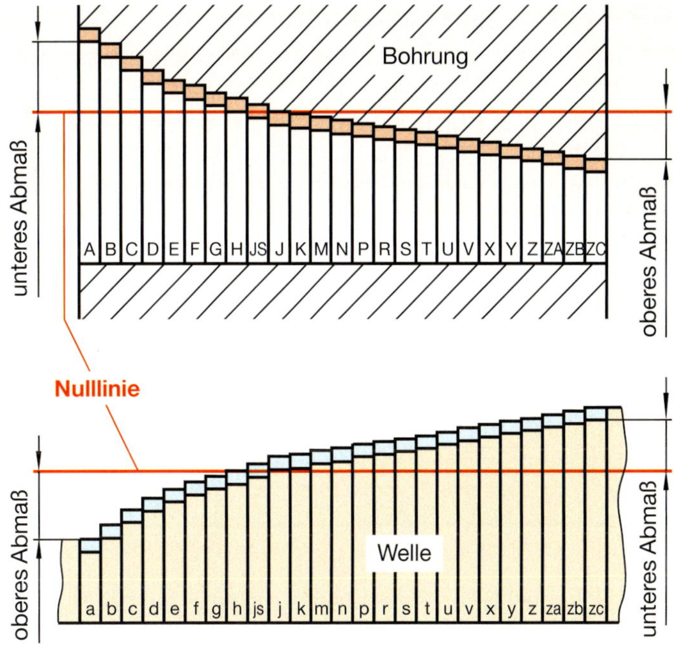

Abb. 3: Grundabmaße und Lage der Toleranzfelder

Die unterschiedlichen Passungsarten ergeben sich aus der Wahl der Toleranzfelder für die Bohrungen.

Passungsauswahl

Die beliebige Kombination von Toleranzfeldern würde zu einer großen Zahl von Passungen führen. Eine wirtschaftliche Fertigung erfordert eine Einschränkung der Zahl möglicher Toleranzfelder. In **DIN 7157** sind für den allgemeinen Maschinenbau eine Auswahl von Passungskombinationen zusammengestellt (→📖). Andere Passungen sollten nur in Ausnahmefällen benutzt werden. Beim Einbau von Wälzlagern gilt diese Passungsauswahl nicht.

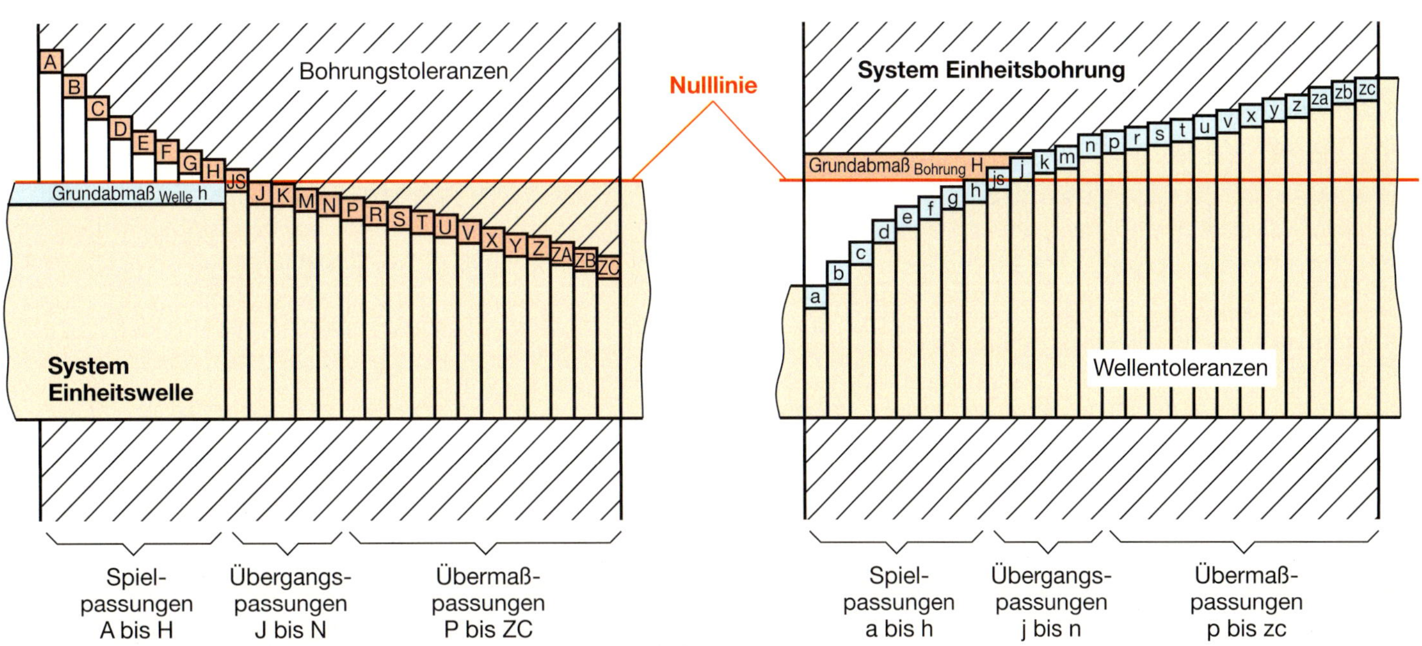

Abb. 4: Passungssysteme – Einheitswelle und Einheitsbohrung

4.3 Form- und Lagetoleranzen

Um die Funktion eines Werkstückes sicherzustellen, kann es notwendig sein

- die Bearbeitungsform von Werkstücken (z. B. Ebenheit einer Fläche) oder
- die Lage von Bearbeitungsformen (z. B. Parallelität zweier Flächen) zu tolerieren.

Formtoleranzen legen die zulässige Abweichung eines Formelementes von seiner geometrisch idealen Form fest.

Lagetoleranzen legen die zulässige Abweichung zweier oder mehrerer Formelemente von ihrer geometrischen idealen Lage zueinander fest.

Die zulässigen Form- und Lageabweichungen ergeben sich aus der Funktion eines Werkstückes, die es in einer Funktionseinheit erfüllen muss.

Funktionsgruppe Abtriebswelle

Durch das Stirnrad (8) wird das Drehmoment auf die Abtriebswelle (3) geleitet (Abb. 1). Da das Stirnrad schrägverzahnt ist, liegt am Umfang der Welle nicht nur eine Radialkraft (Umfangskraft) vor, sondern es entsteht auch eine Kraft in Richtung der Wellenachse. Die Axialkraft wird vom Stirnrad über das rechte Rillenkugellager (11) auf die Buchse (9) und das linke Rillenkugellager (11) geleitet. Dieses Rillenkugellager überträgt am Außenring die Axialkraft auf das Gehäuse.

Die Buchse zwischen den beiden Rillenkugellagern muss die Axialkraft aufnehmen und weiterleiten. Dazu müssen die beiden Stirnseiten der Buchse bündig an den Seitenflächen der Lagerinnenringe anliegen. Dies ist nur möglich, wenn die Stirnseiten der Buchse parallel zueinander sind.

Da zwischen Abtriebswelle und Bohrung der Buchse nur wenige Zehntelmillimeter Spiel vorhanden sind, müssen die Stirnflächen zusätzlich im rechten Winkel zur Bohrung liegen.

4.3.1 Maßtoleranzen und Form- und Lagetoleranzen

Die Teilzeichnung gibt für die Länge der Buchse eine Abweichung von 0,2 mm an (Abb. 2). Die Maßtoleranz lässt ein Höchstmaß von 25,0 mm an der einen Kante und ein Mindestmaß von 24,8 mm an einer anderen Stelle zu. Dadurch wird die parallele Lage der Stirnseiten nicht erreicht. Die Stirnseiten könnten um 0,2 mm geneigt zueinander liegen (Abb. 3). Die Einengung der Neigung wäre möglich, wenn die Maßtoleranz für die Buchsenlänge verkleinert würde.

Unabhängig von der Maßtoleranz kann die parallele Lage der Stirnflächen zueinander durch eine Lagetoleranz festgelegt werden. In der Teilzeichnung der Buchse ist eine Parallelitätstoleranz mit einem Toleranzwert von 0,04 mm angegeben. Diese Lagetoleranz muss innerhalb der maximal zulässigen Maßtoleranz erreicht werden.

Die eigenständige Angabe von Form- und Lagetoleranzen ist der Einengung von Maßtoleranzen vorzuziehen. Eine Verkleinerung der Maßtoleranzen würde die Fertigungskosten stark erhöhen.

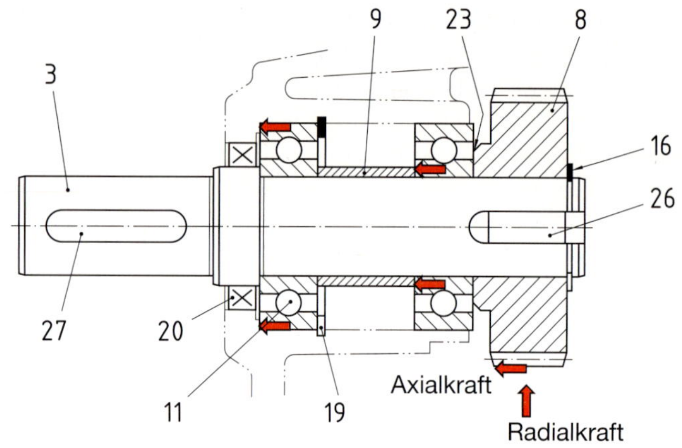

Abb. 1: Funktionsgruppe Abtriebswelle

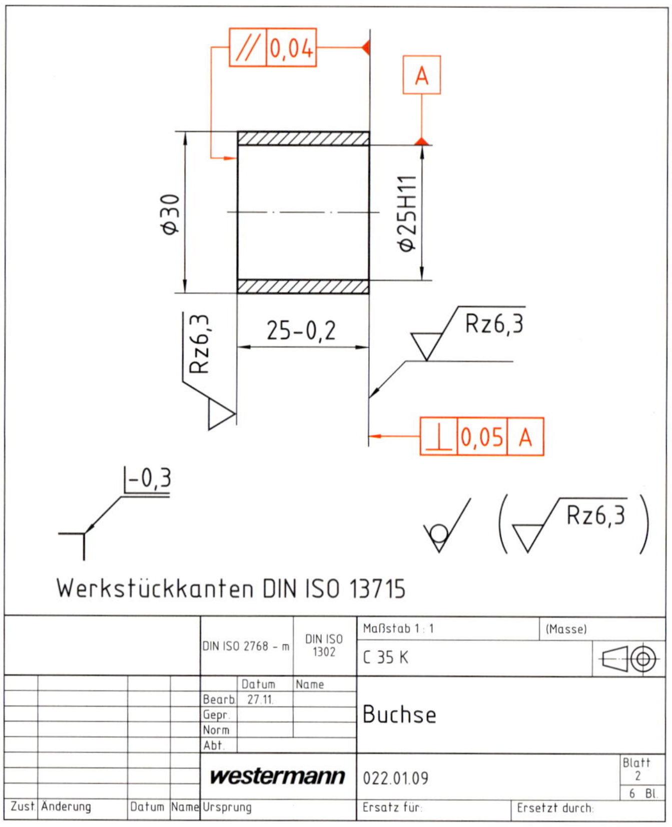

Abb. 2: Teilzeichnung der Buchse

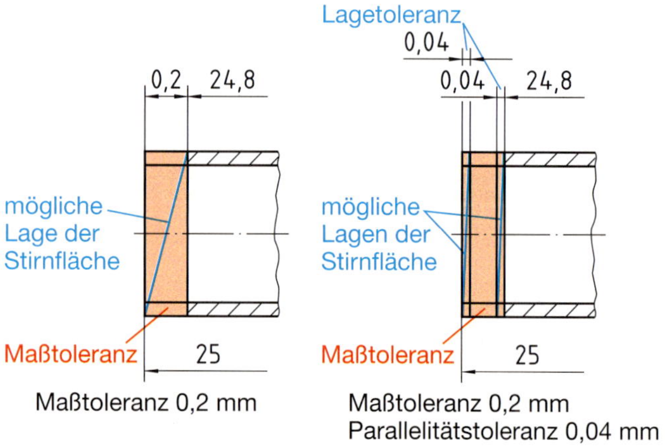

Abb. 3: Maßtoleranz und Lagetoleranzen

4.3.2 Zeichnungseintragung

Die Symbole zum Eintragen zulässiger Form- oder Lageabweichungen an Werkstücken sind nach **DIN ISO 1101** genormt (→).

In der **DIN ISO 7083** sind die Größenverhältnisse und Maße für die Symbole festgelegt.

Kennzeichnung des tolerierten Elementes

Die Toleranzanforderungen an ein Element werden in einem Toleranzrahmen angegeben (Abb. 4).

① Der *Toleranzrahmen* wird mit dem tolerierten Element durch eine Bezugslinie mit Bezugspfeil verbunden. Toleranzrahmen werden waagerecht oder senkrecht gezeichnet. Die Eintragungen müssen von unten oder von rechts lesbar sein. Der Bezugspfeil steht senkrecht zum toleriertem Element.

② Zur Kennzeichnung von *Formtoleranzen* werden zweiteilige Toleranzrahmen verwendet. In das erste Feld wird das Symbol für die tolerierte Eigenschaft eingetragen, in das zweite Feld der Toleranzwert in Millimetern.

③ Zur Kennzeichnung von *Lagetoleranzen* werden im Allgemeinen dreiteilige Toleranzrahmen verwendet. In das dritte Feld wird der Bezugsbuchstabe eingetragen.

Kennzeichnung des Bezugs

Bei der Angabe von Lagetoleranzen muss ein Bezug festgelegt werden (Abb. 5). Welches geometrische Element als Bezug gewählt wird, hängt von der Funktion des Werkstückes ab. Dabei kann es notwendig sein, auch mehrere Elemente zur Bildung eines Bezuges festzulegen.

④ Der *Bezug* wird mit *Buchstaben gekennzeichnet*. Als Bezugsbuchstaben verwendet man Großbuchstaben vom Anfang des Alphabets. Der Buchstabe wird mit einem Bezugsrahmen versehen, der mit einem Bezugsdreieck verbunden ist. Das Bezugsdreieck mit dem Buchstaben kennzeichnet das Element eines Werkstückes, dass als Bezug festgelegt ist. Der Bezugsbuchstabe wird im Toleranzrahmen wiederholt. Das Dreieck kann ausgefüllt oder leer sein. Innerhalb einer Zeichnung sollte nur eine Art der Darstellung gewählt werden.

⑤ Der *Bezug* kann auch *direkt mit einer Bezugslinie gekennzeichnet* werden. Das Bezugsdreieck wird mit dem zugehörigen Toleranzrahmen durch eine Linie verbunden. In diesem Fall entfällt die Kennzeichnung durch Buchstaben.

⑥ Für ein toleriertes Element kann ein *Bezug aus zwei gemeinsamen Formelementen* gebildet werden. Dann stehen die beiden Bezugsbuchstaben im dritten Feld des Toleranzrahmens, getrennt durch einen waagerechten Strich.

⑦ Für ein toleriertes Element kann ein Bezug aus zwei oder mehreren Formelementen gebildet werden. Die Bezugsbuchstaben werden dann in verschiedene Felder des Toleranzrahmens geschrieben.

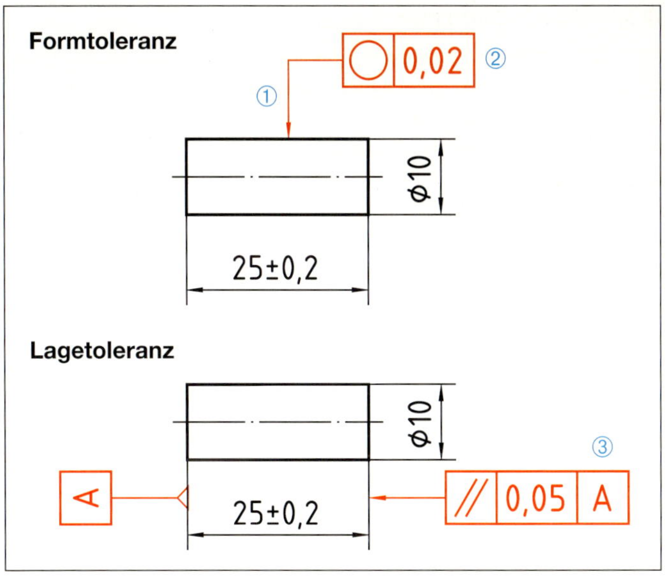

Abb. 4: Toleranzrahmen für Form- und Lagetoleranzen

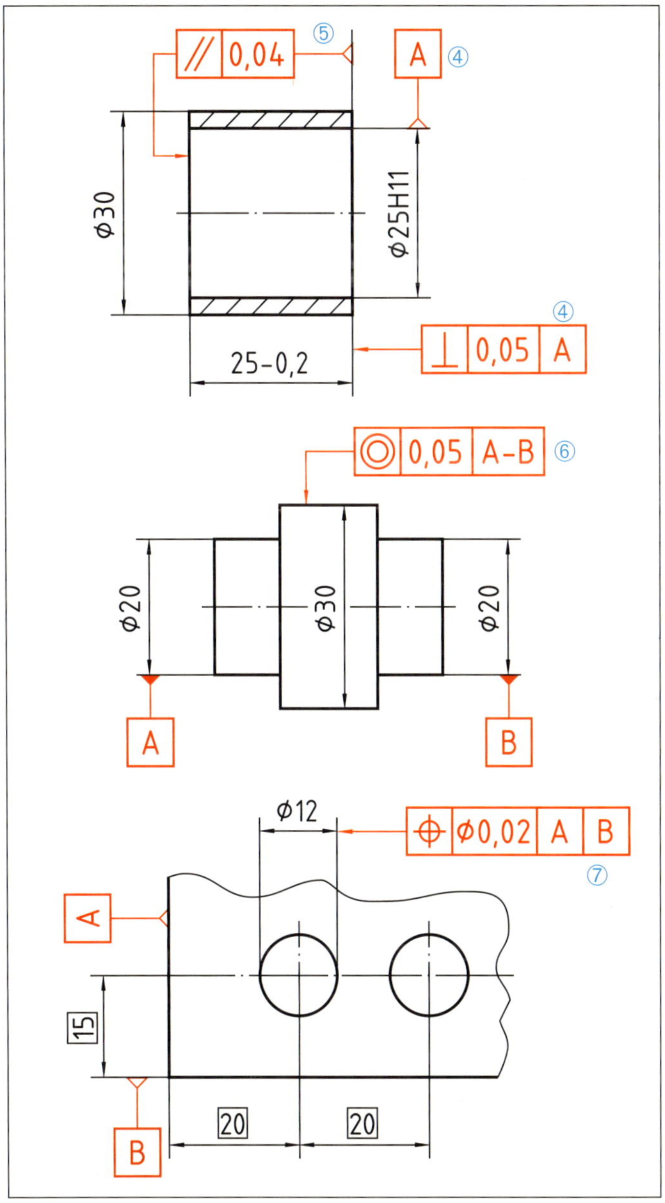

Abb. 5: Kennzeichnung des Bezuges bei Lagetoleranzen

4.3.3 Toleranzzonen

Die Toleranzzone ist der Bereich, innerhalb dessen das tolerierte geometrische Element liegen muss.

Form der Toleranzzone

Die Toleranzzone kann sich je nach der tolerierten Eigenschaft flächig oder räumlich erstrecken (Abb. 1).

① Die Form der Toleranzzone für ein toleriertes Element ist abhängig von der tolerierten Eigenschaft.

② Ist dem Toleranzwert ein Durchmesserzeichen vorangestellt, so ergibt sich eine kreis- oder zylinderförmige Toleranzzone.

Lage der Toleranzzone

Die Lage der Toleranzzone an einem Werkstück ist abhängig von der Zuordnung des Toleranzrahmens zu einem Element (Abb. 2).

③ Steht der Bezugspfeil auf der Fläche, so bezieht sich die Toleranz auf die Fläche selbst. Der Bezugspfeil kann auch auf der zugehörigen Maßhilfslinie angeordnet werden, muss dann aber deutlich versetzt von der Maßlinie stehen.

④ Steht der Bezugspfeil als Verlängerung einer Maßlinie, so bezieht sich die Toleranz auf die Achse oder Mittelebene des bemaßten Elementes.

⑤ Steht der Bezugspfeil auf einer Mittellinie, so bezieht sich die Toleranz auf alle durch diese Mittellinie dargestellten Achsen oder Mittelebenen.

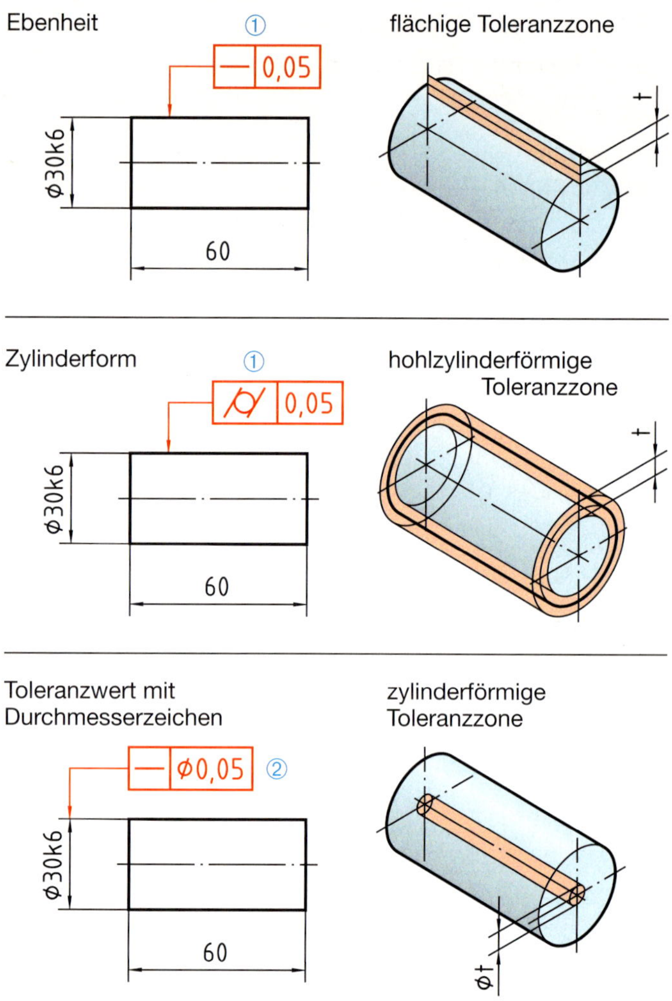

Abb. 1: Formen von Toleranzen

③ Toleranzrahmen einer Fläche zugeordnet	④ Toleranzrahmen einem Maß zugeordnet	⑤ Toleranzrahmen einer Mittellinie zugeordnet
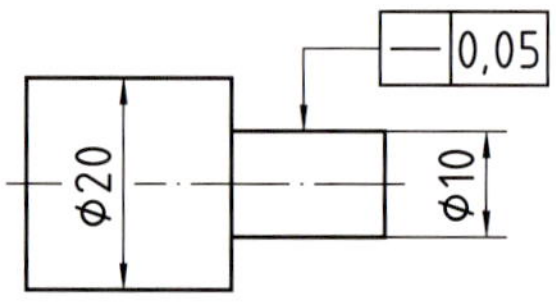	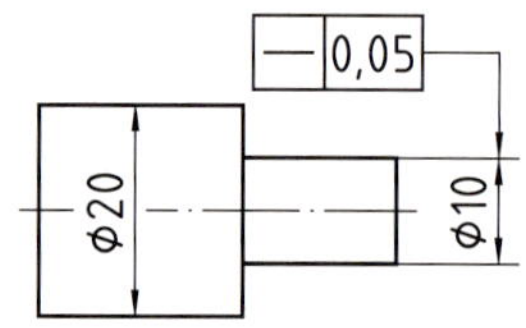	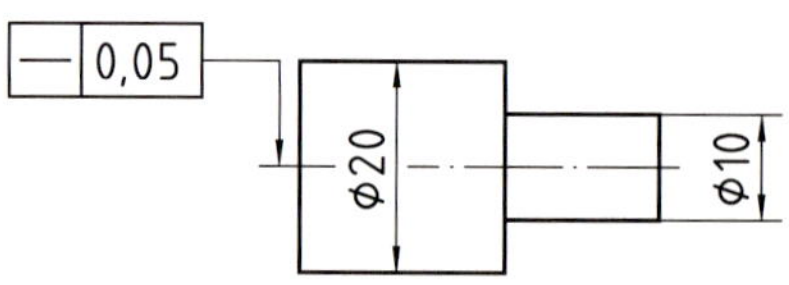
Geradheitstoleranz bezieht sich auf die gekennzeichnete Fläche	Geradheitstoleranz bezieht sich auf die Achse der bemaßten Form	Geradheitstoleranz bezieht sich auf alle durch die Mittellinie dargestellten Achsen
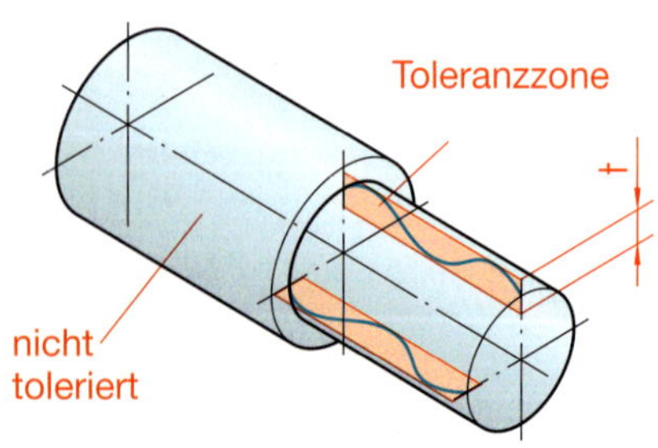	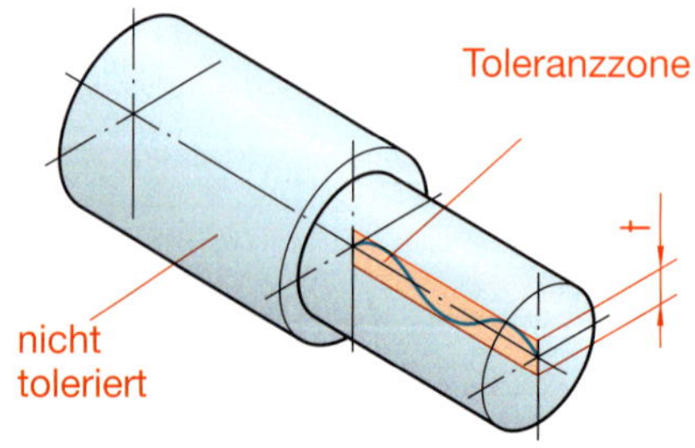	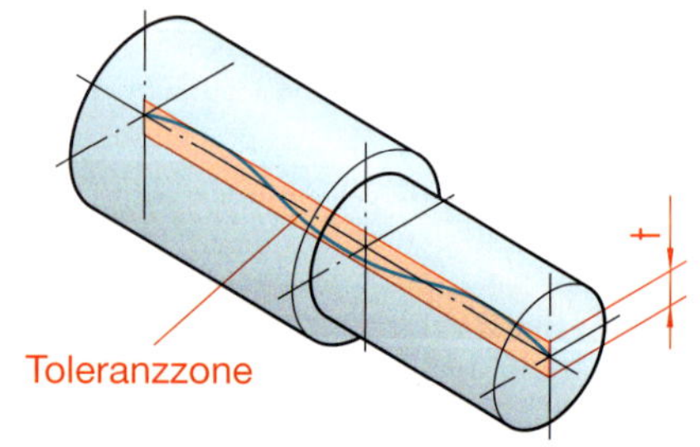
jede beliebige Mantellinie der gekennzeichneten zylindrischen Fläche muss zwischen zwei parallelen Geraden vom Abstand t = 0,05 mm liegen	die **Achse des gekennzeichneten Zylinderdurchmessers** muss in jeder beliebigen Lage innerhalb zweier paralleler Geraden im Abstand t = 0,05 mm liegen	die **Achse aller Zylinder** muss in jeder beliebigen Lage innerhalb zweier paralleler Geraden im Abstand t = 0,05 mm liegen

Abb. 2: Lage von Toleranzen

4.3.4 Festlegen des Bezuges

Je nach Anordnung der Bezugszeichen am Werkstück ergeben sich unterschiedliche Bezüge (Abb. 3).

⑥ Steht das *Bezugsdreieck auf einer Fläche*, so ist die gekennzeichnete Fläche der Bezug. Das Bezugsdreieck kann auch auf der zugehörigen Maßhilfslinie angeordnet werden, muss dann aber deutlich versetzt von der Maßlinie stehen.

⑦ Steht das *Bezugsdreieck direkt in Verlängerung einer Maßlinie* auf dem Maßpfeil, so ist die Achse oder Mittelebene des bemaßten Formelementes der Bezug.

⑧ Steht das *Bezugsdreieck auf der Achse oder Mittellinie* mehrerer Formelemente, so ist die gemeinsame Achse der Formelemente der Bezug.

⑨ Sind *Bezugsdreiecke an zwei oder mehreren Formelementen* angetragen, so ist die gemeinsame Achse oder Mittelebene der gekennzeichneten Formelemente der Bezug. Jeder Bezug wird mit einem gesonderten Buchstaben gekennzeichnet.

Die Lage eines Bezuges wird anhand eines am Werkstück vorhandenen Elementes, dem Bezugselement, bestimmt. So ergibt sich z. B. die Achse eines Zylinders als Bezug aus der zugehörigen Zylindermantelfläche. Die Zylindermantelfläche bildet das zugehörige Bezugselement.

4.3.5 Eingeschränkte Festlegung einer Toleranzangabe

Im Allgemeinen gilt eine Toleranzangabe von Form- und Lagetoleranzen für die gesamte Länge des tolerierten Elementes. Die Toleranzangabe kann auch für einen eingeschränkten Bereich festgelegt werden (Abb. 4).

⑩ Soll die *Toleranz für eine bestimmte Teillänge* eines tolerierten Elementes gelten, wird der Wert dieser Länge zusätzlich in dem Feld für den Toleranzwert eingetragen. Dabei wird die Teillänge durch einen Schrägstrich vom Toleranzwert getrennt. Die Teillänge für die der Toleranzwert gelten soll, kann an jeder beliebigen Stelle innerhalb der Gesamtlänge des Elementes liegen.

⑪ Soll *neben einer Toleranz* für die gesamte Länge eines tolerierten Elementes *ein kleinerer Toleranzwert* der gleichen Art für eine bestimmte Teillänge gelten, so werden die Angaben für die Teillänge im unteren Feld des Toleranzrahmens angegeben. Im oberen Feld des Toleranzrahmens steht der Toleranzwert, der für die Gesamtlänge des tolerierten Elementes gelten soll.

⑫ Soll die *Toleranz* für ein toleriertes Element nur für eine bestimmte Teillänge gelten und *an einer bestimmten* Stelle liegen, so wird dieser Bereich mit einer breiten Strichpunktlinie gekennzeichnet und bemaßt.

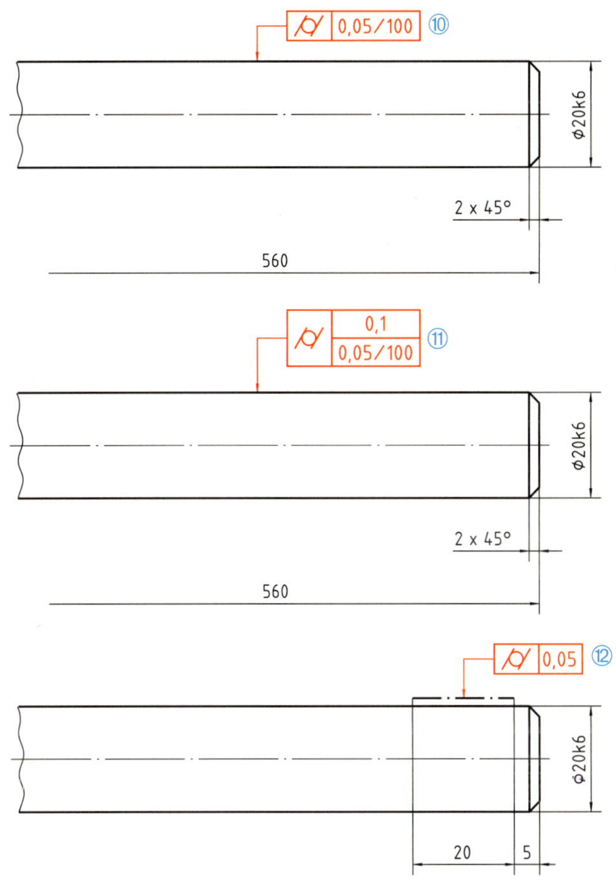

Abb. 4: Eingeschränkte Toleranzangaben

⑥ der Bezug ist die gekennzeichnete Fläche	⑦ der Bezug ist die Achse des gekennzeichneten Formelements	⑧ der Bezug ist die gemeinsame Achse zweier Formelelemente	⑨ der Bezug ist die Achse der beiden gekennzeichneten Formelemente
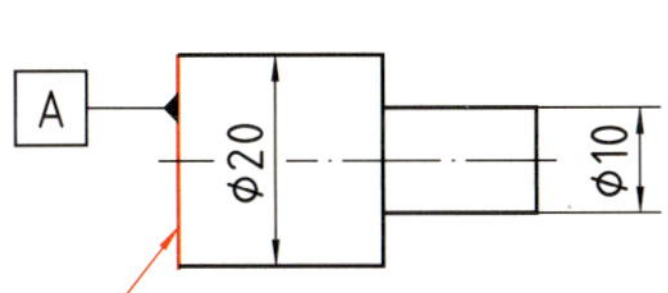 Bezugselement: Stirnfläche	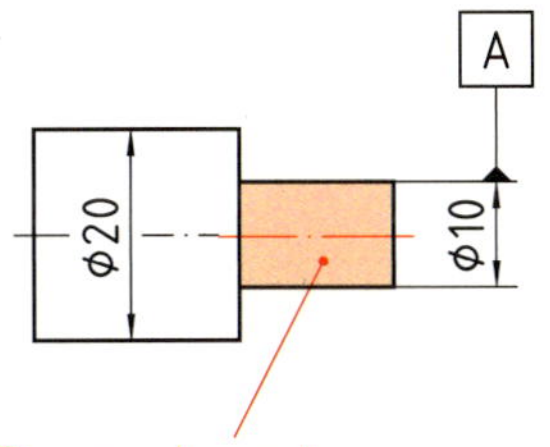 Bezugselement: Zylindermantelfläche ø10	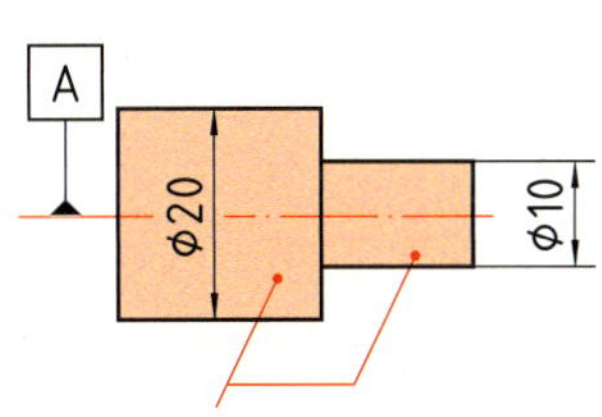 Bezugselement: beide Zylindermantelflächen	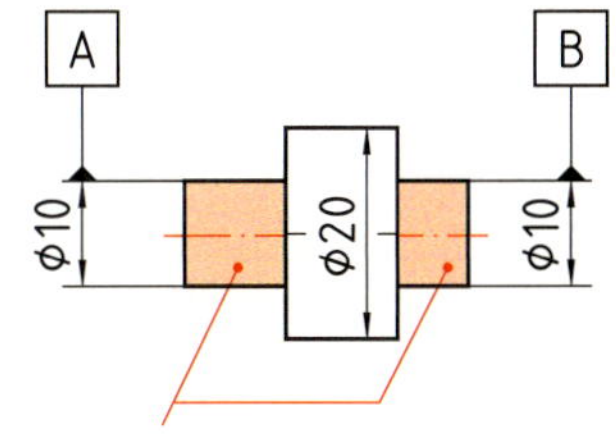 Bezugselement: beide Zylindermantelflächen ø10

Abb. 3: Anordnung von Bezugszeichen

4.3.6 Theoretisch genaue Maße

Theoretisch genaue Maße treten bei der Anwendung von Positions-, Profil- oder Neigungstoleranzen auf. Theoretisch genaue Maße werden in technischen Zeichnungen mit einem rechteckigen Rahmen gekennzeichnet. Sie geben die geometrisch ideale Form oder Lage von Formelementen an. Die Maße dürfen nicht toleriert werden (Abb. 1).

① Bei Positionstoleranzen sind die Maße als theoretisch genaue Maße zu kennzeichnen, welche die theoretisch genaue Lage des Formelementes (z. B. Bohrung) angeben.

② Bei Neigungstoleranzen ist das Maß als theoretisch genaues Maß zu kennzeichnen, welches den theoretisch genauen Winkel angibt.

③ Bei Profiltoleranzen ist das Maß als theoretisch genaues Maß zu kennzeichnen, welches das theoretisch genaue Profil angibt.

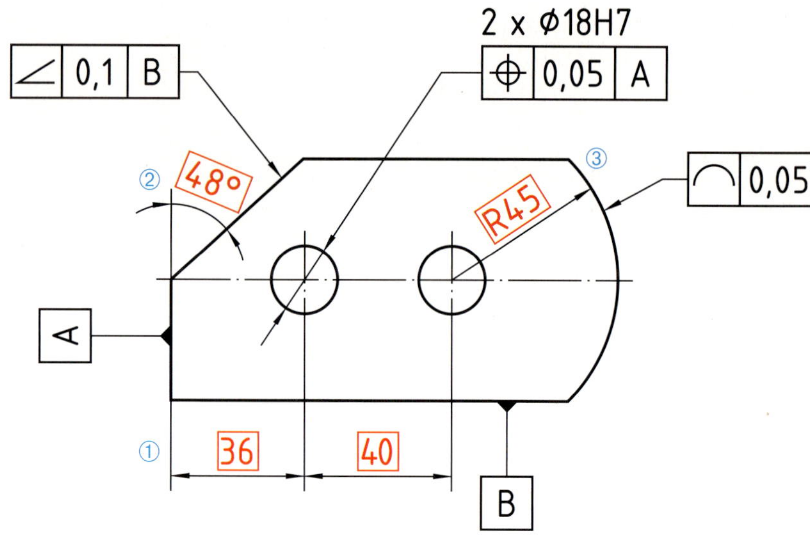

Abb. 1: Angabe theoretisch genauer Maße

Häufig werden Bohrungsabstände durch Positionstoleranzen toleriert (Abb. 2).

④ Bei Positionstoleranzen wird der Toleranzrahmen in Verlängerung der Maßlinie für den Bohrungsdurchmesser angetragen.

⑤ Der Toleranzrahmen wird nur einmal eingetragen, wenn vor dem Toleranzwert ein Durchmesserzeichen angegeben ist. Es ergibt sich eine kreis- oder zylinderförmige Toleranzzone.

⑥ Der Toleranzwert wird in waagerechter und senkrechter Ebene eingetragen, wenn kein Durchmesserzeichen angeben ist. Dabei kann der Toleranzwert für die beiden Ebenen unterschiedlich groß sein. Die Toleranzzone erstreckt sich jeweils in Richtung des Bezugspfeils.

Im Beispiel in Abb. 2b ist die Toleranzzone in horizontaler Richtung 0,05 mm groß. Die Achse der Bohrung darf gegenüber dem theoretisch genauen Maß von 18 mm, das von der Bezugsfläche B ausgeht, symmetrisch um 0,05 mm versetzt liegen. In vertikaler Richtung ist die Toleranzzone 0,03 mm groß. Damit ergibt sich eine rechteckige oder quaderförmige Toleranzzone, in der die Bohrungsachse liegen muss.

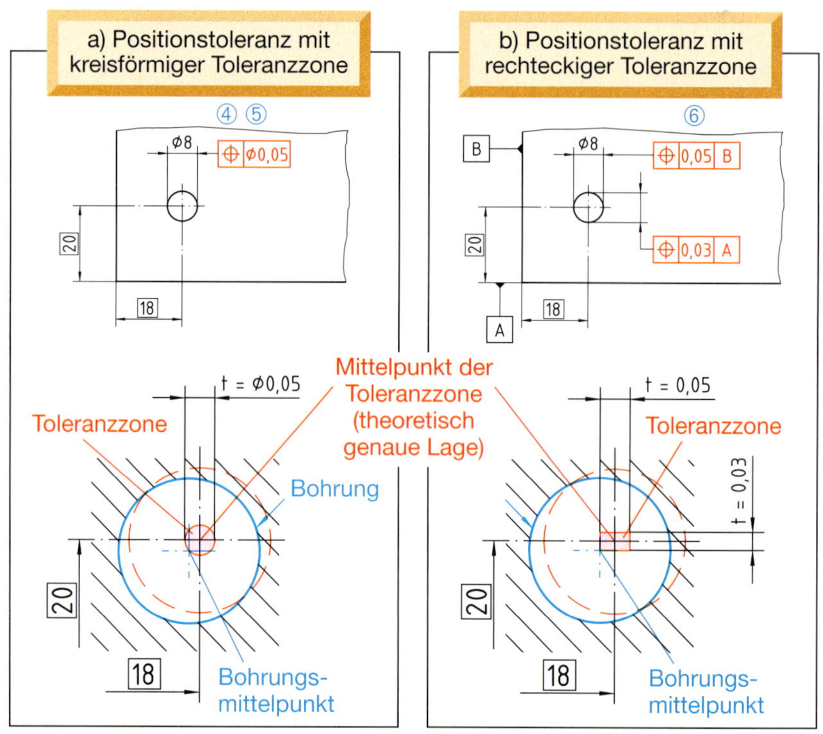

Abb. 2: Toleranzzonen bei Positionstoleranzen

⑦ Soll eine Positionstoleranz für mehrere gleichartige Bohrungen gelten, so braucht die Toleranzangabe nur einmal angegeben zu werden. Die Anzahl der tolerierten Bohrungen ist dann über dem Toleranzrahmen anzugeben.

In dem Beispiel in Abb. 3 müssen die Achsen der sechs Bohrungen 8H7 innerhalb einer zylinderförmigen Toleranzzone von 0,05 mm liegen. Die Mitte der Toleranzzonen liegt in Bezug auf die Flächen A und B am theoretisch genauen Ort, wie er sich aus den eingerahmten Maßen ergibt.

Durch die Anwendung von theoretisch genauen Maßen im Zusammenhang mit Positionstoleranzen addieren sich bei Kettenmaßen keine Maßtoleranzen.

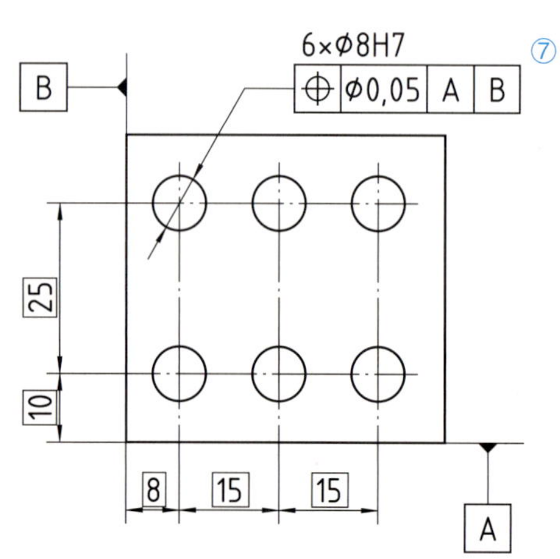

Abb. 3: Positionstoleranz mehrerer gleichartiger Bohrungen

4.3.7 Analyse von Form- und Lagetoleranzen

Die in einer Teilzeichnung enthaltenen Angaben zu Form- und Lagetoleranzen sind in der Fertigung und Qualitätsprüfung richtig umzusetzen.

Am Beispiel der Abtriebswelle (S. 24, Abb. 2) sollen die in einer Teilzeichnung enthaltenen Form- und Lagetoleranzen in deren Bedeutung umfassend analysiert werden. Die angegebenen tolerierten Eigenschaften und Bezüge sollen in einer Tabelle zusammengefasst werden (Tab. 1). Eine solche Tabelle kann als Planungsgrundlage für geeignete Fertigungs- und Prüfverfahren dienen.

Tolerierte Eigenschaften

Bei der Abtriebswelle sind nur Lauftoleranzen angegeben.

Die Planfläche des Absatzes ist mit einer *Planlauftoleranz* versehen. An diesem Absatz liegt die Schulter des Innenringes vom Rillenkugellager (11) an.

Bei einer Umdrehung um die Bezugsachse A-B darf die Planlaufabweichung an jeder beliebigen Messstelle auf der Planfläche nicht größer als 0,01 mm sein (Abb. 4). Mit dieser tolerierten Eigenschafte werden nur Kreislinien auf der Planfläche erfasst. Der Planlauf der gesamten Fläche kann nur durch eine Gesamtplanlauftoleranz erfasst werden.

Das Wellenende der Abtriebswelle ist mit einer *Rundlauftoleranz* versehen. Auf dieses Wellenende wird eine Kupplung o. ä. montiert.

Bei einer Umdrehung um die Bezugsachse A-B darf die Rundlaufabweichung an jeder beliebigen Stelle auf der Zylindermantelfläche nicht größer als 0,01 mm betragen. Mit dieser tolerierten Eigenschaft werden nur einzelne Kreislinien auf der Mantelfläche erfasst. Die Rundlaufabweichung des gesamten Wellenendes kann durchaus größer sein. Soll sie erfasst werden, ist eine Gesamtrundlauftoleranz anzugeben.

Bezugselemente

Als Bezug für die Lauftoleranzen wurde die *gemeinsame Achse* der Wellenabschnitte 25k6 festgelegt. Auf den beiden Wellenabschnitten sitzen die beiden Rillenkugellager, mit denen die Abtriebswelle im Getriebegehäuse gelagert ist.

Die Bezugselemente selbst sind nicht besonders mit Formtoleranzen versehen. Es muss davon ausgegangen werden, dass die Wellenenden aufgrund der ISO-Toleranz hinreichend genaue Formen aufweisen. Die Flächen sollten mindestens so formgenau sein, wie die eingetragenen Lagetoleranzen.

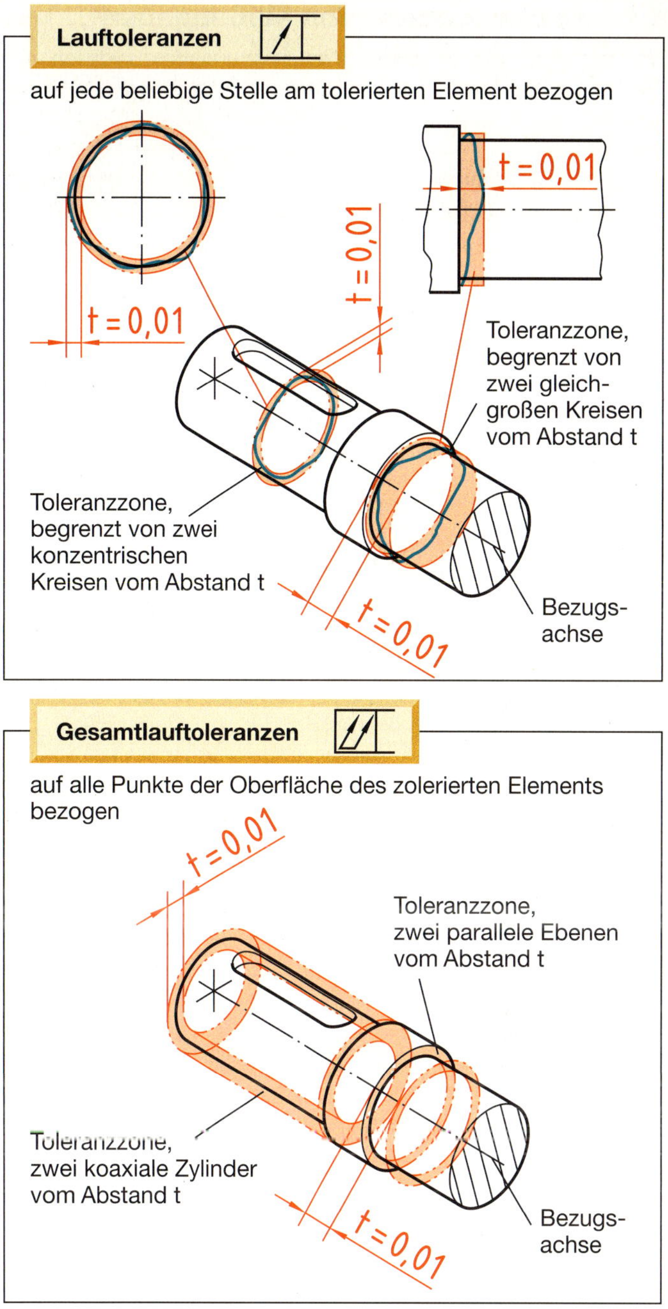

Abb. 4: Toleranzzone verschiedener Lauftoleranzen

Tab. 1: Analyse von Form- und Lagetoleranzen

Toleranzangabe	tolerierte Eigenschaft	tolerierte Elemente	Toleranz	Bezug	Bezugselemente
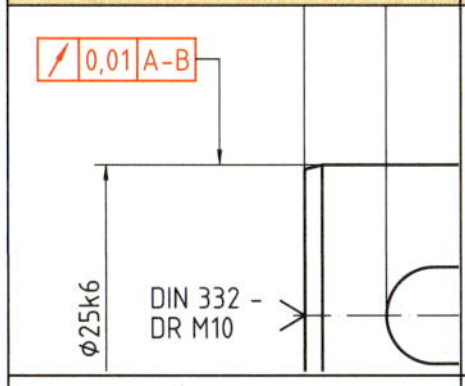	Rundlauf	Mantelfläche Zylinder Ø 25k6	Bei einer Umdrehung darf die Rundlaufabweichung an jeder beliebigen Stelle nicht größer als 0,01 mm sein.	Achse der Wellenabschnitte Ø 25k6	Oberfläche der beiden Wellenabschnitte gemeinsam
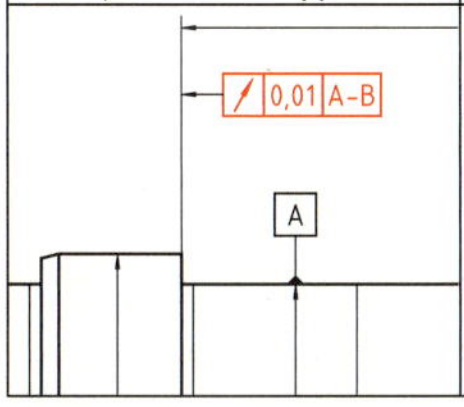	Planlauf	Planfläche des Absatzes Ø 25k6 auf Ø 30h11	Bei einer Umdrehung darf die Planlaufabweichung an jeder beliebigen Stelle nicht größer als 0,01 mm sein.	Achse der Wellenabschnitte Ø 25k6	Oberfläche der beiden Wellenabschnitte gemeinsam

4.4 Kennzeichnung von Maßangaben

Maßzahlen können in technischen Zeichnungen zusätzlich gekennzeichnet sein. Die Teilzeichnung für das Getriebegehäuse weist folgende zusätzliche Kennzeichnungen auf (Abb. 1):

- rechteckige Rahmen,
- ovale Rahmen,
- unterstrichene Maße,
- runde Klammern und
- eckige Klammern.

4.4.1 Maßzahlen in rechteckigen Rahmen

Das Maß 45 für den Mittenabstand zwischen den Bohrungsachsen Ø 52J7 und Ø 32J7 bzw. Ø 40J7 ist mit einem rechteckigen Rahmen versehen. Das Maß 45 stellt ein theoretisch genaues Maß dar (Abb. 2).

Theoretisch genaue Maße sind toleranzlose Idealmaße. Sie treten bei der Anwendung von Positionstoleranzen, Neigungstoleranzen und Profiltoleranzen auf (vgl. Kap. 4.3.6).

Die Tolerierung des Mittenabstandes der Bohrungen Ø 52J7 und Ø 32J7 bzw. Ø 40J7 erfolgt durch die Positionstoleranz Ø 0,05 für die Bohrungen Ø 32J7 bzw. Ø 40J7. Als Bezug ist die Achse der Bohrung Ø 52J7 angegeben.

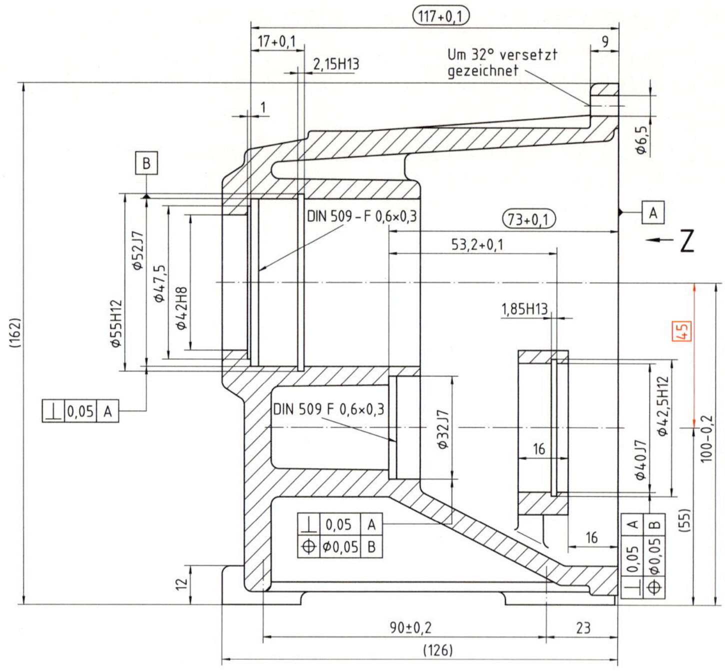

Abb. 2: Kennzeichnung von theoretisch genauen Maßen

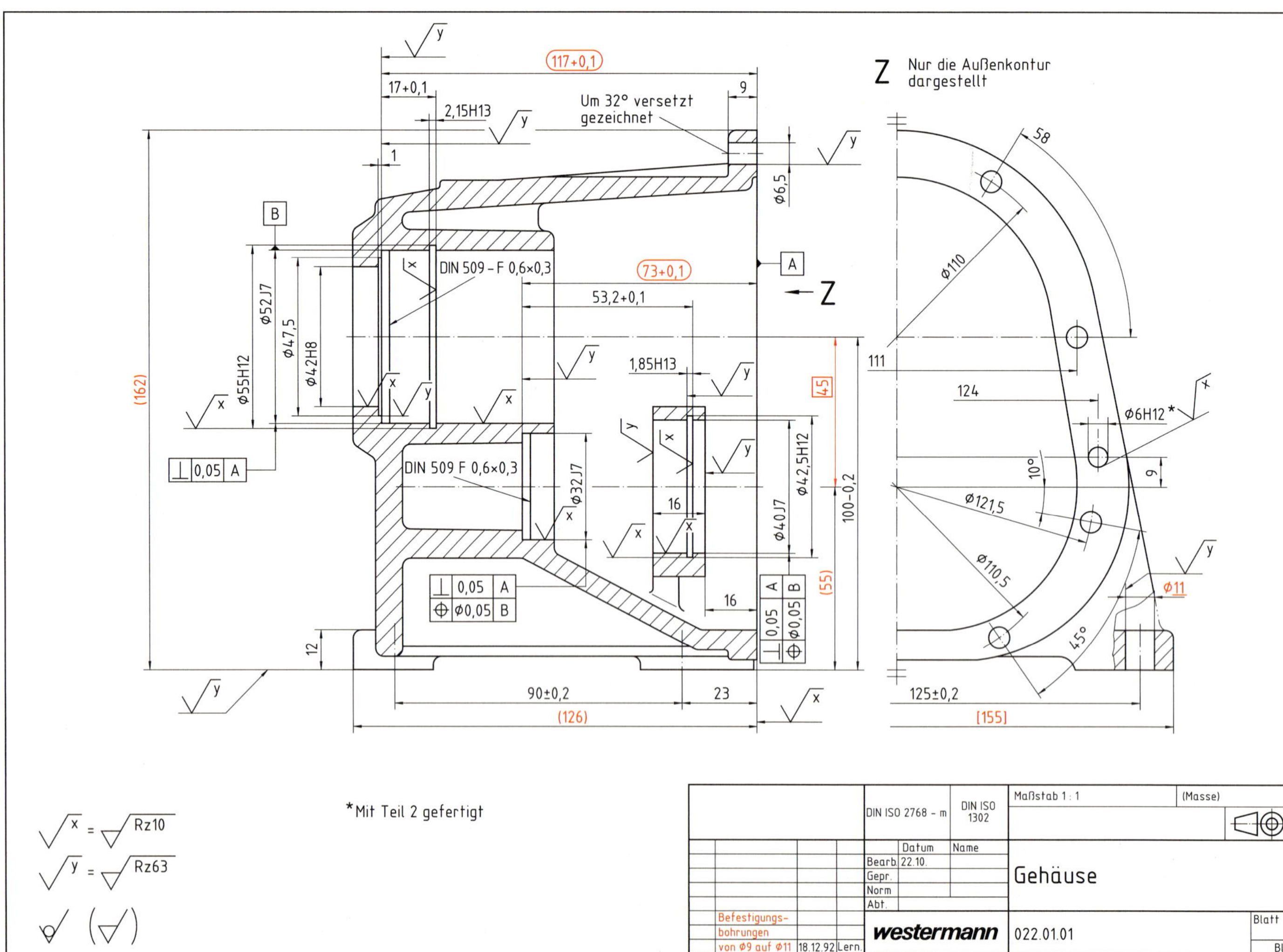

Abb. 1: Getriebegehäuse des Stirnradgetriebes

4.4.2 Maßzahlen in ovalen Rahmen

Die Maße 117 und 73 sind in einen Rahmen mit zwei Halbkreisen gesetzt. Solche Maße stellen Prüfmaße dar.

Prüfmaße werden bei der Abnahme der Werkstücke besonders geprüft. Der Prüfumfang und die Bedeutung kann in der Nähe des Schriftfeldes weiter erklärt werden.

Prüfmaße, die bei der Abnahme zu 100 % geprüft werden, erhalten den Zusatz 100 %. Der Zusatz wird durch einen senkrechten Strich von der Maßzahl getrennt (Abb. 3).

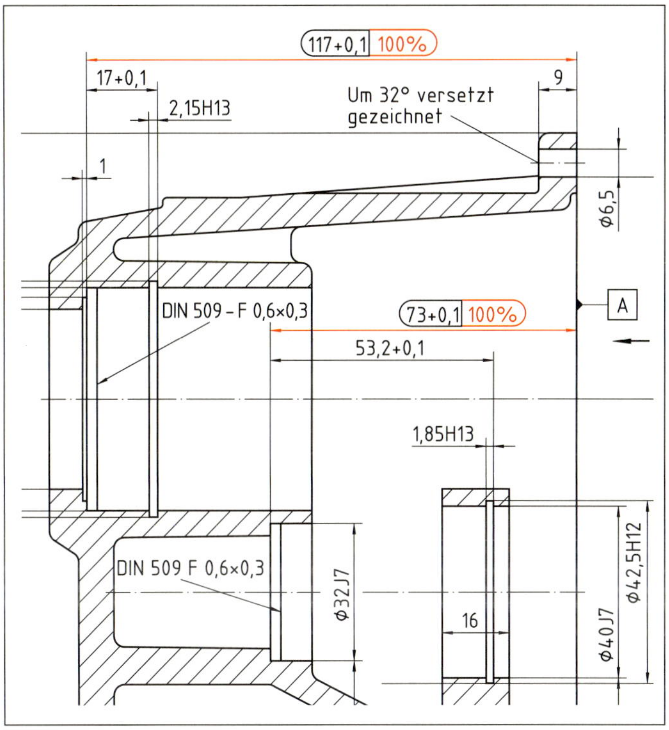

Abb. 3: Kennzeichnung von Prüfmaßen

4.4.3 Unterstrichene Maßzahlen

Die Maßzahl Ø 11 für die Befestigungsbohrung im Getriebefuß wurde unterstrichen. Auf Kundenwunsch wurde der Bohrungsdurchmesser von 9 mm auf 11 mm Durchmesser geändert. Dabei wurde die Maßzahl auf der manuell erstellten Zeichnung geändert, ohne die Darstellung der Bohrung zu ändern (Abb. 4).

Unmaßstäblich dargestellte Bearbeitungsformen sind durch Unterstreichen zu kennzeichnen. Die Kennzeichnung ist bei rechnerunterstützt angefertigten Zeichnungen (CAD) nicht zulässig.

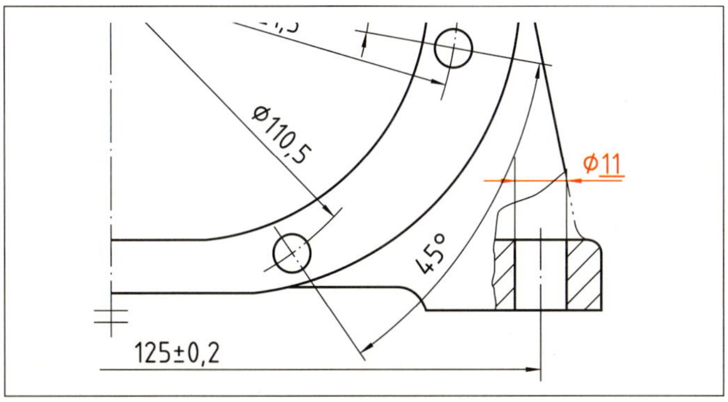

Abb. 4: Kennzeichnung nicht maßstäblich dargestellter Formelemente

4.4.4 Maßzahlen in runden Klammern

Die Maßzahl 55 steht in runden Klammern (Abb. 5). Das Maß ist für die Lagebestimmung der Bohrungsachse nicht erforderlich. Durch das Maß ergibt sich eine Überbemaßung. Es bildet allerdings eine Hilfe bei der Fertigung. Eventuell notwendige Berechnungen entfallen.

Hilfsmaße sind zusätzliche Maße und werden in runde Klammern gesetzt.

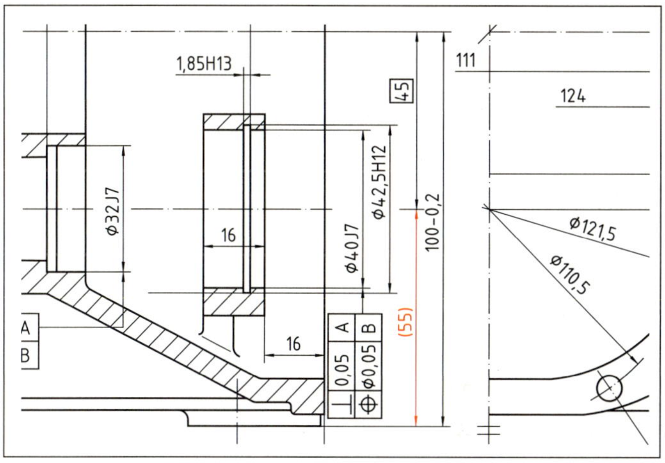

Abb. 5: Kennzeichnung von Hilfsmaßen

4.4.5 Maßzahlen in eckigen Klammern

Die Maßzahl 155 steht in eckigen Klammern (Abb. 6). Es handelt sich um ein Gussteilmaß. Es wird nicht bearbeitet und nur zur Rohmaßüberprüfung bei Fertigungsbeginn herangezogen.

Rohmaße werden in Fertigungszeichnungen in eckige Klammern gesetzt. Die Bedeutung der Klammern ist in der Nähe des Schriftfeldes anzugeben.

Im Allgemeinen werden Rohmaße in Zeichnungen immer dann angegeben, wenn keine extra Rohteilzeichnung angefertigt wurde.

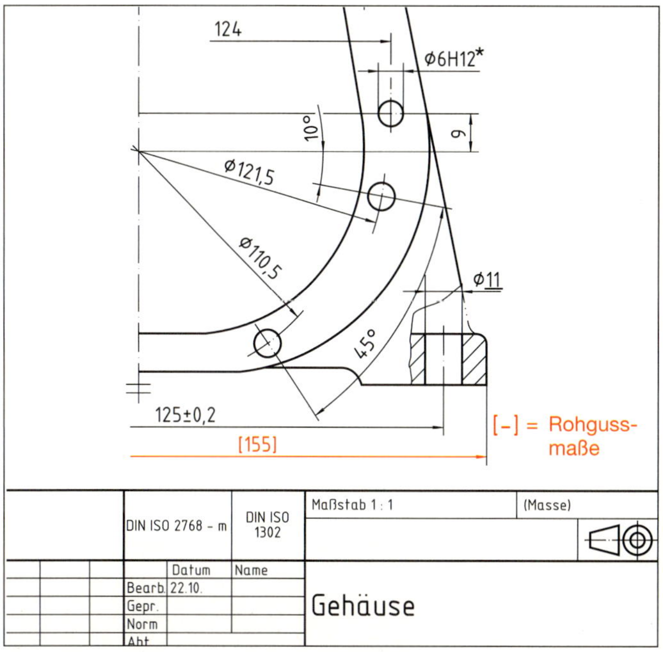

Abb. 6: Kennzeichnung von Rohmaßen

5 OBERFLÄCHENKENNZEICHNUNG

5.1 Oberflächenbeschaffenheit

Für das einwandfreie Funktionieren und den problemlosen Zusammenbau des Getriebes ist neben der Maßgenauigkeit und der Form- und Lagegenauigkeit auch die Oberflächenbeschaffenheit der Einzelteile von Bedeutung. Die Oberflächenbeschaffenheit muss den Funktionsanforderungen entsprechen.

Bei der Herstellung von Bauteilen müssen Maß-, Form- und Lagegenauigkeit sowie Oberflächenbeschaffenheit aufeinander abgestimmt sein.

Um einen ausreichenden Flächentraganteil bei Passflächen zu gewährleisten, sollte der Rauheitswert der Fläche im Allgemeinen innerhalb der festgelegten Maßtoleranz liegen.

Die Symbole zur Kennzeichnung der Oberflächenbeschaffenheit sind in **DIN ISO 1302** genormt (➡📖). Im Schriftfeld einer Teil-Zeichnung wird auf diese Norm verwiesen (Abb. 1). Die Norm schreibt die Symbolbildung und das Eintragen der Symbole in die Zeichnung vor.

Symbol mit Zusatzangaben

Mit Hilfe des Symbols können folgende Zusatzangaben dargestellt werden (Abb. 2):

① Rauheitswerte Ra oder Rz in µm/Einzelstrecke in mm,

② andere Rauheitskenngrößen, z.B. Rmax oder zweite Anforderung an die Oberflächenbeschaffenheit,

③ Fertigungsverfahren, Oberflächenbehandlungen oder Beschichtungen,

④ Rillenrichtung und

⑤ Bearbeitungszugabe in mm.

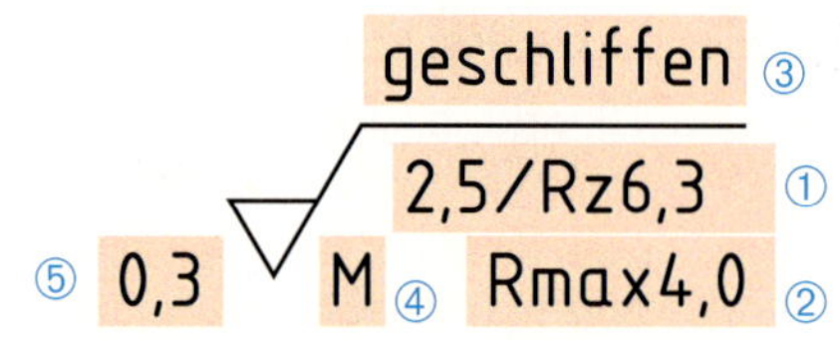

Abb. 2: Zusatzangaben am Symbol

Symbole mit Zusatzangaben sind so an das Werkstück anzutragen, dass die Angaben von unten oder von rechts lesbar sind. Dabei kann das Symbol der Werkstückoberfläche mit Bezugslinien zugeordnet werden.

Oberflächenangaben bei der Abtriebswelle

Bei der Abtriebswelle ist die vereinfachte Oberflächenangabe gewählt. Die Bedeutung der Symbole ist auf der Zeichnung an übersichtlicher Stelle angegeben.

Oberhalb des Schriftfeldes sind alle Oberflächenangaben aufgeführt, die die Oberflächen der Abtriebswelle aufweisen sollen. Als Rauheitsmessgröße ist die gemittelte Rautiefe Rz angegeben. Die Passflächen sind geschliffen mit Rz 6,3. Dabei ist für das Schleifen eine Bearbeitungszugabe von 0,3 mm vorgesehen. Die Lauffläche für den Wellendichtring soll ebenfalls geschliffen werden mit Rz 4.

Für die Passflächen der Passfedernut ist eine gemittelte Rautiefe von 25 µm vorgeschrieben.

Alle anderen Oberflächen erhalten eine gemittelte Rautiefe von 40 µm. Diese Angabe wurde nicht in die Ansicht der Zeichnung eingetragen. Das zugeordnete vereinfachte Oberflächenzeichen ist bei den Oberflächenangaben über dem Schriftfeld vor der Klammer angegeben.

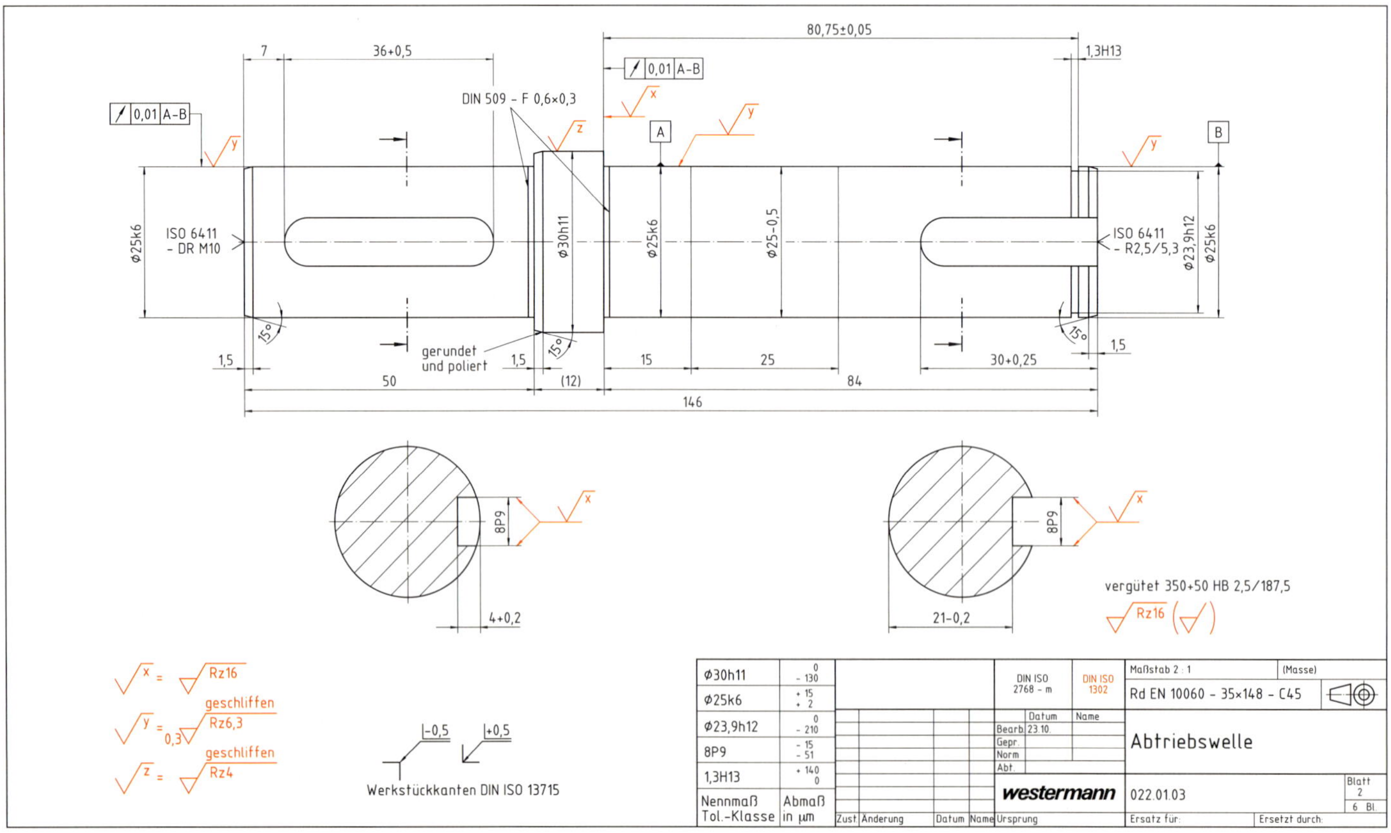

Abb. 1: Teil-Zeichnung der Abtriebswelle

5.2 Galvanische Überzüge

Die Buchse (10) in Abb. 3 gehört zum Stirnrädergetriebe. Sie sitzt auf der Antriebswelle (5) des Getriebes (siehe hintere Innenumschlagseite). Auf der Zylindermantelfläche der Buchse gleitet die Dichtlippe des Wellendichtrings (21).

Um die Verschleißfestigkeit der Oberfläche zu erhöhen, ist die Lauffläche mit einem Chromüberzug versehen. Der Durchmesser muss aus Funktionsgründen eine ISO-Toleranz erhalten. Die Teil-Zeichnung der Buchse enthält entsprechende Angaben zur Oberflächenbeschaffenheit und zu Art und Umfang der Beschichtung.

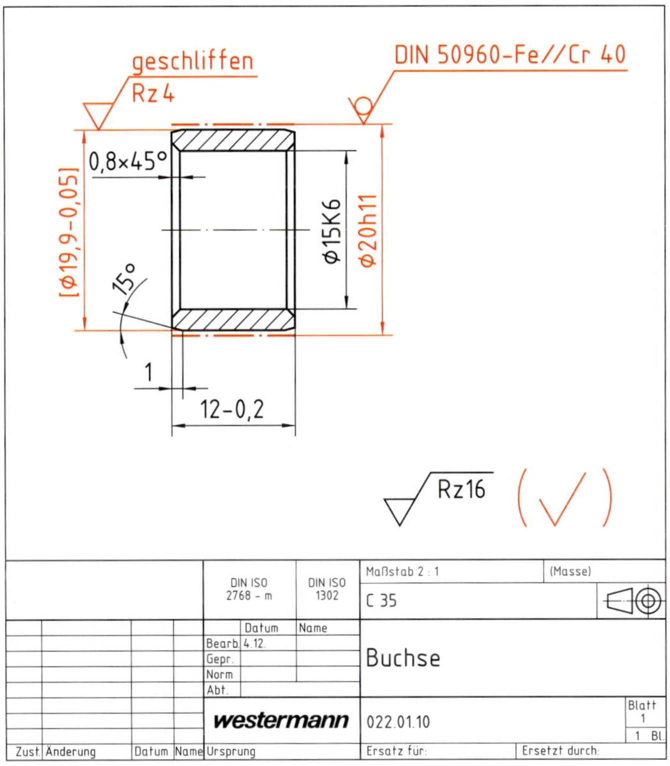

Abb. 3: Teil-Zeichnung mit Angaben

Die Kennzeichnung galvanischer Überzüge erfolgt nach **DIN 50 960** (➡). Die Norm enthält Angaben zum Aufbau der Bezeichnung sowie zur Kennzeichnung der Bereiche mit einem Überzug.

Symbolaufbau

Die Angabe der Bezeichnung von Überzügen erfolgt an einem Symbol nach **DIN ISO 1302**. Die Bezeichnung ist in **DIN EN 1403** festgelegt und zeigt folgenden Aufbau:

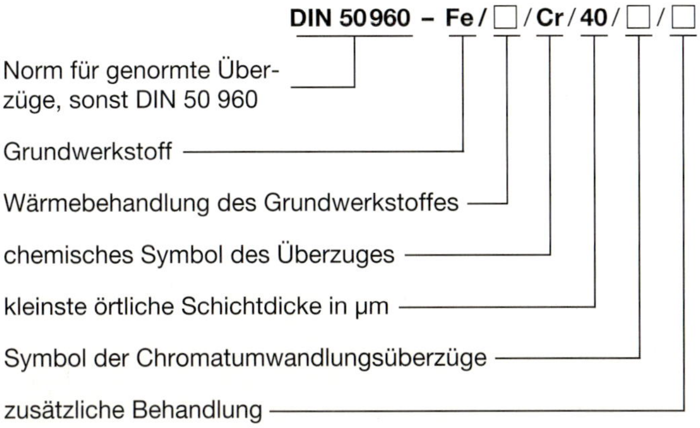

Einzelne Angaben können entfallen. Ein doppelter Schrägstrich in der Bezeichnung weist auf eine fehlende Angabe hin.

Zeichnungsangaben

⑥ Erhält ein Werkstück einen einheitlichen, allseitigen Überzug, wird die Bezeichnung in der Nähe des Schriftfeldes bzw. im Schriftfeld angegeben.

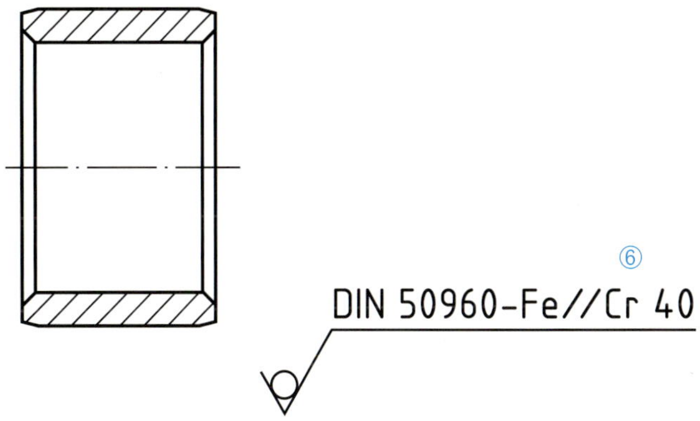

Abb. 4: Einheitlicher, allseitiger Überzug eines Werkstückes

⑦ Sollen nur Teilbereiche des Werkstückes einen Überzug erhalten, wird dieser Teilbereich durch eine breite Strich-Punkt-Linie gekennzeichnet. Die Angabe für den Überzug erfolgt an der Strich-Punkt-Linie.
Bei symmetrischen Teilen genügt die Kennzeichnung an einer Halbseite.

⑧ Auf den nicht gekennzeichneten Bereichen darf kein Überzug vorhanden sein.

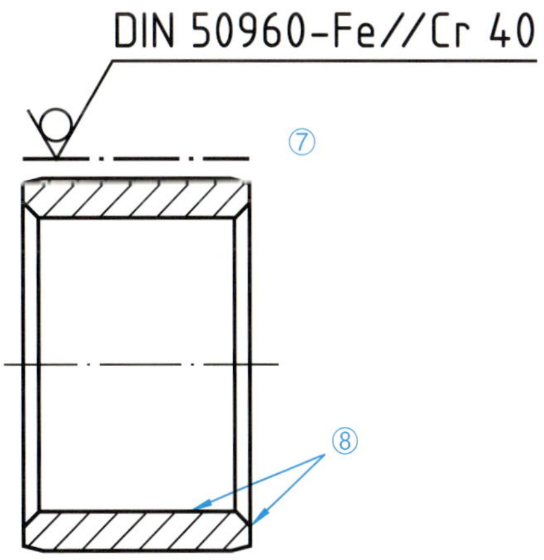

Abb. 5: Teilbereich mit geforderter Beschichtung

Angaben für eine Maßbeschichtung

Soll eine Funktionsfläche an einem Werkstück einen Überzug mit einer ISO-Toleranz erhalten, so ist die Fläche entsprechend zu kennzeichnen und zu bemaßen. Die Fläche ist durch materialabtragende Bearbeitung auf ein entsprechendes Maß – dem Vorbearbeitungsmaß – zu bringen. Größe und Toleranz des Vorbearbeitungsmaßes ergeben sich aus dem Passmaß und der Schichtdicke des Überzuges.

Man unterscheidet Fertigmaßbeschichtung und Übermaßbeschichtung.

Bei der *Fertigmaßbeschichtung* erhält das Werkstück das Fertigmaß durch die Beschichtung (Abb. 1a).

Bei der *Übermaßbeschichtung* erhält das Werkstück das Fertigmaß durch eine spanende Bearbeitung im Anschluss an die Beschichtung (Abb. 1b).

① Bei der Maßbeschichtung wird das Vorbearbeitungsmaß in eckige Klammern gesetzt. Das Symbol für die Bearbeitung vor der Beschichtung wird am Werkstück angegeben.

② Das Fertigmaß bei der Fertigmaßbeschichtung wird an der Strich-Punkt-Linie angegeben. Dort wird auch die Kennzeichnung für den Überzug angetragen.

③ Das Fertigmaß bei einer Übermaßbeschichtung wird zusammen mit dem Beschichtungsmaß, das in eckige Klammern gesetzt wird, angegeben.

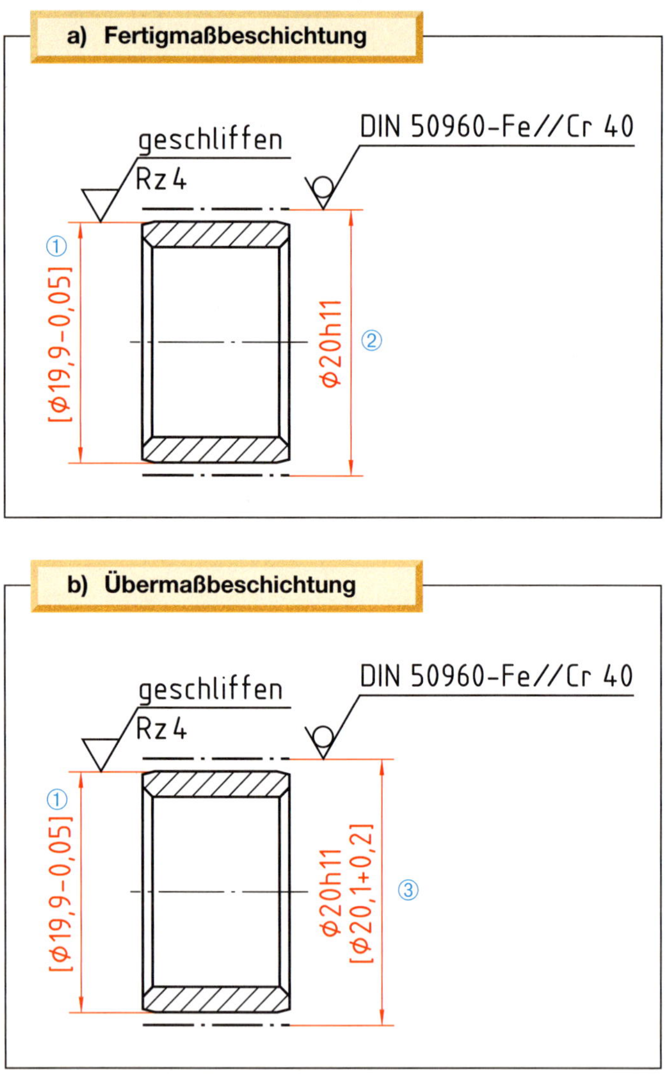

Abb. 1: Angaben für eine Maßbeschichtung

5.3 Härteangaben

Einige Bauteile des Getriebes werden einer Wärmebehandlung unterzogen, um deren Gebrauchseigenschaften zu verbessern. Die Abtriebswelle wird vergütet, um die Festigkeit zu erhöhen. Die Zahnräder werden einsatzgehärtet, um die Verschleißfestigkeit zu verbessern.

Die Eigenschaften, die die Werkstücke nach der Wärmebehandlung aufweisen sollen, werden durch besondere Angaben festgelegt. Dabei muss ersichtlich sein,

- welche Härtewerte vorliegen sollen und
- welche Bereiche wärmebehandelt sein müssen, dürfen oder unbehandelt bleiben.

Angaben zur Wärmebehandlung

Teil-Zeichnungen schreiben den Endzustand des fertigen Werkstückes vor. Dies ist auch bei der Wortangabe für das Härteverfahren zu berücksichtigen. Das Verfahren ist durch Angaben wie *gehärtet*, *angelassen*, *vergütet*, *einsatzgehärtet*, *randschichtgehärtet* oder *nitriert* festzulegen (Abb. 2).

Die Oberflächenhärte kann angegeben werden als

- Brinellhärte (HBW) nach **DIN EN ISO 6506**,
- Vickershärte (HV) nach **DIN EN ISO 6507** oder
- Rockwellhärte (HRC) nach **DIN EN ISO 6508** (➔📖).

Dabei wird nicht nur der Härtewert angegeben. Es werden auch Angaben zum Prüfverfahren vorgenommen.

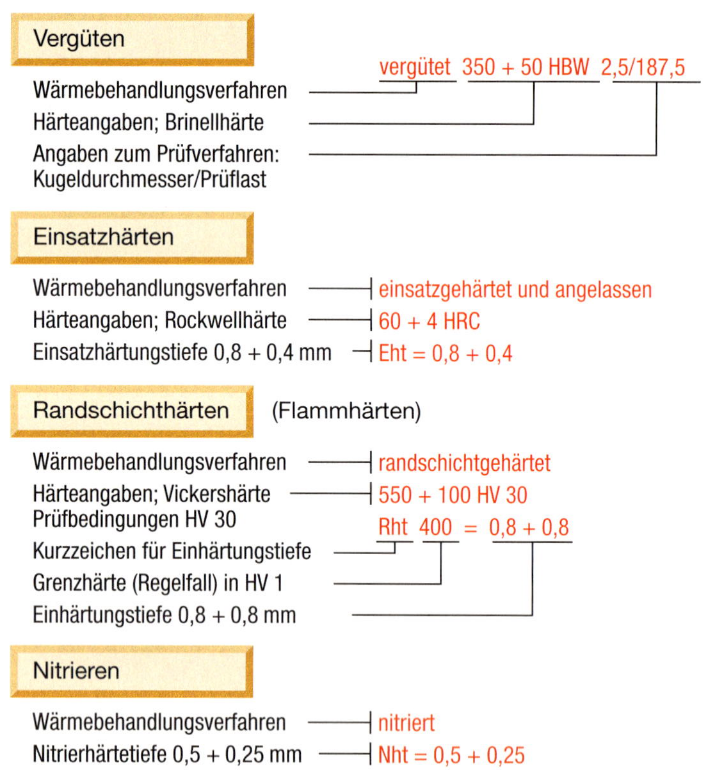

Abb. 2: Angaben zur Wärmebehandlung

Bei einsatzgehärteten, randschichtgehärteten oder nitrierten Werkstücken wird außerdem die *Mindesthärtetiefe* angegeben. Die Härtetiefe wird beim Randschichthärten als Einhärtungstiefe (Rht), beim Einsatzhärten als Einsatzhärtungstiefe (Eht) und beim Nitrieren als Nitrierhärtetiefe (Nht) jeweils in Millimetern vorgeschrieben. Den Härtewerten und Härtetiefen ist eine größtmögliche, jedoch funktionsgerechte Plus-Toleranz zugeordnet.

Zeichnungsangaben

Die Kennzeichnung in Teil-Zeichnungen erfolgt nach **DIN 6773** (➔📖).

④ Eine einheitliche Wärmebehandlung des ganzen Werkstückes wird durch die Angabe des Härtewertes in der Nähe des Schriftfeldes vorgeschrieben (Abb. 3).

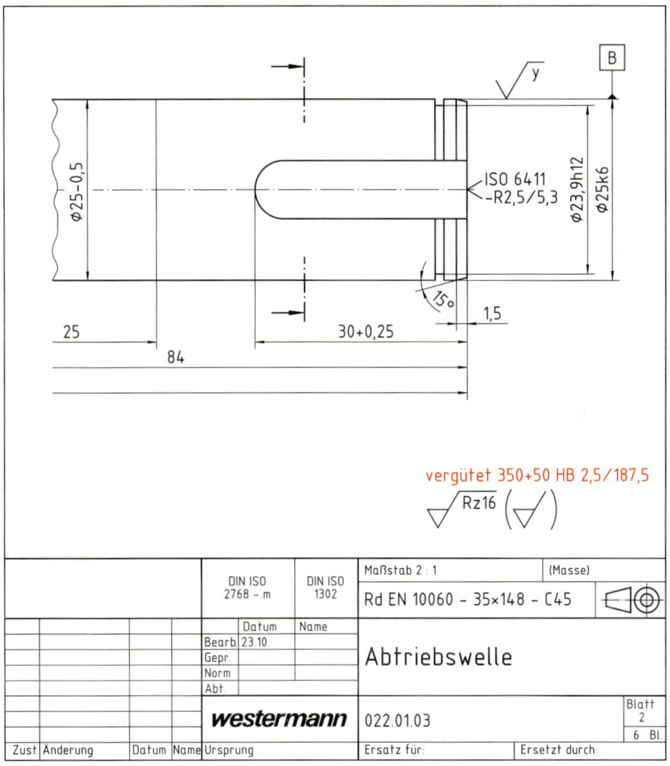

Abb. 3: Abtriebswelle mit einheitlicher Wärmebehandlung

⑤ Eine örtlich begrenzte Wärmebehandlung eines Werkstückes ist durch eine breite Strich-Punkt-Linie außerhalb der Körperkanten zu kennzeichnen. Bei drehsymmetrischen Werkstücken genügt es, die Kennzeichnung nur an einer Mantellinie vorzunehmen (Abb. 4).

⑥ Bereiche, die wärmebehandelt sein dürfen, sind durch breite Strichlinien außerhalb der Körperkanten zu kennzeichnen.

⑦ Bereiche, die nicht gekennzeichnet sind, dürfen weder aufgekohlt noch gehärtet werden.

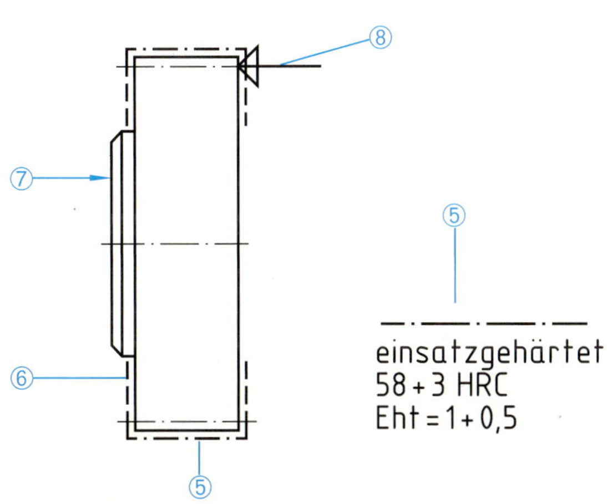

Abb. 4: Einsatzgehärteter Teilbereich eines Stirnrades

Die Größe und Lage der wärmebehandelten Bereiche sind durch Maße festzulegen, wenn dies notwendig ist. Häufig jedoch begrenzen die Bearbeitungsformen eines Werkstückes die Bereiche eindeutig.

⑧ Die Messstelle, an der ein Härtewert überprüft werden soll, kann in der Zeichnung durch ein genormtes Symbol gekennzeichnet werden. Falls erforderlich, ist die genaue Lage der Messstelle entsprechend zu bemaßen.

Wird die Darstellung eines Werkstückes durch die Angaben zur Wärmebehandlung unübersichtlich, sollte zusätzlich ein *Wärmebehandlungsbild* gezeichnet werden. Es wird auf der Teil-Zeichnung in der Nähe des Schriftfeldes angeordnet. Das Wärmebehandlungsbild ist eine vereinfachte und nicht maßstabsgetreue Darstellung des Werkstückes mit allen für die Wärmebehandlung notwendigen Angaben (Abb. 5).

Beim Randschichthärten kann der Verlauf und die Lage der gehärteten Randschicht funktionswichtig sein. So kann man bei Zahnrädern eine Ganz-Zahnhärtung (Abb. 5a), Zahnflankenhärtung (Abb. 5b) und Zahngrundhärtung (Abb. 5c) unterscheiden.

⑨ Die schmale Strich-Punkt-Linie innerhalb der Körperkanten gibt den Verlauf und die Lage der gehärteten Randschicht an.

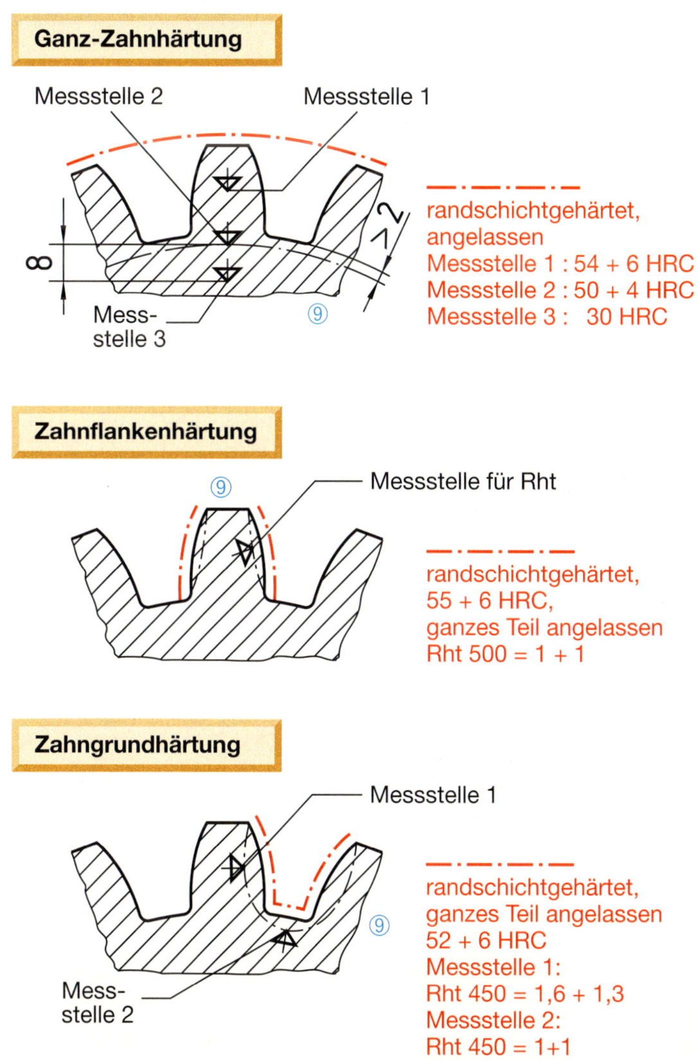

Abb. 5: Wärmebehandlungsbilder für Zahnhärtungen

6 GENORMTE FORMELEMENTE

Die Abtriebswelle weist verschiedene genormte Formelemente auf (Abb. 1), deren Formen und Maße genormt sind.

Zu den genormten Formelementen zählen u. a.:

- Zentrierbohrungen,
- Nuten für Passfedern und Sicherungsringe,
- Freistiche und Gewindefreistiche,
- Rändel.

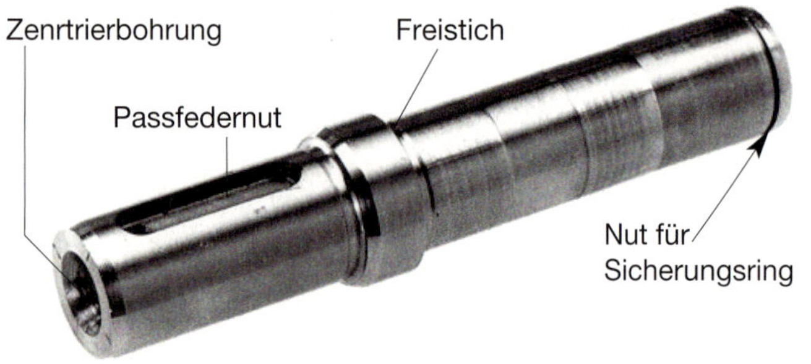

Abb. 1: Abtriebswelle mit genormten Formelementen

6.1 Zentrierbohrungen

Die Abtriebswelle weist an beiden Stirnseiten eine Zentrierbohrung auf. Zentrierbohrungen dienen zum Spannen von Werkstücken zwischen Zentrierspitzen.

An dem Wellenende, das aus dem Getriebegehäuse ragt, ist eine Zentrierbohrung mit Innengewinde angebracht. Solche Zentrierbohrungen erleichtern die Montage und Demontage von Zahnrädern, Kupplungsscheiben oder Riemenscheiben.

Zeichnungsangaben von Zentrierbohrungen können als ausführliche Darstellung nach **DIN 332** erfolgen oder als vereinfachte Darstellung nach **DIN ISO 6411** (➔📖).

Bei der ausführlichen Darstellung wird die Zentrierbohrung im Teilschnitt oder als Einzelheit vergrößert herausgezeichnet und bemaßt. Die Angabe der Bohrungstiefe erfolgt entgegen der üblichen Bemaßung bis zur Bohrungsspitze. Dieser Wert kann bei der Fertigung ohne Berechnung einfach erreicht werden. Die Bohrungstiefe bestimmt den äußeren Senklochdurchmesser der Zentrierung. Er kann nicht exakt gemessen werden. (Abb. 2).

Da Zentrierbohrungen mit genormten Zentrierbohrern hergestellt werden, reicht in der Regel die vereinfachte Darstellung. Das Symbol legt fest, ob eine Zentrierung am fertigen Werkstück verbleiben darf oder nicht (Abb. 3).

An das Symbol wird die Normbezeichnung angetragen:

ISO 6411 - R 2,5 / 5,3

- DIN ISO-Nummer → ISO 6411
- Buchstabe für die Form → R
- Führungsdurchmesser → 2,5
- äußerer Senklochdurchmesser → 5,3

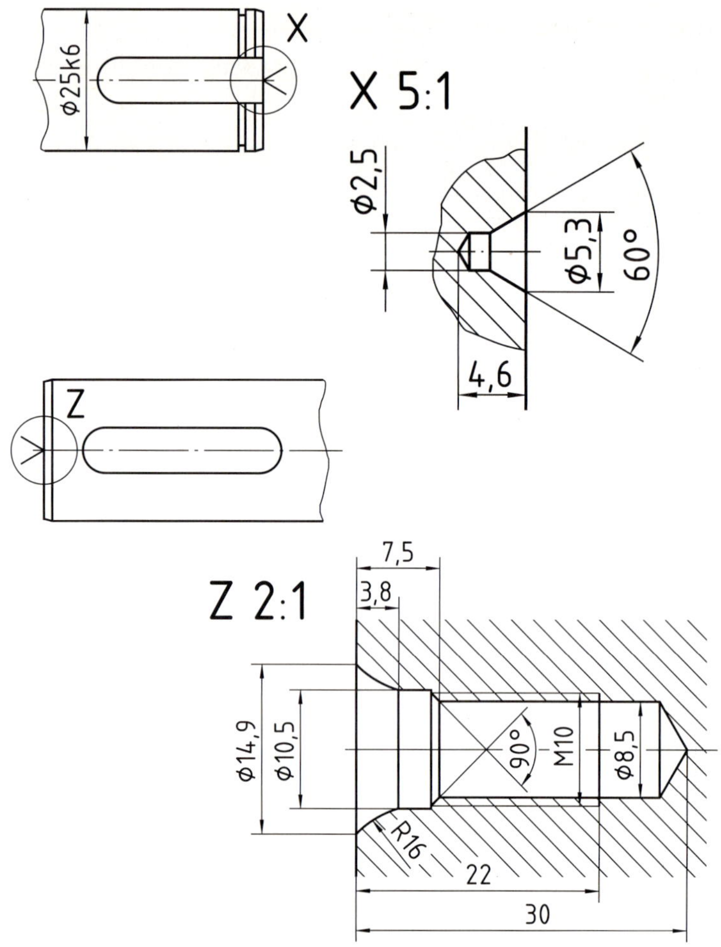

Abb. 2: Ausführliche Darstellung von Zentrierbohrungen

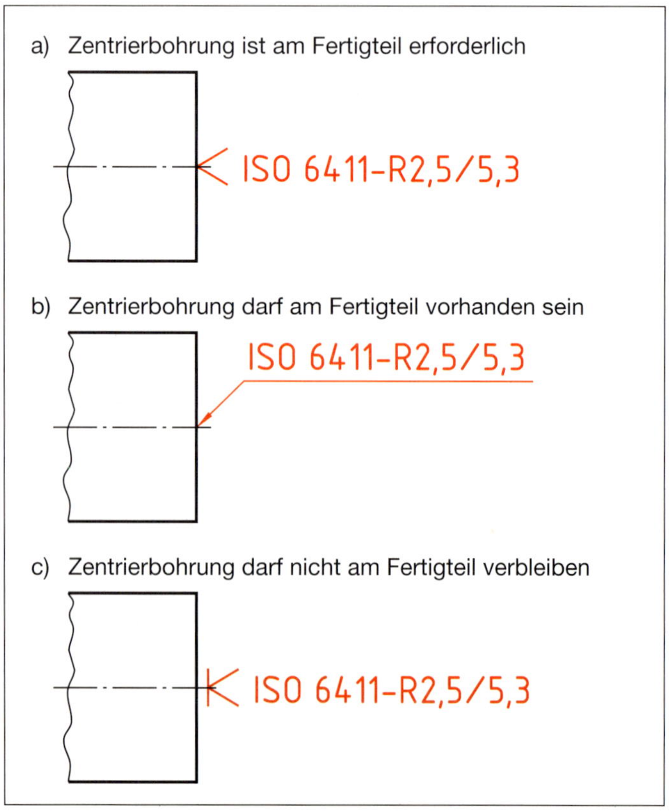

Abb. 3: Zeichnungsangaben bei vereinfachter Darstellung

6.2 Nuten für Passfedern und Keile

Zum Übertragen von Drehmomenten zwischen Wellen und Zahnrädern werden Passfedern und Keile eingesetzt. In die Welle und die Nabe werden Nuten gefertigt. Die Nuten nehmen die genormten Passfedern und Keile auf. Abb. 4 zeigt die Passfederverbindung zwischen dem Zahnrad Pos. 8 und der Abtriebswelle Pos. 3 des Stirnrädergetriebes.

Abb. 4: Passfederverbindung

Die Maße und Toleranzen für die Breite und Tiefe der Nuten sind genormt und vom Wellendurchmesser abhängig. Maße für Einlegkeile und Treibkeile werden nach **DIN 6886** und für Nasenkeile nach **DIN 6887** festgelegt. Maße für Passfedern sind nach **DIN 6885** genormt (➜📖).

In technischen Zeichnungen werden bei Wellennuten folgende Maße angegeben (Abb. 5):

① Bei Nuten in Wellen wird die Länge, die Breite und die Tiefe bemaßt. Die Nutbreite wird durch eine Toleranzangabe mit Toleranzklasse, z. B. P9, toleriert.

② Bei einer geschlossenen Wellennut wird die Nuttiefe bemaßt und mit einer Plus-Toleranz versehen.

③ Bei einer offenen Wellennut wird der Abstand vom Nutgrund bis zum gegenüberliegenden Wellendurchmesser bemaßt und mit einer Minus-Toleranz versehen.

Ist in einer Darstellung nur die Draufsicht erforderlich, genügt eine vereinfachte Darstellung (Abb. 6).

④ Bei Nuten, die nur in der Draufsicht dargestellt sind, kann die Nuttiefe vereinfacht mit dem Buchstaben h angegeben werden.

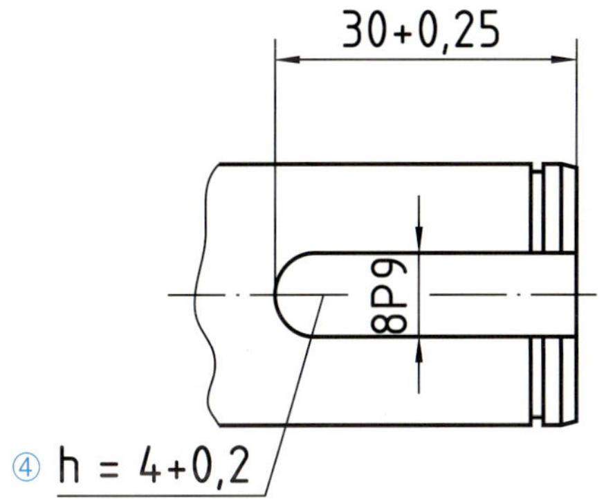

Abb. 6: Vereinfachte Darstellung von Wellennuten

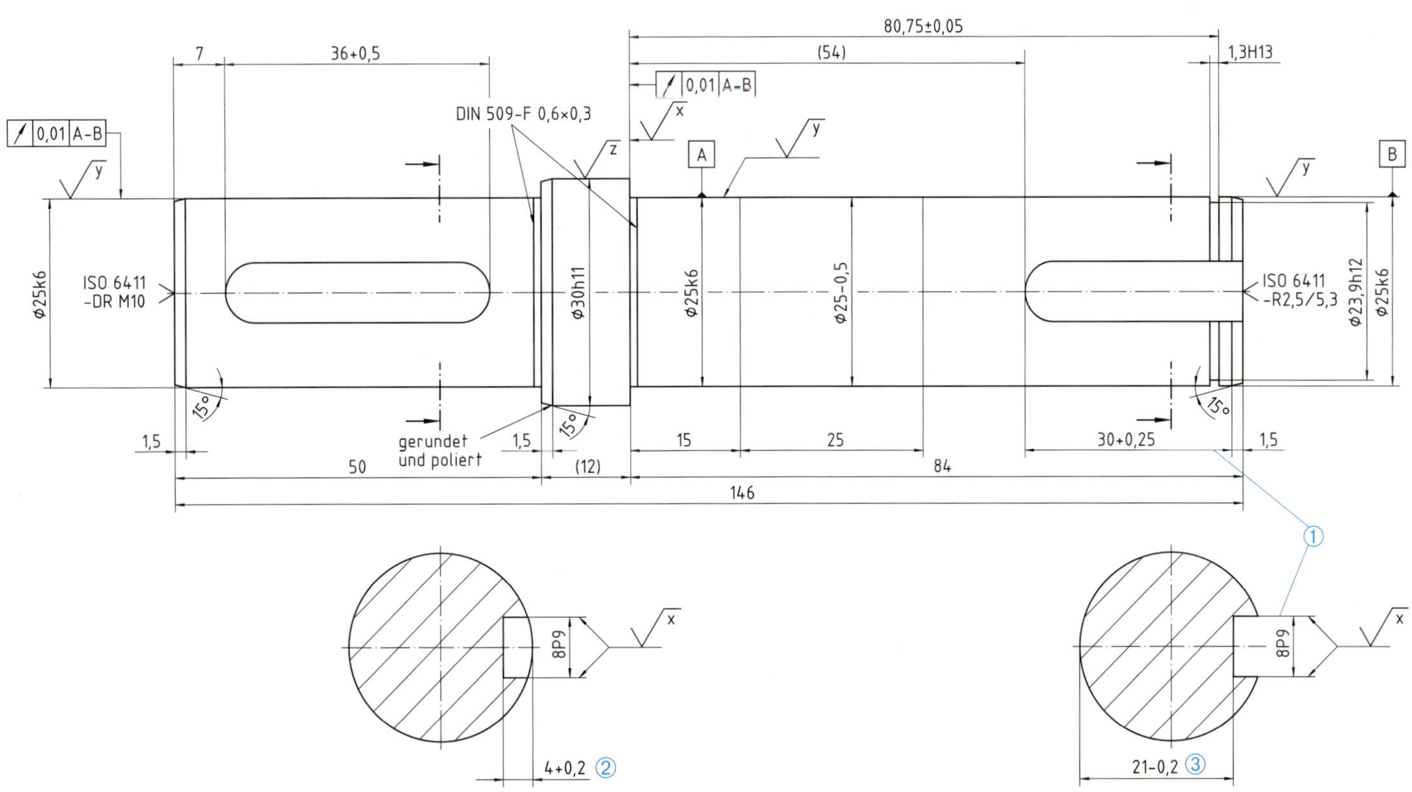

Abb. 5: Ausführliche Darstellung von Wellennuten

Nabennuten verlaufen in der Regel durchgehend. Zur Bemaßung wird die Bohrung herausgeklappt und mit der Nut im Querschnitt gezeichnet (Abb. 1).

① Bei einer Nabennut wird der Bohrungsdurchmesser, die Nutbreite und der Abstand zur gegenüberliegenden Bohrungsseite bemaßt. Die Nutbreite wird durch eine Toleranzangabe mit Toleranzklasse, z. B. P9, toleriert.

② Bei der Bemaßung von Nuten für Keile wird außerdem die Neigung angegeben. Die Richtung der Neigung ist durch das Neigungssymbol zu kennzeichnen.

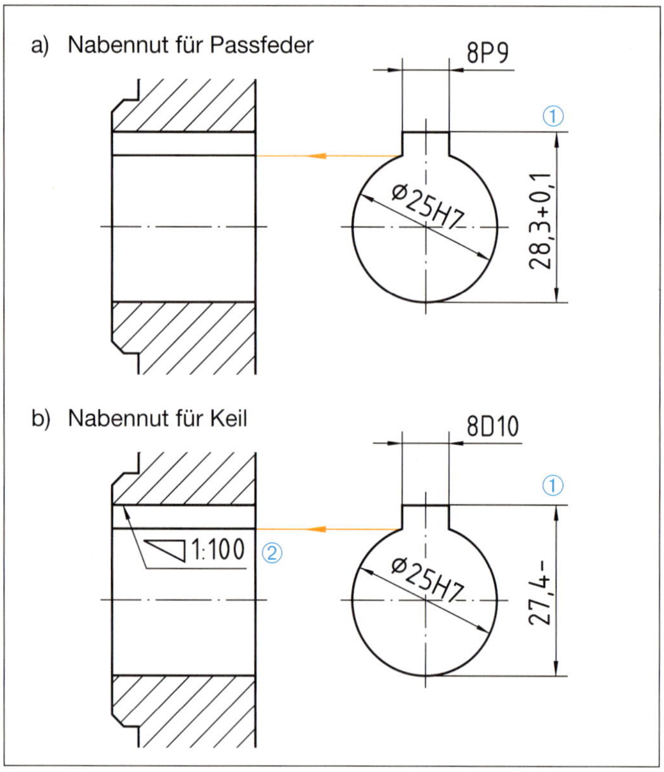

Abb. 1: Darstellung und Bemaßung von Nabennuten

6.3 Nuten für Sicherungsringe

Das Zahnrad Pos. 8 und die Passfeder Pos. 26 sind durch einen Sicherungsring Pos. 16 gegen axiales Verschieben auf der Abtriebswelle Pos. 3 gesichert (Abb. 2).

Abb. 2: Sicherungsring für Wellen

Die Aufnahme und das Abstützen des Sicherungsringes erfolgen durch eine umlaufende Nut mit rechteckigem Querschnitt. Maße und Toleranzen für den Durchmesser und die Breite der Nut sind genormt und vom Wellendurchmesser abhängig. Sicherungsringe für Wellen sind nach **DIN 471** und Sicherungsringe für Bohrungen nach **DIN 472** genormt (➜📖).

Nuten für Sicherungsringe in Wellen werden in einer Ansicht dargestellt und bemaßt (Abb. 3a). Nuten für Sicherungsringe in Bohrungen werden im Schnitt dargestellt (Abb. 3b).

③ Bei Nuten für Sicherungsringe werden Nutbreite und Nutdurchmesser bemaßt und durch eine Toleranzangabe mit Toleranzklasse toleriert.

④ Das Lagemaß der Nut ist funktionsbedingt von einer Anlagefläche aus anzugeben und mit einer Plustoleranz zu versehen.

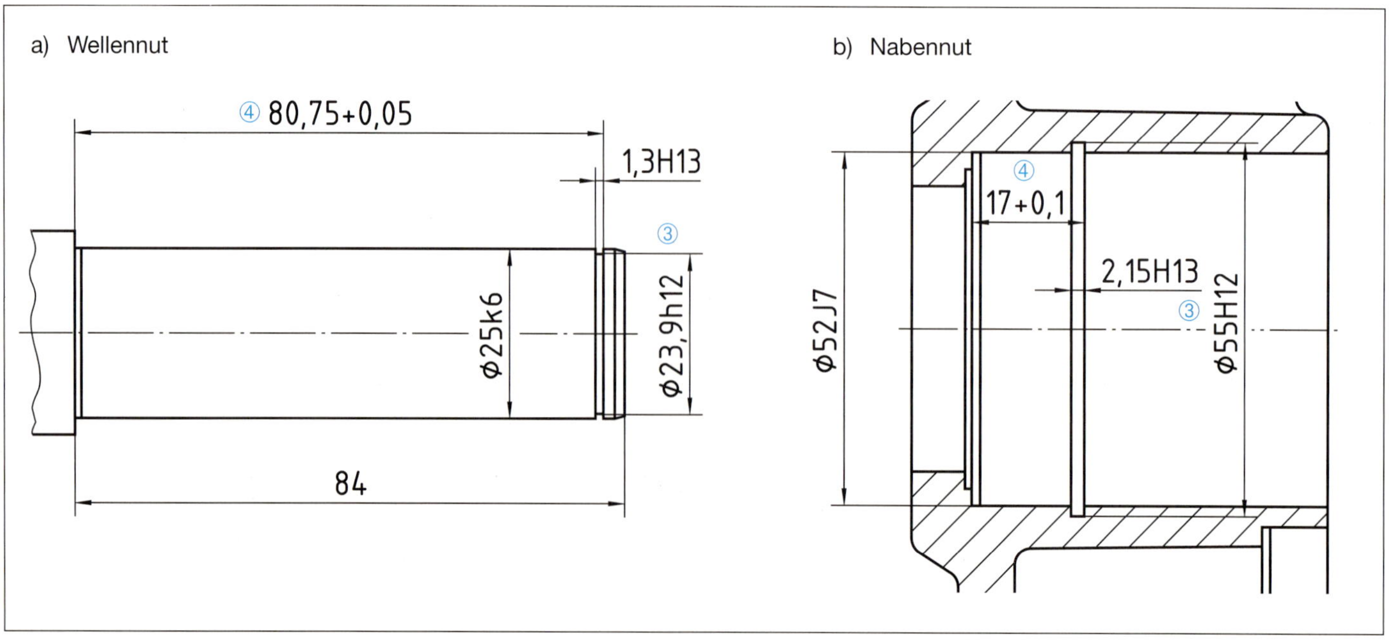

Abb. 3: Bemaßung von Nuten für Sicherungsringe

6.4 Freistiche

Die Abtriebswelle weist an beiden Seiten des Bundes Freistiche auf (Abb. 4). Dadurch wird erreicht, dass bei der Fertigung der Drehmeißel bzw. die Schleifscheibe frei auslaufen kann. Außerdem gewährleisten Freistiche ein exaktes Anliegen von angrenzenden Bauteilen. So soll an der Planfläche des Bundes das Rillenkugellager Pos. 11 maß- und passgenau anliegen. Freistiche verringern auch die sonst an scharfkantigen Übergängen auftretende Kerbwirkung.

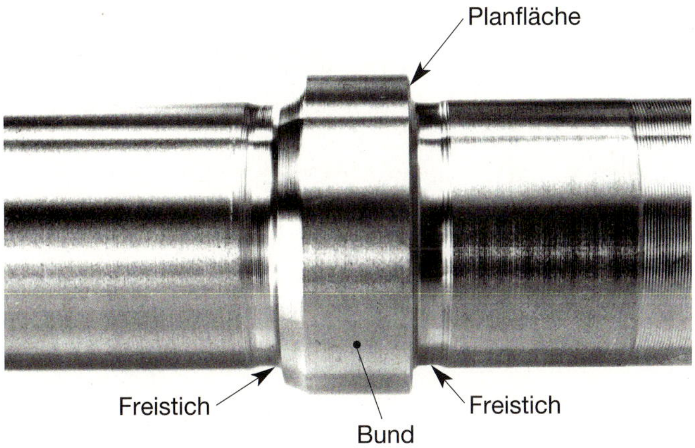

Abb. 4: Freistiche an der Abtriebswelle

Je nach Anforderung werden unterschiedliche Freistiche angewendet. Häufig verwendet werden:

- *Form E* ⇒ wenn an die Planfläche keine besonderen Anforderungen gestellt werden,
- *Form F* ⇒ wenn Zylinderfläche und Planfläche weiterbearbeitet werden sollen.

Freistiche sind nach **DIN 509** genormt (➜📖). Die Größe von Freistichen richtet sich nach dem Wellen- bzw. Bohrungsdurchmesser und der Beanspruchung des Bauteils.

Freistiche können vereinfacht oder ausführlich dargestellt werden. Bei der vereinfachten Darstellung wird die Stelle, an der der Freistich eingedreht werden soll, mit einer breiten Volllinie gekennzeichnet (Abb. 5). Der Abstand der Volllinie zum Absatz soll ungefähr der Breite des Freistiches entsprechen. Über eine Hinweislinie, die mit einem Pfeil an der Volllinie endet, wird die Normbezeichnung für den Freistich angegeben.

DIN 509 – F 0,6 x 0,3

- DIN-Nummer
- Buchstabe für die Form
- Kantenradius des Einstiches
- Tiefe des Einstiches

Bei der ausführlichen Darstellung wird der Freistich als Einzelheit vergrößert herausgezeichnet und bemaßt (Abb. 6).

⑤ Der herauszuzeichnende Freistich ist z. B. durch einen Kreis mit schmaler Volllinie und einen Großbuchstaben zu kennzeichnen.

⑥ Der vergrößert gezeichnete Freistich ist durch den gleichen Großbuchstaben zu kennzeichnen, außerdem ist der Maßstab anzugeben.

⑦ Die Einzelheit darf ohne Begrenzungslinien und ohne umlaufende Kanten gezeichnet werden.

⑧ Die Einzelheit kann bei Schnitten ohne Schraffur gezeichnet werden.

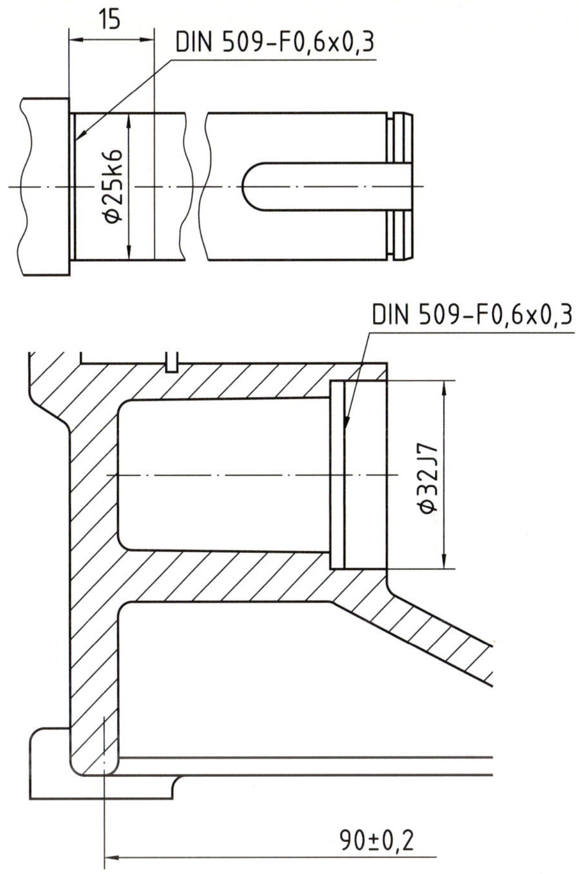

Abb. 5: Vereinfachte Darstellung von Freistichen

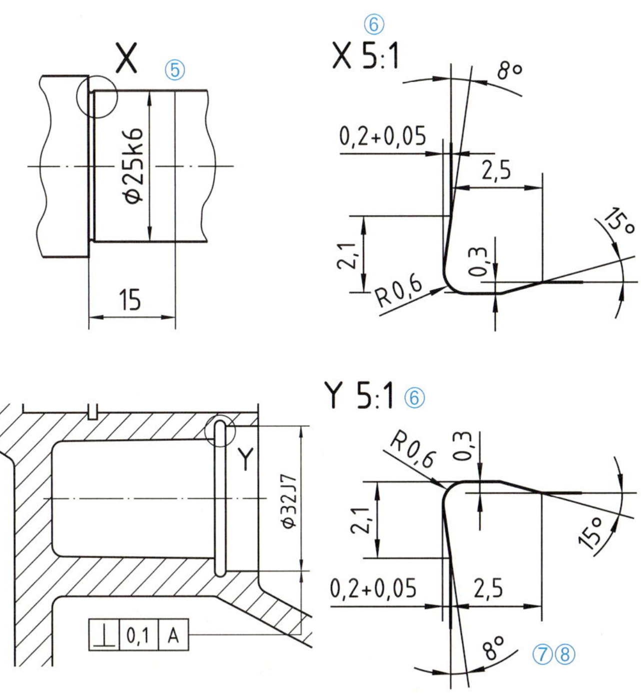

Abb. 6: Ausführliche Darstellung von Freistichen

6.5 Gewindefreistiche

Der Gewindefreistich ermöglicht bei der Gewindeherstellung auf einer Maschine den Auslauf des Schneidwerkzeugs. Gewindefreistiche können an Außengewinden und Innengewinden angebracht werden. Sie sind nach **DIN 76** genormt (→). Die Größe von Gewindefreistichen richtet sich nach dem Nenndurchmesser und der Gewindesteigung.

In Teil-Zeichnungen können Gewindefreistiche ausführlich dargestellt und bemaßt werden (Abb. 1).

① Der Gewindfreistich wird in seiner ungefähren Form gezeichnet.

② Die genaue Form wird als Einzelheit vergrößert herausgezeichnet und vollständig bemaßt.

③ Die Angabe der Gewindelänge schließt die Breite des Freistiches mit ein.

Aus der vollständigen Bemaßung kann der Facharbeiter für die Fertigung die erforderlichen Einstellwerte entnehmen.

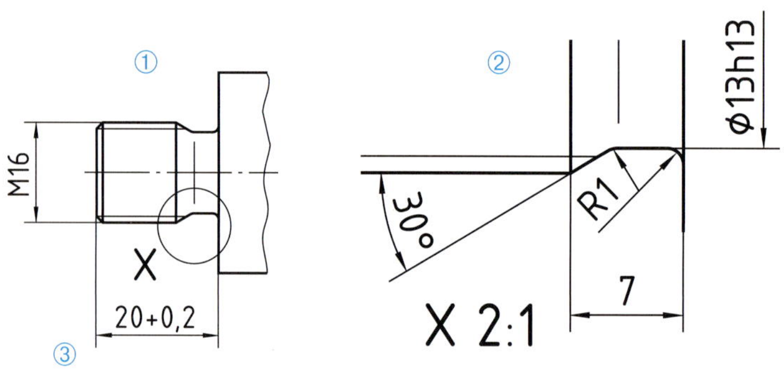

Abb. 1: Gewindefreistich als Einzelheit dargestellt

Gewindefreistiche können vereinfacht mit der Normkurzbezeichnung gekennzeichnet werden (Abb. 2).

④ Bei der vereinfachten Kennzeichnung wird die Normbezeichnung mit einem Hinweispfeil angegeben. Die Bemaßung des Gewindefreistiches entfällt.

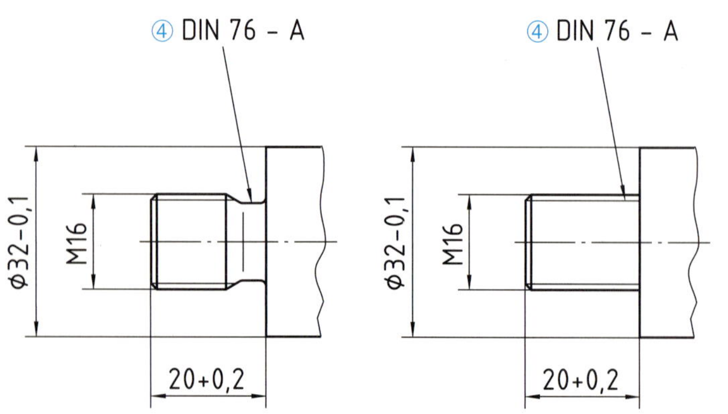

Abb. 2: Kennzeichnung von Gewindefreistichen

6.6 Rändel

Schrauben oder zylindrische Handgriffe, die von Hand betätigt werden, werden häufig mit einem Rändel versehen (Abb. 3). Rändel sind nach **DIN 82** genormt (→). Rändel unterscheiden sich nach der Anordnung und Richtung der Rillen und nach der Größe der Teilung.

Abb. 3: Rändel an einem Griff

Rändel werden in Teil-Zeichnungen folgendermaßen dargestellt und gekennzeichnet (Abb. 4):

⑤ Das Rändelmuster wird auf einem kleinen Bereich der Oberfläche in der tatsächlichen Richtung und Größe mit breiter Volllinie dargestellt. Ist die Teilung kleiner als ein Millimeter, wird der Abstand größer gezeichnet.

⑥ Soll nur ein bestimmter Teil der Oberfläche gerändelt werden, ist dies auf der Teil-Zeichnung entsprechend zu bemaßen.

⑦ Die Kennzeichnung erfolgt mit der Normbezeichnung über eine Hinweislinie. Die Hinweislinie zeigt mit einem Pfeil auf die Umrisslinie der zu rändelnden Fläche.

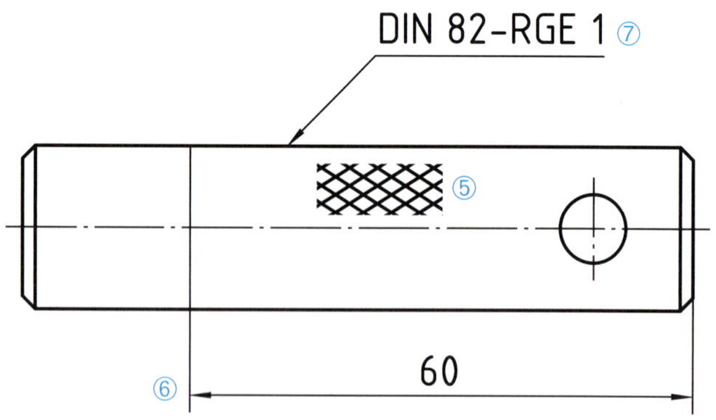

Abb. 4: Kennzeichnung von Rändel

Die Ausführung der Rändel wird durch die Normbezeichnung angegeben:

DIN 82 – RKE 1,2

DIN – Nummer → **DIN 82**

Kennbuchstaben für die Form und Ausführung → **RKE**

Teilung in mm → **1,2**

6.7 Werkstückkanten

Die Bauteile des Getriebes sind durch spanende Bearbeitung wie Drehen, Fräsen und Schleifen hergestellt. Durch die spanende Bearbeitung entsteht an den Kanten Grat. Grat bildet beim Spannen, Messen und Montieren Fehlerquellen und stellt eine Verletzungsgefahr dar.

Bei einfachen Werkstücken kann in Teil-Zeichnungen durch Hinweise wie gratfrei, allseitig entgratet das Beseitigen von Grat vorgeschrieben werden. Ist eine bestimmte Kantenform erforderlich, muss nach **DIN 406-2** bemaßt werden. Für unbestimmte Kantenformen, die sich aus Fertigungsverfahren ergeben, werden Toleranzen nach **DIN ISO 13715** festgelegt (➜📖). Die Symboleintragung ist ähnlich wie bei der Oberflächenkennzeichnung vorzunehmen.

An der Buchse sind die Kantenzustände nach **DIN ISO 13715** angegeben (Abb. 5).

⑧ Die Zeichnungseintragung wird mit einem Symbol vorgenommen. Eine einmalige Angabe, die für alle Kanten gilt, wird an geeigneter Stelle der Zeichnung gesetzt.

⑨ Im Schriftfeld oder in der Nähe des Schriftfeldes ist auf die Norm hinzuweisen.

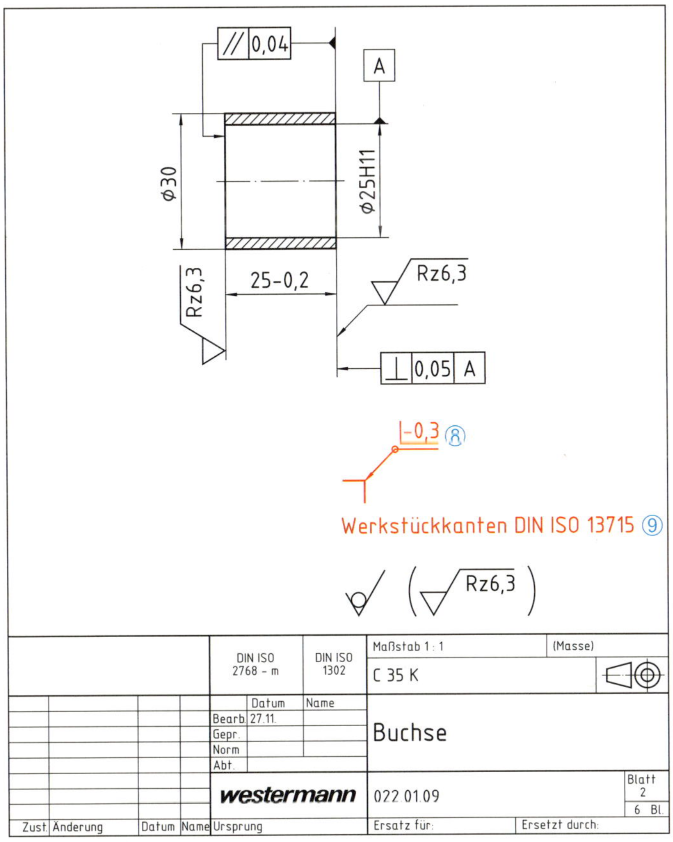

Abb. 5: Teil-Zeichnung mit Kantenzuständen

Das Symbol besteht aus dem Grundsymbol, dem Symbolelement und dem Kantenmaß:

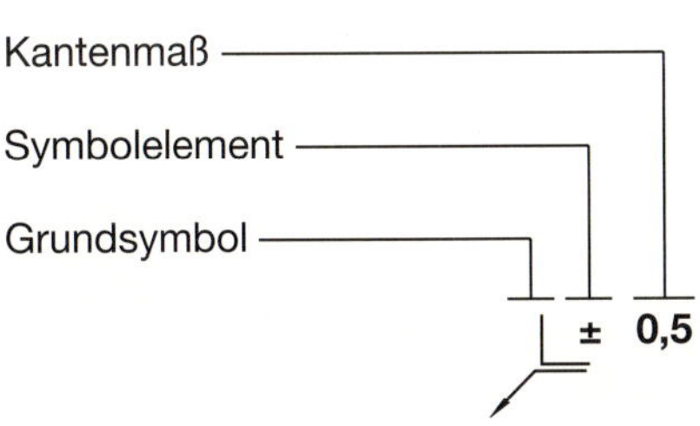

Das Symbolelement gibt die Richtung und das Kantenmaß die Größe der Abtragung bzw. des Grates an. Es wird aber keine bestimmte Form festgelegt. Man unterscheidet dabei zwischen Kantenzuständen der Außenkanten und Kantenzuständen der Innenkanten (Abb. 6).

a) Außenkanten

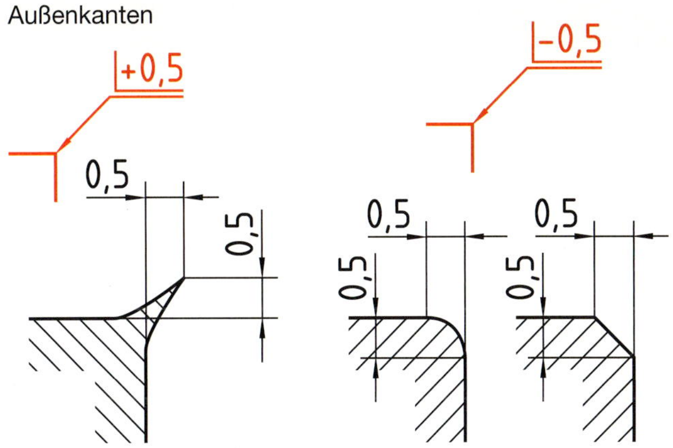

b) Innenkanten

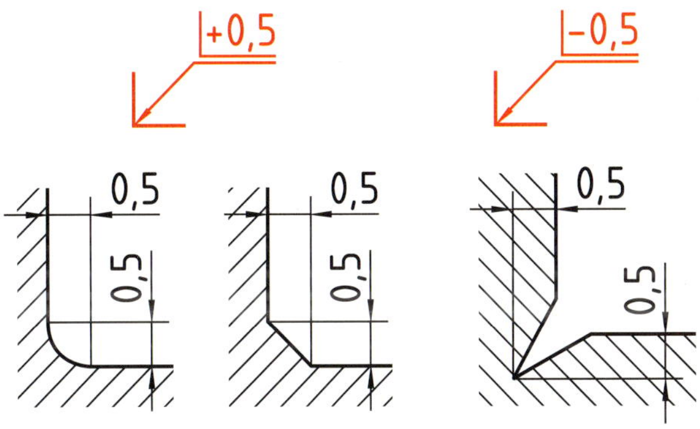

Abb. 6: Kantenzustände in Abhängigkeit vom Symbolelement

Durch die Stellung des Kantenmaßes zum Symbol kann die Art des Kantenzustandes noch genauer gekennzeichnet werden (Abb. 7).

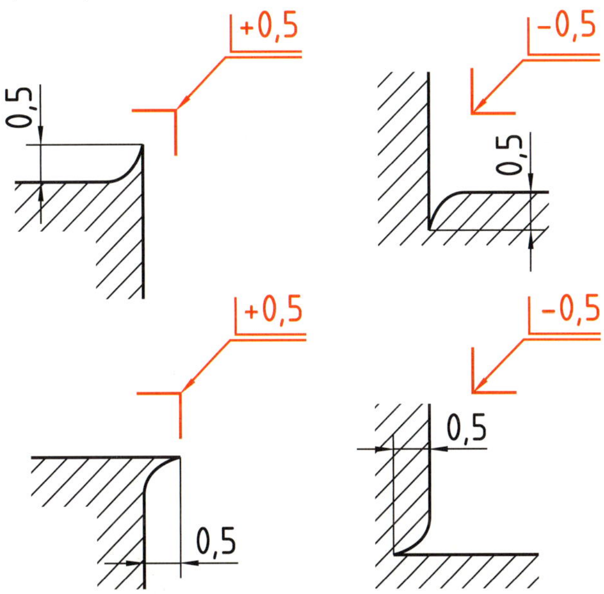

Abb. 7: Kantenzustände in Abhängigkeit von der Stellung des Kantenmaßes

Beispiele zur Angabe von Kantenzuständen (Abb. 1):

① Das Symbol kennzeichnet eine Kante, die senkrecht zur Projektionsebene verläuft.

② Das Symbol kennzeichnet eine umlaufende Kante einer zylindrischen Bearbeitungsform.

③ Das Symbol kennzeichnet eine Kante, die in der Projektionsebene liegt.

④ Die Kennzeichnung gilt auch für alle hinter dieser Kante liegenden, verdeckten Kanten, wenn das Werkstück nur in einer Ansicht dargestellt ist.

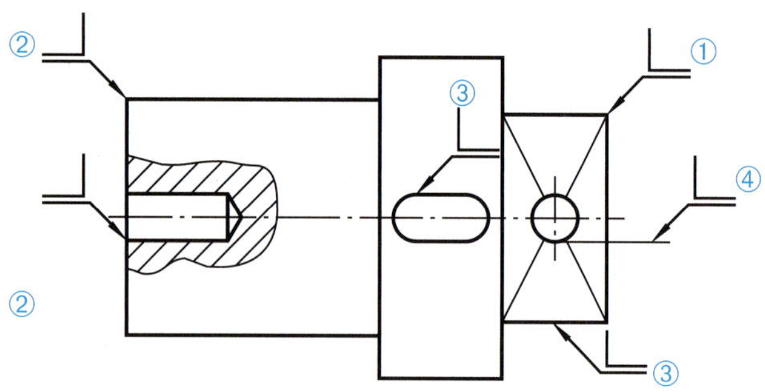

Abb. 1: Eintragen von Kantenzuständen

Werkstückkanten in Teil-Zeichnungen werden folgendermaßen gekennzeichnet (Abb. 2):

⑤ Sollen alle Kanten gleiche Kantenzustände aufweisen, wird das Symbol nur einmal an geeigneter Stelle in der Zeichnung eingetragen und mit einem Kreis gekennzeichnet.

⑥ Sollen alle Innenkanten und alle Außenkanten gleiche Kantenzustände haben, wird einmal das Symbol für die Innenkanten und einmal das Symbol für die Außenkanten angegeben.

⑦ Soll ein Großteil aller Kanten gleiche Kantenzustände aufweisen, wird das Symbol dafür einmal angegeben. Das nachgestellte Grundsymbol in Klammern verweist auf abweichende Kantenzustände, die in der Zeichnung eingetragen sind.

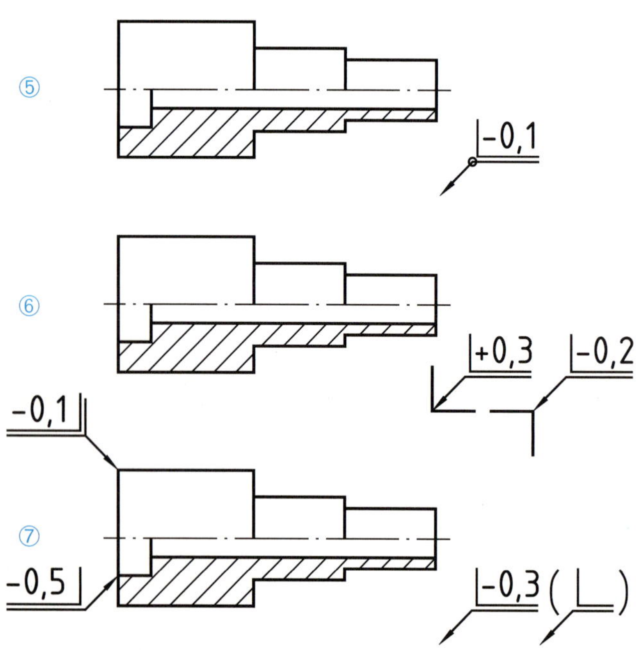

Abb. 2: Kennzeichnung von Kantenzuständen

6.8 Zahnräder

Die zeichnerische Darstellung der gezahnten Teile von Zahnrädern wäre sehr aufwändig (Abb. 3). Nach **DIN ISO 2203** werden Zahnräder einschließlich Schneckenräder und Kettenräder vereinfacht dargestellt (➡📖). Die Norm gilt für Teil-Zeichnungen und Gesamt-Zeichnungen (s. Kap. 8).

Abb. 3: Stirnrad Pos. 6

Die Konturen und Körperkanten an einem Zahnrad (Stirnrad, Kegelrad oder Schneckenrad) haben unterschiedliche Benennungen (Abb. 4). Sie gelten als Bestimmungsgrößen für die Zahnradabmessungen.

Je nach Lage der Zähne unterscheidet man zwischen außenverzahnten und innenverzahnten Rädern. Außerdem gibt es verschiedene Verzahnungsarten. Zahnräder können geradverzahnt, schrägverzahnt, pfeilverzahnt, spiralverzahnt und bogenverzahnt sein.

Bei schrägverzahnten Zahnrädern kann die Flankenrichtung rechts- und linkssteigend sein. Beurteilt wird die Flankenrichtung von der Stirnseite des Zahnrades aus.

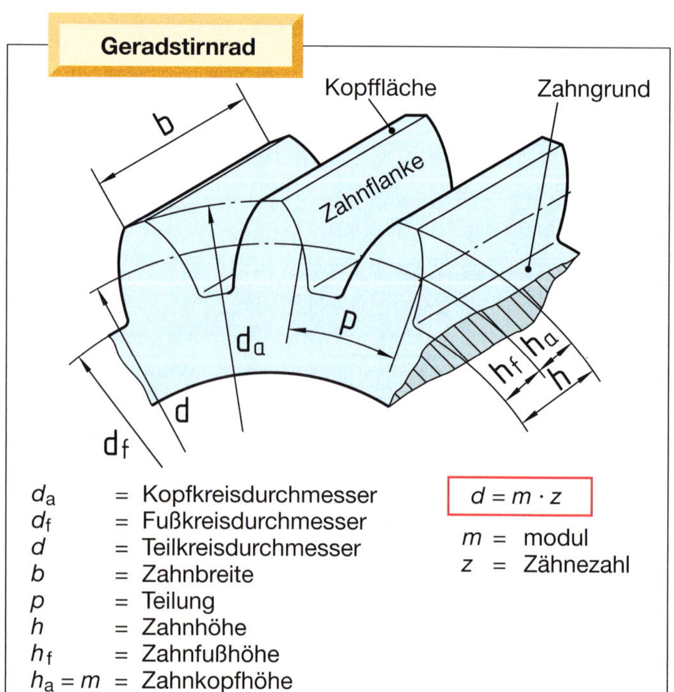

Abb. 4: Benennungen am Zahnrad

Zahnräder werden folgendermaßen gezeichnet (Abb. 5):

⑧ In Ansichtsdarstellung wird die Kontur als ein volles von der Kopffläche (Kopfkreisdurchmesser) begrenztes Zahnrad dargestellt. Einzelne Zähne werden grundsätzlich nicht gezeichnet.

⑨ Im Schnitt wird die Kontur als ein Stirnrad mit zwei gegenüberliegenden ungeschnittenen Zähnen dargestellt, auch bei ungeraden Zähnezahlen und unabhängig von der Verzahnungsart.

⑩ Der Teilkreisdurchmesser bildet die Bezugsfläche für die Verzahnung. Er wird immer in allen Ansichten als schmale Strich-Punkt-Linie dargestellt.

⑪ Der Fußkreisdurchmesser wird in Ansichtsdarstellung im Allgemeinen nicht gezeichnet. Erscheint seine Darstellung zweckmäßig, wird der Fußkreisdurchmesser mit einer schmalen Volllinie gezeichnet.

⑫ Die Verzahnungsart bzw. die Flankenrichtung kann in einer zur Radachse parallelen Ansicht gekennzeichnet werden. Die Kennzeichnung wird mit drei parallelen Volllinien der entsprechenden Form oder Richtung vorgenommen. Bei geradverzahnten Zahnrädern entfällt die Kennzeichnung.

Oft reicht eine Schnittdarstellung aus. Nach **DIN 3996-1** sind für Stirnräder in Teil-Zeichnungen folgende Maße und Kennzeichnungen anzugeben (Abb. 6):

⑬ Kopfkreisdurchmesser,

⑭ Fußkreisdurchmesser,

⑮ Zahnbreite,

⑯ Oberflächenangaben für die Zahnflanken, die an den Teilkreis bzw. die Teilkreislinie gesetzt werden,

⑰ Kennzeichnung von Lagetoleranzen,

⑱ Angabe des Bezuges,

⑲ in einer Tabelle die Rechengrößen, die für die Auswahl der Verzahnungswerkzeuge, das Einstellen der Verzahnungsmaschine und das Prüfen des Zahnrades erforderlich sind,

⑳ Angaben zur Wärmebehandlung des Zahnrades.

Die Angabe des Teilkreisdurchmessers ist für die Herstellung und Prüfung des Zahnrades nicht erforderlich und entfällt.

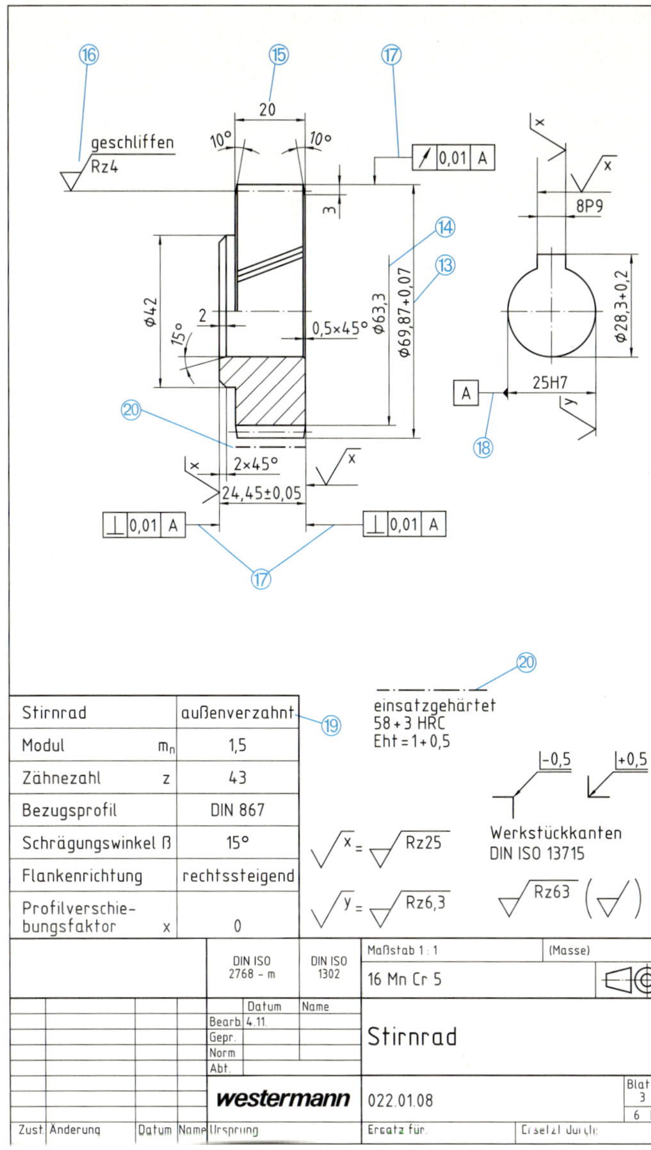

Abb. 6: Teil-Zeichnung des Stirnrades Pos. 8

Stirnrad **Kegelrad** **Schneckenrad**

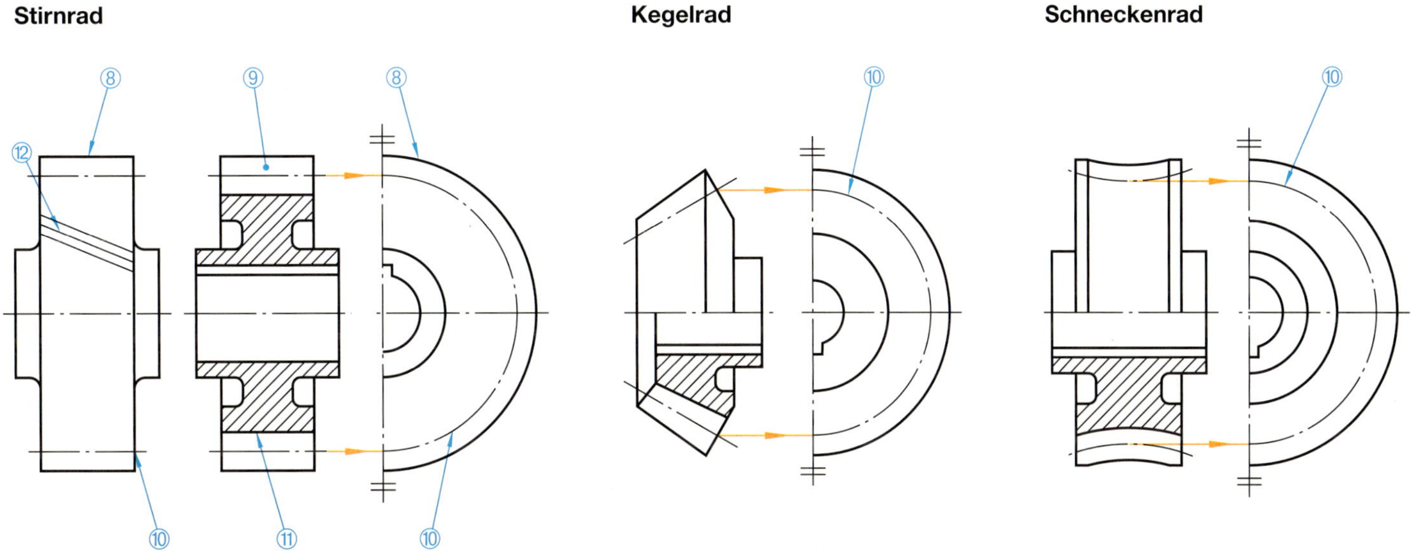

Abb. 5: Darstellung von Zahnrädern

7 KOORDINATENBEMASSUNG

Zur Vereinfachung der Maßeintragung in Teil-Zeichnungen kann eine *Koordinatenbemaßung* nach **DIN 406 – 11** (→📖) angewendet werden. Dadurch wird auch die Programmierung für die Fertigung auf numerisch gesteuerten Maschinen erleichtert.

7.1 Koordinatensysteme

Die Koordinatenbemaßung kann nach zwei Systemen erfolgen:

- *Kartesisches Koordinatensystem* und
- *Polarkoordinatensystem*.

*Im **Kartesischen Koordinatensystem** wird ein Ursprung (Null-Punkt) festgelegt, von dem aus Längenmaße in zwei senkrecht zueinander verlaufenden Richtungen angegeben werden.*

*Im **Polarkoordinatensystem** wird ein Ursprung (Null-Punkt) festgelegt, von dem aus Längenmaße mit einem Radius und einem Winkel entgegen des Uhrzeigersinns angegeben werden.*

Die Abb. 1 zeigt die Darstellung der Koordinatensysteme am Beispiel des Getriebegehäuses. Der Ursprung des Koordinatensystems wurde in den Schnittpunkt zweier Symmetrieachsen gelegt. Ausgehend von diesem Schnittpunkt verlaufen im *Kartesischen Koordinatensystem* die gedachten *Koordinatenachsen*. Die *horizontale Achse* wird als *X-Achse* und die *vertikale Achse* als *Y-Achse* bezeichnet. Auf jeder Koordinatenachse werden die Koordinatenwerte (Maßzahlen) zum bemaßten Objekt angegeben. Maße, die vom Ursprung *entgegen* der Koordinatenrichtung gemessen werden, erhalten das Vorzeichen *Minus*.

Bei Anwendung des *Polarkoordinatensystems* werden die Koordinatenwerte durch den Radius r und den Polarwinkel φ (Phi) angegeben. Der Polarwinkel wird entgegen dem Uhrzeigersinn angegeben.

Bei der Festlegung des Koordinatensystems werden die drei Koordinatenachsen einer CNC-Werkzeugmaschine zu Grunde gelegt. Dabei ist die Z-Achse gleich der Arbeitsspindel der Werkzeugmaschine (Abb. 2).

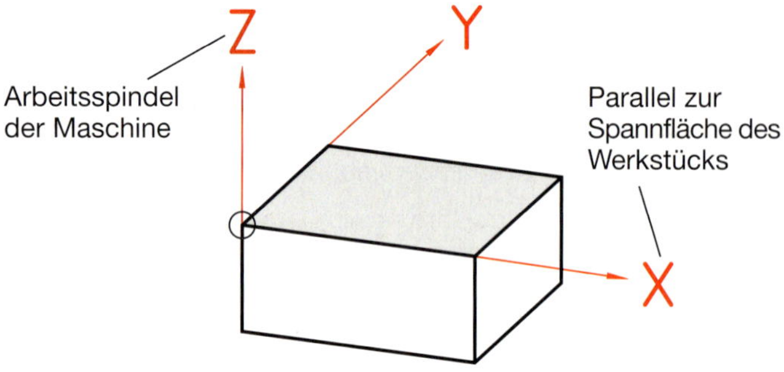

Abb. 2: Koordinatenachsen

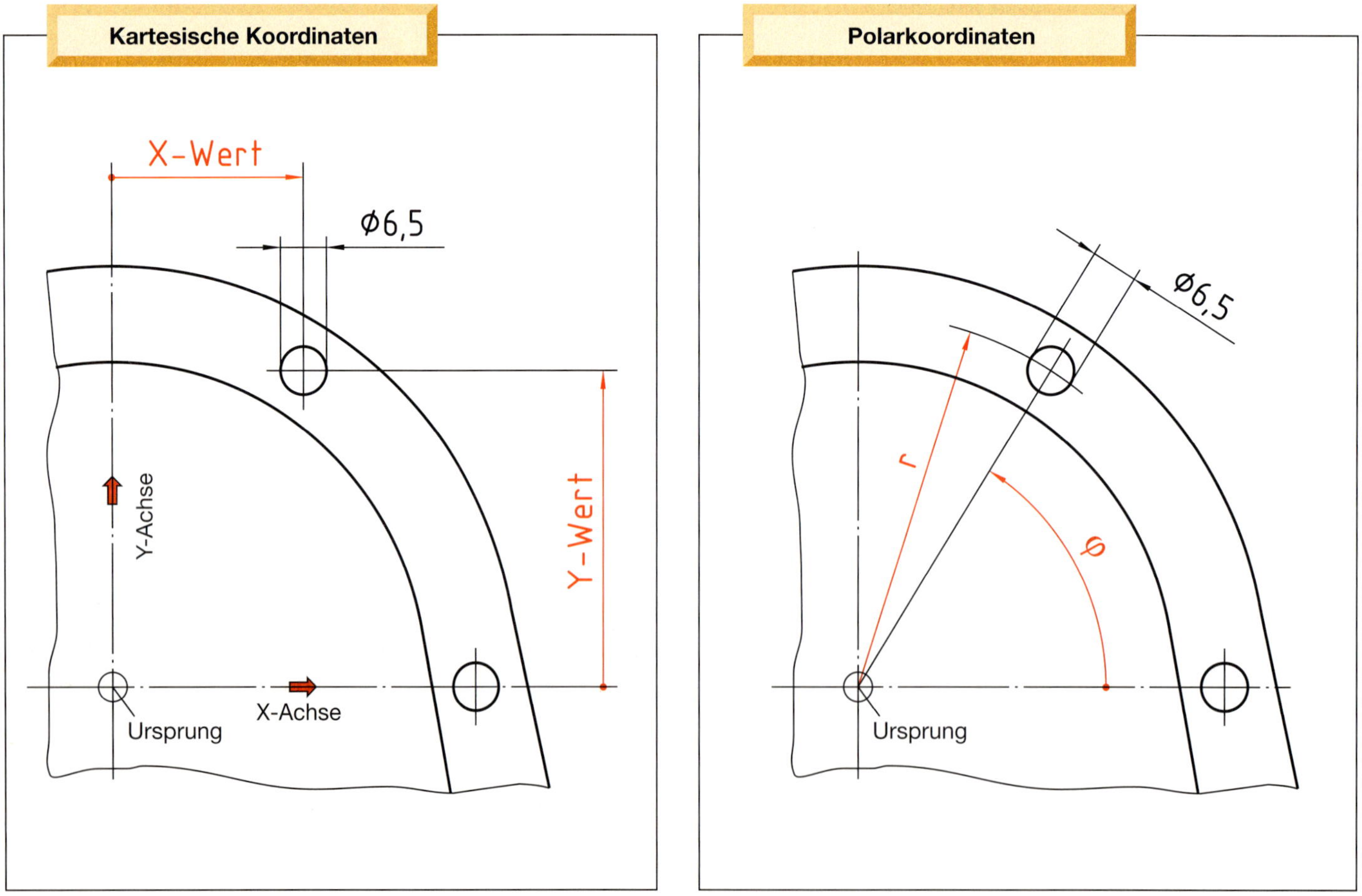

Abb. 1: Koordinatensysteme

7.2 Koordinatenbemaßung

Zur eindeutigen Bestimmung eines Konturpunktes werden zwei Werte im Kartesischen- oder Polarkoordinatensystem benötigt. Die Werte sind ohne Maßlinien entweder an den Konturpunkten direkt anzugeben oder in Tabellen einzutragen.

7.2.1 Koordinatenwerte in der Zeichnung

Wenn es die Übersichtlichkeit der Zeichnung zulässt, können die Koordinatenwerte direkt an die Konturpunkte innerhalb der Darstellung eingetragen werden. Dabei wird zuerst der X-Wert und darunter der Y-Wert geschrieben. Weitere Fertigungsangaben, z. B. Bohrungsdurchmesser (Gewindedurchmesser), können zusätzlich angegeben werden. Der Ursprung des Koordinatensystems ist einzuzeichnen und die Achsen zu beschriften (Abb. 3).

7.2.2 Koordinatenwerte in Tabellen

Koordinatenwerte können in einer Tabelle erfasst werden. Die Konturpunkte erhalten dann in der Zeichnung Positionsnummern, die aus einer Nummer für das Koordinatensystem und einer Zählnummer für das jeweilige Koordinatenpaar bestehen. Weitere Fertigungsangaben für das Koordinatenpaar, z. B. Bohrungsdurchmesser, können ebenfalls in der Tabelle eingetragen werden (Abb. 4).

Tabellen erleichtern besonders bei Werkstücken mit mehreren Koordinatenursprüngen die Zeichenarbeit und die Programmierarbeit.

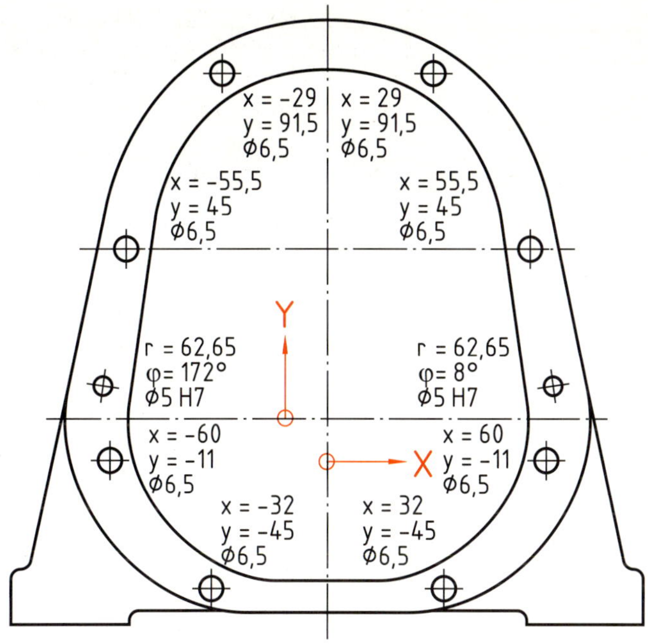

Abb. 3: Koordinatenwerte in der Zeichnung

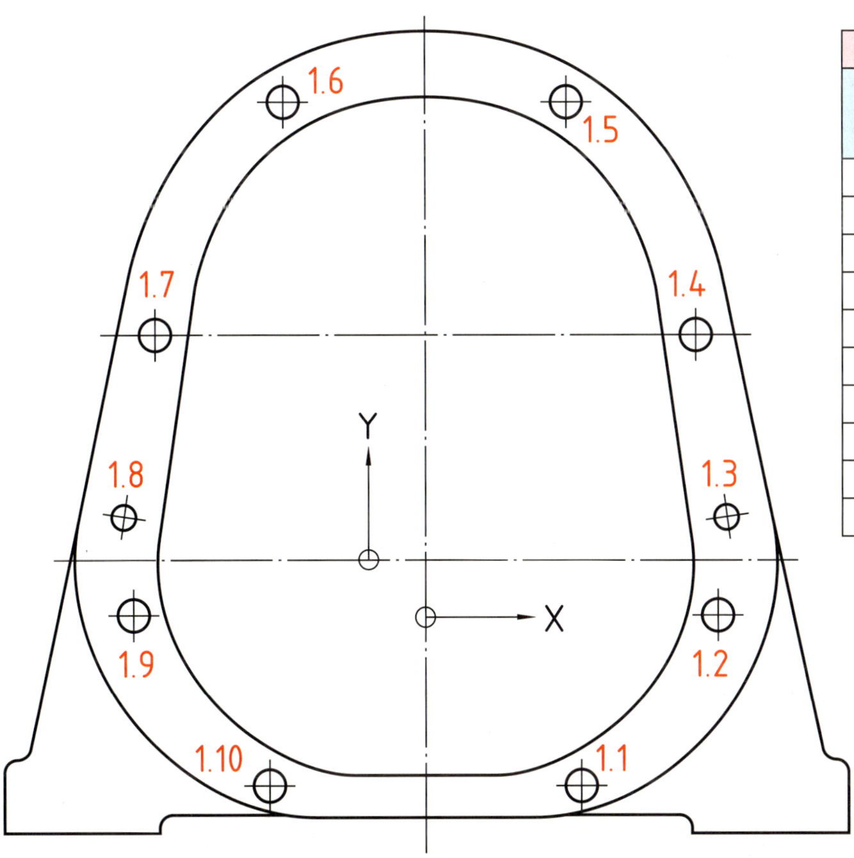

Abb. 4: Koordinatenwerte in einer Tabelle

Koordinatentabelle für Bohrungsmittelpunkte						
Koordinaten-Ursprung	Pos.	Koordinaten				Bemerkung
		x	y	r	φ	
1	1.1	32	−45			ø 6,5
1	1.2	60	11			ø 6,5
1	1.3			62,65	8°	ø 5 H7
1	1.4	55,5	45			ø 6,5
1	1.5	29	91,5			ø 6,5
1	1.6	−29	91,5			ø 6,5
1	1.7	−55,5	45			ø 6,5
1	1.8			62,65	172°	ø 5 H7
1	1.9	−60	−11			ø 6,5
1	1.10	−32	−45			ø 6,5

8.1 Darstellungsregeln

Gesamt-Zeichnungen werden nach bestimmten Darstellungsregeln erstellt (Abb. 1 u. 2.):

Gebrauchslage

① Der Gegenstand wird in der Lage dargestellt, die der Gebrauchslage während des Betriebes entspricht, z. B. Standfläche.

Darstellung der gefügten Teile

② Aus der Gesamt-Zeichnung müssen das Zusammenwirken der Einzelteile sowie Montage- und Demontagemöglichkeiten erkennbar sein. Deshalb ist eine Vollschnitt-, Halbschnitt- oder Teilschnittdarstellung erforderlich.

③ Wird der Gegenstand in mehreren Ansichten im Schnitt dargestellt, erhalten in allen Ansichten gleiche Teile auch dieselbe Schraffurrichtung (Gehäuse – Pos. 1).

④ Teile, die sich im Schnitt berühren, werden mit unterschiedlichen Schraffur-Richtungen und Schraffur-Abständen gezeichnet.

⑤ Verdeckte Kanten werden nur dann eingezeichnet, wenn sie zum besseren Verständnis der Zeichnung hilfreich sind.

Maßeintragungen

⑥ Maße werden nur dann eingetragen, wenn diese für die Montage, Demontage oder für die Funktion besonders wichtig sind.

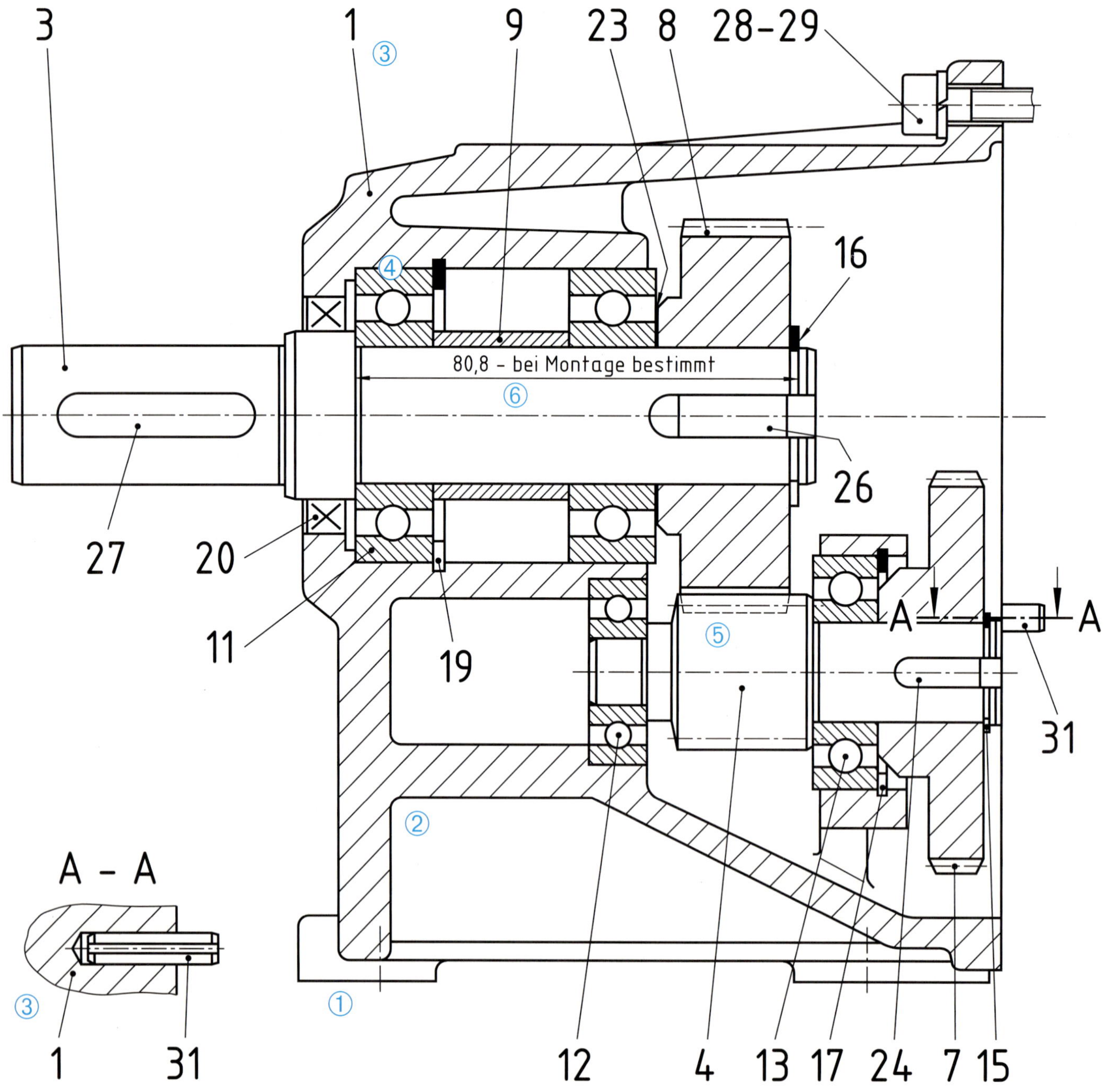

Abb. 1: Darstellungsregeln für Gesamt-Zeichnungen

Angrenzende Teile

⑦ Um Zusammenhänge zu verdeutlichen, können angrenzende Teile in Strich-Zweipunkt-Linien dargestellt werden. Diese verdecken jedoch keine anderen Teile.

Geschnitten dargestellte angrenzende Teile werden nicht schraffiert gezeichnet (Baugruppe Antriebswelle).

Positionsnummern nach DIN ISO 6433

⑧ Positionsnummern sind jedem Teil zuzuordnen, das in der Gesamt-Zeichnung dargestellt ist. An mehrfach identisch dargestellten Teilen braucht die Positionsnummer jedoch nur einmal dargestellt werden, wenn dies eindeutig ist.

⑨ Positionsnummern sollen arabische Ziffern sein. Sie dürfen auch – falls erforderlich – durch Großbuchstaben ergänzt werden (z. B. 7A für unterschiedliche Verzahnungsarten).

⑩ Positionsnummern sollen senkrecht untereinander oder in horizontalen Reihen – möglichst außerhalb der betreffenden Teile – angeordnet werden.

⑪ Positionsnummern sollen mindestens eine Schriftgröße größer als die Maßzahlen oder doppelt so groß wie die Maßzahlen sein.

⑫ Positionsnummern dürfen auch mit einem Kreis in schmaler Volllinie umgeben werden.

Hinweislinien

⑬ Jede Positionsnummer ist mit dem zugehörigen Teil durch eine Hinweislinie zu verbinden. Die Begrenzung der Hinweislinie erfolgt nach **DIN ISO 6433** (➡📖).

⑭ Positionsnummern von zusammengehörigen Teilen dürfen an derselben Hinweislinie eingetragen werden. Sie sind durch Komma oder Bindestrich zu trennen.

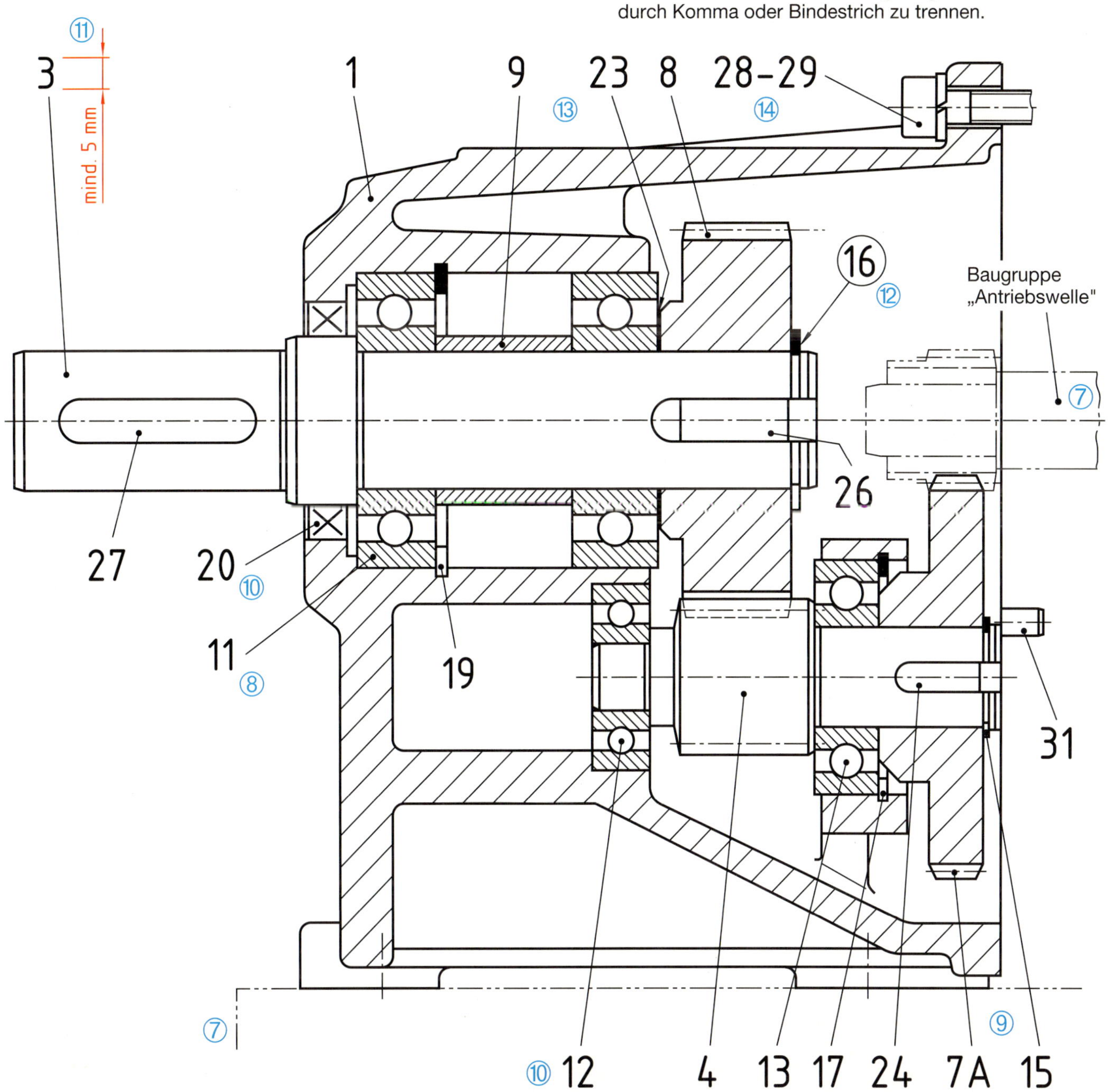

Abb. 2: Darstellungsregeln für angrenzende Teile, Positionsnummern und Hinweislinien

8.2 Funktionale Betrachtung

Zum Verstehen des Aufbaus und der Wirkungsweise lässt sich das Getriebe nach **DIN 40150** in *Funktionseinheiten* und *Teilfunktionen* gliedern. Teilfunktionen lassen sich wiederum in *Grundfunktionen* gliedern.

8.2.1 Funktionseinheiten

Das Getriebe als technisches System kann unterschiedlich betrachtet werden (Abb. 1):

- **System**

  Wird an der Antriebswelle (Pos. 5) eine Kupplung und ein Elektromotor und an der Abtriebswelle (Pos. 3) ein Keilriementrieb montiert, bildet diese Gesamtheit ein *System* zur Erfüllung einer Aufgabe.

- **Funktionale Einrichtung**

  Innerhalb des Gesamtsystems ist das Getriebe eine selbstständig verwendbare *Einheit*. Sie dient zur Übertragung und Änderung von Drehmomenten, Drehrichtungen und Umdrehungsfrequenzen.

- **Funktionsgruppe**

  Innerhalb des Getriebes übernehmen *Funktionsgruppen* als nicht selbstständige Einheit eine Teilfunktion. So dient z. B. die Funktionsgruppe „Ritzelwelle“ (Pos. 4, 7, 24) zur Reduzierung der Umdrehungsfrequenz zwischen Antriebswelle (Pos. 5) und Abtriebswelle (Pos. 3).

- **Funktionselement**

  Funktionsgruppen setzen sich aus *Funktionselementen* zusammen. Sie sind die kleinste Einheit eines Systems. Ein Funktionselement der Funktionsgruppe „Ritzelwelle“ ist z. B. die Ritzelwelle (Pos. 4) selber.

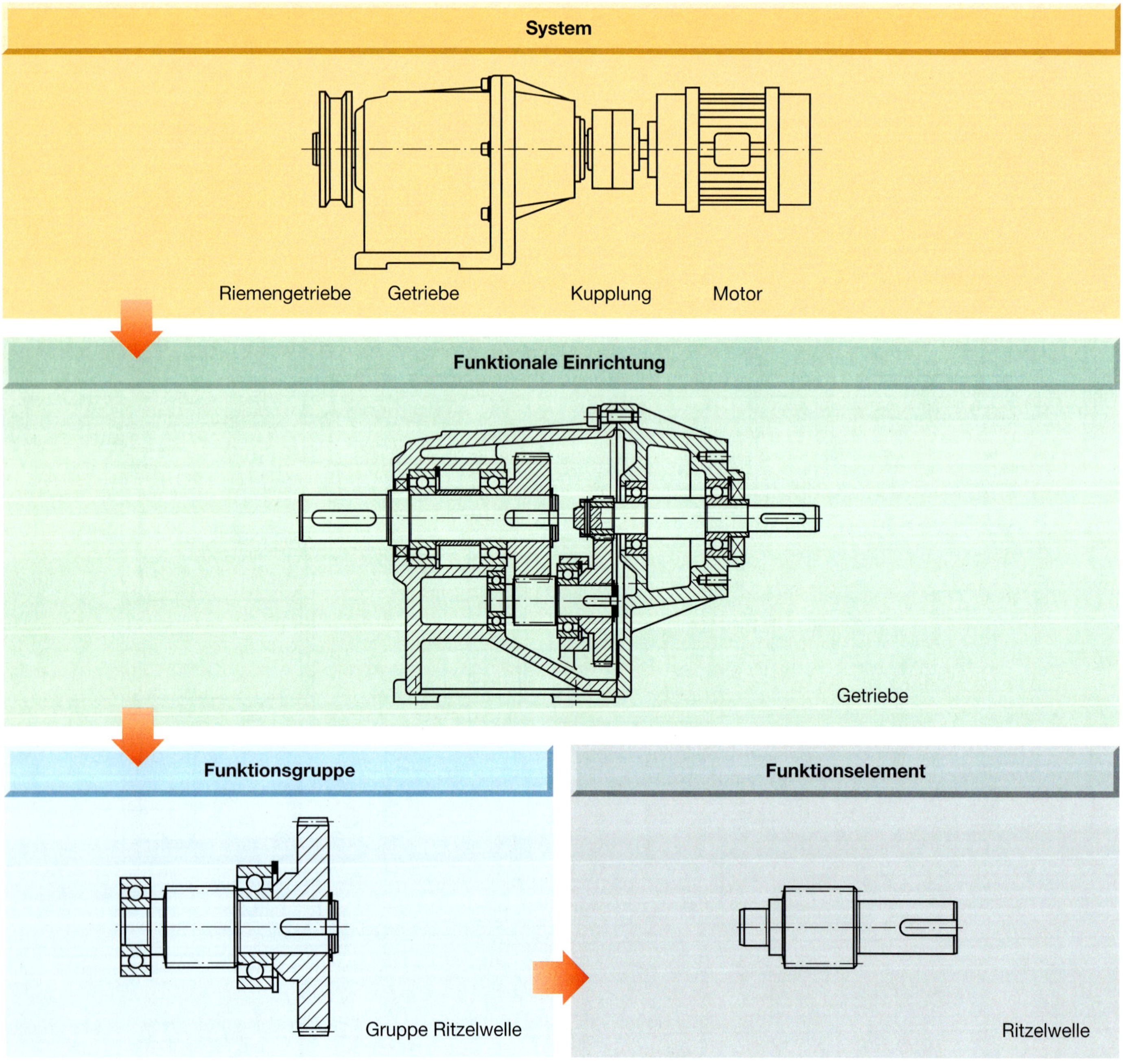

Abb. 1: Funktionseinheiten

8.2.2 Teilfunktionen

Die Hauptfunktion des Getriebes (Übertragen und Ändern von Drehmomenten, Drehrichtungen und Umdrehungsfrequenzen) lässt sich in *Teilfunktionen* gliedern:

- **Antreiben**
  Zum Antreiben des Getriebes dient ein Elektromotor, der die notwendige Antriebsenergie (Umdrehungsfrequenz und Drehmoment) zuführt.
- **Energieübertragen**
  Die Antriebsenergie wird durch Wellen und Zahnräder zwischen den Funktionseinheiten übertragen (Abb. 2).
- **Stützen und Tragen**
  Funktionseinheiten müssen geführt und zusammengehalten werden, sowie Kräfte aufnehmen und weiterleiten können. Diese Aufgabe erfüllen Stütz- und Trageinheiten. Gehäuse (Pos. 1) und Lagerdeckel (Pos. 2) tragen alle Lager (Pos. 11 - 14), die wiederum die Wellen (Pos. 3 - 5) tragen. Das Gehäuse selber wird von Standfüßen getragen, die der Befestigung des gesamten Getriebes dienen (Abb. 2).

8.2.3 Grundfunktionen

Teilfunktionen lassen sich in Grundfunktionen gliedern (Abb. 2). Durch Grundfunktionen kann die Wirkungsweise eines technischen Systems beschrieben werden.

Grundfunktionen werden durch Funktionsgruppen und Funktionselemente ausgeführt.

- **Leiten / Übersetzen**
  Die zugeführte mechanische Energie wird über die Antriebswelle (Pos. 5) mittels Zahnräder (Pos. 6 und 7, 4 und 8) auf die Abtriebswelle (Pos. 3) geleitet. Dabei wird die Umdrehungsfrequenz verkleinert und das Drehmoment vergrößert. Dieser Vorgang wird als Übersetzen bezeichnet.
- **Richtungsändern**
  Damit Antriebswelle (Pos. 5) und Abtriebswelle (Pos. 3) die gleiche Drehrichtung aufweisen, wandelt die Ritzelwelle (Pos. 4) die Drehrichtung der Antriebswelle in eine entgegengesetzte Richtung um. Folglich kehrt sich die Drehrichtung zwischen Ritzelwelle (Pos. 4) und Abtriebswelle (Pos. 3) ebenfalls wieder um.

Teilfunktionen

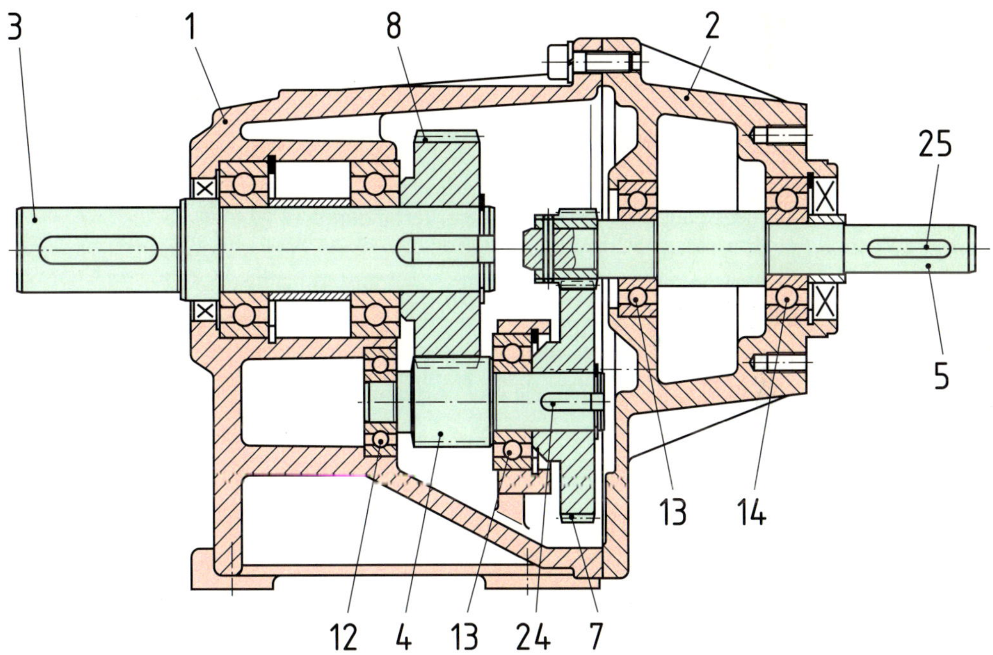

Energieübertragen

Stützen und Tragen

Grundfunktionen

Leiten, Übersetzen, Richtungsändern

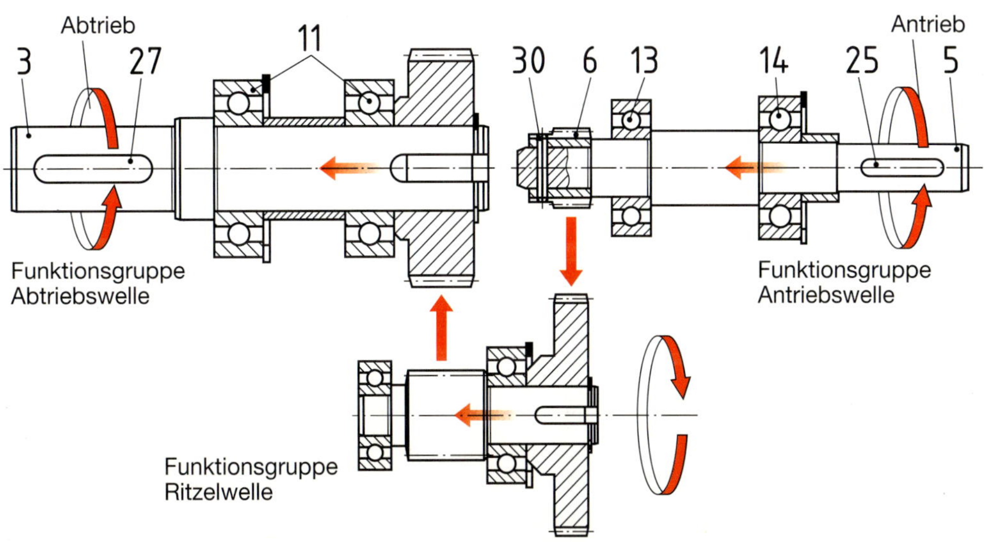

Abb. 2: Teil- und Grundfunktionen

- **Führen / Lagern**

  Die Wellen (Pos. 3, 4, 5) werden in Rillenkugellagern (Pos. 11, 12, 13, 14) gelagert, die sowohl radiale als auch geringe axiale Kräfte aufnehmen. Um die Wellen mit ihren Lagern zu führen bzw. ein axiales Verschieben zu verhindern, werden Sicherungsringe (Pos. 15 - 19) verwendet. Ein Beispiel zeigt die Abb. 1.

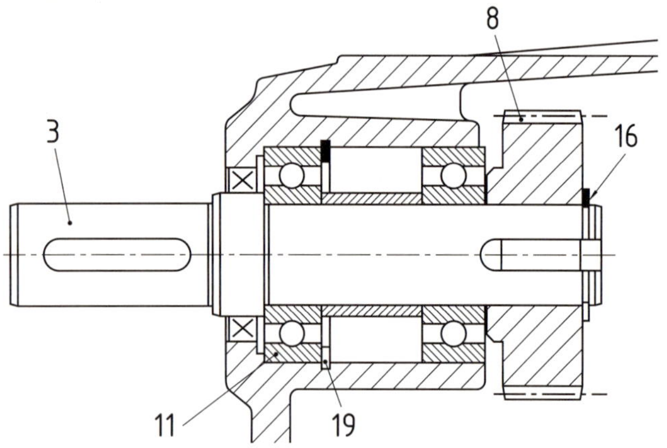

Abb. 1: Führen und Lagern

- **Fügen**

  Mehrere Funktionselemente sind durch Fügen miteinander verbunden. Dabei werden Kräfte übertragen. So bilden z. B. nach der Abb. 2:

  a) der Spannstift (Pos. 30) eine formschlüssige Verbindung zwischen Antriebswelle (Pos. 5) und Ritzel (Pos. 6),

  b) alle Passfedern (Pos. 24 – 27) formschlüssige Verbindungen,

  c) die Schraubenverbindung (Pos. 28) zwischen Gehäuse (Pos. 1) und Lagerdeckel (Pos. 2) eine kraftschlüssige Verbindung.

- **Isolieren / Dichten**

  Die im Gehäuse und im Lagerdeckel durchgehenden Wellen werden durch den Einbau von Wellendichtringen (Pos. 20, 21) abgedichtet. Dadurch wird der Austritt von Schmiermittel bzw. das Eindringen von Fremdkörpern verhindert. Die Wellendichtringe bilden eine dynamische Dichtung, da sie an sich bewegenden Flächen dichtet.

  Gehäuse und Lagerdeckel werden durch eine Flachdichtung (Pos. 22) abgedichtet. Hierbei handelt es sich um eine statische Dichtung, da sie an ruhenden Flächen dichtet (Abb. 3).

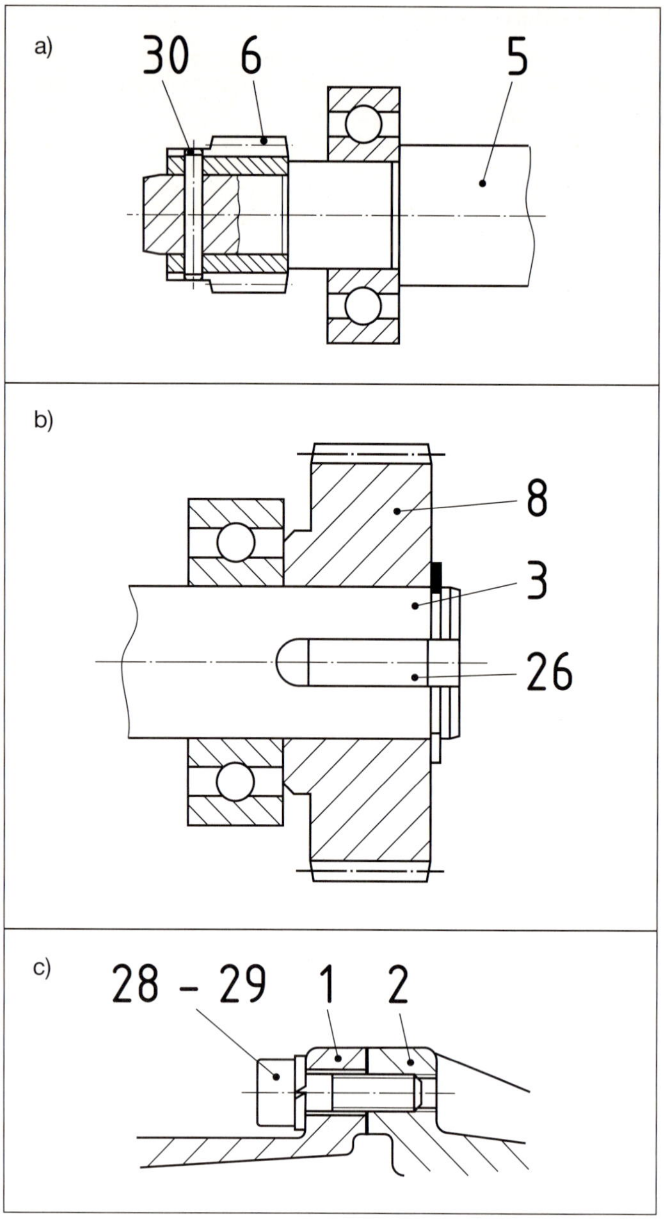

Abb. 2: Fügen

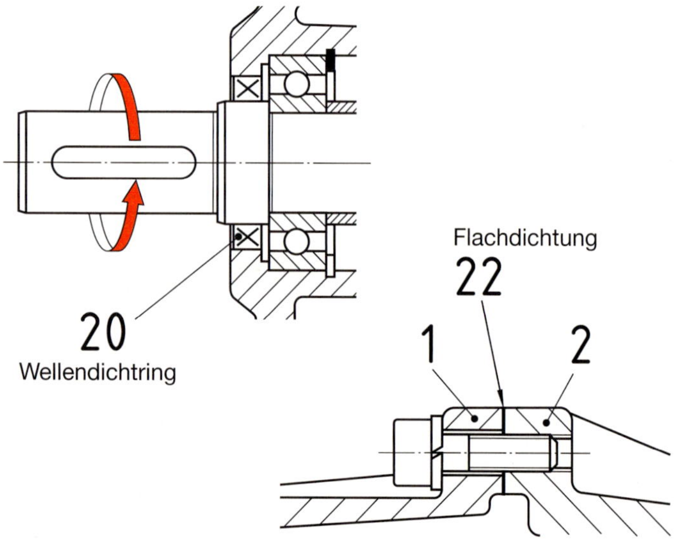

Abb. 3: Dichten

8.3 Aufbauübersicht

Aufbauübersichten zeigen die Gliederung eines Erzeugnisses in grafischer Form. Solche Informationsträger sind wichtige Unterlagen zur Planung und Durchführung von Montagehandlungen (Kapitel 10). So kann z. B. ein Monteur den Zusammenfluss der Einzelteile zum vollständigen Erzeugnis erkennen.

Aus der Aufbauübersicht ist erkennbar, dass sich das Stirnrädergetriebe aus den beiden Gruppen „Gehäuse komplett" und „Deckel komplett" zusammensetzt. Diese Gruppen sind weiter in untergeordnete Gruppen gegliedert.

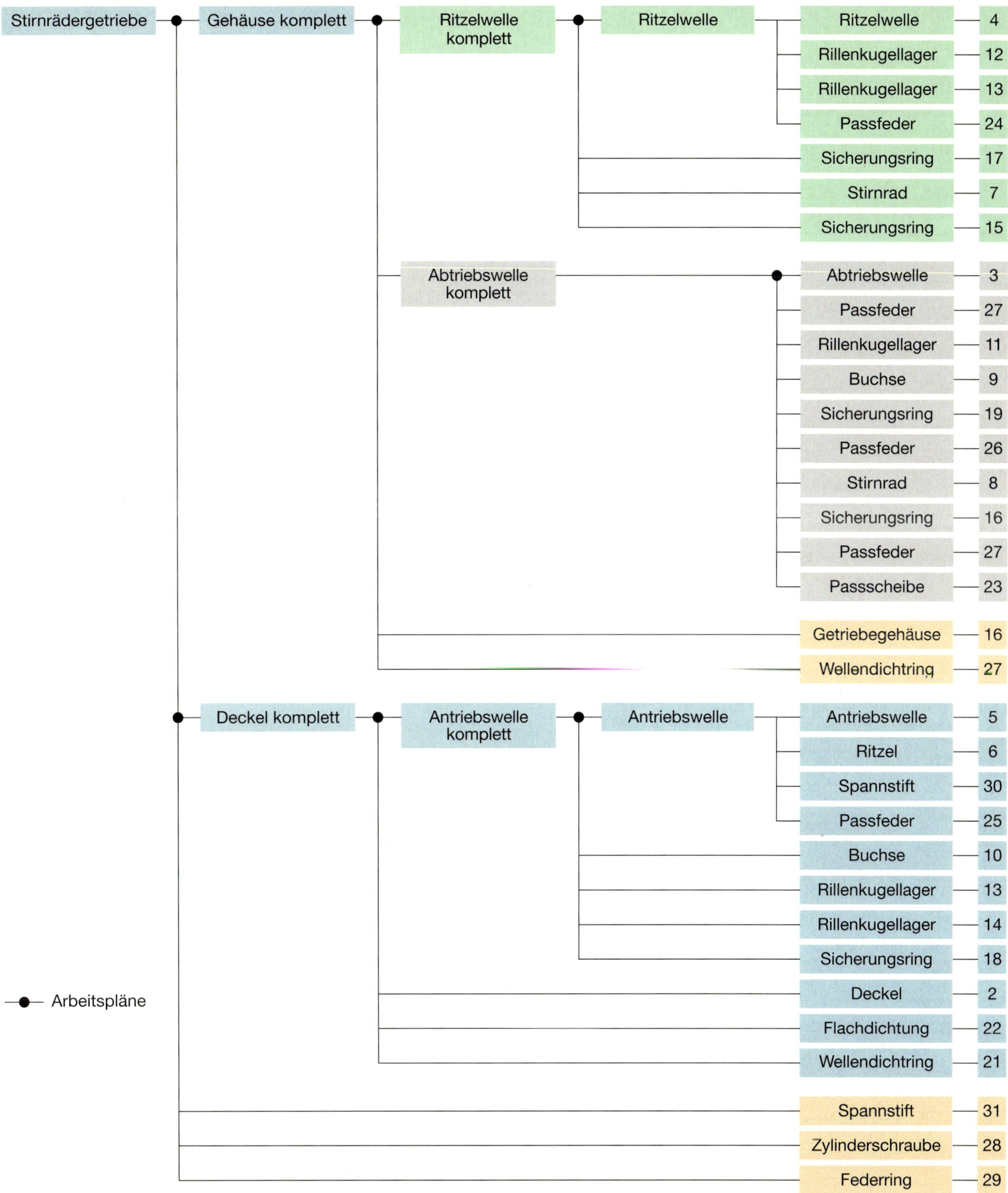

Abb. 4: Aufbauübersicht

8.4 Stücklisten

Stücklisten sind nach **DIN 6771-2** ein Verzeichnis der Einzelteile einer Baugruppe oder eines vollständigen Erzeugnisses. Sie dienen zum Austausch von Informationen innerhalb des Betriebes. Sie sind ein wichtiges Kommunikationsmittel z. B. für die Fertigungsvorbereitung oder die Montage/Demontage.

Die Stückliste des Stirnrädergetriebes wurde als lose Stückliste erstellt. Hierbei sind alle Einzelteile von oben nach unten fortlaufend eingetragen. Zuerst werden alle Fertigungsteile aufgelistet, denen dann alle Normteile folgen.

1	2	3	4	5	6
Pos.	Menge	Einheit	Benennung	Sachnummer / Norm-Kurzbezeichnung	Bemerkung
1	1	Stck.	Gehäuse	022.01.01	
2	1	Stck.	Lagerdeckel	022.01.02	
3	1	Stck.	Abtriebswelle	022.01.03	
4	1	Stck.	Ritzelwelle	022.01.04	
5	1	Stck.	Antriebswelle	022.01.05	
6	1	Stck.	Ritzel	022.01.06	
7	1	Stck.	Stirnrad	022.01.07	
8	1	Stck.	Stirnrad	022.01.08	
9	1	Stck.	Buchse	022.01.09	
10	1	Stck.	Buchse	022.01.10	
11	2	Stck.	Rillenkugellager	DIN 625-6205	
12	1	Stck.	Rillenkugellager	DIN 625-6201	
13	2	Stck.	Rillenkugellager	DIN 625-6203	
14	1	Stck.	Rillenkugellager	DIN 625-6302	
15	1	Stck.	Sicherungsring	DIN 472-17x1	
16	1	Stck.	Sicherungsring	DIN 471-25x1,2	
17	1	Stck.	Sicherungsring	DIN 472-40x1,75	
18	1	Stck.	Sicherungsring	DIN 472-42x1,75	
19	1	Stck.	Sicherungsring	DIN 472-52x2	
20	1	Stck.	Wellendichtring	DIN 3760-A30x42x7	NBR
21	1	Stck.	Wellendichtring	DIN 3760-A20x42x7	NBR
22	1	Stck.	Flachdichtung		Bestellteil
23	1	Stck.	Passscheibe	DIN 988-25x35x0,1	
24	1	Stck.	Passfeder	DIN 6885-A5x5x18	gekürzt auf Länge 15
25	1	Stck.	Passfeder	DIN 6885-A5x5x25	St 50K
26	1	Stck.	Passfeder	DIN 6885-B8x7x20	St 50K
27	1	Stck.	Passfeder	DIN 6885-A8x7x36	St 50K
28	8	Stck.	Zylinderschraube	ISO 4762-M6x20	8.8
29	8	Stck.	Federring	DIN 128-B6	
30	1	Stck.	Spannstift	DIN EN ISO 13337-3x20	
31	2	Stck.	Spannstift	DIN EN ISO 13337-6x20	
32	1	Stck.	Verschlussschraube	DIN 908-M12x1,5	St
33	1	Stck.	Dichtring	DIN 7603-A12x18	St

	Datum	Name	
Bearb.			Stückliste für Stirnrädergetriebe
Gepr.			
Norm			
Abt.			
westermann			022.01.00 — Blatt 1, 1 Bl.

Zust. | Änderung | Datum | Name | Ursprung | Ersatz für: | Ersetzt durch:

Abb. 1: Stückliste für das Stirnrädergetriebe

8.5 Funktionselemente

Funktionsgruppen setzen sich aus *Funktionselementen* zusammen. Wird deren einzelne Aufgabe und Wirkungsweise verstanden, können Rückschlüsse auf die Gesamtfunktion und Montage-/Demontageaufgaben gezogen werden.

Funktionselemente sind meist Normteile und werden nach bestimmten Regeln in Gesamt-Zeichnungen dargestellt.

8.5.1 Schraubensicherungen

Dynamisch belastete Schraubenverbindungen (Vibrationen, Stöße) müssen gegen selbsttätiges Lösen gesichert werden.

Schraubensicherungen werden unterteilt in:

- Sicherungen gegen *Lockern* (kraftschlüssige Sicherung),
- Sicherungen gegen *Losdrehen* (formschlüssige Sicherung).

Darstellung

Schraubensicherungen werden in Gruppen- und Gesamtzeichnungen dargestellt.

In Zeichnungen, die Teile zusammengebaut und im Schnitt darstellen, werden Sicherungselemente nicht geschnitten dargestellt.

Da die zeichnerische Ausführung von Schraubensicherungen sehr zeitaufwändig ist, kann auf die Darstellung von Details (z. B. keine Fasen oder Rundungen) verzichtet werden. Das Sicherungselement muss jedoch als solches erkennbar sein. Auch muss die Funktion aus der Darstellung hervorgehen.

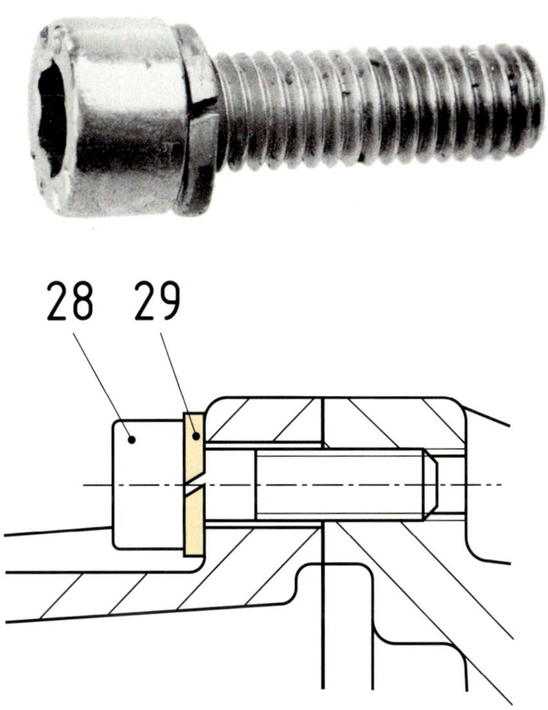

Abb. 2: Schraubensicherung mit Federring

Das Sicherungselement wird mit seiner Positionsnummer in der Stückliste aufgeführt. Anzugeben ist die Benennung, die DIN-Nummer, die Form und die Baugröße.

Pos.	Menge	Einh.	Benennung	Sachnummer / Norm-Kurzbezeichnung	Bemerkung
29	8	Stck	Federring	DIN 128-B6	
1	2	3	4	5	6

Abb. 3: Stücklisteneintrag für einen Federring

Weitere Darstellungsbeispiele für Schraubensicherungen zeigt die folgende Abbildung.

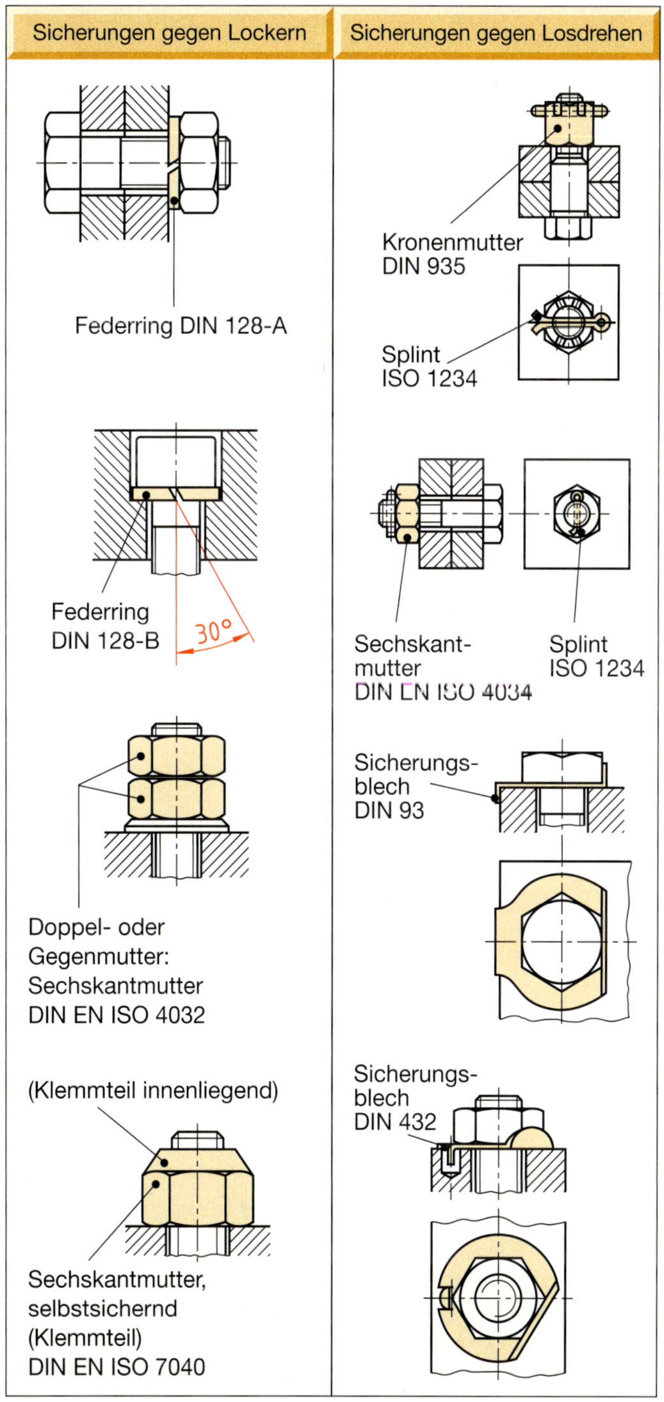

Abb. 4: Beispiele für Schraubensicherungen

8.5.2 Stiftverbindungen

Durch Stifte werden *formschlüssige* und *lösbare* Verbindungen hergestellt. Aufgaben von Stiftverbindungen sind:

- festes oder bewegliches Verbinden von zwei oder mehr Bauteilen,
- Sichern der Lage von Bauteilen zueinander,
- Aufnehmen von Scherkräften,
- Schützen vor Überlastung.

Zur Erfüllung der verschiedenen Aufgaben werden unterschiedliche Stiftarten verwendet. Die in der Metalltechnik häufig verwendeten genormten Stiftarten sind:

Zylinderstifte, Kegelstifte, Spannstifte und Kerbstifte.

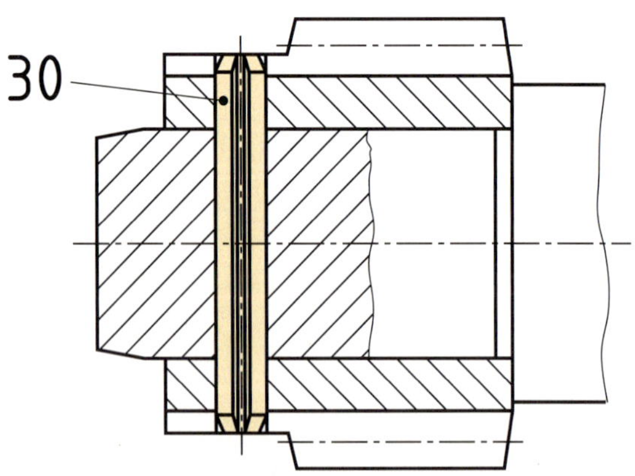

Abb. 1: Fotografische und zeichnerische Darstellung einer Spannstiftverbindung des Stirnrädergetriebes

Darstellung

Stifte können in Gruppen- oder Gesamt-Zeichnungen dargestellt werden. Um diese mit den Abmessungen zeichnen zu können, müssen Informationen über Größe und Form einem DIN-Blatt oder Tabellenbuch entnommen werden.

Die Darstellung der Stifte erfolgt oft innerhalb einer Schnittdarstellung. Dadurch können die durch den Stift verbundenen Teile und der Stift selber anschaulich gezeigt werden. Die Linien für den Stiftdurchmesser und den Bohrungsdurchmesser werden in der Zeichnung mit *einer* breiten Volllinie dargestellt, da die Nenndurchmesser gleich groß sind. Ebenso wird nur *eine* Mittellinie gezeichnet.

Stifte, die in Längsrichtung dargestellt sind, werden nicht schraffiert.
Verläuft die Schnittlinie jedoch durch den zylindrischen Querschnitt des Stiftes, muss der Querschnitt schraffiert werden.

Stifte müssen der Form entsprechend gezeichnet werden. Auf Details, wie z. B. die genaue Fasengröße oder Schlitzbreite bei Spannstiften, kann aus Gründen der Zeichnungsvereinfachung verzichtet werden. Auch werden Stifte oft nur durch Mittellinien angedeutet (Beispiel Pos.-Nr. 31).

Die genaue Identifizierung ist dadurch gegeben, dass der Stift unter einer Positionsnummer in der Stückliste aufgeführt ist.

Die Stücklisteneintragung besteht immer aus der Benennung, der DIN-Nr., dem Durchmesser (eventuell mit Toleranzfeld) und aus der Länge.

30	1	Stck	Spannstift	DIN EN ISO 13337-3x20	
Pos.	Menge	Einh.	Benennung	Sachnummer / Norm-Kurzbezeichnung	Bemerkung
1	2	3	4	5	6

Abb. 2: Eintragung eines Stiftes in der Stückliste

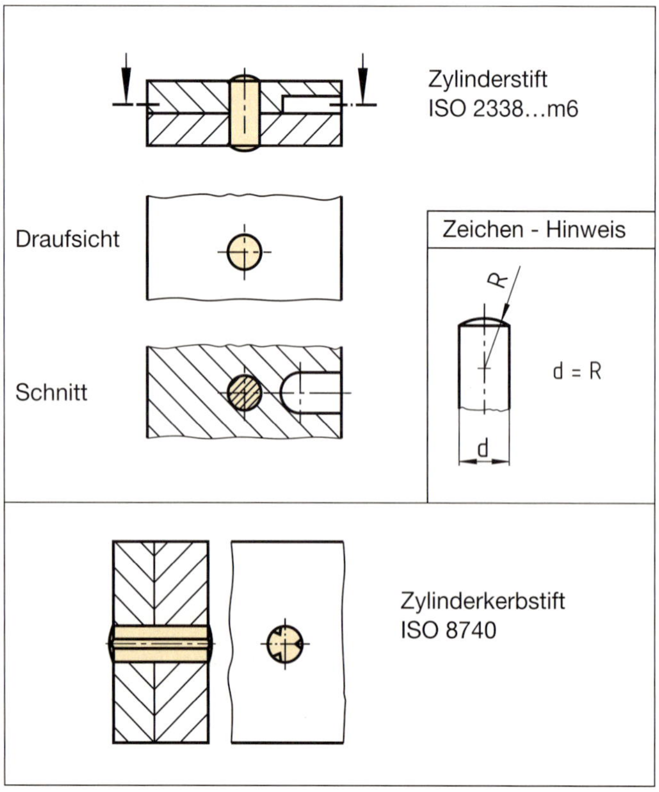

Abb. 3: Weitere Darstellungsbeispiele zu Stiftverbindungen

8.5.3 Passfederverbindungen

Durch Passfedern werden lösbare Mitnehmerverbindungen hergestellt. Sie eignen sich besonders für Bauteile mit hoher Rundlaufgenauigkeit.

Das Drehmoment wird dabei über die Passfeder formschlüssig zwischen Welle und Nabe übertragen.

Passfedern sind nach **DIN 6885** genormt und stehen in unterschiedlichen Ausführungen zur Verfügung. Es gibt sie z. B. rund- oder geradstirnig, in hoher oder niedriger Bauweise, mit Senkung oder mit Gewinde.

In der **DIN 6885** sind jedoch nicht nur die Abmessungen der Passfeder, sondern auch die Maße der zugehörigen Wellen- und Nabennuten aufgeführt.

Abb. 4: Fotografische und zeichnerische Darstellung

Darstellung

Passfedern werden in Gruppen- und Gesamt-Zeichnungen dargestellt.

Zur zeichnerischen Darstellung einer Passfederverbindung werden Informationen über Form und Größe der Passfeder und der Nuten benötigt. Diese Informationen können DIN-Blättern oder einem Tabellenbuch entnommen werden. Maßgeblich für die Abmessungen ist immer der Wellendurchmesser, in dem die Passfeder sitzen soll.

Passfederverbindungen werden oft im Schnitt dargestellt. Dadurch kann die Verbindungsstelle anschaulich gezeigt werden.

Passfedern, die in *Längsrichtung* der Schnittebene dargestellt werden, sind *nicht* zu schraffieren. Die Darstellung kann entweder so erfolgen, dass die Passfeder auf der Mittelachse (Abb. 6) oder innerhalb eines Teilschnittes liegt (Abb. 5).

Das Rückenspiel zwischen Passfeder und Nutgrund der Nabe ist in der Zeichnung deutlich sichtbar darzustellen (Spiel ca. 0,5 mm). Dabei ist von den Maßen in der DIN abzuweichen.

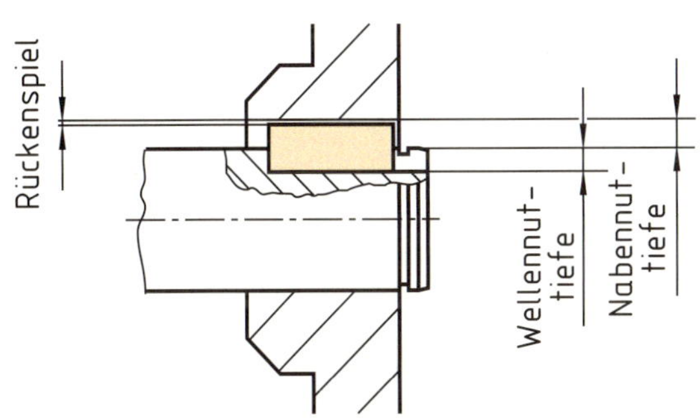

Abb. 5: Passfederverbindung im Teilschnitt

Verläuft die Schnittlinie durch den *Querschnitt* der Passfeder, *muss* der Querschnitt schraffiert werden.

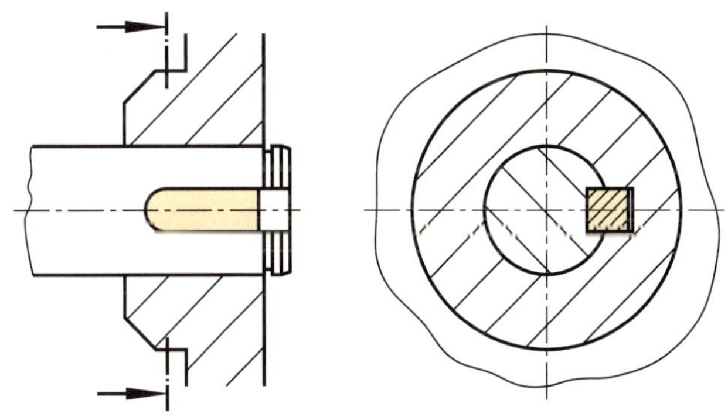

Abb. 6: Passfederverbindung im Querschnitt

Die Identifizierung der Passfeder erfolgt durch die in der Stückliste eingetragenen Positionsnummern.

Die Eintragung besteht immer aus der Benennung, der DIN-Nummer, einem Großbuchstaben für die Form, dem Passfederquerschnitt (Breite und Höhe) sowie der Passfederlänge. Alle Maße müssen dabei der **DIN 6885** entsprechen.

24	1	Stck	Passfeder	DIN 6885-A5×5×18	gekürzt auf Länge 15
Pos.	Menge	Einh.	Benennung	Sachnummer / Norm-Kurzbezeichnung	Bemerkung
1	2	3	4	5	6

Abb. 7: Eintragungsbeispiele einer Passfeder

8.5.4 Scheibenfederverbindung

Scheibenfedern nach **DIN 6888** werden in kegeligen Wellenenden zum Übertragen von Kraftmomenten verwendet. Die Scheibenfedern passen sich der Neigung der Nabennut an. Da der Wellenquerschnitt stark geschwächt wird, können nur geringe Kraftmomente übertragen werden.

Darstellung

Das Maschinenelement Scheibenfeder wird innerhalb einer Längsschnittdarstellung nicht geschnitten dargestellt. Im Querschnitt darf die Scheibenfeder geschnitten dargestellt werden.

Im Beispiel der Abb. 1 wurde das Ende der Abtriebswelle (27) mit einem Kegelstumpf und Gewindezapfen konstruiert. In den Kegel wird die Scheibenfedernut gefräst. Nach Einlegen der Scheibenfeder kann z. B. ein Kettenrad bis zur Selbstzentrierung über den Kegelstumpf geschoben werden. Eine Sicherung gegen axiales Verschieben erfolgt mit einer Sechskantmutter.

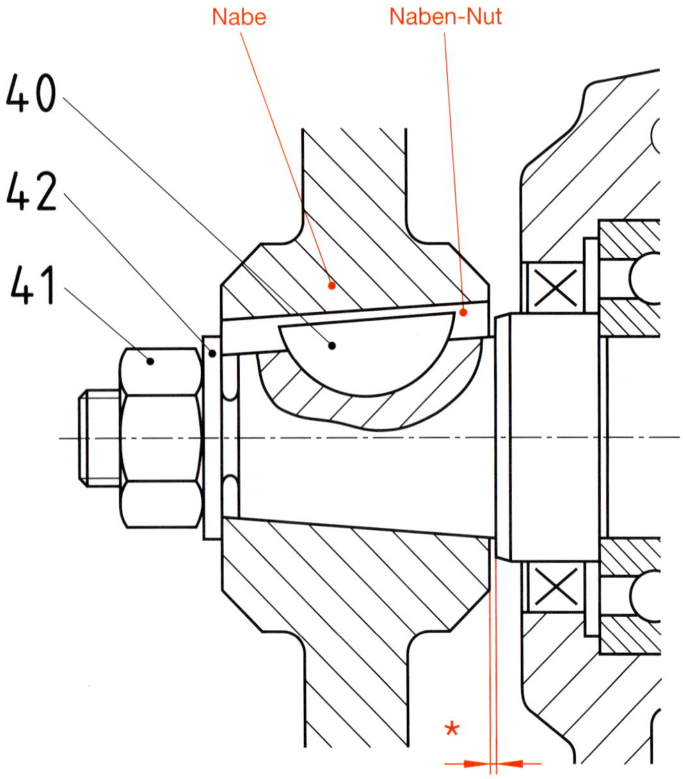

* Nabe darf nicht am Wellenbund anliegen (notwendiger Freiraum)

Abb. 1: Eingebaute Scheibenfeder

Die Scheibenfeder wird mit der Benennung, der DIN-Nr., der Breite und der Höhe in die Stückliste eingetragen.

Pos.	Menge	Einh.	Benennung	Sachnummer / Norm-Kurzbezeichnung	Bemerkung
42	1	Stck	Scheibe	DIN EN ISO 7091-A13	
41	1	Stck	Sechskantmutter	DIN EN ISO 4032-M12-10	
40	1	Stck	Scheibenfeder	DIN 6888-8×9	
1	2	3	4	5	6

Abb. 2: Stücklisteneintrag für eine Scheibenfeder

8.5.5 Bolzenverbindungen

Bolzen werden u. a. für Gelenkverbindungen, Lagerung von Laufrädern oder Kupplungen hergestellt. Sie sollen Bauteile miteinander verbinden, deren Lage zueinander festlegen oder Scherkräfte aufnehmen.

Darstellung

Bolzen werden in einer Längsschnittdarstellung nicht geschnitten. In einer Querschnittdarstellung dürfen sie geschnitten dargestellt werden.

Im Beispiel der Abb. 3 dienen Bolzen nach **DIN EN 22341** zur Übertragung des Drehmoments zwischen zwei Kupplungsscheiben. Die Bolzen wurden gegen Herausfallen mit je einem Splint gesichert.

Die Scheibenkupplung ergänzt das System Stirnrädergetriebe, indem sie die Antriebsenergie von einem Elektromotor auf das Getriebe überträgt.

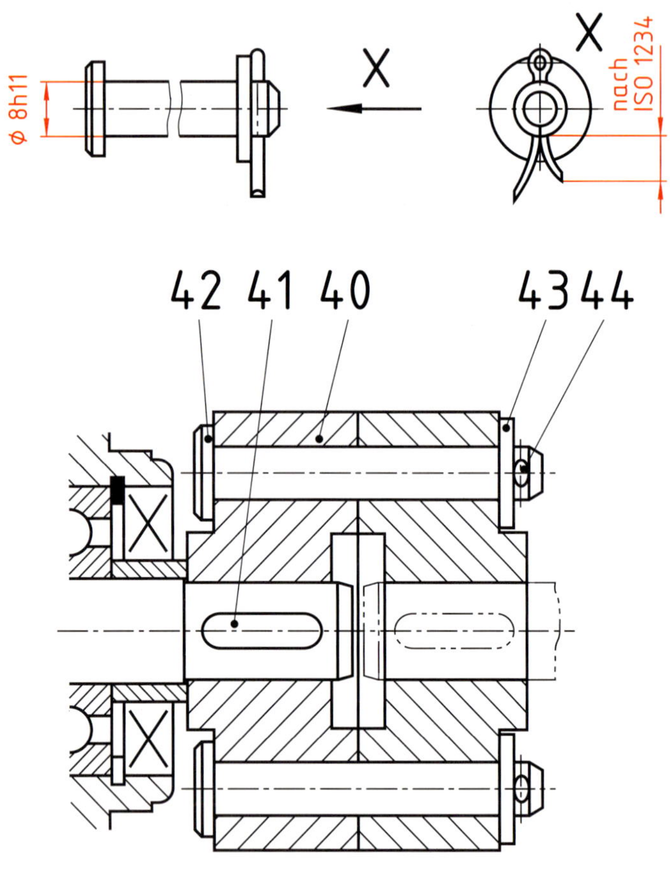

Pos.	Menge	Einh.	Benennung	Sachnummer / Norm-Kurzbezeichnung	Bemerkung
44	4	Stck	Splint	ISO 1234-2×14	
43	4	Stck	Scheibe	DIN EN ISO 7090	
42	4	Stck	Bolzen	DIN EN 22341-B 8h11×50	
41	1	Stck	Passfeder	DIN 6885-A5×5×18	
40	1	Paar	Scheibenkupplung	Bestell-Nr. 14-8-64	
1	2	3	4	5	6

Abb. 3: Bolzen in einer Scheibenkupplung, Stückliste

8.5.6 Sicherungsringe, Stütz- und Passscheiben

Sicherungsringe sind Halteringe. Sie verhindern oder begrenzen ein axiales Verschieben von Wälzlagern, Buchsen, Rädern und Hebeln auf Achsen, Wellen und Bolzen.

Die Ringe aus Federstahl sind *formschlüssig* wirkende Maschinenelemente, die federnd in eine Ringnute eingesetzt werden. Dazu weisen sie einen Schlitz mit zwei Montageösen auf.

Unterschieden werden Sicherungsringe nach **DIN 471** für Wellen und nach **DIN 472** für Bohrungen.

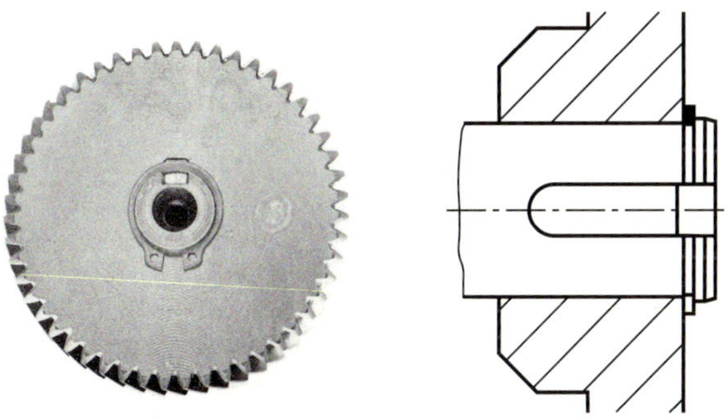

Abb. 4: Fotografische und zeichnerische Darstellung

Darstellung von Sicherungsringen

Sicherungsringe werden in Gruppen- und Gesamt-Zeichnungen dargestellt. Zur zeichnerischen Darstellung werden die Maße der rechteckigen Querschnittsform, sowie Breite und Tiefe der Ringnute benötigt. Diese Informationen können einem Tabellenbuch entnommen werden. Maßgeblich für die Abmessungen ist entweder der Wellendurchmesser oder der Bohrungsdurchmesser.

Sicherungsringe werden – unabhängig von der Art – im Querschnitt dargestellt. Die Lage des Ringes ist dabei so zu wählen, dass die Schnittebene unterhalb der Mittellinie zwischen den Montageösen hindurch, und oberhalb der Mittellinie durch den Querschnitt verläuft. Ergibt der Querschnitt eine kleine Schnittfläche, kann diese geschwärzt werden.

Das manuelle Zeichnen eines Sicherungsringes mit Blickrichtung auf seine Montageösen, ist sehr zeitaufwändig und sollte daher – wenn möglich – vermieden werden. Bei der computergestützten Zeichnungserstellung (CAD) können solche Ansichten jedoch aus einer Normteilbibliothek sehr schnell erzeugt werden.

Sicherungsringe

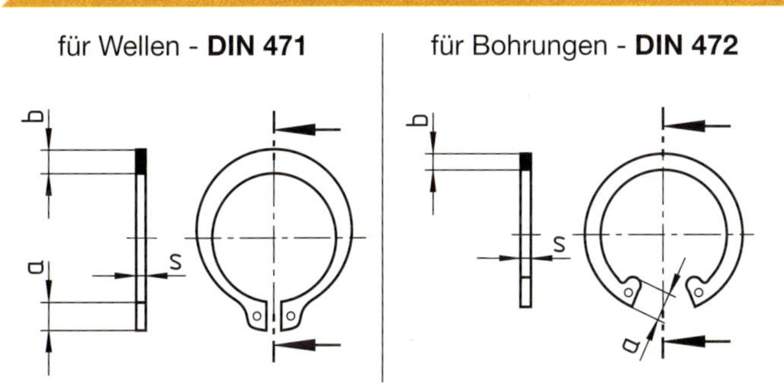

Abb. 5: Schnittdarstellung mit Maßbuchstaben

Nach **DIN 471** bzw. **DIN 472** ist das Maß für die Nutbreite (m) mindestens um 0,1 mm größer als die Ringdicke (s). Diese Differenz wird bei der zeichnerischen Ausführung jedoch *nicht* berücksichtigt. Ring und Nute werden deshalb in gleicher Breite gezeichnet. Dabei sind – aus Gründen der Zeichnungsvereinfachung – die Ringmaße *a* und *b* nur ungefähr einzuhalten.

Stütz- und Passscheiben nach DIN 988

Stützscheiben sollen die Anlagefläche zwischen Sicherungsring und zu haltendem Bauteil vergrößern. Bei größeren Axialkräften sollen sie ein Umstülpen des Sicherungsringes verhindern.

Passscheiben dienen der genauen Lagebestimmung von Teilen in axialer Richtung. Sie haben die gleichen Durchmesser wie Stützscheiben. Ihre Dicke ist in 0,1 mm-Schritten gestuft.

Darstellung von Stütz- und Passscheiben

Stütz- und Passscheiben werden im Querschnitt dargestellt. Die zeichnerische Ausführung von Scheiben mit geringen Dicken kann nur ungefähr erfolgen (Abb. 6, Pos. 23).

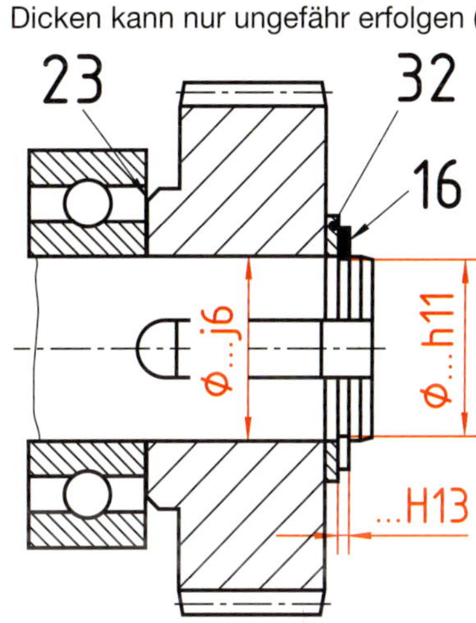

Die bildliche Darstellung gilt sinngemäß auch bei Anwendungen in Bohrungen

Abb. 6: Sicherungsring, Stütz- und Passscheibe

Damit die Ringe und Scheiben nach der Gruppen-Zeichnung gefügt werden können, sind ISO-Passungen erforderlich.

Stücklisteneintragung

Stütz- und Passscheiben sind durch die zeichnerische Darstellung schwer zu unterscheiden.

Zur eindeutigen Identifizierung müssen die Teile mit ihrer Pos.-Nr. in der Stückliste eingetragen werden. Bei Passscheiben werden neben der Benennung die DIN-Nr., Innen- und Außendurchmesser sowie die Dicke angegeben. Bei Stützscheiben werden nur Innen- und Außendurchmesser angegeben. Dem Innendurchmesser ist der Kennbuchstabe *S* voranzustellen.

Bei Sicherungsringen werden nach der DIN-Nr. nur der Wellen- oder Bohrungsdurchmesser sowie die Ringdicke angegeben.

Pos.	Menge	Einh.	Benennung	Sachnummer / Norm-Kurzbezeichnung	Bemerkung
32	1	Stck	Stützscheibe	DIN 988-S 25×35	St...
23	1	Stck	Passscheibe	DIN 988-25×35×0,1	St...
16	1	Stck	Sicherungsring	DIN 471-25×1,2	
1	2	3	4	5	6

Abb. 7: Eintragungsbeispiele in der Stückliste

Zur Spielbegrenzung und zur Festlegung der axialen Lage von Teilen werden nicht nur Normteile verwendet. So dient z. B. das Teil Pos.-Nr. 9 (Buchse) auf der Gesamt-Zeichnung des Stirnrädergetriebes zur axialen Festlegung der Teile 11.

8.5.7 Spannelemente

Eine schnell zu montierende Welle/Nabe-Verbindung lässt sich mit (Ringfeder-) Spannelementen herstellen. Sie bestehen aus einem Außenring mit Innenkegel und einem Innenring mit Außenkegel (Abb. 1).

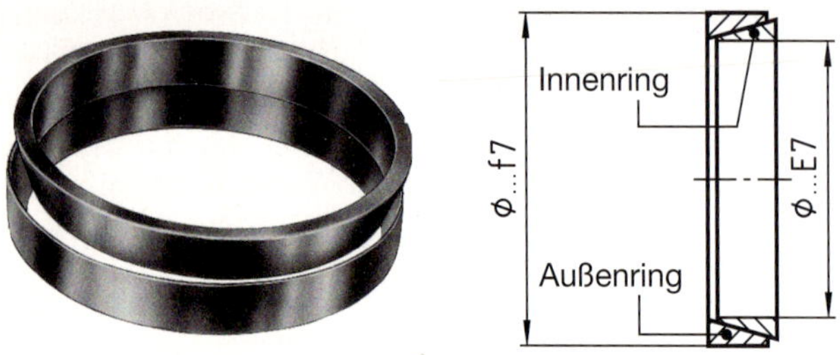

Abb. 1: Spannelemente

Über ein Druckstück (Abb. 2, Pos. 40) werden die Ringe mit einer Schraubenkraft axial gegeneinander verschoben. Dabei verformt sich der Innenring radial nach innen und der Außenring radial nach außen. Durch die Keilwirkung der Kegelflächen entstehen große Radialkräfte, die den zur Drehmomentübertragung erforderlichen Kraftschluss herstellen.

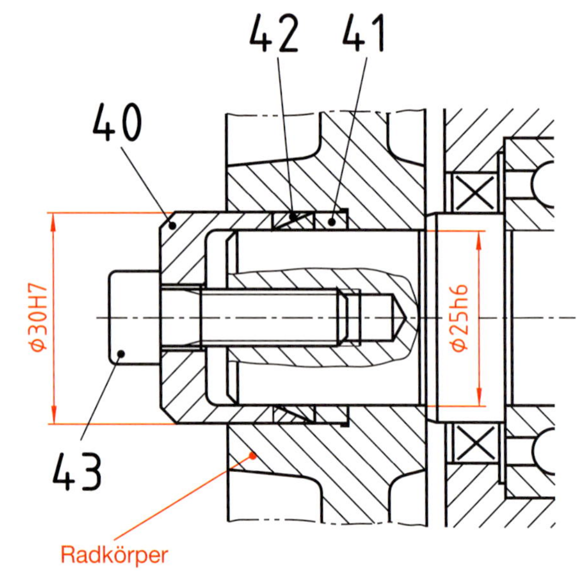

Pos.	Menge	Einh.	Benennung	Sachnummer / Norm-Kurzbezeichnung	Bemerkung
1	2	3	4	5	6
43	1	Stck	Zylinderschraube	ISO 4762-M8×30-8.8	
42	1	Stck	Spannelemente	25×30	Fa. ...
41	1	Stck	Distanzring	Bestell-Nr. 25-30 Di	Fa. ...
40	1	Stck	Druckstück	Bestell-Nr. 25-30 Dr	Fa. ...

Abb. 2: Welle/Nabe-Verbindung mit Spannelementen

Spannelemente sind nicht genormt. Informationen über Maße und Einbaudaten können Herstellerkatalogen oder einem Tabellenbuch entnommen werden.

Darstellung

Die zeichnerische Darstellung der Spannelemente erfolgt im Querschnitt und zeigt den ungespannten Zustand.

8.5.8 Nutmutter, Sicherungsblech

Nutmuttern nach **DIN 981** dienen in Verbindung mit Sicherungsblechen nach **DIN 5406** zum Einstellen des axialen Spiels und zum Befestigen von Wälzlagern auf Wellen.

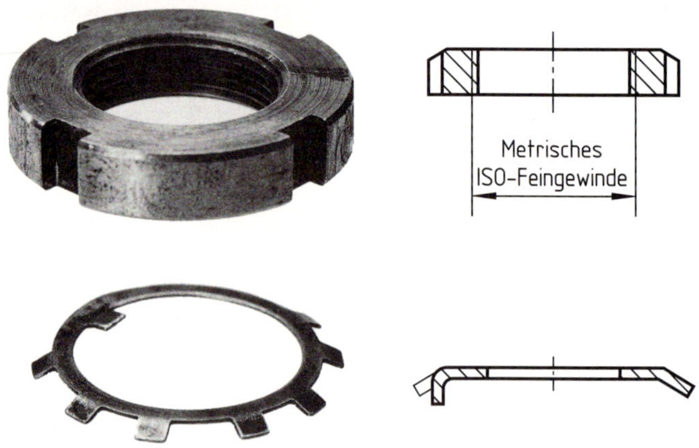

Abb. 3: Nutmutter und Sicherungsblech

Darstellung

Eine Nutmutter wird im Gegensatz zu anderen Muttern im Vollschnitt dargestellt. Auch das Sicherungsblech wird im Gegensatz z. B. zu Scheiben geschnitten gezeichnet. Wegen der geringen Dicke des Sicherungsblechs kann der Querschnitt geschwärzt werden. Damit die umgebogene Lasche in der Welle dargestellt werden kann, wird um die Wellennut ein Ausbruch gezeichnet (Abb. 4).

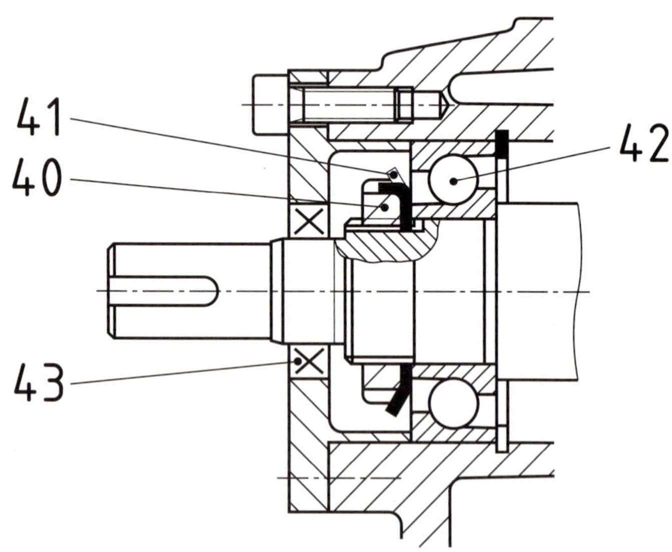

Pos.	Menge	Einh.	Benennung	Sachnummer / Norm-Kurzbezeichnung	Bemerkung
1	2	3	4	5	6
43	1	Stck	Radial-Wellendichtring	DIN 3760-18×30×7	NBR
42	1	Stck	Schrägkugellager	DIN 628-7205 B	
41	1	Stck	Sicherungsblech	DIN 5406-MB 5	
40	1	Stck	Nutmutter	DIN 981-KM 5	

Abb. 4: Lagerung mit Nutmutter gesichert

8.5.9 Wälzlager

Wälzlager sind genormte und einbaufertige Funktionselemente. Sie dienen zum Lagern von sich drehenden Wellen, Achsen oder Zapfen. Sie bestehen im Allgemeinen aus zwei Laufringen (Außen- oder Gehäusering, Innen- oder Wellenring), den Wälzkörpern und einem Käfig zum Halten und Führen der Wälzkörper.

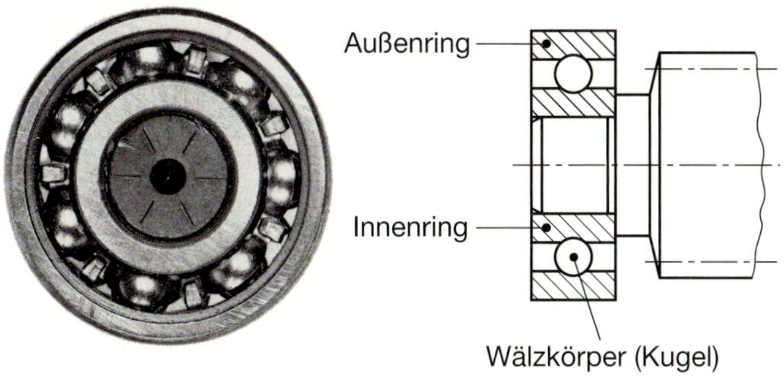

Abb. 5: Fotografische und zeichnerische Darstellung

Die Wälzlagerarten werden u. a. unterschieden

- nach der Form ihrer Wälzkörper in Kugel-, Rollen-, Tonnen- und Nadellager,
- nach der Lagerung ihrer Wälzkörper in Rillen-, Schulter-, Schräg- und Pendellager,
- nach der vorwiegenden Belastungsrichtung in Radial- und Axiallager,
- nach der Ein- und Ausbaumöglichkeit in selbsthaltende und nicht selbsthaltende Lager.

Darstellung

Wälzlager werden in Gruppen- und Gesamt-Zeichnungen dargestellt.

Je nach Verwendungszweck sind in Zeichnungen unterschiedliche Lagerarten dargestellt. Diese wiederum sind in unterschiedlichen DIN-Blättern genormt. Die in der Metalltechnik häufig vorkommenden Lager können einem Tabellenbuch entnommen werden.

*Die Darstellung der Wälzlager erfolgt meist im Vollschnitt. Dabei sind nach **DIN ISO 8826** alle Teile des Lagers mit derselben Pos.-Nr. in gleicher Richtung zu schraffieren.*

Eine Ausnahme bilden jedoch die Wälzkörper. Diese werden *nicht* schraffiert. Wälzkörper-Käfig, Deck- oder Dichtscheiben sowie Rundungen an den Ringen müssen nicht gezeichnet werden.

Wichtige Maße zum Zeichnen von Wälzlagern sind bei Radial-Rillenkugellagern zunächst

- Innendurchmesser des Innenringes (d),
- Außendurchmesser des Außenringes (D),
- Lagerbreite (B).

Alle anderen Abmessungen, wie z. B. Größe der Wälzkörper, können nur den Firmenkatalogen (Wälzlagerkatalogen) entnommen werden. Für die einfache zeichnerische Ausführung reichen die Näherungsformeln und Näherungskonstruktionen nach den Abb. 6 - 8 aus.

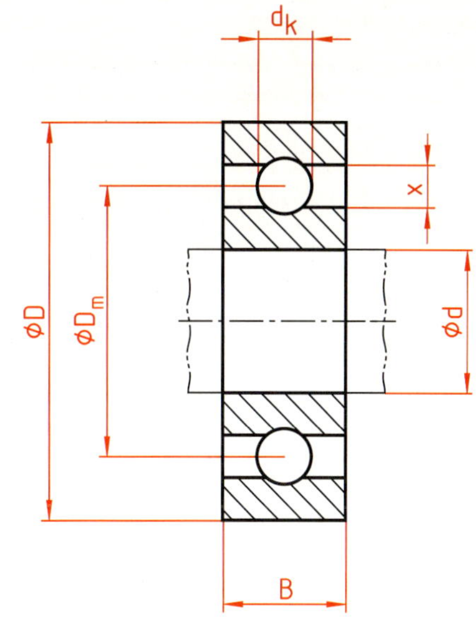

Maße für øD, ød und B nach DIN-Blatt.

Näherungsformeln für die anderen Maße:

$$D_m = \frac{D-d}{2} + d$$

$$d_k \quad \frac{D-d}{4}$$

$$x \quad \frac{D-d}{6}$$

Abb. 6: Zeichnungshinweise für Rillenkugellager **DIN 625**

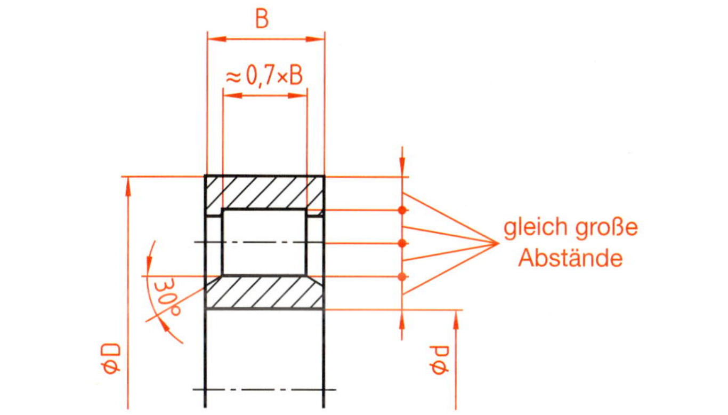

Abb. 7: Zeichnungshinweise für Zylinderrollenlager **DIN 5412-NU**

$$d_k \quad \frac{D+d_g}{10}$$

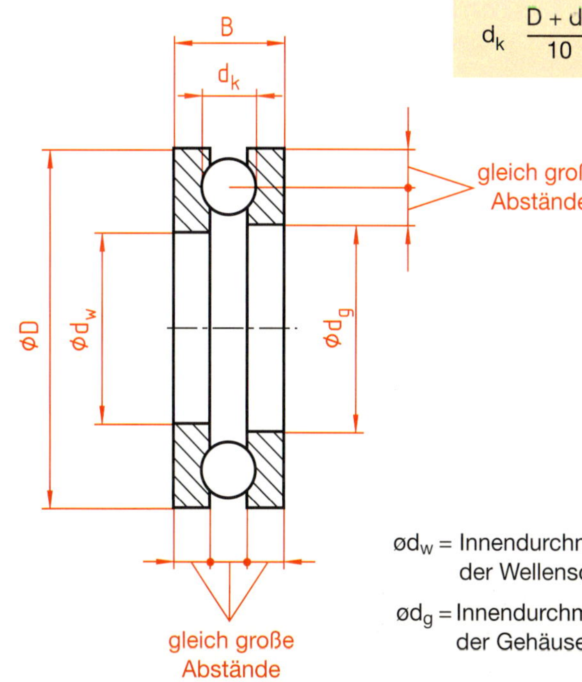

ød_w = Innendurchmesser der Wellenscheibe

ød_g = Innendurchmesser der Gehäusescheibe

Abb. 8: Zeichnungshinweise für Axial-Rillenkugellager **DIN 711**

Vereinfachte Darstellung von Wälzlagern

Wälzlager können nach **DIN ISO 8826** ( ) vereinfacht dargestellt werden. Dies ist dann der Fall, wenn es nicht nötig ist, die genaue Form und Einzelheiten zu zeigen. Damit wird Zeit und Aufwand bei der zeichnerischen Ausführung gespart.

Bei der vereinfachten Darstellung wird das Wälzlager durch ein Quadrat auf einer oder beiden Seiten der Achse dargestellt. In der Mitte des Quadrates wird ein freistehendes aufrechtes Kreuz gezeichnet, welches das Quadrat *nicht* berührt. Schraffuren innerhalb dieser Darstellung sind möglichst zu vermeiden (Abb. 1).

Alle Einzelheiten der vereinfachten Darstellung werden mit derselben Linienbreite gezeichnet wie die sichtbaren Kanten und Umrisse der Zeichnung.

Um Missverständnisse zu vermeiden, sollte nur eine Art der Darstellung – die vereinfachte oder die detaillierte – innerhalb einer Zeichnung angewendet werden.

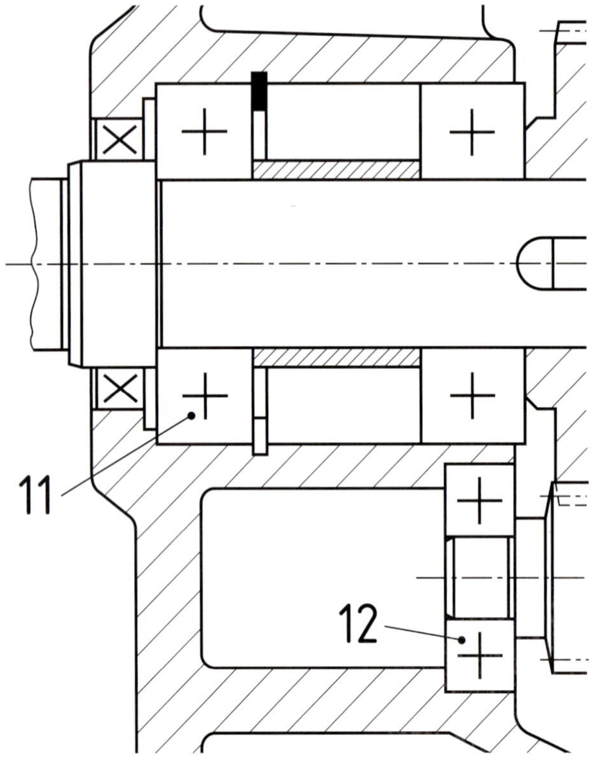

Abb. 1: Allgemeine vereinfachte Darstellung

Stücklisteneintragung

Wälzlager werden mit der Benennung, der DIN-Nr. und einem Kurzzeichen aus Ziffern oder Buchstaben, in der Stückliste eingetragen. Die Kennziffern sind den DIN-Blättern zu entnehmen, nach denen die Wälzlager genormt sind. Maßgeblich ist der Wellendurchmesser. Die letzte Kennziffer in dem Kurzzeichen bezieht sich immer auf die Lagerbohrung bzw. den Wellendurchmesser. Ab Kennziffer 5 erhält man, multipliziert mit Faktor 5, den Durchmesser der Lagerbohrung.

12	1	Stck	Rillenkugellager	DIN 625-6201	
11	2	Stck	Rillenkugellager	DIN 625-6205	
Pos.	Menge	Einh.	Benennung	Sachnummer / Norm-Kurzbezeichnung	Bemerkung
1	2	3	4	5	6

Abb. 2: Stücklisteneintragung

Belastungsart von Wälzlagern

Die Ringe der Wälzlager sind während des Betriebes verschiedenen Belastungen ausgesetzt. Die Belastungsverhältnisse sind maßgeblich für die Auswahl der Passungen, mit denen die Lager auf der Welle und in der Bohrung gefügt werden.

Dabei wird unterschieden, ob die Wälzlagerringe mit Punktlast oder Umfangslast beansprucht werden.

Punktlast liegt dann vor, wenn der betrachtete Ring *stillsteht*. Er ist dann an einem bestimmten Punkt seines Umfanges der Höchstbelastung ausgesetzt.

Umfangslast liegt dann vor, wenn der betrachtete Ring *umläuft*. Er ist dann an seinem gesamten Umfang der Höchstbelastung ausgesetzt.

Erkennen der Belastungsart in der Zeichnung

Sitzt der Wälzlager-Innenring auf einer Welle (Benennung siehe Stückliste), erhält dieser Umfangslast, da Wellen sich drehen und dabei ein Drehmoment übertragen. Sitzt der Wälzlager-Außenring in einem feststehenden (nicht rotierenden) Gehäuse, erhält dieser Punktlast.

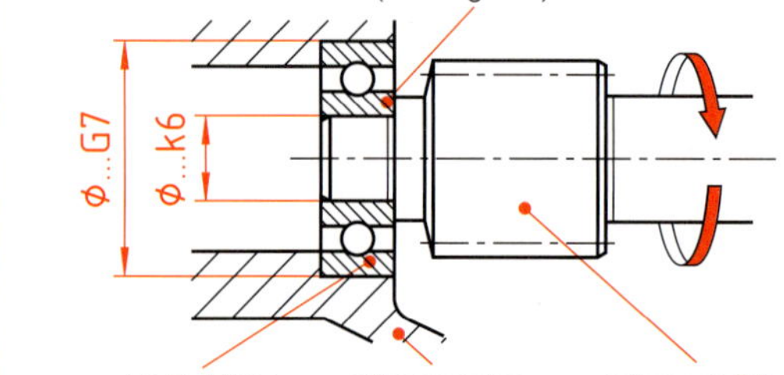

Lagerringe mit **Umfangslast** müssen mit einer „festen Passung" eingebaut werden, z. B. j6, k6 oder m6 für Wellendurchmesser.

Lagerringe mit **Punktlast** können mit einer „losen Passung" eingebaut werden, z. B. G7 oder H7 für Gehäusebohrungen.

Toleranzen für den Einbau von Wälzlagern sind nach **DIN 5425** genormt. Die Toleranzen der Lagerringe werden jedoch in Zeichnungen nicht angegeben.

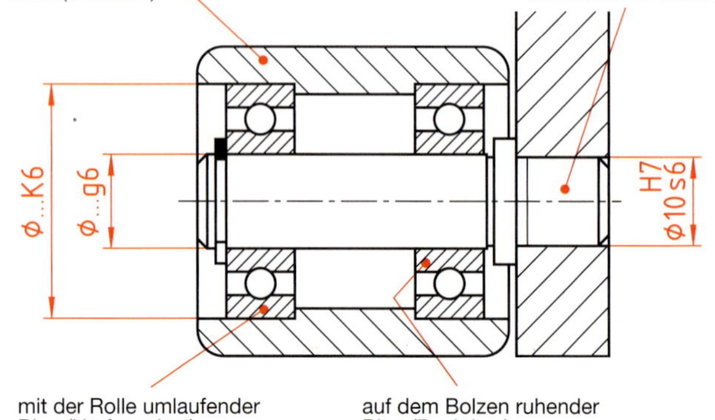

Abb. 3: Erkennen von Umfanglast und Punktlast

Anordnung der Lager

Für die Lagerung von Wellen sind mindestens zwei Lager erforderlich. Sie werden nach der Funktion in *Festlager* und *Loslager* unterschieden.

Als Festlager bezeichnet man das Lager, das die Welle *axial* nach beiden Richtungen *fixiert*. Außen- und Innenring sind gegen Verschieben gesichert. Das Festlager nimmt dabei Radial- und Axialkräfte auf.

Als Loslager bezeichnet man das Lager, das axiale Wärmedehnungen ausgleicht. Dazu erhält einer der beiden Laufringe eine „lose Passung“ und keine axiale Anlagefläche. Dadurch kann sich der Ring auf seiner Sitzfläche verschieben. Loslager fixieren *nicht* die Welle in axialer Richtung, sondern nehmen nur Radialkräfte auf.

Beispiele für Festlager-Loslager-Anordnungen zeigt die Abbildung 4.

Festlager-Loslager-Anordnung im Stirnrädergetriebe mit Rillenkugellagern (DIN 625)

Die Abbildung zeigt die Lagerung der Abtriebswelle (Pos.3).

Festlager (selbsthaltend)

Loslager (selbsthaltend)

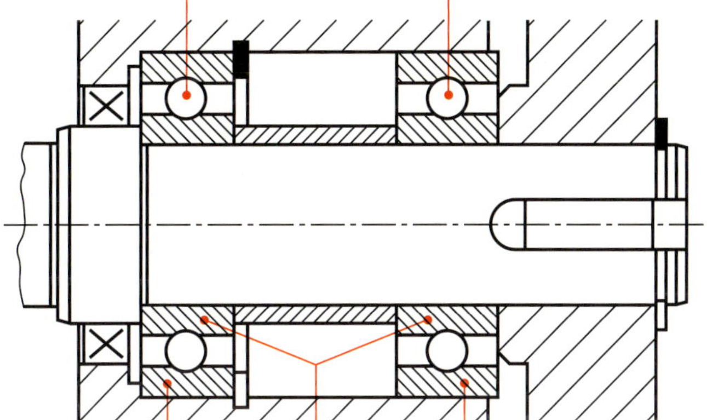

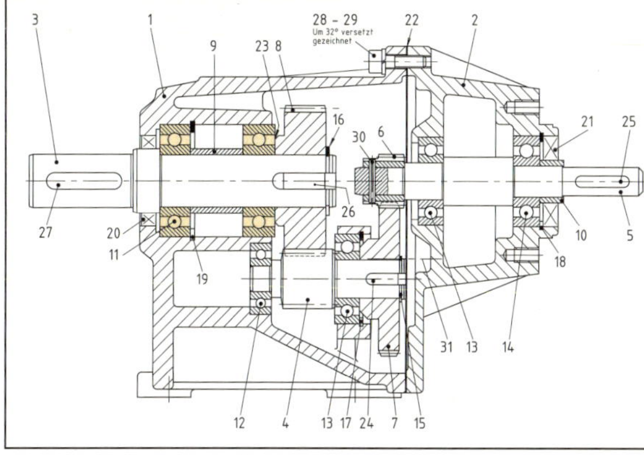

Der Außenring ist nicht verschiebbar. Er liegt links am Gehäuse und rechts am Sicherungsring an (zwei axiale Anlageflächen).

Die Innenringe sind nicht verschiebbar. Sie haben jeweils zwei axiale Anlageflächen.

Der Außenring hat keine axialen Anlageflächen. Er kann deshalb Wärmedehnungen ausgleichen und sich dabei axial geringfügig verschieben.

Alternative Konstruktion:

Festlager-Loslager-Anordnung mit Rillenkugellagern (DIN 625) und Zylinderrollenlager (DIN 5412-NU)

Die Abbildung zeigt die Lagerung der Abtriebswelle (Pos.3).

Festlager (selbsthaltend)

Loslager (nicht selbsthaltend)

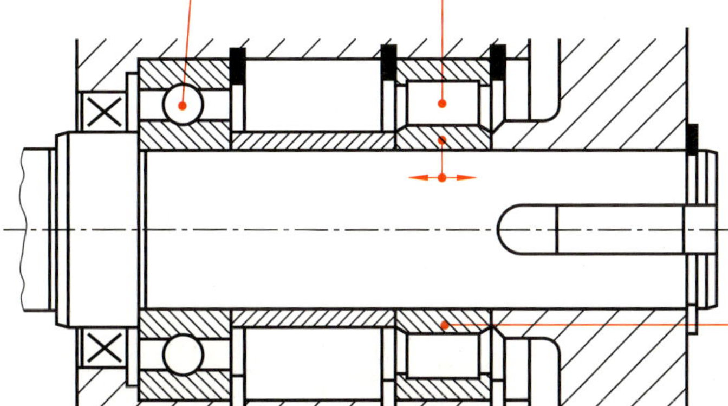

Obwohl beide Ringe des Zylinderrollenlagers je eine axiale Anlagefläche haben, ist dieses Lager kein Festlager.
Die Wärmedehnungen werden hier direkt durch das Lager ausgeglichen. Dazu kann sich der Innenring mit der Welle verschieben. Er gleitet dabei durch den Wälzkörperkranz.

Abb. 4: Festlager-Loslager-Anordnungen

8.5.10 Gleitlager

Außer in Wälzlagern können Wellen, Zapfen, Bolzen oder Achsen auch in Gleitlagern gelagert werden. Das sind z. B. Buchsen nach **DIN 1850-3** aus Sintermetall (Abb. 1).

Lagerungen mit Gleitlagern sind platzsparend und kostengünstig auszuführen. Sie werden jedoch wegen der geringeren Kräfteaufnahme im Vergleich zu Wälzlagern nur für langsam laufende Bauteile verwendet. Ein Beispiel hierfür ist die Lagerung einer Schneckenwelle in einem Schneckengetriebe (Abb. 2).

Darstellung

Gleitlagerbuchsen werden ihrer Form entsprechend im Schnitt gezeichnet. Sind die Buchsen dünnwandig, kann der Querschnitt geschwärzt dargestellt werden.

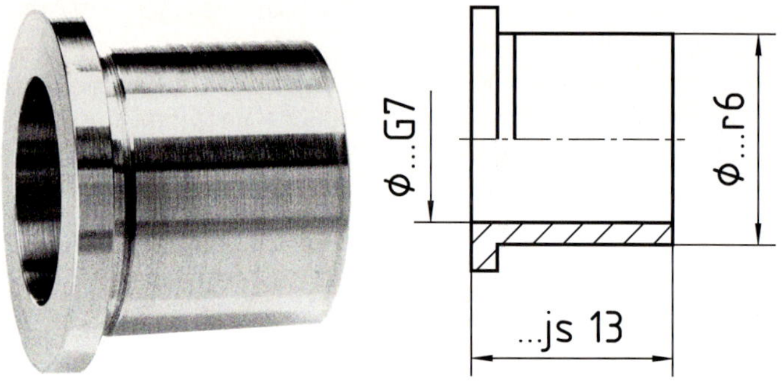

Abb. 1: Buchse für Gleitlager

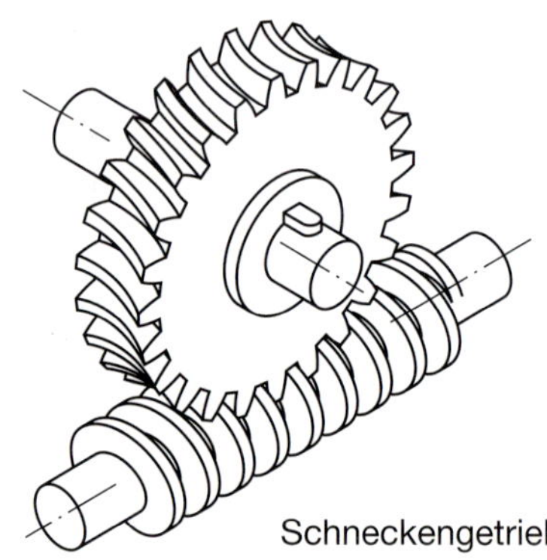

Schneckengetriebe

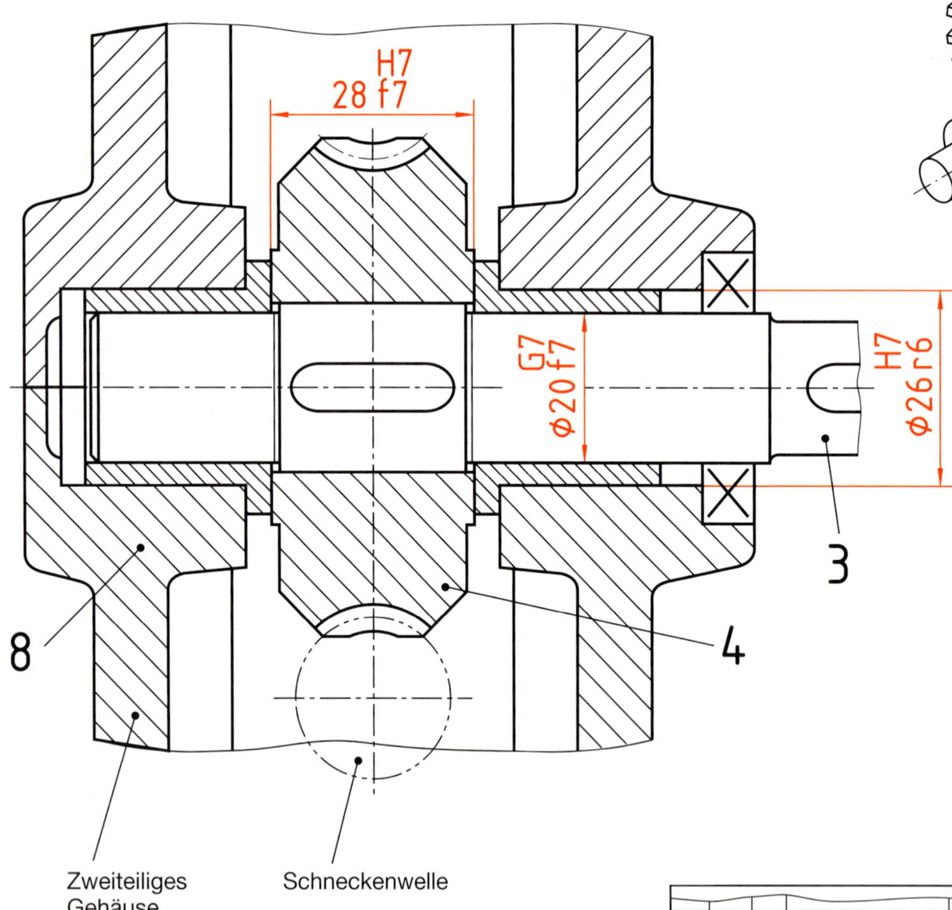

Pos.	Menge	Einh.	Benennung	Sachnummer / Norm-Kurzbezeichnung	Bemerkung
8	2	Stck	Buchse	DIN 1850-V 20×26×25	Sint-B 50
4	1	Stck	Schneckenrad	2200.04	G-CuZn 25 Al 5
3	1	Stck	Schneckenradwelle	2200.03	C 45
1	2	3	4	5	6

Abb. 2: Lagerung einer Schneckenwelle mit Gleitlagern

8.5.11 Zahnräder

Ineinandergreifende Zahnräder sind *Funktionsgruppen* zur Übertragung von Drehmomenten, Umdrehungsfrequenzen und Drehrichtungsänderung. Diese Größen werden *formschlüssig* von einer Welle auf eine andere übertragen. Je nach Lage der Zähne wird zwischen einer *Außen-* oder *Innenverzahnung* unterschieden. Hierbei können verschiedene *Verzahnungsarten* auftreten, z. B. geradverzahnt, schrägverzahnt, pfeilverzahnt, spiralverzahnt und bogenverzahnt.

In die Fläche, die den Zahn darstellt, ist *immer* der Teilkreisdurchmesser als *Strich-Punkt-Linie* einzuzeichnen. Die Linie für den Teilkreisdurchmesser wird dabei um ca. 2 mm über die Begrenzungskante des Zahnrades hinaus gezeichnet. Da sich bei einem Zahnradpaar die ineinandergreifenden Zähne auf ihren Teilkreisdurchmessern abrollen, müssen sich auch in der zeichnerischen Darstellung die Teilkreise *berühren*. Da der Teilkreisdurchmesser als Bezugsfläche für die Verzahnung gilt, wird dieser immer in *allen* Ansichten und unabhängig von der Darstellungsart des Zahnrades, eingezeichnet.

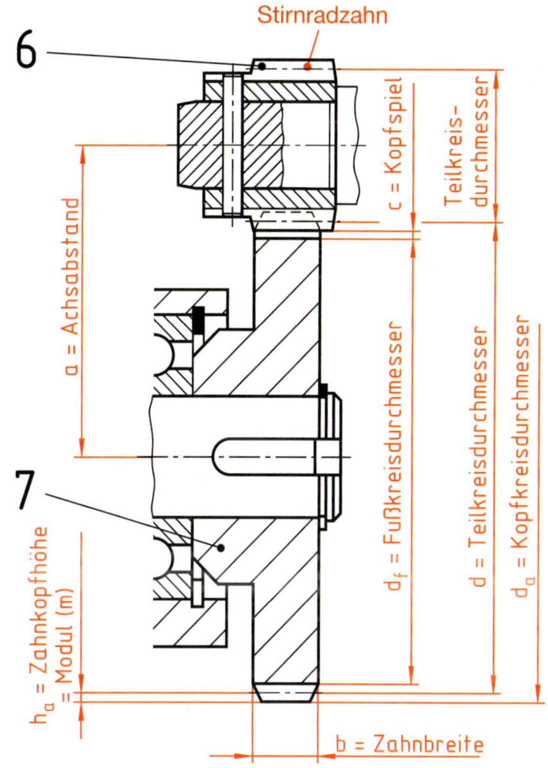

Abb. 3: Fotografische und zeichnerische Darstellung

Die Konturen und Körperkanten an einem Zahnrad haben unterschiedliche Benennungen, die als Bestimmungsgrößen für die Zahnradberechnung und die zeichnerische Darstellung gelten. Diese sind u. a.:

- Modul (m),
- Zähnezahl (z),
- Teilkreisdurchmesser (d),
- Kopfkreisdurchmesser (d_a),
- Fußkreisdurchmesser (d_f).

Darstellung von Stirnradpaaren

Wie das Foto zeigt, wäre eine bildliche Darstellung von Verzahnungen sehr aufwendig. Um eine rationelle Zeichnungserstellung zu ermöglichen, sind in der **DIN ISO 2203** Regeln für die vereinfachte Darstellung von verzahnten Teilen an Werkstücken festgelegt. Danach werden z. B. Stirnräder so im Schnitt dargestellt, dass sie immer zwei gegenüberliegende ungeschnittene Zähne zeigen, unabhängig von der Verzahnungsart.

Bei einer Schnittdarstellung der im Eingriff befindlichen Zahnräder wird *wahlweise* eine der beiden Verzahnungen teilweise von der anderen Verzahnung des Gegen-Zahnrades verdeckt gezeichnet. Verdeckte Körperkanten müssen jedoch nicht dargestellt werden, wenn sie für die Eindeutigkeit der Zeichnung nicht notwendig sind.

Das in der Abb. 3 gekennzeichnete Kopfspiel „c“ ist in Zeichnungen – abweichend vom rechnerischen Wert – *deutlich* sichtbar darzustellen.

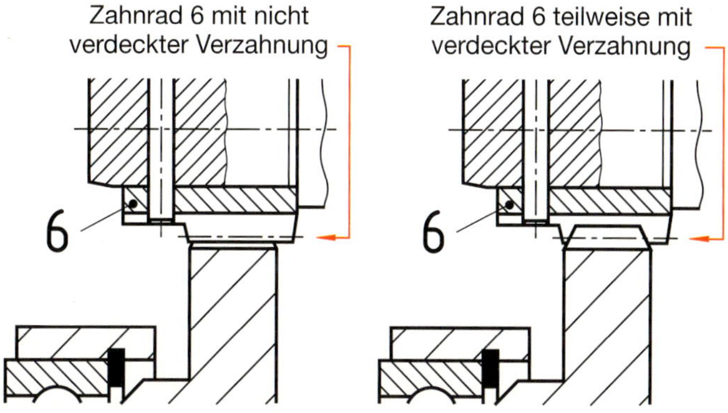

Abb. 4: Wahlweise Darstellung von ineinandergreifenden Zähnen

Zwei im Eingriff stehende Zahnräder müssen nicht beide innerhalb einer Schnittdarstellung im Schnitt gezeichnet werden. In diesem Fall wird vorzugsweise der Zahn des geschnittenen Rades so gezeichnet, dass er teilweise verdeckt im ungeschnittenen Zahnrad sitzt. Verdeckte Kanten können, müssen aber nicht dargestellt werden.

Im vorliegenden Stirnrädergetriebe ist ein solches Beispiel zwischen Ritzelwelle (4) und Stirnrad (8) zu erkennen (Abb. 1).

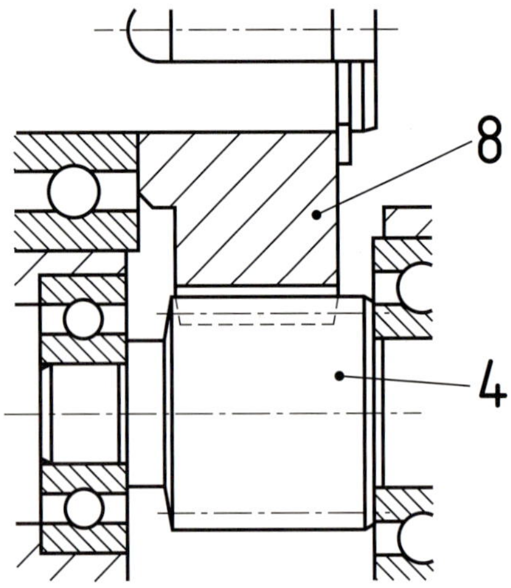

Abb. 1: Darstellung eines Zahneingriffs am geschnittenen und ungeschnittenen Zahnrad

In einer Ansichtsdarstellung wird nicht davon ausgegangen, dass eines der beiden gepaarten Zahnräder am Zahneingriff von dem anderen verdeckt wird. Gezeichnet werden die sich *berührenden Teilkreisdurchmesser* und die sich *schneidenden Kopfkreisdurchmesser*.

Der Fußkreisdurchmesser wird im Allgemeinen nicht dargestellt. Erscheint jedoch eine Darstellung zweckdienlich, wird der Fußkreisdurchmesser mit einer *schmalen Volllinie* gezeichnet.

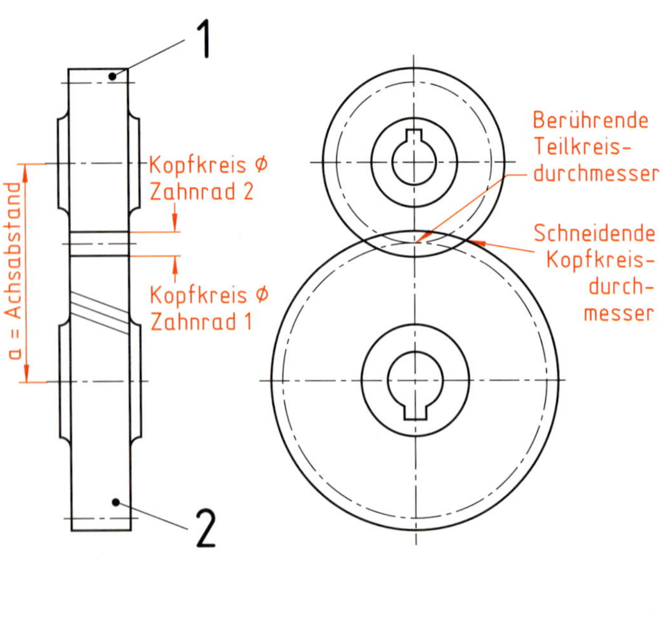

Abb. 2: Stirnradpaar in Ansichtsdarstellung

Kennzeichnung der Verzahnungsart

Die Verzahnungsart bzw. die Flankenrichtung eines Zahnrades kann in einer zur Radachse parallelen Ansicht gekennzeichnet werden. Die Kennzeichnung erfolgt mit drei parallelen *schmalen Volllinien* der entsprechenden Form und Richtung in einer Ansichts- oder Halbschnittdarstellung (Abb. 3).

Eine Kennzeichnung wird dabei nur an *einem* der beiden Zahnräder vorgenommen.

Die Flankenrichtung wird von der Stirnfläche des Zahnrades ausgehend beurteilt. Es wird unterschieden zwischen *rechts-* und *linkssteigenden* Flanken. Bei einem schrägverzahnten Zahnradpaar ist die Flankenrichtung entgegengesetzt steigend.

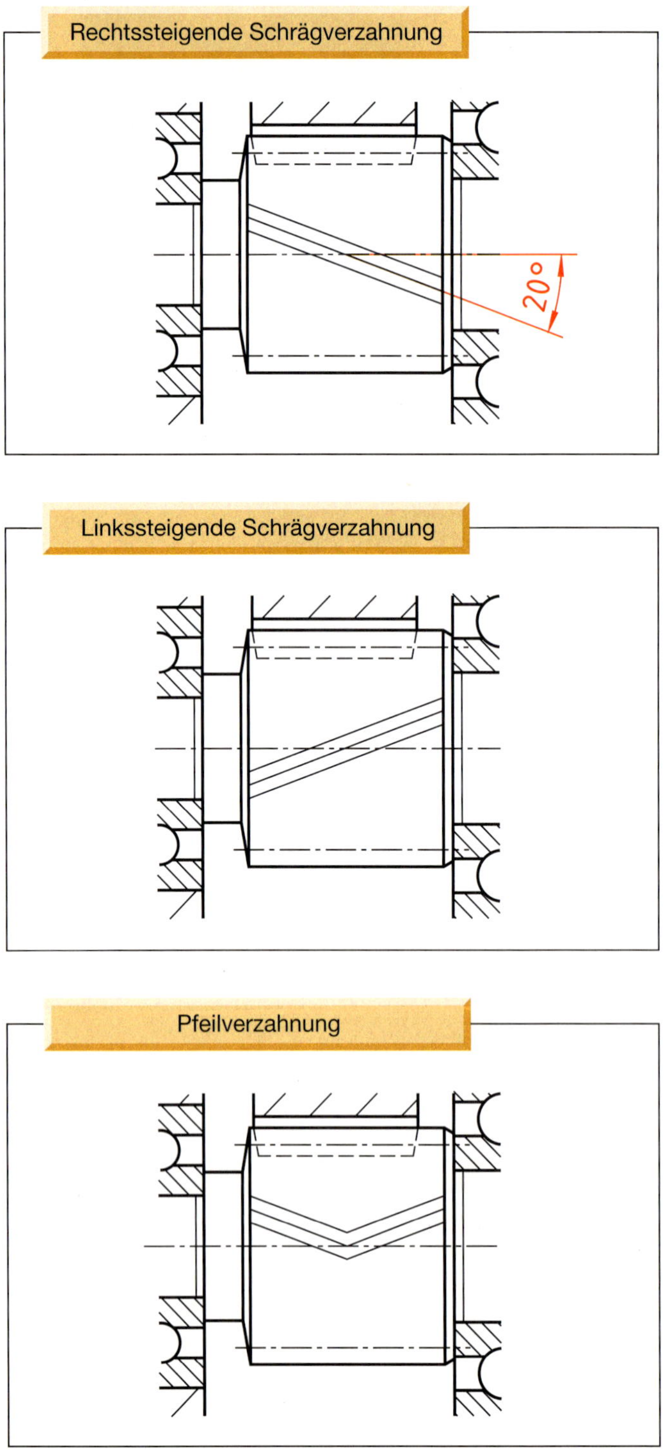

Abb. 3: Kennzeichnung der Verzahnungsart

Zeichenschritte zur Erstellung eines geradverzahnten Stirnräderpaares

Das Modul „m" ist immer für beide Zahnräder gleich groß.

Beispiel:

Zeichnen eines geradverzahnten Stirnradpaares in Vorder- und Seitenansicht (Ansichtsdarstellung).

Zahnrad 1: $m = 2{,}5$; $z_1 = 14$ Zähne

Zahnrad 2: $z_2 = 20$ Zähne

Zahnbreite „b" entsprechend der Formel $b = 6 \ldots 12 \cdot m$, gewählt = 18 mm

1 Zeichnen der Hüllform von Zahnrad 1 (breite Volllinie) und der Mittelachse (schmale Strich-Punkt-Linie).

$d_{a1} = m \cdot (z_1 + 2)$

$d_{a1} = 2{,}5 \cdot (14 + 2)$

$d_{a1} =$ **40 mm**

$b =$ **18 mm**

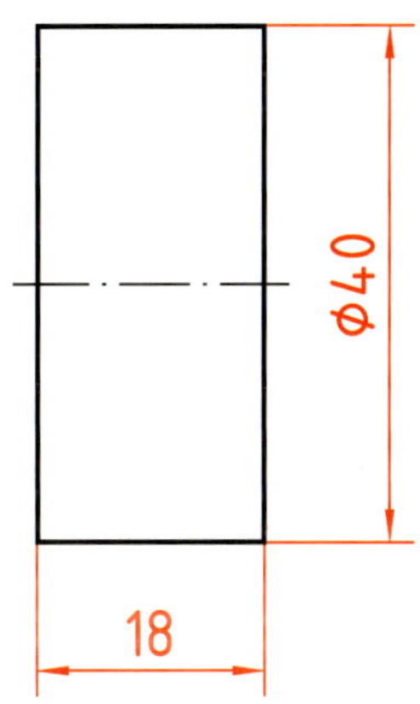

2 Zeichnen des Achsabstandes „a" der beiden Räder (Mittelachse von Zahnrad 2) und der Hüllform von Zahnrad 2.

$$a = \frac{d_1 + d_2}{2}$$

oder

$$a = \frac{m \cdot (z_1 + z_2)}{2}$$

$$a = \frac{2{,}5 \cdot (14 + 20)}{2}$$

$a =$ **42,5 mm**

Festlegen des Kopfkreisdurchmessers „d_{a2}"

$d_{a2} = m \cdot (z_2 + 2)$

$d_{a2} = 2{,}5 \cdot (20 + 2)$

$d_{a2} =$ **55 mm**

$b =$ **18 mm**

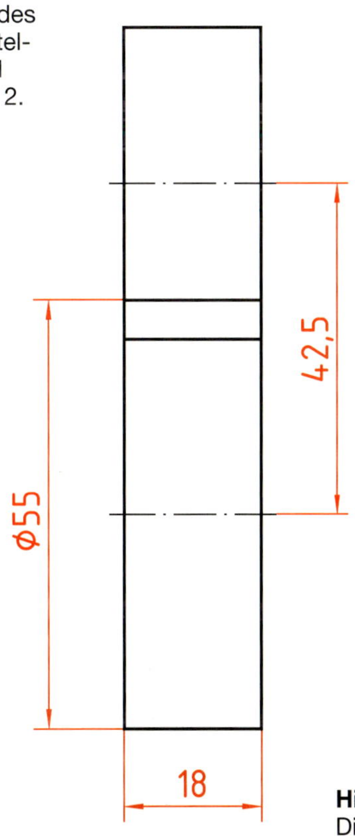

3 Zeichnen der Teilkreisdurchmesser d_1 und d_2 (schmale Strich-Punkt-Linie).

$m =$ **2,5**

$d = m \cdot z$

$d_1 = 2{,}5 \cdot 14 =$ **35**

$d_2 = 2{,}5 \cdot 20 =$ **50**

Gemeinsame Teilkreislinie der beiden Zahnräder liegt mittig zwischen den sich überschneidenden Kopfkreisdurchmessern.

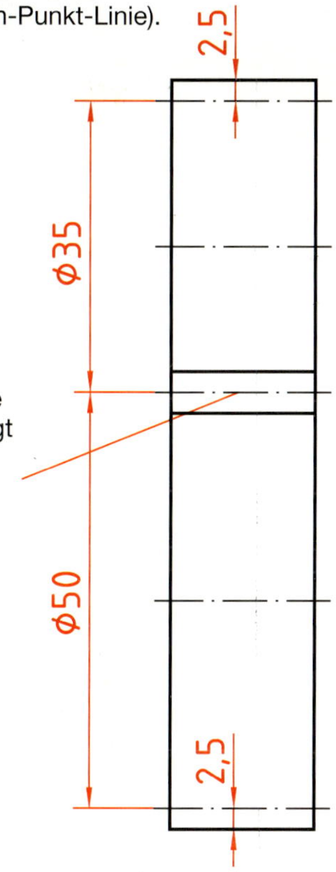

4 Achsenkreuze für die Seitenansicht zeichnen und die Abmessungen mit dem Zirkel aus der Vorderansicht in die Seitenansicht übertragen.

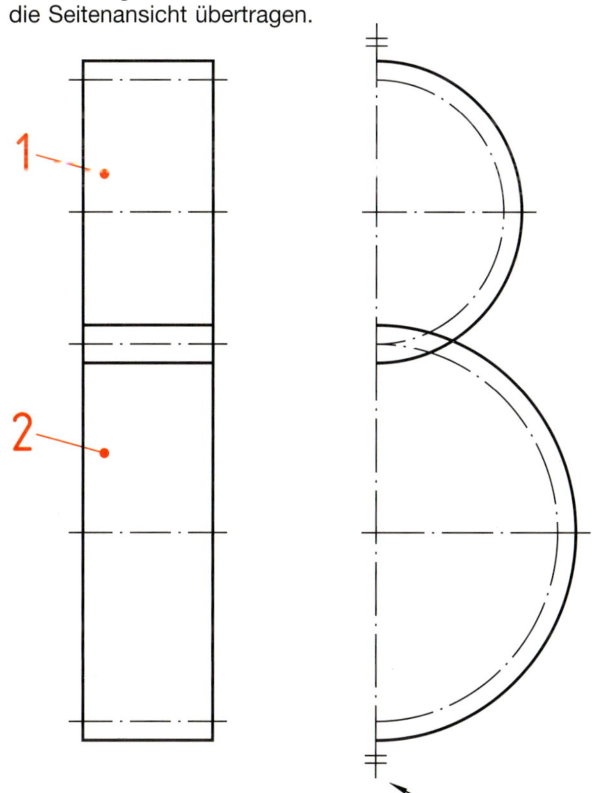

Hinweis:
Die Verzahnungsart „geradverzahnt" muss nicht gekennzeichnet werden.

Kennzeichnung für Symmetrie

Abb. 4: Zeichnungserstellung für ein Stirnradpaar

Stirnrad mit Zahnstange

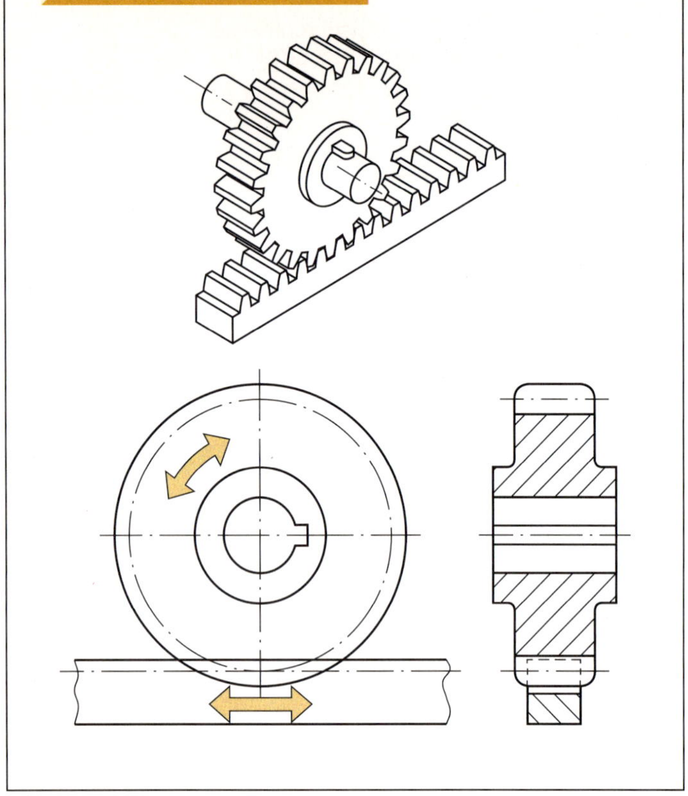

Schneckengetriebe

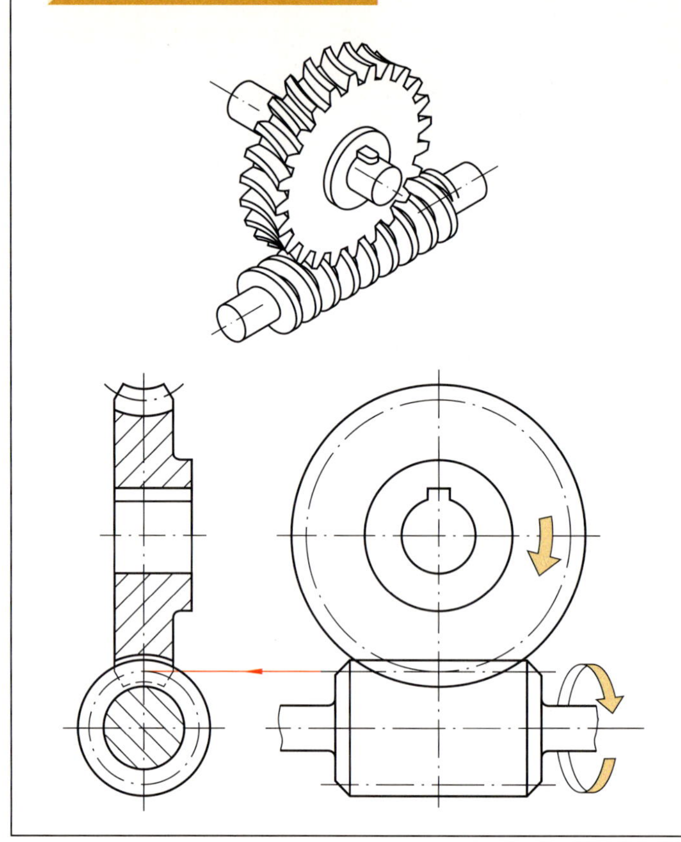

Kegelrädergetriebe

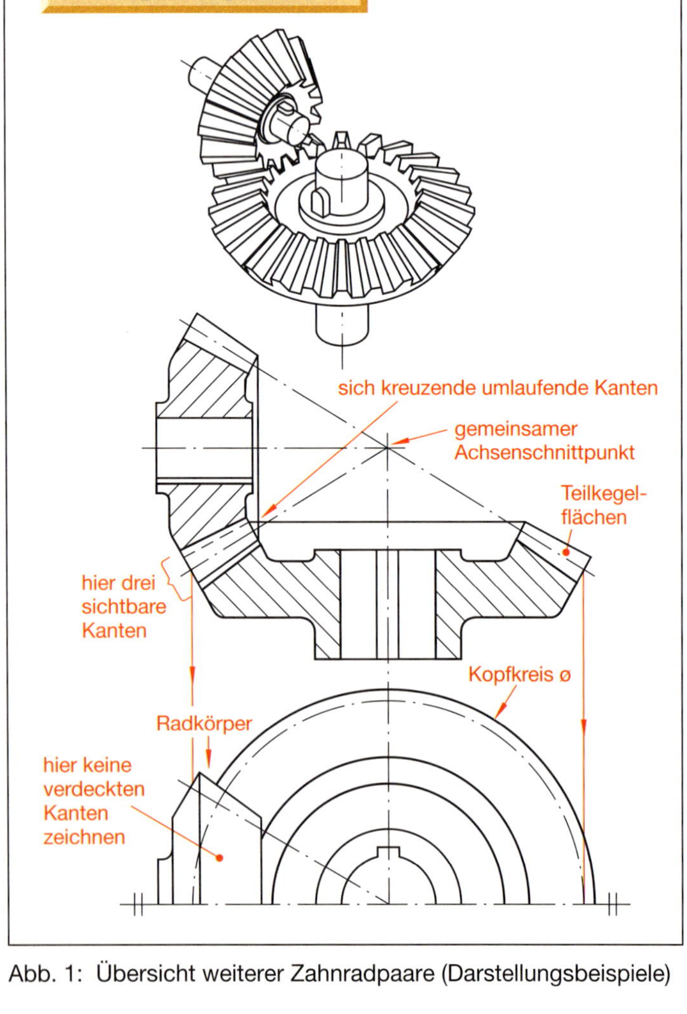

Kettengetriebe

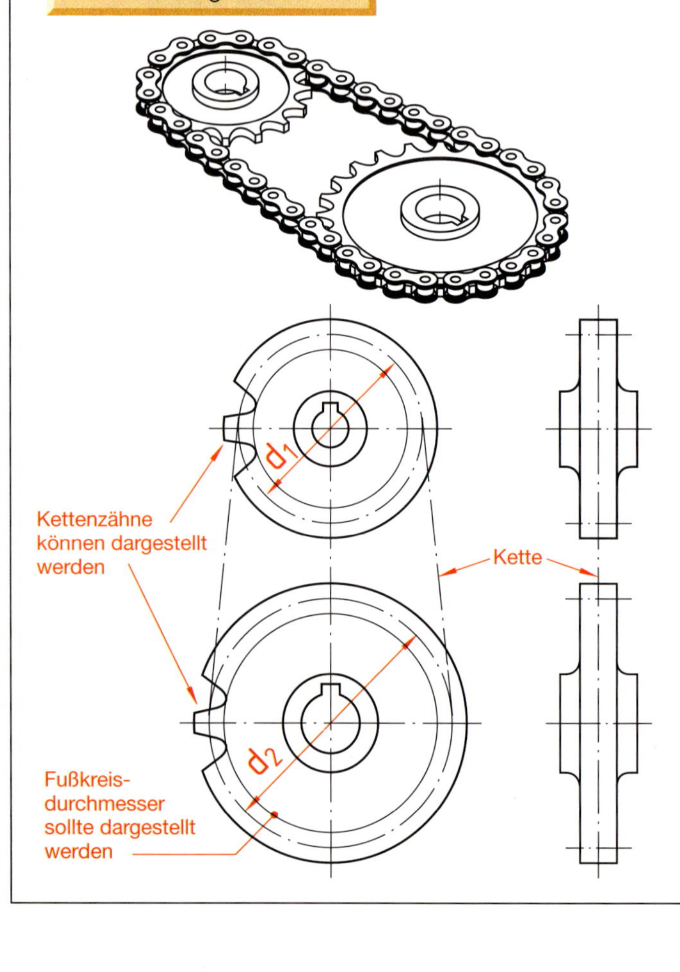

Abb. 1: Übersicht weiterer Zahnradpaare (Darstellungsbeispiele)

8.5.12 Dichtungen

Um den Austritt von Schmierstoff und das Eindringen von Schmutz oder Staub zu verhindern, müssen offene Stellen abgedichtet werden. Dabei wird unterschieden zwischen *dynamischen* Dichtungen an *beweglichen* Teilen und *statischen* Dichtungen an *ruhenden* Teilen.

Zu den dynamischen Dichtungen zählen z. B. Radial-Wellendichtringe und Filzringe.

Zu den statischen Dichtungen zählen z. B. Flachdichtungen. Profildichtungen, wie z. B. O-Ringe, können als dynamische und statische Dichtung verwendet werden.

Darstellung von Wellendichtringen

Radial-Wellendichtringe sind nach **DIN 3760** genormt. Es gibt sie in unterschiedlichen Bauformen, die einem Tabellenbuch entnommen werden können. Diese Dichtungen sitzen mit ihrem Außendurchmesser in Passbohrungen. Am Innendurchmesser befindet sich eine federbelastete Dichtlippe, die der abzudichtenden Stelle zugewendet ist. Die Welle soll im Laufbereich dieser Dichtfläche eine Rauheit von $R_z = 1 \ldots 4$ µm aufweisen. Die Größe des Dichtringes wird durch den Wellendurchmesser bestimmt.

Wellendichtringe in ausführlicher Schnittdarstellung zu zeichnen, wäre sehr aufwändig. Deshalb kann nach **DIN ISO 9222** eine vereinfachte Darstellung verwendet werden. Die vereinfachte allgemeine Darstellung besteht aus einem Diagonalkreuz in breiten Volllinien (DIN 15 – A). Das Kreuz berührt den Umriss des Wellendichtrings nicht (Abb. 3).

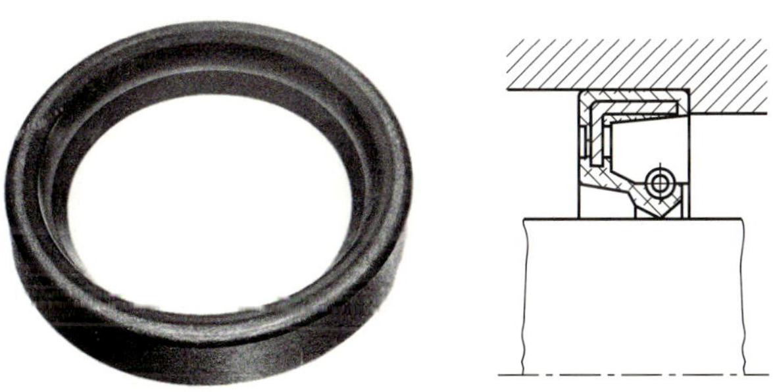

Abb. 2: Wellendichtring (ausführliche Darstellung)

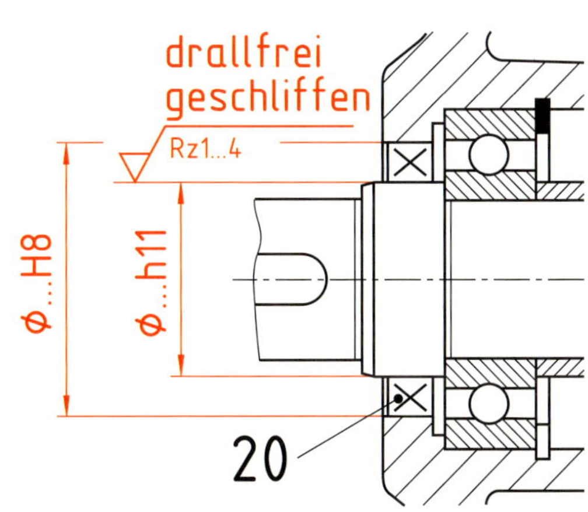

Abb. 3: Darstellung und Einbauhinweise für Wellendichtringe

Die Eintragung in die Stückliste kann entweder mit der ausgeschriebenen Benennung „Wellendichtring“ oder als Kürzel „WDR“ erfolgen. Weiterhin müssen die Form, der Wellen- und Außendurchmesser, sowie die Breite angegeben werden.

Pos.	Menge	Einh.	Benennung	Sachnummer / Norm-Kurzbezeichnung	Bemerkung
1	2	3	4	5	6
20	1	Stck	Wellendichtring	DIN 3760-A30×42×7	

Abb. 4: Stücklisteneintragung

Darstellung von Filzringen

Filzringe und dazugehörige Nuten sind nach **DIN 5419** genormt. Sie werden als schleifende Dichtung in Ringnuten mit trapezförmigem Querschnitt eingesetzt. Maßgeblich für die Größe des Filzringes und der Ringnute ist der Wellendurchmesser.

Abb. 5: Filzring

Filzringe werden im Querschnitt dargestellt. Als nichtmetallisches Teil wird der Ring im Allgemeinen über Kreuz schraffiert (45°/135°), damit er von anderen Metallteilen optisch unterschieden werden kann.

Beim Einbau der Welle passt sich der Ring der trapezförmigen Nute an. Er ist deshalb auch zeichnerisch der Nute angepasst darzustellen.

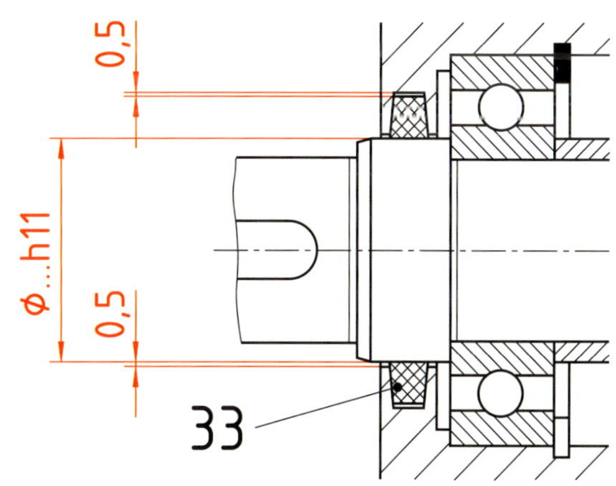

Abb. 6: Darstellung und Einbauhinweise für Filzringe

Der Filzring wird mit seiner Benennung, der DIN-Nr., dem Innendurchmesser und der Filzhärte in der Stückliste eingetragen.

Pos.	Menge	Einh.	Benennung	Sachnummer / Norm-Kurzbezeichnung	Bemerkung
1	2	3	4	5	6
33	1	Stck	Filzring	DIN 5419 - 30 - M5	

Abb. 7: Stücklisteneintragung

O-Ringe

O-Ringe nach **DIN 3771** sind Dichtringe aus Gummi, die einen kreisförmigen Querschnitt aufweisen. Sie sitzen in einer auf die Beanspruchung des Ringes angepassten Nute mit meist einem rechteckigen Querschnitt, deren Maße ebenfalls nach **DIN 3771** festgelegt sind. Die Verbindung dieser Elemente – O-Ring und Nut – bilden die O-Ring-Abdichtung (Abb. 2).

O-Ringe gibt es in den unterschiedlichsten Größen und – je nach Einsatzgebiet und Beanspruchung – in verschiedenen Werkstoffen.

Abb. 2: O-Ring

Darstellung von O-Ringen

O-Ringe werden im Schnitt gezeichnet. Als nichtmetallische Teile werden sie „über Kreuz“ schraffiert (45°/135°). Die genauen Abmessungen von O-Ringen und Nuten (oft bis zu zwei Kommastellen) werden in Zeichnungen nur annähernd genau dargestellt. Auch wird die Verformung durch ein Druckmedium zeichnerisch nicht berücksichtigt.

In den meisten Fällen kann der O-Ring als Kreis mit seinem Ringdurchmesser in die Mitte der Nute gezeichnet werden. Lässt es die Größe der Darstellung zu, sollte der O-Ring an den radialen Anpressflächen abgeflacht gezeichnet werden (Abb. 2).

Erkennen der Belastungsart von O-Ringen

O-Ringe werden sowohl zur *statischen* als auch zur *dynamischen* Abdichtung eingesetzt. Eine statische Abdichtung erfolgt an *ruhenden* Teilen, z. B. Deckeln, Bolzen, Hülsen, Rohrverschraubungen usw. Eine dynamische Abdichtung erfolgt an *axial bewegten* Teilen, z. B. Kolbenstangen und Kolben in der Hydraulik oder Pneumatik.

In der Gesamt-Zeichnung des Hydraulikzylinders sind beide Anwendungsfälle dargestellt. Zum Erkennen müssen die beweglichen und ruhenden Einzelteile ermittelt werden (Abb. 1).

Stücklisteneintragung

Für O-Ringe werden in der Stückliste neben der Benennung die DIN-Nr., der Innendurchmesser und der Querschnittsdurchmesser angegeben. Es folgt dann das Sortenmerkmal (Anforderungsart) und der Werkstoff mit der Härtekennziffer.

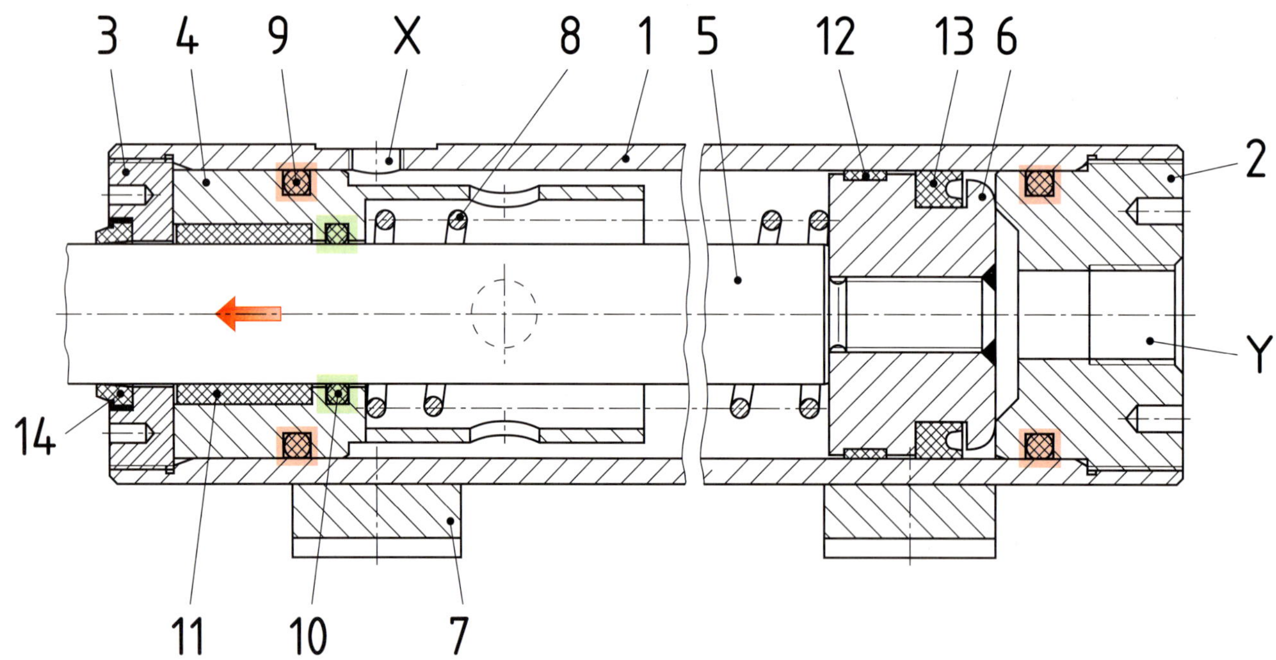

Statische Dichtung (ruhend)

Dynamische Dichtung (beweglich)

Axial-Bewegung der Kolbenstange beim Ausfahren

Y Anschluss für Hydraulikleitung

X Anschluss für Luftfilter

Hydraulikzylinder

Pos.	Menge	Einh.	Benennung	Sachnummer / Norm-Kurzbezeichnung	Bemerkung
10	1	Stck	O-Ring	DIN 3771-29,74×3,53-N	NBR 70
9	2	Stck	O-Ring	DIN 3771-53,57×3,53-N	NBR 70
1	2	3	4	5	6

Abb. 1: Hydraulikzylinder mit statischen und dynamischen Dichtungen

Flachdichtungen und Dichtringe

Flachdichtungen und Dichtringe sind Berührungsdichtungen, die zum Dichten an ruhenden Flächen verwendet werden. Dieses können z. B. verschraubte Flansche, Verschlussschrauben an Getriebegehäusen oder eine Dichtung zwischen einem Gehäuse und einem Deckel sein. Es gibt genormte und nicht genormte Dichtungen.

Darstellung

Im vorliegenden Stirnrädergetriebe ist zwischen Gehäuse (1) und Deckel (2) eine nicht genormte Flachdichtung (22) dargestellt. Da Flachdichtungen oft sehr schmal sind, können sie – bei einer Schnittdarstellung – im Querschnitt geschwärzt dargestellt werden (Abb. 3).

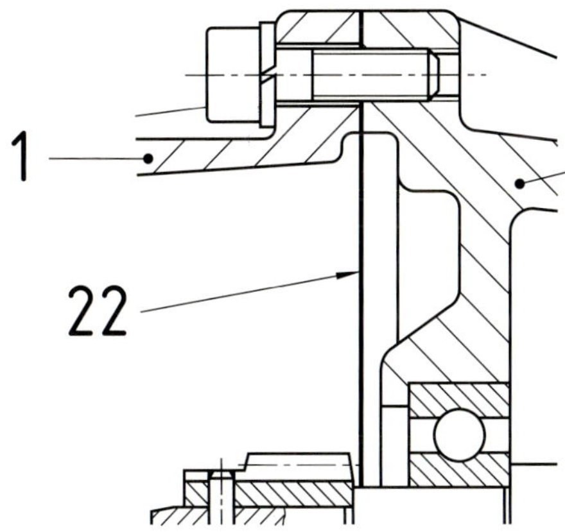

Abb. 3: Flachdichtung

Genormte Dichtringe nach **DIN 7603** werden mit den zugehörigen Verschlussschrauben z. B. nach **DIN 908** verwendet. Sie verschließen z. B. Einfüll- oder Auslassöffnungen für Öl in einem Gehäuse. Die Abb. 4 zeigt die Ergänzung des Getriebegehäuses mit einer Gewindebohrung M10 x 1, einem Dichtring nach **DIN 7603** und einer Verschlussschraube nach **DIN 908** mit Innensechskant. Der genormte Dichtring wird dabei *nicht* im Schnitt dargestellt.

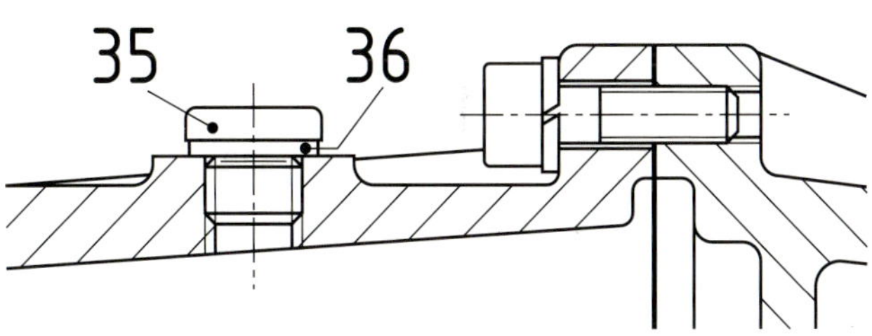

Abb. 4: Verschlussschraube mit genormtem Dichtring

Stücklisteneintragung

Die nicht genormte Flachdichtung wird mit Angabe einer Bestellnummer und dem Namen der Bezugsfirma eingetragen.
Der genormte Dichtring wird mit der DIN-Nr., der Form, der Gewindegröße, dem Außendurchmesser und dem Werkstoff (z. B. Kupfer) eingetragen (Abb. 5).

36	1	Stck	Dichtring	DIN 7603-A 10×13,5	Cu
35	1	Stck	Verschlussschraube	DIN 908-M 10×1-5.8	
22	1	Stck	Flachdichtung	12 34 56.78	Fa. Schröder
Pos.	Menge	Einh.	Benennung	Sachnummer / Norm-Kurzbezeichnung	Bemerkung
1	2	3	4	5	6

Abb. 5: Stücklisteneintragung

Berührungsfreie Dichtungen

Berührungsfreie Dichtungen sind nichtschleifende Spalt-, Rillen- oder Labyrinthdichtungen. Sie sind zwar verschleißfrei, dichten jedoch nie vollständig ab.

Spalt- und Rillendichtungen eignen sich für Fettschmierung bei niedriger Drehzahl (Abb. 6a).

Labyrinthdichtungen eignen sich für Fett- und Ölschmierung bei hohen Drehzahlen (Abb. 6b).

Die Spaltbreite beträgt nur ca. 0,1...0,5 mm. Diese geringe Breite wird in Zeichnungen oft größer gezeichnet, um die Spaltdichtung überhaupt erkennbar darstellen zu können.

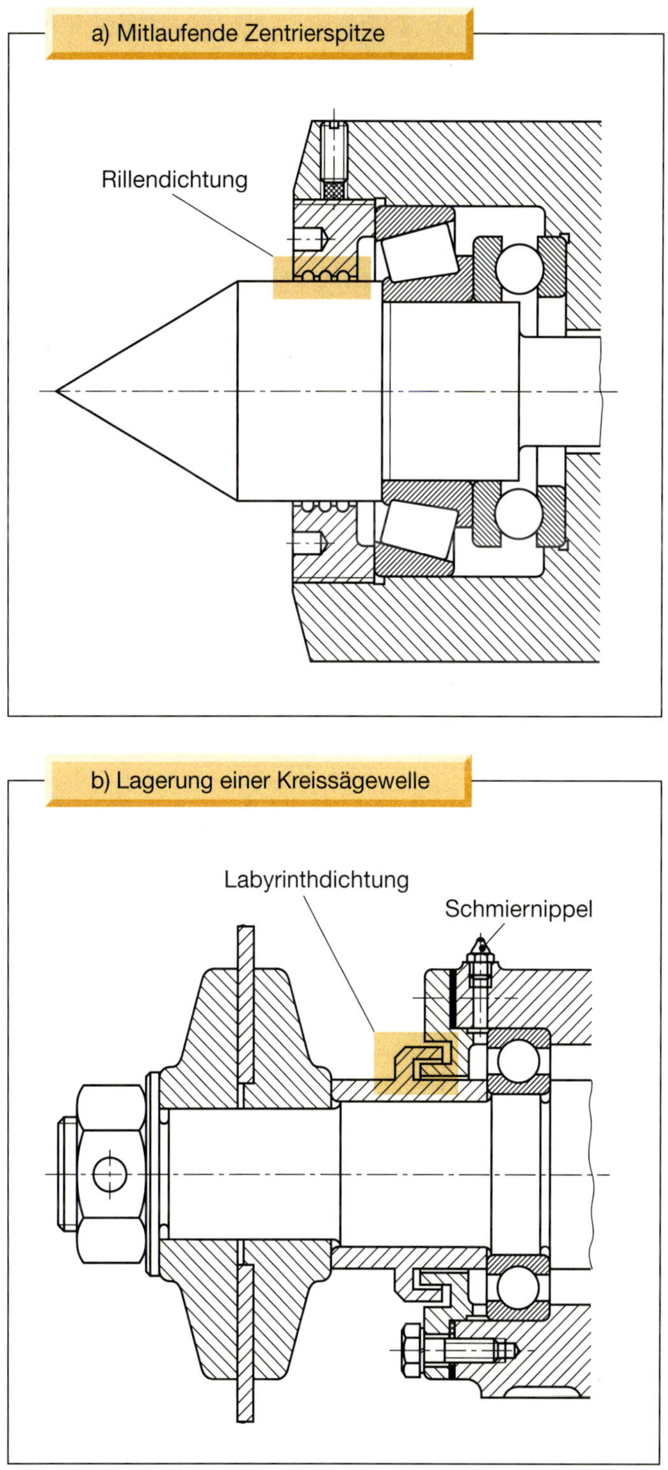

Abb. 6: Nichtschleifende Wellendichtungen

8.5.13 Schmiernippel

Lagerstellen mit Fettschmierung werden über Schmiernippel geschmiert. Dazu wird am Kopf des Schmiernippels eine Fettpresse angesetzt. Das Fett gelangt dann durch den Schmiernippel über Kanäle (Bohrungen) an die zu schmierende Stelle.

Meist werden Kegelschmiernippel nach **DIN 71412** verwendet. Es gibt sie in unterschiedlichen Bauformen (➜📖). Eine oft verwendete Bauform ist die Form A (Abb. 1).

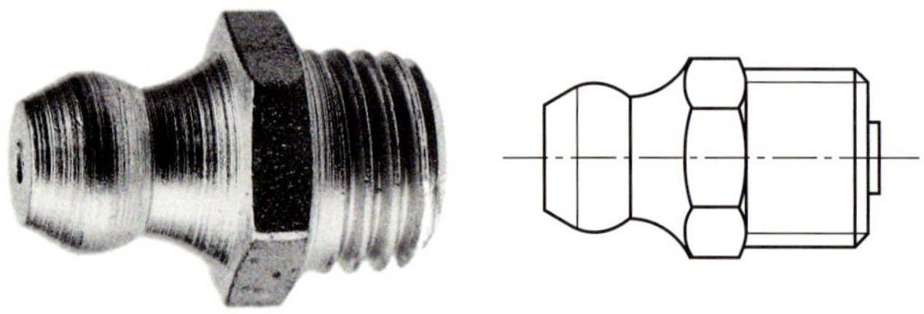

Abb. 1: Kegelschmiernippel – Form A

Darstellung

Zur Darstellung genügen ungefähre Maße. Schmiernippel werden (wie Schrauben auch) nicht im Längsschnitt dargestellt.

Beim Stücklisteneintrag ist neben der DIN-Nr. die Form und die Gewindegröße anzugeben (Abb. 2).

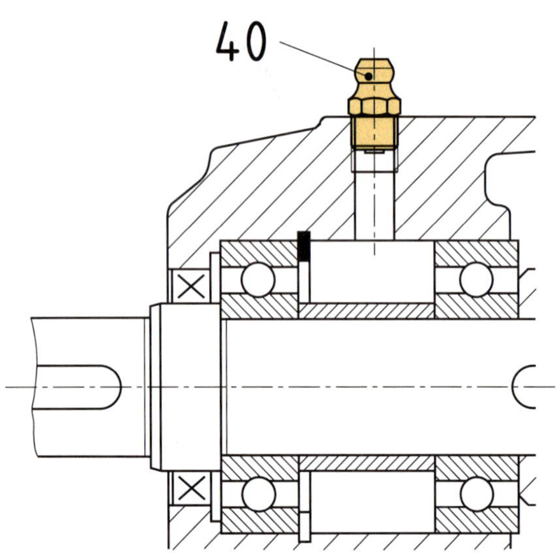

Pos.	Menge	Einh.	Benennung	Sachnummer / Norm-Kurzbezeichnung	Bemerkung
40	1	Stck	Kegelschmiernippel	DIN 71412-A M8×1	5.8 - verzinkt
1	2	3	4	5	6

Abb. 2: Schmierung mit Schmiernippel

Weitere Zeichnungs-Beispiele für Schmierungen

Die Abbildung 3 zeigt die Schmierung eines Pendelrollenlagers und eine nachschmierbare Labyrinth-Dichtung.

Zur Schmierung des Pendelrollenlagers sind Schmierbohrungen erforderlich, damit der Schmierstoff von außen an die Lagerstelle gelangen kann. Wegen der nicht direkten Zugänglichkeit des Lagers wird zunächst von der Stirnfläche des Gehäuses eine horizontale Bohrung gefertigt, die dann als Querverbindung für zwei senkrechte Schmierbohrungen dient. Die Schmierbohrungen sind im Durchmesser gleich groß. Dieses ist an den geradlinigen Durchdringungskanten zu erkennen.

Als Schmiernippel wird ein Flachschmiernippel nach **DIN 3404** – AM 16 x 1,5 – eingeschraubt.

Die berührungsfreie Labyrinth-Dichtung dichtet das Lager durch Fettfüllung im Gehäusedeckel ab. Ist das Fett verbraucht, kann dieses auch über einen Flachschmiernippel durch eine Schmierbohrung nachgefüllt werden.

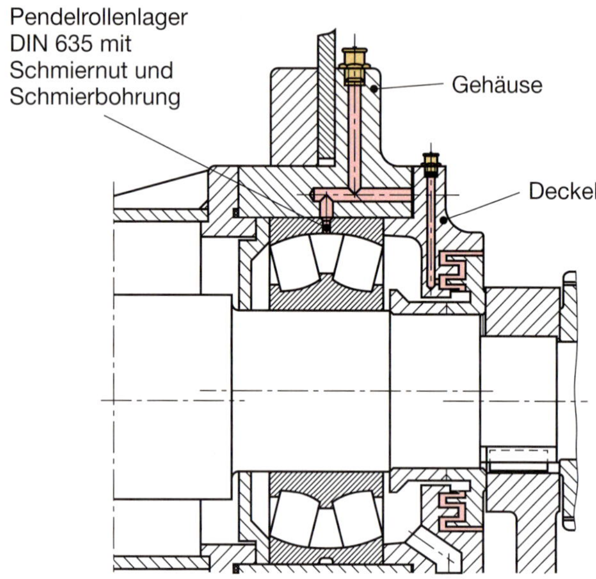

Abb. 3: Flachschmiernippel

Die Abbildung 4 zeigt die Lagerung und Schmierung eines Lenk-Bolzens.

Hier gelangt der Schmierstoff durch einen *Kegelschmiernippel* nach **DIN 71 412** – Form B an die Lagerbuchsen. Diese haben am Innendurchmesser Schmierrillen (angedeutet durch die verdeckten Kanten), durch die das Schmierfett an die zu schmierende Lagerstelle gelangen kann.

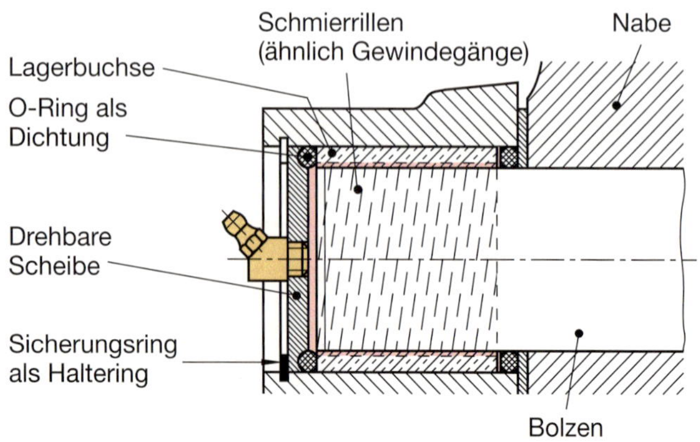

Abb. 4: Kegelschmiernippel – Form B

8.5.14 Druckfedern

Druckfedern dienen als Kraft- und Arbeitsspeicher sowie zur Stoß- und Schwingungsdämpfung. Die meist verwendete Federart ist die zylindrische Schraubendruckfeder nach **DIN 2098** (➜📖).

Darstellung

Die Darstellung von Federn ist nach **DIN ISO 2162** genormt (➜📖). Danach kann sie in Ansicht, im Schnitt und als Symbol gezeichnet werden. Außer in der Symboldarstellung genügt es, eine bis zwei Anfangs- und Endwindungen zu zeichnen (Abb. 5).

Benennung	Darstellung		
	Ansicht	Schnitt	Symbol
Zylindrische Schrauben-druckfeder aus Draht, Querschnitt rund	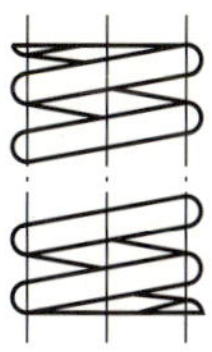	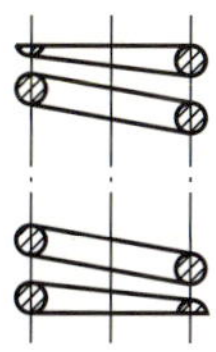	

Abb. 5: Darstellungsmöglichkeiten einer Druckfeder

Wird eine symbolische Darstellung gewählt, so ist die Druckfeder als „Zick-Zack-Linie" in breiten Volllinien zu zeichnen. Sie verläuft über die sichtbar dargestellten Teile und verdeckt diese nicht.

Im Gegensatz zur Ansichts- und Schnittdarstellung werden bei der symbolhaften Darstellung alle Windungen der Feder gezeichnet. Die Anzahl der Windungen muss jedoch nicht der tatsächlichen Anzahl entsprechen. Wichtig ist nur das Verdeutlichen der Funktion (Abb. 7).

Hinweise zum Zeichnen einer Druckfeder können der Abbildung 6 entnommen werden.

Druckfeder mit jeweils einer halben plangeschliffenen und angelegten Endwindung

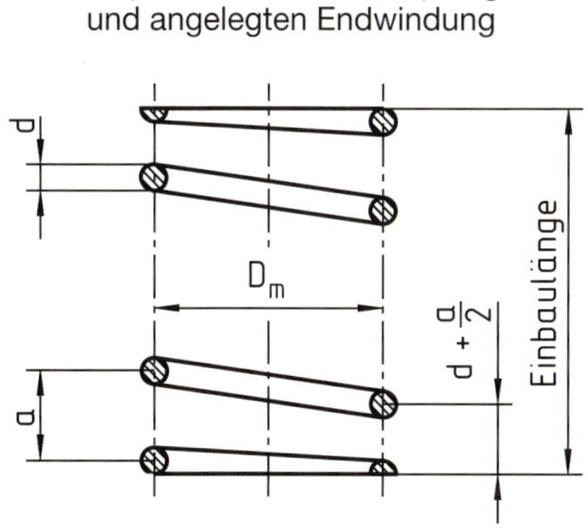

$$a = \frac{\text{Einbaulänge} - 2d}{i_f}$$

i_f = Anzahl der federnden Windungen

d = Drahtdurchmesser
D_m = mittlerer Windungsdurchmesser
a = Steigung

Abb. 6: Zeichnungshinweise für eine Druckfeder

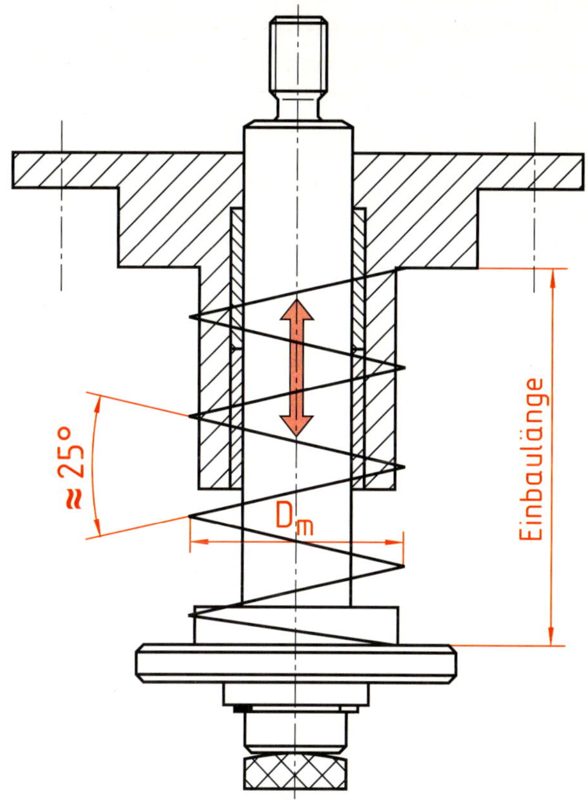

Abb. 7: Eingebaute Druckfeder symbolhaft dargestellt

Im Stücklisteneintrag ist für die Feder der Drahtdurchmesser, der mittlere Windungsdurchmesser und die Länge der unbelasteten Feder anzugeben (Abb. 8).

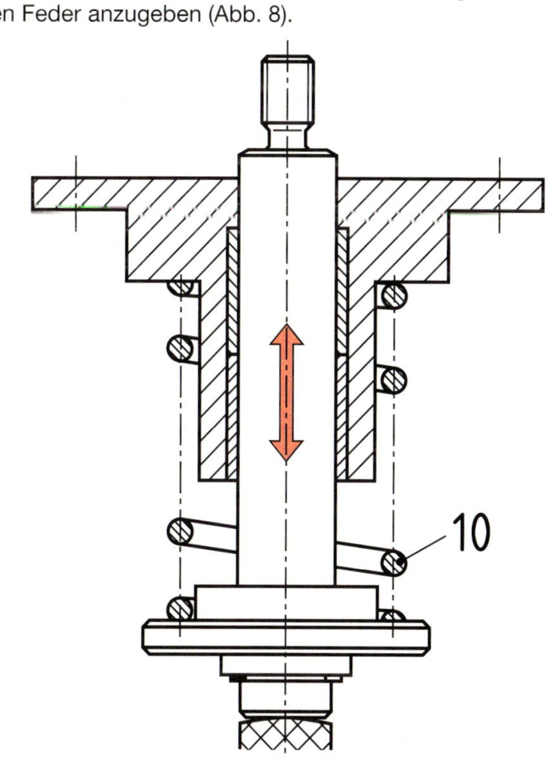

10	1	Stck	Druckfeder	DIN 2098-3,2×32×58,5	
Pos.	Menge	Einh.	Benennung	Sachnummer / Norm-Kurzbezeichnung	Bemerkung
1	2	3	4	5	6

Abb. 8: Eingebaute Druckfeder ausführlich dargestellt

9.1 Schweißgruppen-Zeichnungen

In der Abb. 1 ist ein Ablagebock als geschweißte Vorrichtung dargestellt. In der Schale (Pos. 4) des Ablagebockes kann z. B. die Abtriebswelle des Stirnrädergetriebes zum Prüfen abgelegt werden. Ein Kunststoffeinsatz (nicht dargestellt) verhindert die Beschädigung der Welle.

Die fotografische Darstellung zeigt am Modell die Verbindung der Teile durch *Schweißnähte*. Die Art und die Größe der jeweiligen Schweißnaht ist jedoch nicht zu erkennen. Das Foto kann somit nur zur allgemeinen Übersicht und zur Veranschaulichung des geschweißten Gegenstandes dienen. Gezielte Informationen über den geschweißten Gegenstand können nur der *Schweißgruppen-Zeichnung* (Abb. 2) entnommen werden.

Eine Schweißgruppen-Zeichnung zeigt maßstabsgetreu die räumliche Lage und die Form der zu einer Gruppe stoffschlüssig zusammengefügten Teile. Symbole geben die Art der stoffschlüssigen Verbindung an.

Weiterhin befinden sich auf der Schweißgruppen-Zeichnung Angaben zum festgelegten Schweißverfahren und zur erforderlichen Behandlung des Gegenstandes nach dem Schweißen. Es sind nur Maße eingetragen, die für die Lagebestimmung der Teile zueinander notwendig sind. Die Stückliste dient als Zuschnitts-Liste für die Einzelteile.

Abb. 1: Ablagebock

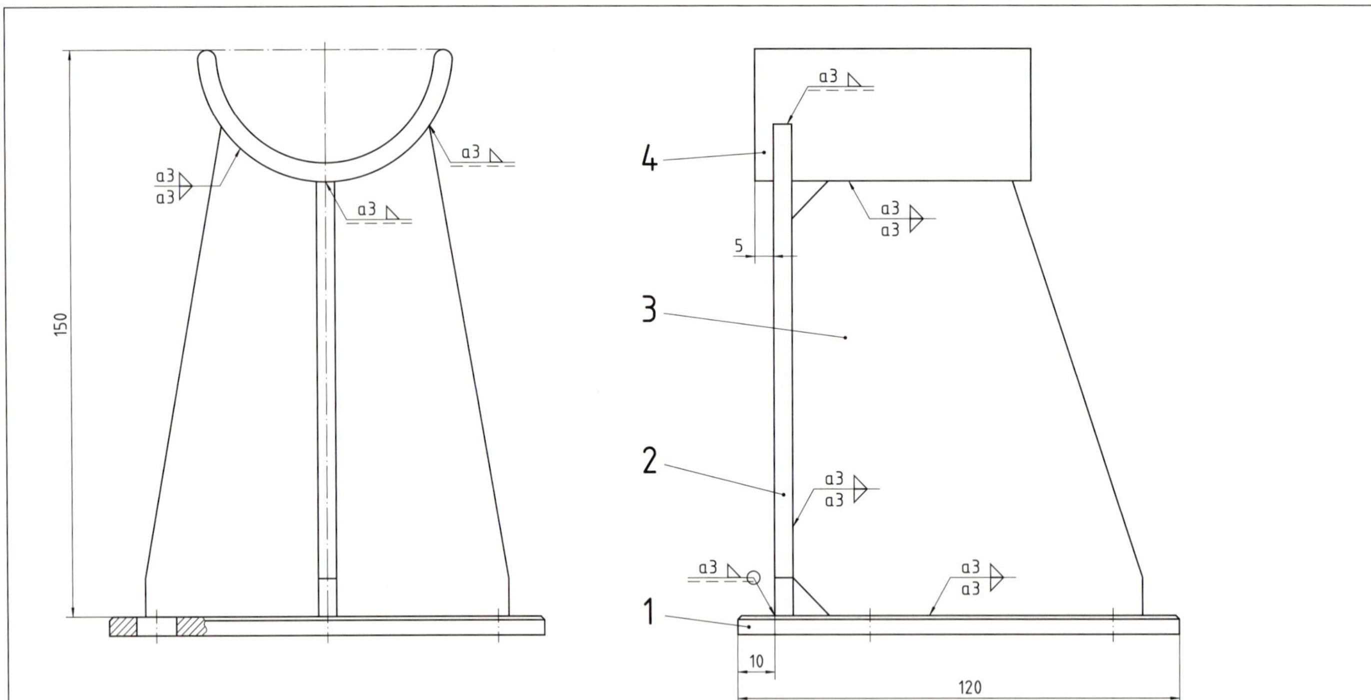

Schweißverfahren: 111/EN 25817
Zusatzwerkstoff: EN 499-35 2 B
Nachbehandlung: spannungsarm geglüht

Pos.	Menge	Einh.	Benennung	Sachnummer/Norm-Kurzbezeichn.	Werkstoff
4	1	Stck.	Schale	Rohr DIN 2391-70×5-75 lg	S 235 JR
3	1	Stck.	Mittelblech	Blech EN 10051-115×95×5	S 235 JR
2	1	Stck.	Stützblech	Blech EN 10051-130×100×5	S 235 JR
1	1	Stck.	Grundplatte	Blech EN 10051-120×120×5	S 235 JR
1	2	3	4	5	6

DIN EN ISO 13920-B | ISO 1302 | Maßstab 1 : 1 | (Masse)

	Datum	Name
Bearb.	06.08.01	W. Rund
Gepr.		
Norm		
Abt.		

Ablagebock
Schweiß-Gruppe

westermann | 6.2.4.392 | Blatt 1 | 2 Bl.

Zust. | Änderung | Datum | Name | Ursprung | Ersatz für: | Ersetzt durch:

Abb. 2: Schweißgruppen-Zeichnung „Ablagebock"

9.2 Zeichnerische Darstellung von Schweißnähten

Die in der Schweißgruppen-Zeichnung dargestellten Symbole für Schweißnähte sind nach **DIN EN 22553** genormt. Sie gelten auch für Lötnähte.

Die symbolische Darstellung beinhaltet ein Grundsymbol, das ergänzt werden kann durch

- ein Zusatz- und Ergänzungssymbol,
- Angabe von Maßen,
- ergänzende Angaben, z. B. über die Art des Schweißverfahrens, Zusatzstoffe.

Grundsymbole

Die verschiedenen Nahtarten werden jeweils durch ein Symbol gekennzeichnet. Es ist im Allgemeinen ähnlich der zu fertigenden Naht (Abb. 3).

Die Nahtform ist von der Stoßart (Stumpfstoß, T-Stoß, Eckstoß, Überlappstoß, u. a. m.) und vom Fügeverfahren abhängig.

Auf der Schweißgruppen-Zeichnung ist das Grundsymbol *Kehlnaht* in verschiedenen Anordnungen zu erkennen.

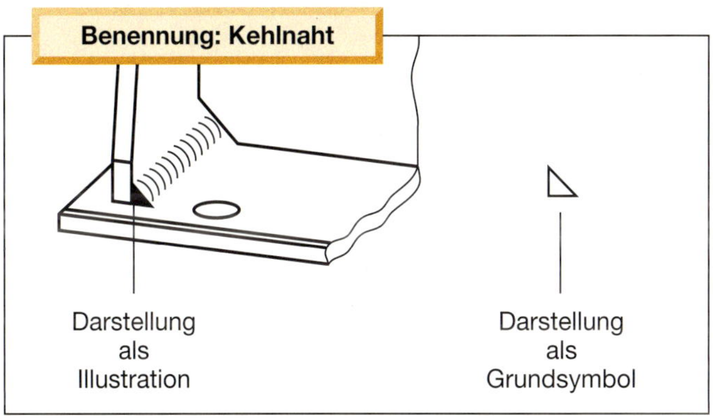

Abb. 3: Grundsymbol Kehlnaht

Es werden *20 Grundsymbole* unterschieden (➜📖). Häufig angewendete Nahtarten sind neben der Kehlnaht z. B. die I-Naht, die V-Naht, die U-Naht und die Y-Naht (Abb. 4).

Benennung	Illustration	Grundsymbol
I-Naht	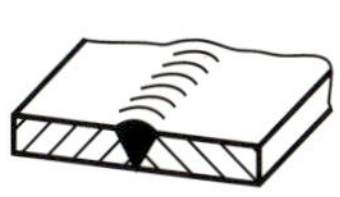	||
V-Naht	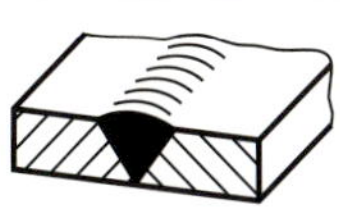	V
U-Naht		
Y-Naht	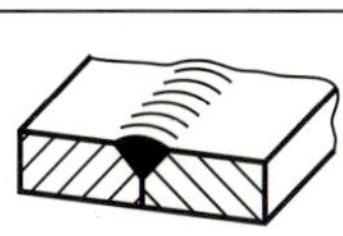	Y

Abb. 4: Häufig angewendete Nahtarten

Kombination von Grundsymbolen

Müssen Teile von zwei Seiten geschweißt werden, erfolgt die Kennzeichnung durch Kombinieren von Grundsymbolen.
In der vorliegenden Schweißgruppen-Zeichnung wurden einige Kehlnähte *beidseitig* geschweißt. Dieses ist erkennbar an einem *doppelten* Kehlnahtsymbol (Abb. 5).

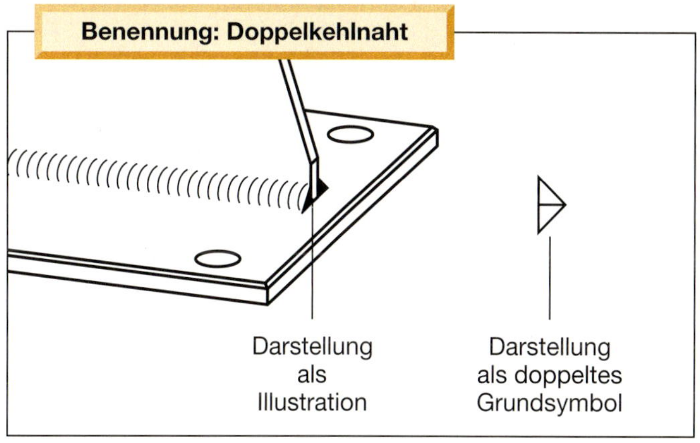

Abb. 5: Kombinierte Grundsymbole

Zusatzsymbole

Grundsymbole dürfen durch zusätzliche Symbole ergänzt werden. Diese *Zusatzsymbole* kennzeichnen die Form der Nahtoberfläche oder die Ausführung der Naht (Abb. 6).
Ist kein Zusatzsymbol vorhanden, so bedeutet dies, dass die Oberflächenform der Naht freigestellt ist.

Benennung	Illustration	Zusatzsymbol
Flache V-Naht		
Gewölbte Doppel-V-Naht (X-Naht)		
Hohle Kehlnaht	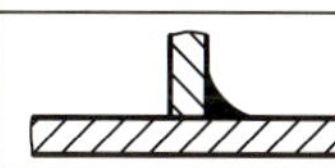	
Flache V-Naht von der oberen Werkstückfläche durch zusätzliche Bearbeitung eingeebnet		

Abb. 6: Anwendungsbeispiele für Zusatzsymbole

Ergänzungssymbole

Ergänzungssymbole geben Hinweise auf den Verlauf der Nähte, z. B. ringsum-verlaufende Nähte. Die Teile 1 und 2 des Ablagebockes werden mit einer solchen *ringsum-verlaufenden Kehlnaht* geschweißt. Dieses ist durch einen Kreis auf dem Symbol erkennbar.
Baustellennähte werden durch eine Fahne gekennzeichnet (Abb. 7).

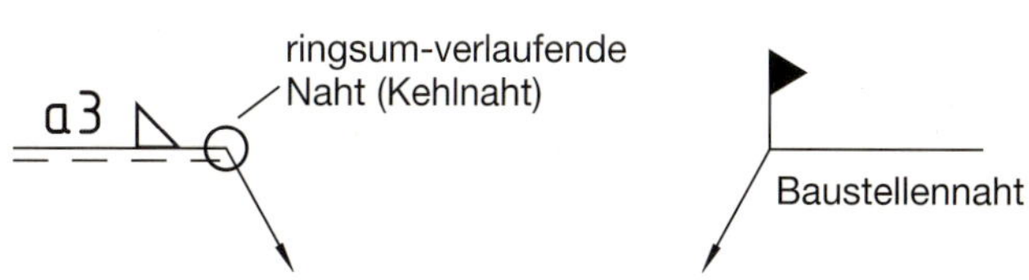

Abb. 7: Ergänzungssymbole

9.3 Lage der Symbole in Zeichnungen

Die Symbole für die Nahtart bilden nur einen Teil der vollständigen Darstellungsart. Zusätzlich wird noch ein Bezugszeichen dargestellt, welches aus folgenden Elementen besteht:

① einer Pfeillinie je Schweißstoß,

② einer Bezugs-Volllinie und

③ einer Bezugs-Strichlinie.

Die Bezugs-Volllinie und die Bezugs-Strichlinie verlaufen zueinander parallel. Sie sind vorzugsweise in Leserichtung der Zeichnung zu zeichnen. Die Pfeillinie verläuft von der Bezugs-Volllinie unter einem Winkel von 60° auf den Schweißstoß (Abb. 1).

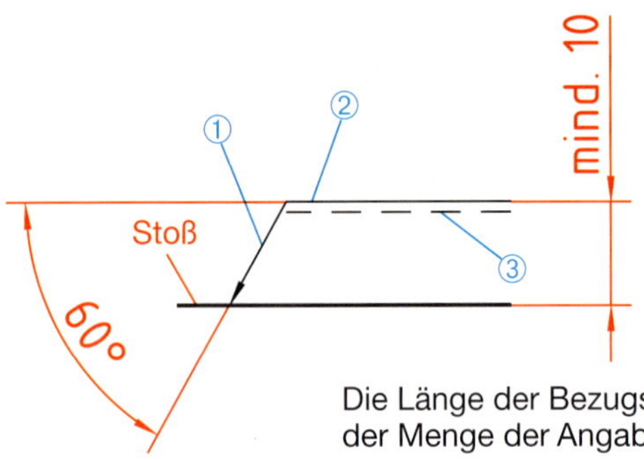

Die Länge der Bezugslinien ② und ③ ist der Menge der Angaben anzupassen.

Abb. 1: Darstellung des Bezugszeichens

Beziehung zwischen der Pfeillinie und dem Stoß

Die Seite des Schweißstoßes, auf die die Pfeillinie hinweist, ist die Pfeilseite. Die andere Seite des Stoßes ist die Gegenseite. Dabei soll die Pfeillinie bevorzugt auf die obere Werkstückfläche weisen.

④ Das Grundsymbol für die Naht steht immer senkrecht zur Bezugs-Volllinie und immer an der Bezugs-Volllinie.

⑤ Wird das Symbol auf die Seite der Bezugs-Volllinie gesetzt, befindet sich die Naht auf der Pfeilseite des Stoßes.

⑥ Wird das Symbol auf die Seite der Bezugs-Strichlinie gesetzt, befindet sich die Naht auf der Gegenseite des Stoßes.
Die Bezugs-Strichlinie kann dabei entweder oberhalb oder unterhalb der Bezugs-Volllinie angeordnet werden (② und ③).

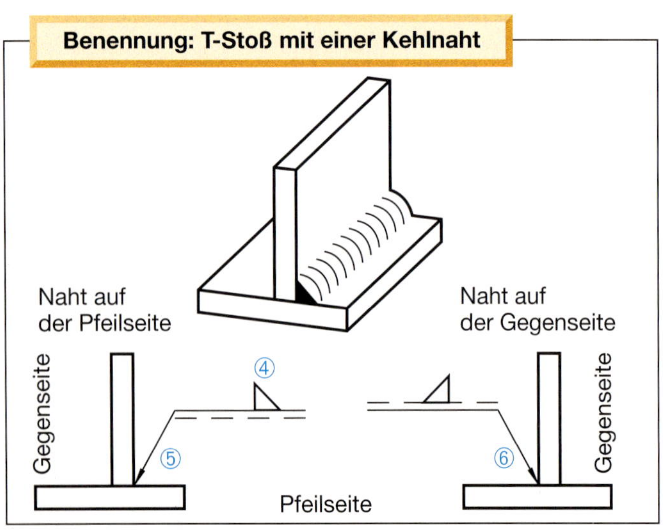

Abb. 2: Definition der Begriffe Pfeilseite und Gegenseite

Für den Anwendungsbereich der **DIN EN 22553** soll das Symbol vorzugsweise so angeordnet werden, dass der *Nahtquerschnitt mit der Stellung des Symbols* übereinstimmt (Abb. 3).

Zusätzlich sind noch weitere Darstellungen möglich (Abb. 4).

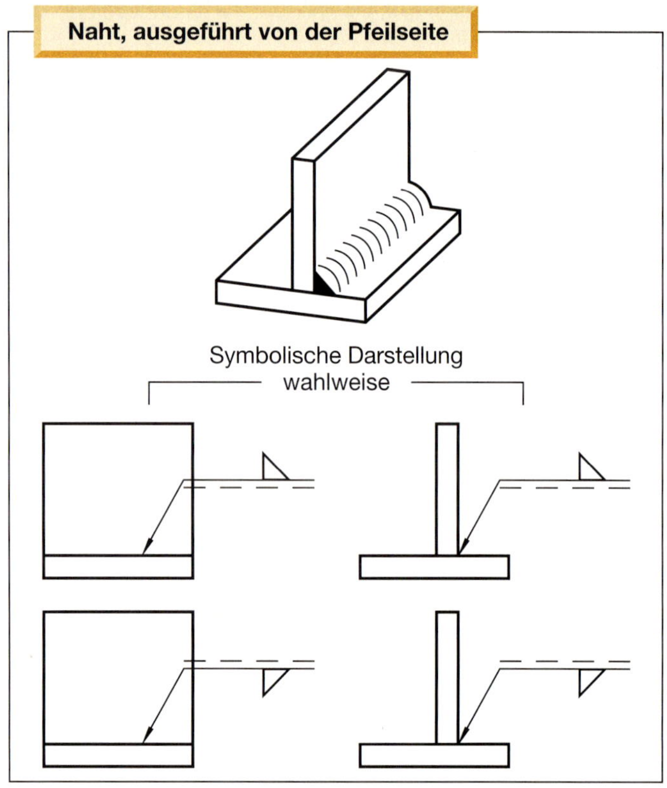

Abb. 3: Eintragungsbeispiele: Naht auf der Pfeilseite

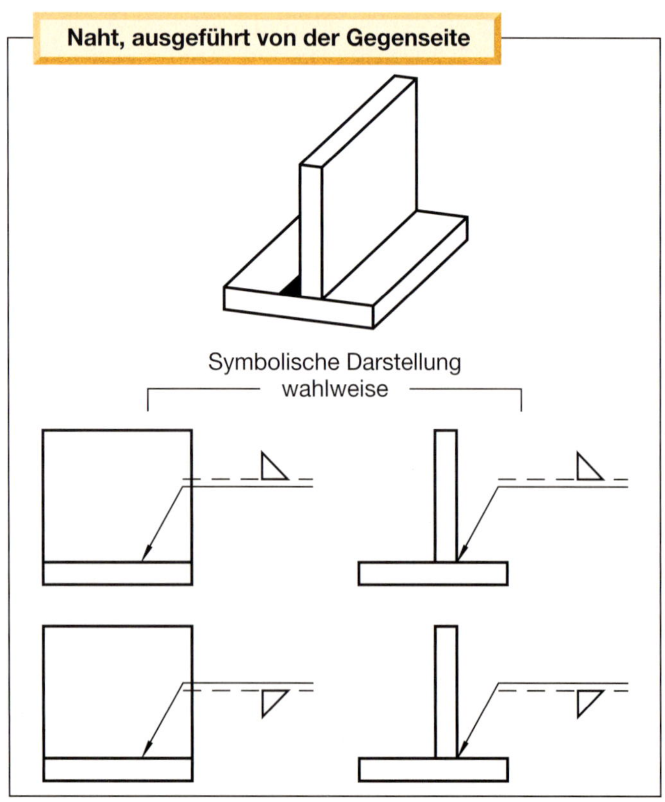

Abb. 4: Eintragungsbeispiele: Naht auf der Gegenseite

Die Bezugs-Strichlinie ermöglicht die eindeutige Lagebestimmung der Naht am Schweißstoß, unabhängig von der jeweiligen Projektionsmethode 1 oder 3 nach **DIN 6** (Abb. 5).

Hierdurch werden beim internationalen Zeichnungsaustausch Fehlinterpretationen vermieden.

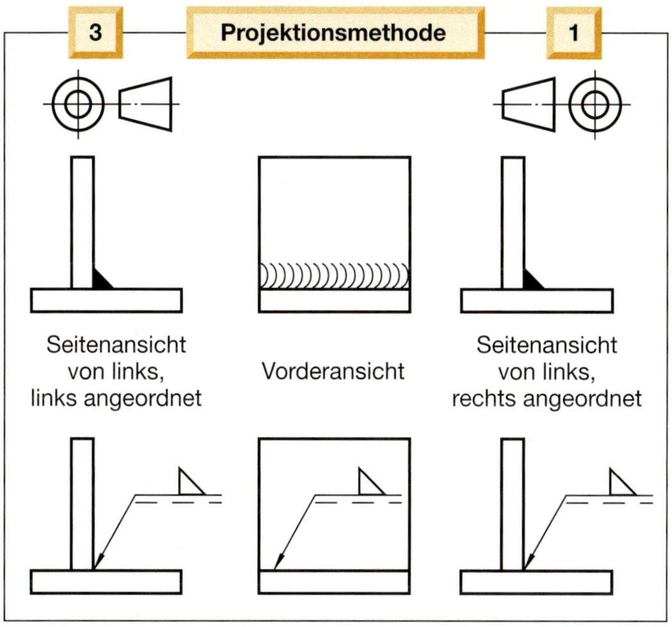

Abb. 5: Symboldarstellung in den Projektionsmethoden

Die Bezugs-Strichlinie wird bei *symmetrischen Nähten* – also bei kombinierten Grundsymbolen – *nicht* gezeichnet. In der vorliegenden Schweißgruppen-Zeichnung ist diese an mehreren Teilen erkennbar, z. B. zwischen den Teilen 1 und 3 (Abb. 6).

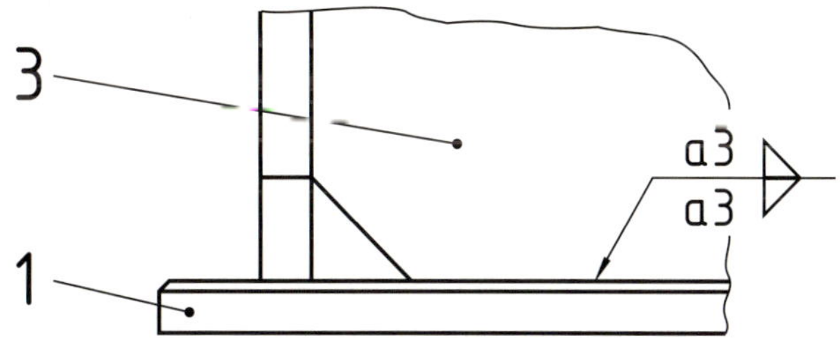

Abb. 6: Doppelseitige Naht ohne Bezugs-Strichlinie

Bei doppelseitigen, aber unsymmetrischen Nähten, muss die Bezugs-Strichlinie jedoch eingezeichnet werden (Abb. 7).

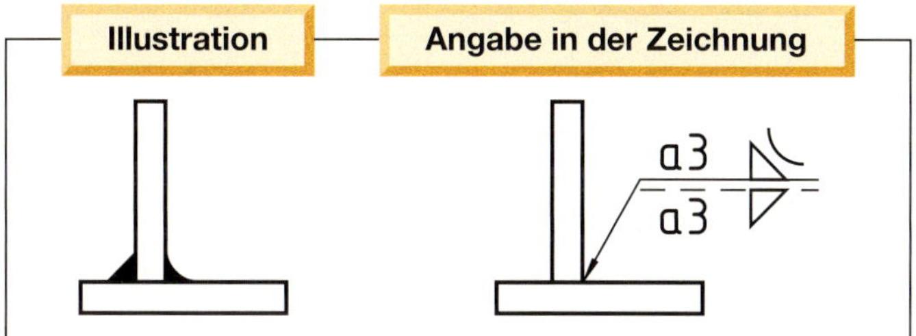

Bedeutung der Naht-Angabe:
Die Hohl-Kehlnaht wird auf der Pfeilseite ausgeführt, die andere Kehlnaht liegt auf der Gegenseite.

Abb. 7: Doppelseitige Naht mit Bezugs-Strichlinie

9.4 Größe und Linienbreite der Symbole

Alle Grundsymbole werden in der Höhe der Maßzahlen gezeichnet, die auch in der Zeichnung verwendet werden. Bei einer Maßzahlhöhe von 3,5 mm ist das Grundsymbol ebenfalls 3,5 mm hoch. Die Linienbreite beträgt dabei 1/10 der Schrifthöhe. Pfeillinie, Bezugs-Volllinie und Bezugs-Strichlinie werden in der gleichen Linienbreite gezeichnet (Abb. 8).

Für ein schnelles und gleichmäßiges manuelles Zeichnen der Symbole empfiehlt sich die Anwendung einer Schablone. Bei der computerunterstützten Zeichnungserstellung stehen die Symbole in einer Symbolbibliothek zur Verfügung.

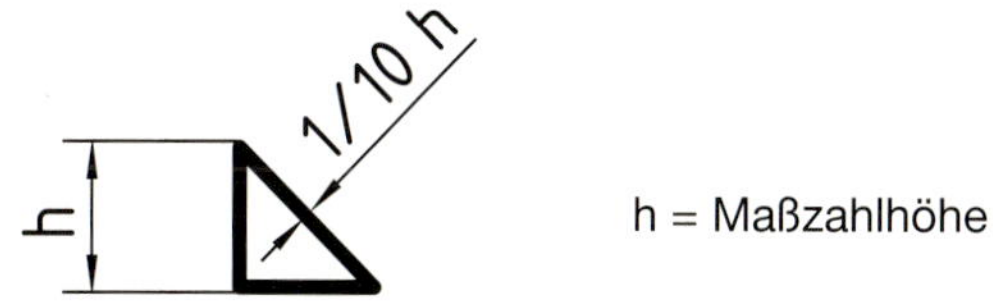

Abb. 8: Größe der Symbole

9.5 Bemaßung der Nähte

Jedem Symbol dürfen Maße zugeordnet werden. Diese Maße können sich beziehen auf

- die Nahtdicke, bzw. die Schenkeldicke der Naht,
- die Nahtlänge,
- den Nahtabstand bei unterbrochenen Nähten,
- die Anzahl der Einzelnähte.

Bei Kehlnähten gibt es für die Angabe von Maßen *zwei* Methoden. Es können entweder die Nahtdicke *a* oder die Schenkeldicke *z* angegeben werden. Die Buchstaben sind stets vor das entsprechende Maß zu setzen.

Für den Anwendungsbereich der **DIN EN 22553** ist bei Kehlnähten vorzugsweise die Nahtdicke *a* anzugeben (Abb. 9).

*Die Buchstaben **a** oder **z** werden mit dem Maß für die Nahtgröße immer auf der linken Seite des Symboles – d. h. vor dem Symbol – eingetragen.*

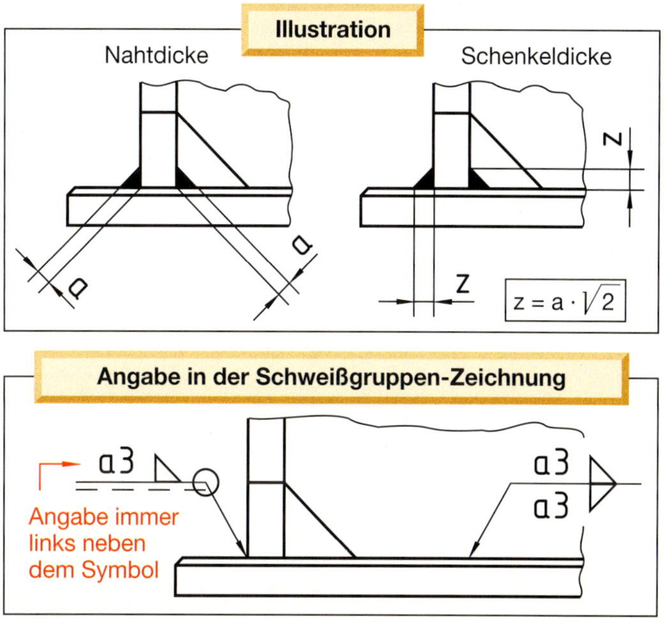

Abb. 9: Kehlnähte – Definition für Naht- und Schenkeldicke

9 SCHWEISSGRUPPEN-ZEICHNUNGEN

Das Fehlen einer Angabe nach dem Symbol bedeutet, dass die Naht ununterbrochen über die gesamte Länge des Stoßes verläuft. Dieses ist z. B. bei allen gekennzeichneten Nähten in der vorliegenden Schweißgruppen-Zeichnung der Fall.
Muss jedoch die Länge der Naht angegeben werden, ist der Wert in mm neben das Symbol zu schreiben.

Das Längenmaß wird immer auf der rechten Seite des Symboles – d.h. hinter dem Symbol – eingetragen.

Zusätzlich kann durch ein Maß festgelegt werden, in welchem Abstand zur Blechkante die Naht liegen soll. Dieses Maß – Vormaß v genannt – erscheint jedoch nicht in der Symbolisierung, sondern als Maß am Werkstück.

Beispiel 1
Die Naht, welche die Teile 1 und 3 verbindet, soll im Abstand von 5 mm zur Blechkante liegen und eine Länge von 75 mm haben (Abb. 1).

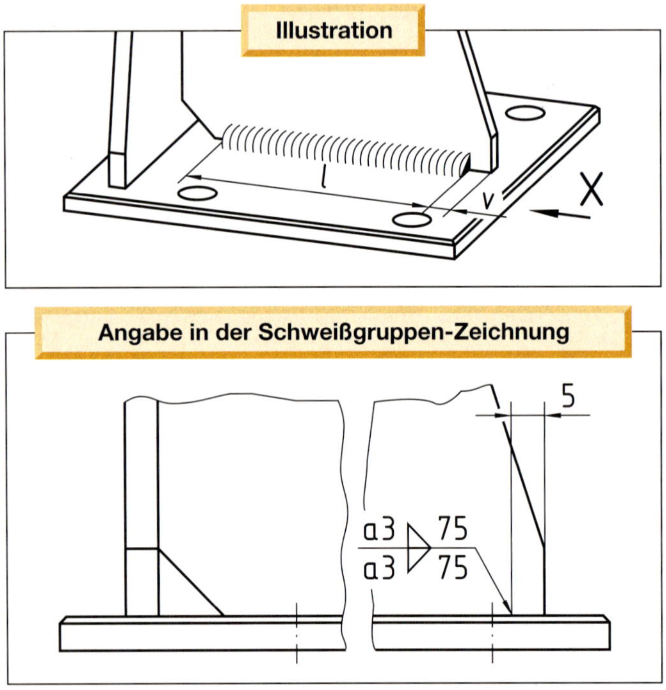

Abb. 1: Angabe der Nahtlänge mit Vormaß

Eine Angabe dieser Symbolisierung ist aus Blickrichtung X *nicht* möglich (Abb. 1). Das *Vormaß v* kann hier nämlich nicht angegeben werden. In einer Draufsicht jedoch kann die Symbolisierung mit dem Vormaß auch angegeben werden.

Soll die Naht *unterbrochen* – d. h. aus mehreren Einzelnähten – gefertigt werden, ist rechts neben dem Symbol

- die Anzahl der Einzelnähte (*n*),
- die Einzelnahtlänge (*l*) und
- der Einzelnaht-Abstand (e) in Klammern

anzugeben.

Die Schreibweise der Angaben ist immer: *n x l (e)*.

Beispiel 2
Die Naht, welche die Teile 1 und 3 verbindet, soll im Abstand von 5 mm zur Blechkante liegen. Dabei besteht die Naht aus zwei Einzelnähten mit einer Einzellänge von 25 mm. Der Abstand zwischen den Einzelnähten beträgt 25 mm (Abb. 2).

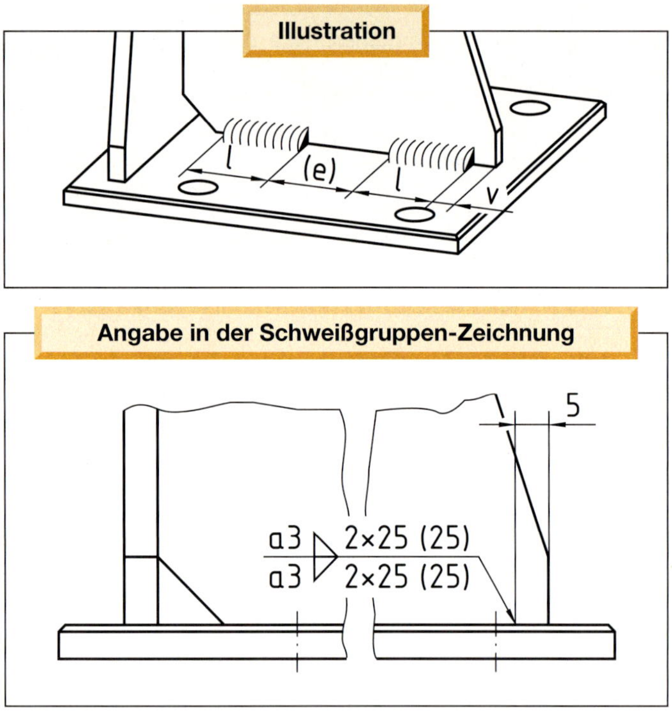

Abb. 2: Angabe der Nahtlänge mit Vormaß und Nahtabstand

Zusatzsymbol für unterbrochene, versetzte Nähte
Unterbrochene und dabei gegenüber versetzte Kehlnähte werden durch ein *Z-förmiges Zusatzsymbol* gekennzeichnet. Dieses kreuzt die Bezugs-Volllinie nach der Einzelnahtlänge (*l*).
Der Einzelnahtabstand (e) wird dann rechts neben das Zusatzsymbol geschrieben (Abb. 3).

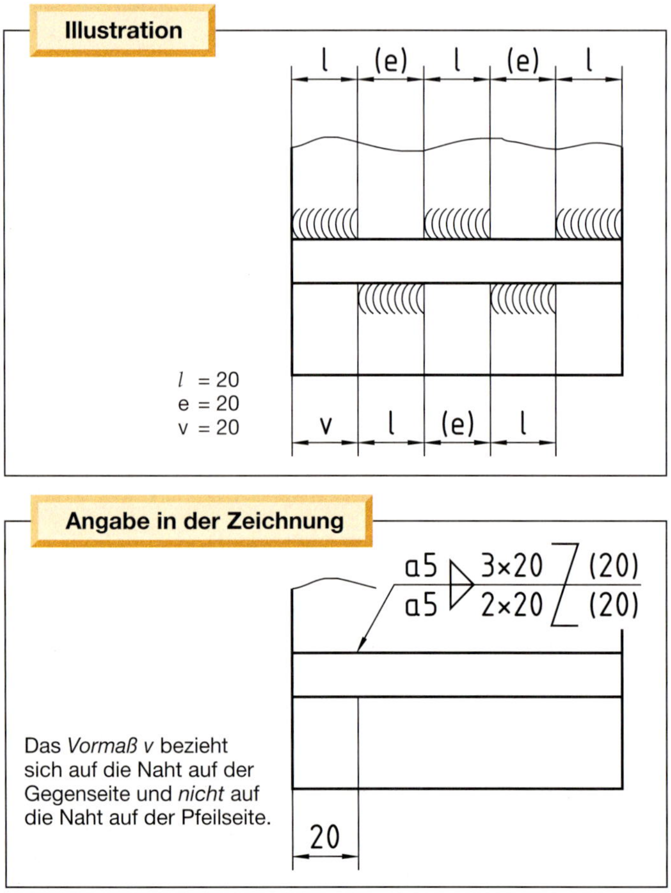

Abb. 3: Zusatzsymbol bei unterbrochenen, versetzten Nähten

9.6 Ergänzende Angaben zum Bezugszeichen

Sofern nicht die Nahtart angegeben, sondern nur dargestellt werden soll, dass die Naht geschweißt oder gelötet wird, ist der Bezugs-Volllinie eine *Gabel* anzufügen.
Die Gabel hat einen Öffnungswinkel von 90° und eine Höhe von 2 h (h = Schriftgröße der Zeichnung). Soll gekennzeichnet werden, dass die Naht gelötet wird, ist die *Kennzahl 9* – Schweißverfahren nach **DIN EN 24063** – in der Gabel anzugeben (Abb. 4).

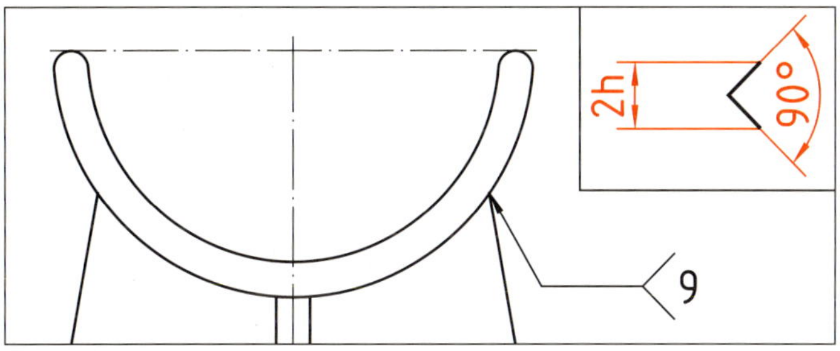

Abb. 4: Allgemeine Kennzeichnung für eine gelötete Naht

In der Regel werden jedoch in der Gabel bestimmte Angaben in der unten angegebenen Reihenfolge stehen (➡📖):

- *Verfahren:* Kennzahl nach **DIN EN 24063**
  z. B. Lichtbogenhandschweißen, Widerstandspressschweißen, Laserstrahlschweißen,
- *Bewertungsgruppe:* Buchstaben nach **DIN EN 25817**
  z. B. Ausführungen über den Befund der Naht, Zugfestigkeit, Streckgrenze, Bruchdehnung,
- *Schweißposition*: Buchstabe nach **DIN EN ISO 6947**
  z. B. Lage der Schweißnaht im Raum, Schweißrichtung, Horizontal- oder Wannenposition,
- Stabelektrode nach **DIN EN 499**.

Die einzelnen Angaben können zweizeilig in die Gabel geschrieben werden. Sie sind durch Schrägstriche voneinander abzugrenzen (Abb. 5).

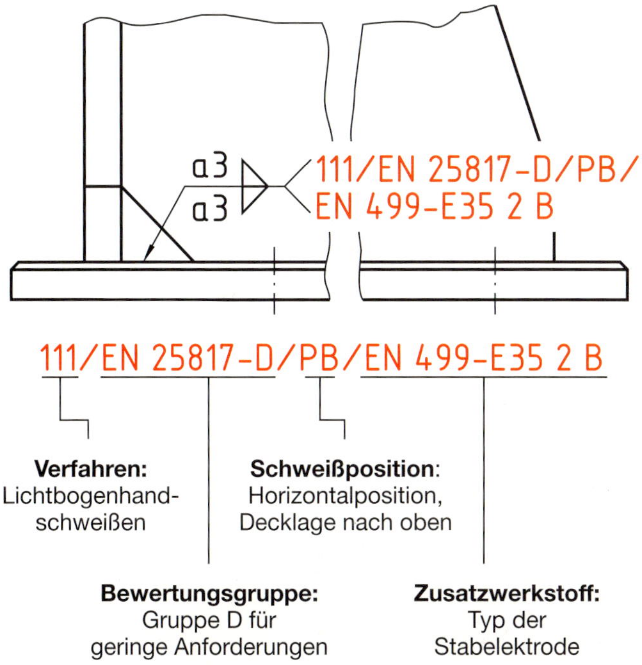

Abb. 5: Ergänzende Angaben zu einer Kehlnaht

Zusätzliche Angaben müssen nicht immer in der Gabel stehen. Bei Platzmangel, sich oft wiederholenden Angaben oder aus Gründen der besseren Übersicht können die zusätzlichen Angaben auch getrennt aufgeführt werden.

In der Gabel ist dann ein *Bezugsbuchstabe*, z. B. A, B, C ..., einzutragen. Ein *Rechteck* umrahmt den Bezugsbuchstaben und schließt die Gabel.

Die Erläuterung für die *Bezugsangabe* ist dann in der Nähe des Schriftfeldes oder an anderer übersichtlicher Stelle der Zeichnung anzugeben (Abb. 6).

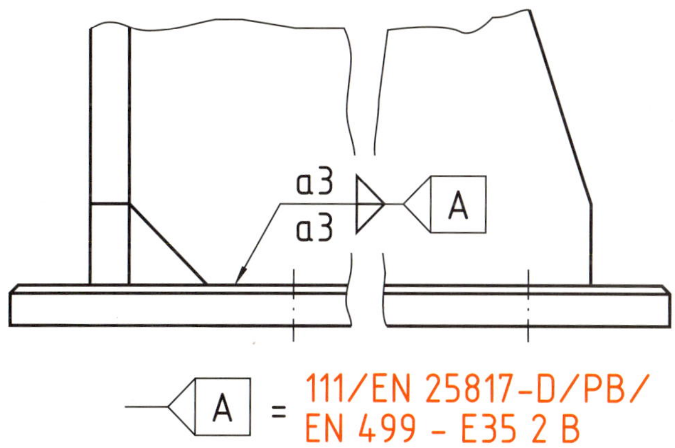

Abb. 6: Naht-Kennzeichnung mit Bezugsangabe

Auf der vorliegenden Schweißgruppen-Zeichnung sind keine Bezugsangaben eingetragen. Es wurde jedoch eine Tabelle mit ergänzenden Angaben aufgenommen. Diese Angaben sind für jede gekennzeichnete Naht in der Zeichnung gültig (Abb. 7).

Abb. 7: Technologische Hinweise zur Schweißkonstruktion

Im Schriftfeld der Schweißgruppen-Zeichnung ist auch ein Hinweis auf **Allgemeintoleranzen nach DIN EN ISO 13920** eingetragen. Diese DIN bestimmt die zulässigen Abweichungen für Längenmaße und Winkel, *speziell* für Schweißkonstruktionen. Sie ist in vier Toleranzklassen A bis D eingeteilt.

Hinweis: Alle DIN-Angaben dieser Seite ➡📖

Arbeitspläne legen in schriftlicher Form fest, mit welchen Arbeitsvorgängen, in welcher Reihenfolge, an welchen Arbeitsplätzen und mit welchen Mitteln eine Arbeitshandlung durchgeführt werden soll.

Arbeitshandlungen, die von Facharbeitern durchgeführt werden müssen, sind:

- Einzelteilfertigung,
- Montage- und Demontagearbeiten oder
- Instandhaltungsarbeiten.

Arbeitspläne geben Informationen und Anweisungen zugleich. Wichtige technische Unterlagen für die Erstellung von Arbeitsplänen bilden Gesamt- und Teil-Zeichnungen.

10.1 Demontageplanung

Bei der Demontage müssen zusammengebaute Anlagen, Maschinen Geräte u.a.m. teilweise oder vollständig auseinandergebaut werden. Anlass für eine Demontage können sein:

- Wartungsarbeiten oder
- Instandsetzungsarbeiten (Reparaturen).

Reparaturen werden notwendig, wenn eine Funktionsstörung an einem technischen System auftritt. Störungen können verursacht werden durch

- Verschleiß,
- Überlastung,
- unsachgemäße Bedienung u. ä.

Derartige Störungen können sich bemerkbar machen durch

- ungewöhnliche Geräusche, Wärme- oder Geruchsentwicklung,
- Undichtigkeiten,
- ungenaue oder fehlende Übertragung von Bewegungen.

Mit Hilfe der vorhandenen technischen Unterlagen kann die Demontage geplant werden. Geeignete technische Unterlagen sind:

- Gesamt-Zeichnungen mit Stückliste,
- Bedienungsanleitungen,
- Anordnungspläne mit Ersatzteillisten und
- Aufbauübersichten.

Damit die Demontagearbeiten rationell durchgeführt werden können, ist folgende Vorgehensweise sinnvoll:

- Schadensvermutung aufgrund der Funktionsstörung anstellen,
- Erkennen von möglichen Schadensstellen anhand der Gesamt-Zeichnung,
- Erkennen von lösbaren Verbindungsstellen (Normteilangaben in der Stückliste und Gesamt-Zeichnung),
- Erkennen von gefügten Teilen (Pressverbindungen, Passungen u. ä.),
- Erkennen von Trennstellen zwischen den einzelnen Bauteilen bzw. Baugruppen,
- Erkennen von Demontagemöglichkeiten schadhafter Teile (Einzelteile oder Baugruppen).

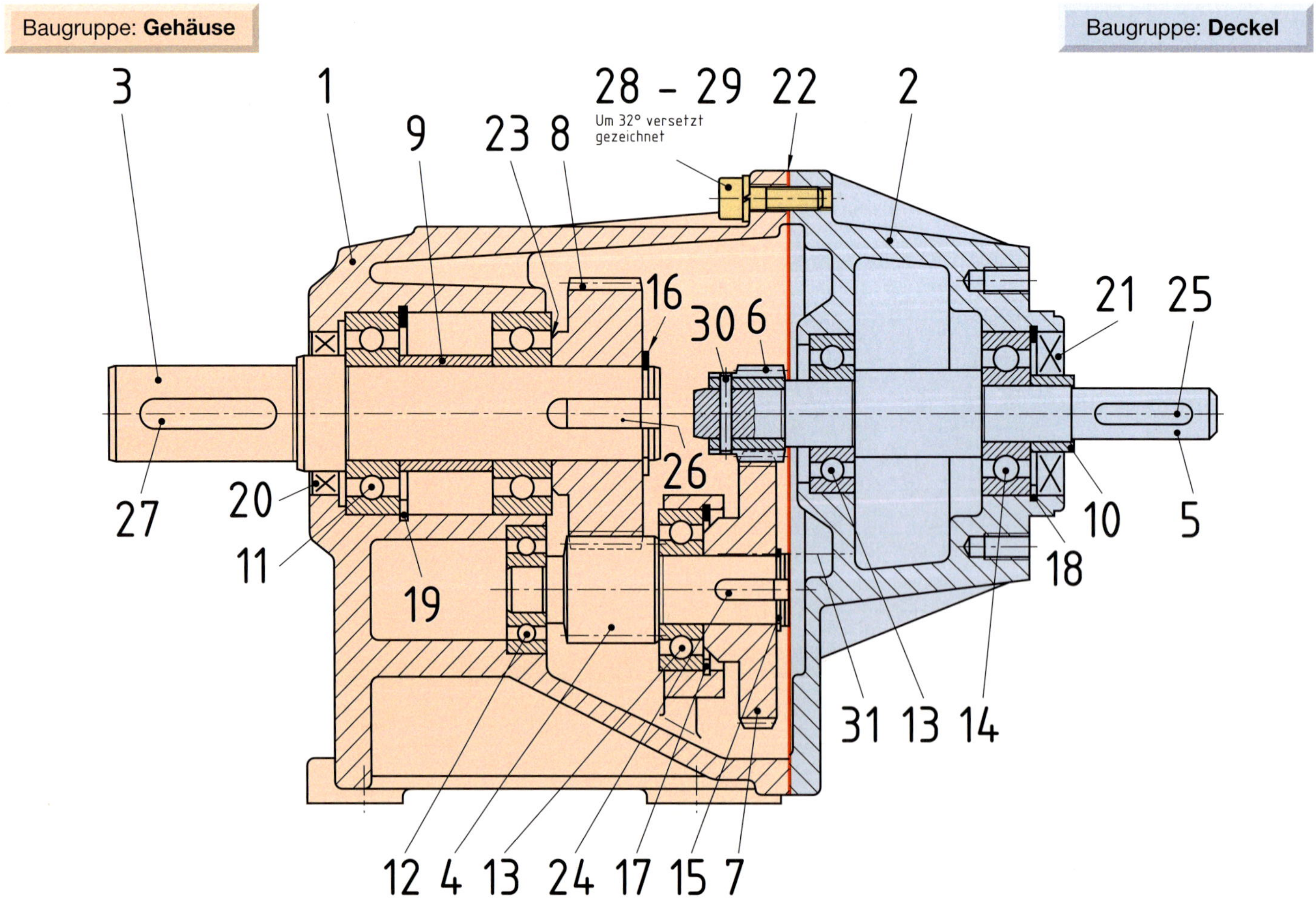

Abb. 1: Stirnrädergetriebe mit gekennzeichneter Trennstelle

Funktionsstörung am Stirnrädergetriebe (Beispiel)

Am Stirnrädergetriebe treten im Betrieb ungewöhnliche Laufgeräusche auf. Als Quelle der Laufgeräusche lässt sich das Lager an der Abtriebswelle orten. Außerdem erwärmt sich die Abtriebswelle außergewöhnlich stark. Geräusch- und Wärmeentwicklung deuten auf einen Lagerschaden hin.

Als Informationsquelle für eine Demontage steht die Gesamt-Zeichnung mit der Stückliste zur Verfügung Die Laufgeräusche und Wärmeentwicklung scheinen vom Rillenkugellager (11) auszugehen, das als Festlager die Abtriebswelle (3) im Gehäuse (1) lagert.

Die Schwierigkeit besteht im Erkennen der Teile, die mindestens demontiert werden müssen, um das Rillenkugellager ausbauen zu können. Aus der Zeichnung lässt sich ersehen, dass das Rillenkugellager zur Baugruppe Gehäuse gehört, die durch die Baugruppe Deckel verschlossen ist. In der Abb. 1 sind die beiden Baugruppen farbig gekennzeichnet.

In Verbindung mit der Stückliste lassen sich aus der Zeichnung alle Verbindungselemente entnehmen, die die Baugruppen und Einzelteile verbinden (Abb. 2 u. 3). Außerdem lassen sich die Stellen zwischen Teilen bestimmen, die Pressverbindungen aufweisen. Durch Pressverbindungen gefügte Teile können nicht einfach von Hand zerlegt werden. Dazu sind besondere Werkzeuge oder Vorrichtungen notwendig.

Sollte tatsächlich nur das Rillenkugellager beschädigt sein, kann es nach der Demontage schnell und unkompliziert durch ein neues Lager ausgetauscht werden. Wälzlager sind als Normteile in der Regel im Ersatzteillager einer Firma vorrätig.

1	2	3	4	5	6
Pos.	Menge	Einheit	Benennung	Sachnummer / Norm-Kurzbezeichnung	Bemerkung
30	1	Stck	Spannstift	ISO 8752-3×20	
31	2	Stck	Spannstift	ISO 8752-6×20	

1	2	3	4	5	6
Pos.	Menge	Einheit	Benennung	Sachnummer / Norm-Kurzbezeichnung	Bemerkung
1	1	Stck	Gehäuse		
2	1	Stck	Lagerdeckel		
3	1	Stck	Abtriebswelle		
15	1	Stck	Sicherungsring	DIN 471-17×1	
16	1	Stck	Sicherungsring	DIN 471-25×1,2	
17	1	Stck	Sicherungsring	DIN 472-40×1,75	
18	1	Stck	Sicherungsring	DIN 472-42×1,75	
19	1	Stck	Sicherungsring	DIN 472-52×2	
20	1	Stck	Wellendichtring	DIN 3760-A30×42×7	NB
21	1	Stck	Wellendichtring	DIN 3760-A20×42×7	NB
22	1	Stck	Flachdichtung		Bestellteil
23	1	Stck	Passscheibe	DIN 988-25×35×0,1	
24	1	Stck	Passfeder	DIN 6885-A5×5×18	gekürzt auf Länge 15
25	1	Stck	Passfeder	DIN 6885-A5×5×25	E 295
26	1	Stck	Passfeder	DIN 6885-B8×7×20	E 295
27	1	Stck	Passfeder	DIN 6885-A8×7×36	E 295
28	8	Stck	Zylinderschraube	ISO 4762-M6×20	8.8
29	8	Stck	Federring	DIN 128-B6	

	Datum	Name	
Bearb.	13.01.92	Kaese	Stückliste Stirnrädergetriebe
Gepr.			
Norm			
Abt.			
Zust. Änderung, Datum, Name	westermann	Urspr.	022.01.00 — Blatt 1, 2 Bl. — Ers. f.: — Ers. d.:

Abb. 2: Stücklisten des Stirnrädergetriebes (Auszug)

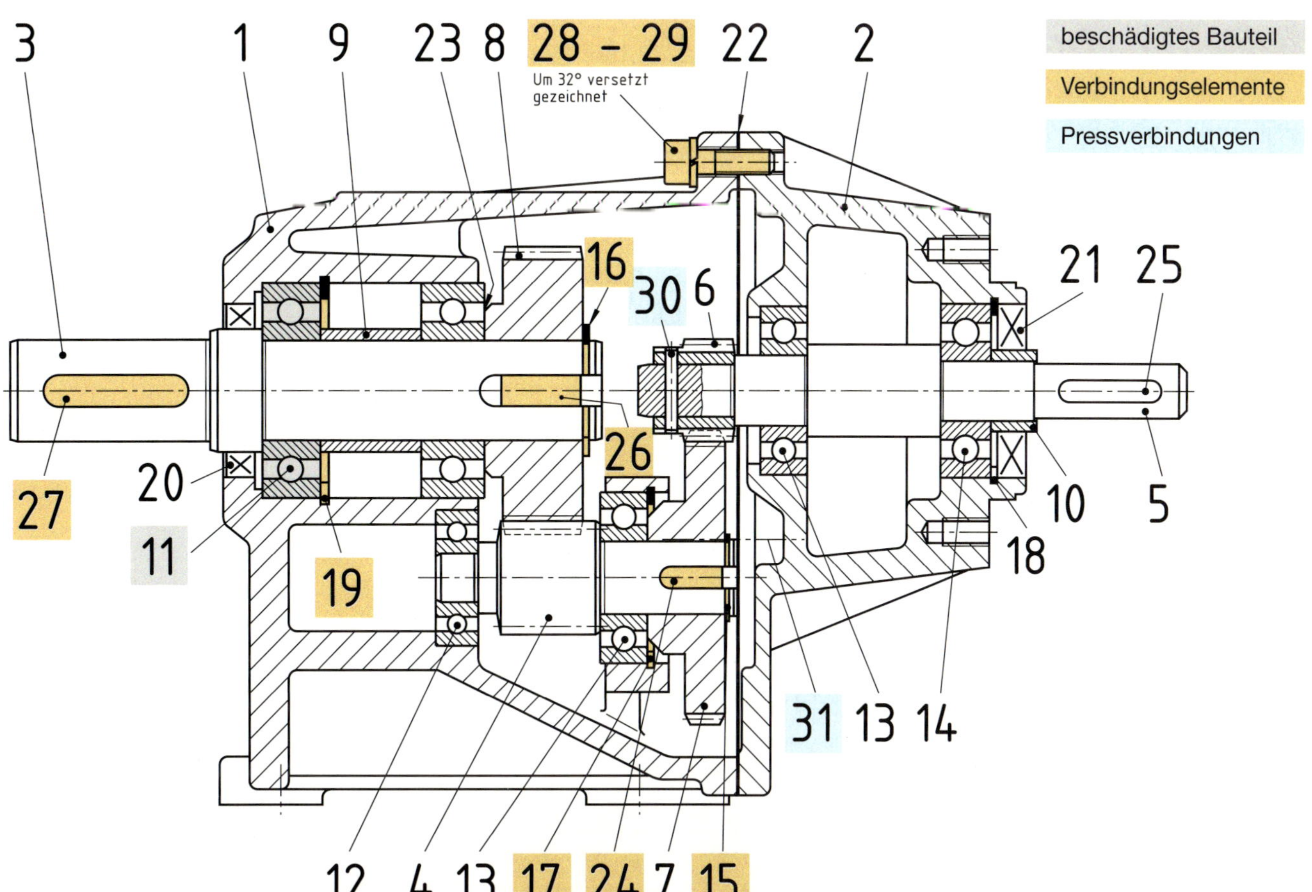

Abb. 3: Lösbare Fügeverbindungen an der Baugruppe Gehäuse

Der Ausbau des Rillenkugellagers kann in drei Stufen erfolgen:

1. Zuerst ist die Verschlussschraube (32) seitlich am Getriebegehäuse zu entfernen und das Getriebeöl abzulassen. Anschließend wird die Baugruppe Deckel abgeschraubt. Sie ist durch 8 Zylinderschrauben (28) und Federringe (29) sowie 2 Spannstifte (31) mit dem Gehäuse verbunden (Abb. 1).
2. Nachdem der Sicherungsring (16) entfernt wurde, kann die Abtriebswelle (3) zur Abtriebsseite hin ausgezogen werden. Dabei werden das Stirnrad (8), die Passscheibe (23) und die Passfeder (26) mit demontiert. Durch die Demontage der Abtriebswelle kann die Buchse (9) entgegen der zeichnerischen Darstellung nach unten rutschen (Abb. 2).

Die Abtriebswelle kann nicht zur Antriebsseite hin ausgebaut werden, weil der Bund der Welle formschlüssig am Rillenkugellager (11) anliegt und das Rillenkugellager gegen axiales Verschieben durch den Sicherungsring (19) gesichert ist.

Das Stirnrad (8) selber kann auch nicht von der Welle abgezogen werden, da es dabei gegen die Lagerstelle des Gehäuses für die Aufnahme des Ritzels (4) stoßen würde. Nachdem die Abtriebswelle herausgezogen ist, kann jedoch das Stirnrad aus dem Gehäuse durch Kippen entnommen werden.

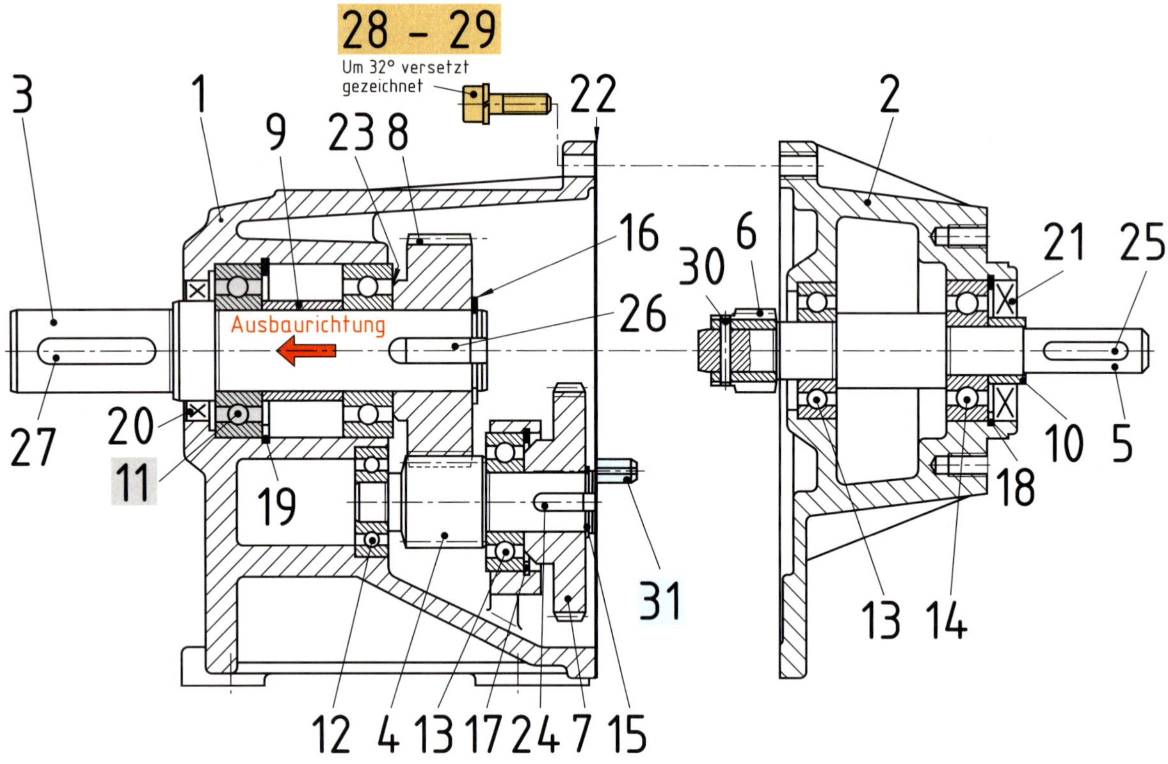

Abb. 1: Demontage des Lagerdeckels

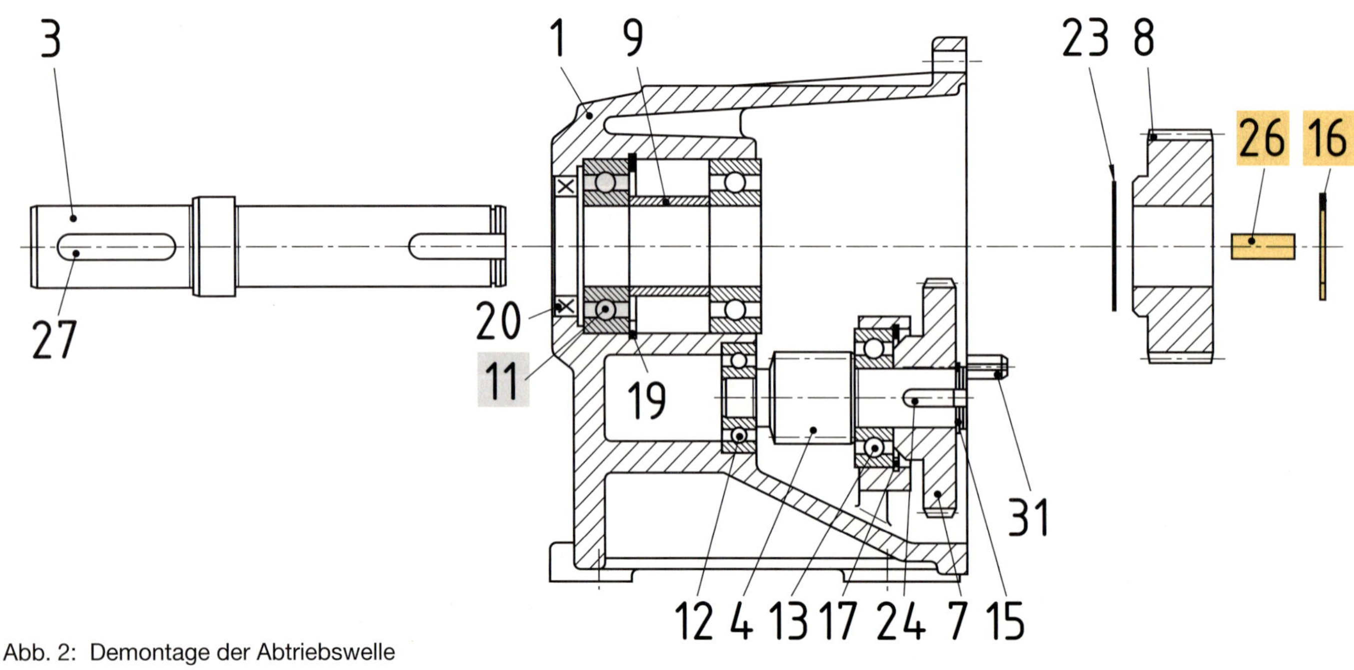

Abb. 2: Demontage der Abtriebswelle

3. Danach kann das Rillenkugellager (11), Loslager, aus dem Gehäuse gezogen und die Buchse (9) entnommen werden. Abschließend ist der Sicherungsring (19) zu entfernen und das beschädigte Rillenkugellager auszubauen (Abb. 3).

Den vollständigen Arbeitsplan zur Demontage des Rillenkugellagers mit den benötigten Arbeitsmitteln zeigt Abb. 4.

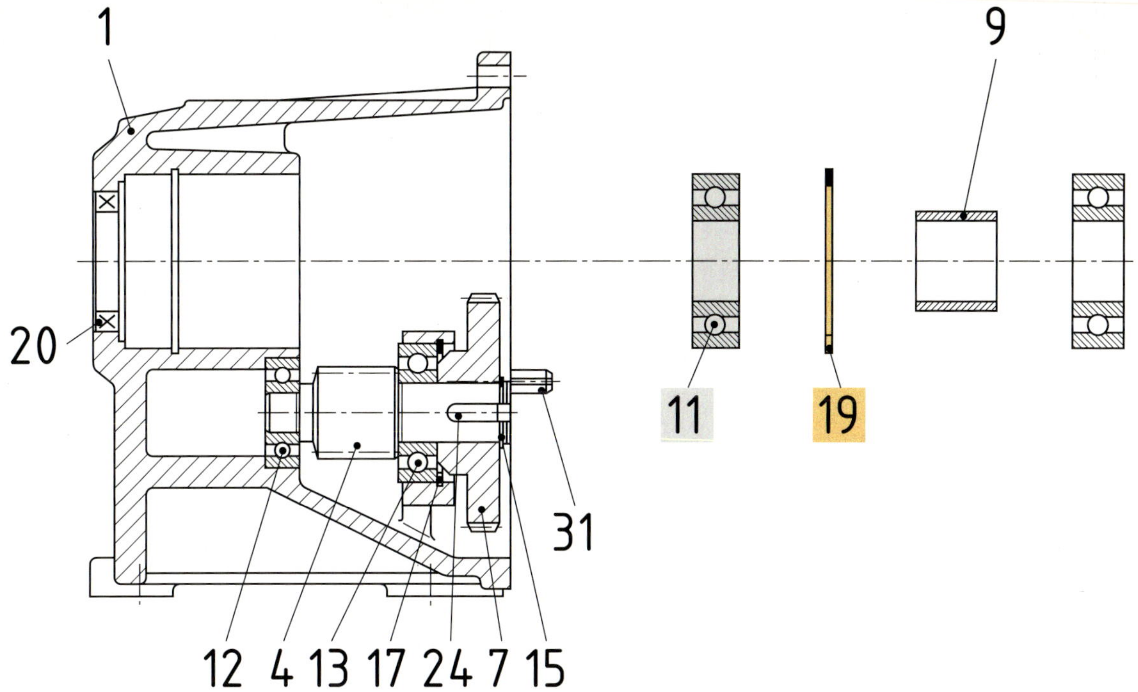

Abb. 3: Demontage der Rillenkugellager

westermann	ARBEITSPLAN	Blatt-Nr. 1	Anzahl Blätter 1

Benennung Stirnrädergetriebe	**Zeichn.-Nr. Sach.-Nr.** 022.01.00	**Auftrags-Nr.:**	**Name:**
Werkst./Halbzeug		**Ausstell-Datum:**	**Vorname:**
☐ **Einzelteil**	☒ **Demontage**	**Stückzahl:**	**Klasse/Gr.:**
☐ **Montage**		**Termin:**	**Kontr.-Nr.:**

Lfd. Nr.	Arbeitsvorgang	Arbeitsplatz	Arbeitsmittel	Arbeitswerte/ Bemerkungen
1	Verschlussschraube (32) aus dem Gehäuse	Werkbank	Sechskant-Stiftschlüssel SW 6	Altöl auffangen
	schrauben und Getriebeöl ablassen			und fachgerecht
2	Zylinderschraube (28) lösen und Deckel		Sechskant-Stiftschlüssel SW 5	entsorgen
	abziehen			
3	Sicherungsring (16) lösen und Abtriebs-		Außen-Einsprengzange	
	welle (3) aus dem Gehäuse ziehen,		Schlagbolzen	
	Stirnrad (8) mit Passfeder (26) und Pass-			
	scheibe (23) aus dem Gehäuse entnehmen			
4	Rillenkugellager (11), Loslager, und		Innenauszieher	
	Buchse (9) entnehmen			
5	Sicherungsring (19) entfernen und		Innen-Einsprengzange	
	Rillenkugellager (11), Festlager, entnehmen		Innenauszieher	

Abb. 4: Arbeitsplan zur Demontage der Rillenkugellager

Nach der Demontage der schadhaften Teile müssen die *Ersatzteile* beschafft werden.

Beschädigte Normteile können im Allgemeinen schnell und unkompliziert ausgetauscht werden, da sie meistens im Ersatzteillager einer Firma vorrätig sind.

Liegen Gesamt-Zeichnung und Stückliste vor, kann anhand der Stücklisteneintragungen die Normbezeichnung des schadhaften Teils bestimmt und das richtige Ersatzteil beschafft werden. Fehlen diese Unterlagen, ist anhand des beschädigten Teils die Normbezeichnung zu bestimmen. Über Aussehen, kennzeichnende Maße und evtl. vorhandene Angaben am Teil kann mit Hilfe von Tabellenbüchern, Katalogen u. ä. dessen Normbezeichnung ermittelt werden (Abb. 1).

Um *schadhafte Fertigteile* zu ersetzen, gibt es zwei Möglichkeiten (Tab. 1):

- Ersatzbeschaffung bei der Herstellerfirma oder
- eigene Anfertigung des Ersatzteils.

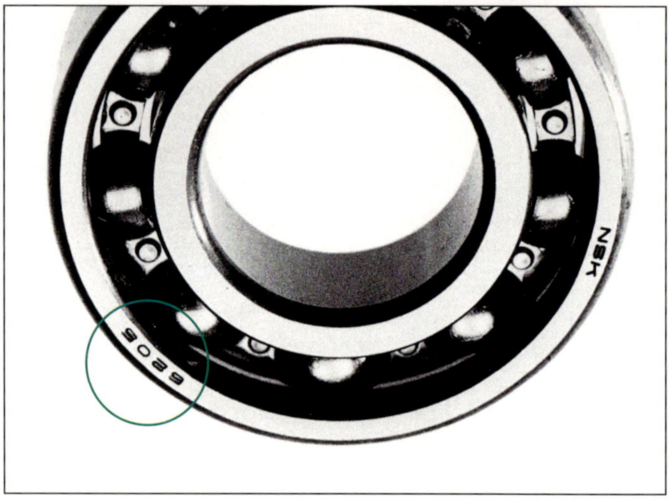

Abb. 1: Rillenkugellager mit Normangaben

Tab. 1: Beschaffung von Fertigteilen

Art der Beschaffung	Vorteile	Nachteile
Ersatzbeschaffung bei der Herstellerfirma	Originalersatzteil mit • geeignetem Werkstoff, • optimaler Wärmebehandlung • optimaler Funktion	• Lieferzeiten und somit Verzögerung der Instandsetzung
Eigene Anfertigung des Ersatzteils durch Anfertigen einer Handskizze mit anschließender Fertigung	• schnellere Instandsetzung	• Einzelstückanfertigung in der Herstellung teuer, • Werkstoff des beschädigten Teils nicht bekannt

10.2 Montageplanung

Durch Montage werden die Einzelteile zu funktionstüchtigen Geräten und Maschinen zusammengebaut. Montagearbeiten fallen an

- für die erste Inbetriebnahme oder
- nach Instandhaltungsarbeiten.

Bei der Montage hat der Monteur alle Einzelteile nach der Stückliste vorliegen. Er kann jedes Teil von allen Seiten betrachten und entsprechend der Zeichnung bewerten.

Aus der Gesamt-Zeichnung kann die Reihenfolge für das Fügen der Einzelteile festgelegt und Baugruppen, die vorgefügt werden können, erkannt werden. Dazu ist es notwendig, Teilfunktionen zu bilden.

Teilfunktionen ergeben sich aus:

- benachbarten, sich berührenden und stützenden Teilen,
- radial oder axial bewegten Bauteilen,
- Führungen oder Lagerungen beweglicher Bauteile,
- kraft- und formschlüssigen Verbindungen.

Vor bzw. während der Montage muss geklärt werden, ob:

- Teile vor der ersten Inbetriebnahme gereinigt oder geschmiert werden müssen,
- Teile eventuell nachgearbeitet oder ausgetauscht werden müssen, weil ihre Funktion nur bedingt gewährleistet ist.

Mit Hilfe der vorhandenen technischen Unterlagen kann die Montage eines Erzeugnisses geplant werden. Geeignete technische Unterlagen sind:

- Gesamt-Zeichnung mit Stücklisten,
- Aufbauübersichten,
- Firmenkataloge (z. B. für Wälzlagereinbau),
- Montagepläne.

Aus der Gesamt-Zeichnung ist erkennbar, wie die Einzelteile zusammengebaut sind und wie sie zusammenwirken. Die Schwierigkeit bei der Montage besteht darin, zu erkennen, in welcher Reihenfolge die Teile gefügt werden müssen und welche Baugruppen dabei zu bilden sind.

Beim Planen des Zusammenbaus von Baugruppen und Erzeugnissen müssen

- die funktionswichtigen Lagen der Einzelteile erkannt werden,
- die Vorgehensweise, mit denen die Lage zu erreichen ist, bestimmt und festgelegt werden,
- die einzelnen Arbeitsvorgänge für die Herstellung der vorgesehenen Fügeverfahren bestimmt werden,
- eine zweckmäßige Arbeitsfolge festgelegt werden.

Dazu werden auch technologische Kenntnisse über den Aufbau und die Wirkungsweise von Verbindungen benötigt.

Bei der Montage werden zwei oder mehrere Bauteile, die untereinander gemeinsame Fügeflächen besitzen, zu einer Baugruppe zusammengebaut. Dabei dient ein Bauteil als Basisteil, mit dem weitere Elemente verbunden werden.

Durch Verbindungselemente oder durch Fügeverbindungen werden die gemeinsamen Fügeflächen so zusammengehalten, dass ein ungewolltes Verschieben der Bauteile verhindert wird.

Erzeugnisse wie das Stirnrädergetriebe werden in mehreren aufeinanderfolgenden Montagestufen (Strukturstufen) zusammengebaut.

Montage des Gehäuses

Für die Inbetriebnahme des Stirnrädergetriebes soll die Montage des Gehäuses komplett geplant werden. Als Informationsquelle steht die Gesamt-Zeichnung mit der Stückliste zur Verfügung.

Montagestufe: *Vormontage der Ritzelwelle*

Bei der Vormontage werden nur Einzelteile zu einer Baugruppe zusammengefügt.
Es sind die beiden Rillenkugellager Pos. 12 u. 13 und die Passfeder Pos. 24 mit der Ritzelwelle Pos. 4 zur *Baugruppe Ritzelwelle* vorzumontieren. Die Ritzelwelle dient dabei als Basisteil, mit dem die anderen Bauteile verbunden werden.

Montagestufe: *Montage von Ritzelwelle und Stirnrad*

In dieser Stufe werden diese vormontierten Baugruppen mit weiteren Baugruppen oder auch Einzelteilen zur nächsten Baugruppe gefügt.
Die Baugruppe Ritzelwelle wird mit dem Sicherungsring Pos. 17 in das Gehäuse Pos. 1 eingebaut und durch das Stirnrad Pos. 7 sowie den Sicherungsring Pos. 15 ergänzt. Es entsteht die übergeordnete *Baugruppe Ritzelwelle komplett*.

Montagestufe: *Montage der Abtriebswelle*

In einer nachfolgenden Stufe wird die Gruppe weiter ergänzt.
Es ist die Gruppe Abtriebswelle mit allen Teilen Pos. 3, 27, 11, 19, 9, 23, 8, 26, und 16 in das Gehäuse einzubauen. Durch Hinzufügen des Wellendichtringes Pos. 20 ist das *Gehäuse komplett* montiert.

Die dargelegte Montagestruktur für das Gehäuse berücksichtigt folgende Zusammenhänge:
Die Ritzelwelle kann nicht komplett vormontiert werden, weil sonst nicht mehr der Sicherungsring (17) in das Gehäuse eingesetzt werden kann.
Im Stirnrädergetriebe tritt bei allen Wälzlagern Umfangslast für die Innenringe auf. Die Innenringe der beiden Rillenkugellager (12, 13) müssen deshalb mit festem Sitz auf der Ritzelwelle gepasst werden. Aus diesem Grund sind die Rillenkugellager zuerst auf die Welle zu montieren. Dadurch wird sichergestellt, dass die Wälzkörper nicht zu stark belastet werden. Die Fügekraft zum Einsetzen der Außenringe in das Gehäuse ist aufgrund des losen Sitzes klein.

Montagestufe: Montage der Rillenkugellager

Baugruppe: **Ritzelwelle**

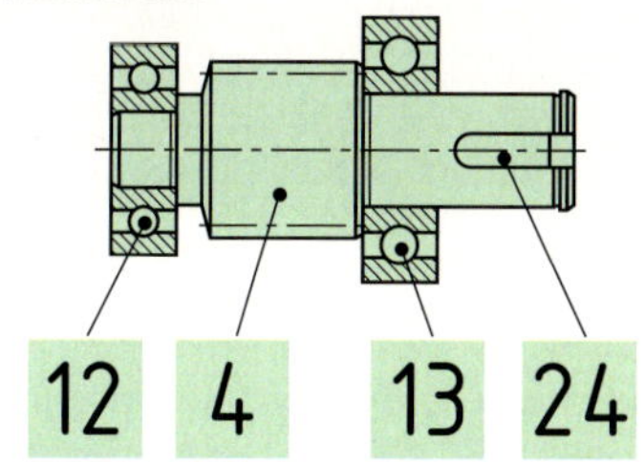

Montagestufe: Montage der Ritzelwelle

Baugruppe: **Ritzelwelle komplett**

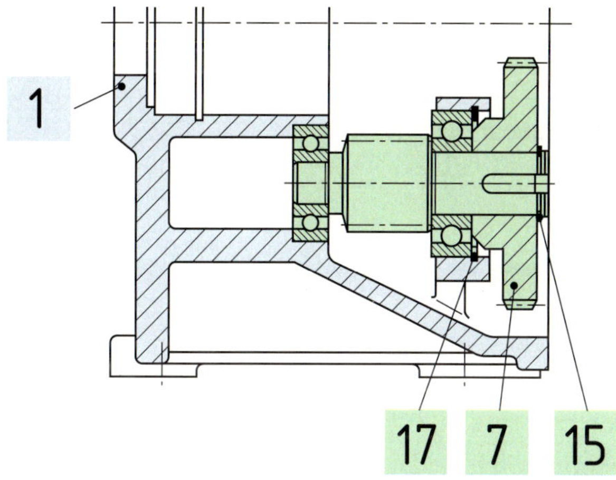

Montagestufe: Montage der Abtriebswelle

Baugruppe: **Gehäuse komplett**

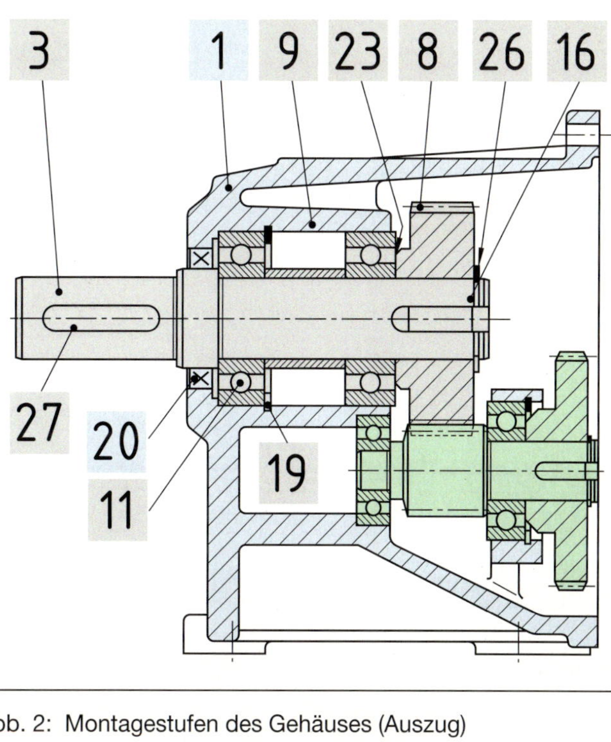

Abb. 2: Montagestufen des Gehäuses (Auszug)

Der Zusammenbaufluss der Teile und Baugruppen kann graphisch als *Stammbaum* (Abb. 1) oder als *Aufbauübersicht* (Abb. 2) dargestellt werden.

Der Stammbaum oder die Aufbauübersicht verdeutlichen, dass eine bestimmte Rangfolge hinsichtlich der Einordnung von Baugruppen in das vollständige Erzeugnis besteht. Somit ist eine Gruppe gegenüber einer anderen über- oder untergeordnet. Man spricht von Gruppen 1., 2., 3., ... Ordnung. Zusätzlich gibt es jedoch Teile, die nicht eindeutig einer Gruppe zugeordnet werden können.

Die Gruppen höherer Ordnungszahl sind untergeordnete Gruppen. Baugruppen mit höherer Ordnungszahl werden deshalb zuerst montiert. Baugruppen gleicher Ordnungszahl können an unterschiedlichen Montageplätzen gefügt werden. So können z. B. das Getriebegehäuse und der Deckel komplett an unterschiedlichen Plätzen montiert werden, um dann in einer übergeordneten Montagestufe mit weiteren Einzelteilen zum Stirnrädergetriebe gefügt zu werden.

Die Aufbauübersicht kann wegen der detaillierten Darstellung aller Einzelteile in der Arbeitsvorbereitung als konkrete Planungsunterlage für den zu organisierenden Montageprozess benutzt werden. Der Monteur kann anhand der Aufbauübersicht den Zusammenfluss der Einzelteile zum vollständigen Erzeugnis erkennen. Sie stellt somit eine wichtige Unterlage zur Planung und Durchführung von Montagehandlungen dar.

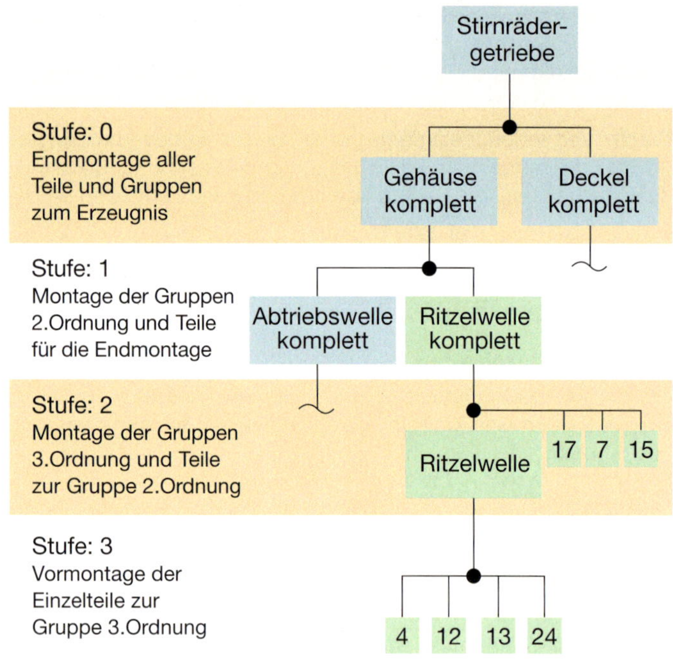

Abb. 1: Montagestruktur des Stirnrädergetriebes als Stammbaum (Auszug)

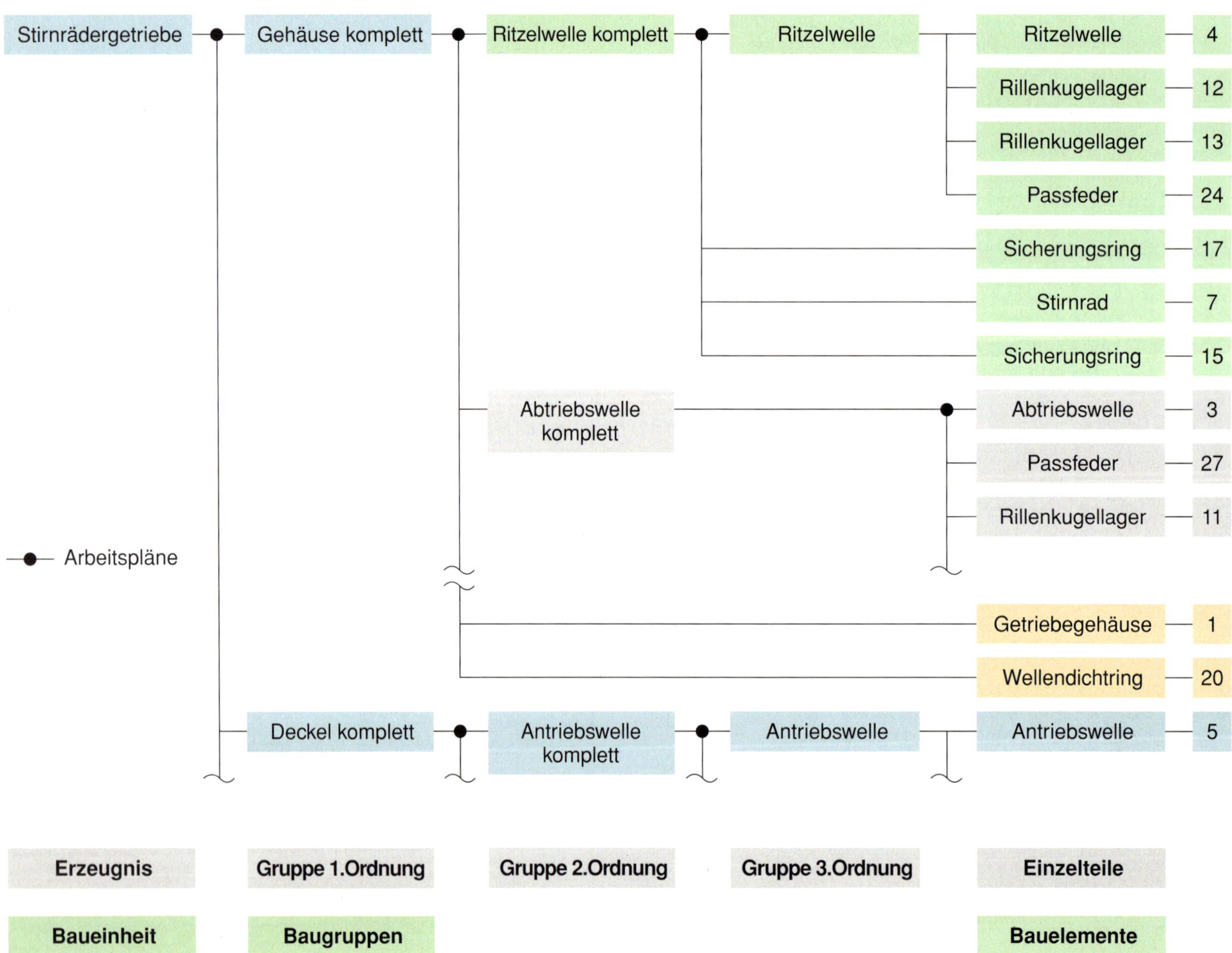

Abb. 2: Aufbauübersicht des Stirnrädergetriebes (Auszug)

Im *Montageplan* werden die einzelnen Arbeitsschritte, die benötigten Einzelteile, Werkzeuge, Vorrichtungen und Hilfsstoffe aufgeführt. Am Ende der Planungsphase steht dann ein Arbeitplan für die Montage einer Baugruppe bzw. eines Erzeugnisses.
Abb. 3 zeigt den vollständigen Arbeitsplan zur Montage der Baugruppe Ritzelwelle komplett.

Montage der Ritzelwelle

Der Montageplan legt fest, dass zuerst die beiden Rillenkugellager auf die Ritzelwelle mit einer Handhebelpresse aufgezogen werden. Dabei ist die Montagehülse am inneren Laufring anzusetzen. Die Passflächen der Lager sind vor der Montage leicht einzuölen.

Anschließend ist die Passfeder in die Wellennut einzupassen. Dazu wird die Welle zweckmäßigerweise in ein Prisma gelegt. Sollte zwischen Passfeder und Nut ein geringes Übermaß vorhanden sein, muss die Passfeder eventuell mit leichten Hammerschlägen in die Nut eingetrieben werden.

Die vormontierte Ritzelwelle wird nun in das Gehäuse eingesetzt. Die dazu notwendige Fügekraft ist klein. Mit einer Inneneinsprengzange wird der Sicherungsring in das Gehäuse eingesetzt.

Nach leichtem Einfetten des Ritzelwellenendes wird das Stirnrad auf die Welle aufgesetzt und so ausgerichtet, dass Passfeder und Nabennut miteinander fluchten. Mit einer Presse wird nun das Stirnrad auf den Wellensitz gedrückt, bis die Stirnradnabe am Rillenkugellager anliegt. Anschließend wird das Stirnrad durch einen Sicherungsring gesichert. Dazu wird der Sicherungsring mit einer Einsprengzange aufgeweitet und in Achsrichtung in die Wellennut gesetzt.

Zur Funktionsprüfung ist die Ritzelwelle durch leichtes Drehen auf Leichtgängigkeit zu prüfen.

Fertigmontage des Gehäuses

Die Abtriebswelle kann aufgrund der konstruktiven Gestaltung nicht vormontiert werden. Die Einzelteile, die zur Baugruppe Abtriebswelle gehören, werden nacheinander in das Gehäuse eingebaut.

Bei der abschließenden Montage des Wellendichtringes darf die Dichtlippe auf keinen Fall beschädigt werden. Darum ist die Kante des Wellenabsatzes angefast und zusätzlich die äußere Kante durch Polieren riefenfrei abgerundet.

Der Dichtring ist so einzubauen, dass die Dichtlippe nach innen in das Gehäuse zeigt. Da zwischen dem Außendurchmesser des Dichtringes und der Bohrung im Gehäuse Pressung vorhanden ist, wird der Ring mit Hilfe einer Buchse unverkantet bis zur Anlagefläche gepresst.

westermann	ARBEITSPLAN	Blatt-Nr. 1	Anzahl Blätter 1

Benennung Ritzelwelle komplett **Zeichn.-Nr. Sach.-Nr.** 022.01.00
Werkst./Halbzeug
Auftrags-Nr.: **Name:**
Ausstell-Datum: **Vornahme:**
Stückzahl: **Klasse/Gr.:**
Termin: **Kontr.-Nr.:**

☐ **Einzelteil** ☐ **Demontage**
☒ **Montage**

Lfd. Nr.	Arbeitsvorgang	Arbeitsplatz	Arbeitsmittel	Arbeitswerte/ Bemerkungen
1	Rillenkugellager (12) auf die Ritzelwelle (4)	Werkbank	Handhebelpresse, Montagehülse	Lagerkurzzeichen
	aufziehen			kontrollieren
2	Rillenkugellager (13) auf die Ritzelwelle (4)		Handhebelpresse, Montagehülse	Passflächen mit
	aufziehen			Öl benetzen
3	Passfeder (24) in die Ritzelwelle (4) einbauen		Hammer, Prisma	
4	vormontierte Ritzelwelle in das Gehäuse (1)		Kunststoffhammer	
	einsetzen			
5	Sicherungsring (17) in das Gehäuse		Innen-Einsprengzange Form A	
	einsetzen			
6	Stirnrad (7) auf die Ritzelwelle (4) aufsetzen		Handhebelpresse	Wellenende leicht
7	Sicherungsring (15) in die Ritzelwelle		Außen-Einsprengzange Form C	einfetten
	einsetzen			
8	Rillenkugellager durch Drehen des Stirn-			
	rades auf Leichtgängigkeit prüfen			Funktionskontrolle

Abb. 3: Arbeitsplan zur Montage der Ritzelwelle komplett

10.3 Planung einer Einzelteilfertigung

Die Fertigung von Werkstücken erfolgt nach Teil-Zeichnungen. In Teil-Zeichnungen sind Form, Werkstoff und Abmessungen des herzustellenden Werkstückes mit den einzuhaltenden Toleranzen und der geforderten Oberflächenbeschaffenheit festgelegt. Die Angaben sind in der Fertigung einzuhalten, damit ein Einzelteil seine Funktion im Erzeugnis erfüllt.

Voraussetzung dafür, dass die Vorgaben in der Teil-Zeichnung auch erreicht und eingehalten werden, ist eine fachgerechte Arbeitsplanung. Dabei sind neben den geeigneten Fertigungsverfahren und Arbeitsvorgängen die richtigen Arbeitsmittel, Zerspanungsdaten u. a. auszuwählen und festzulegen (Abb. 1).

Bei der Arbeitsplanung sind neben den technischen Anforderungen auch wirtschaftliche Gesichtspunkte und Vorschriften zum Umweltschutz und zur Arbeitssicherheit zu berücksichtigen.

In der Serienfertigung werden die Maschinenbelegung, Arbeitsvorgänge, Arbeitsschritte und Einstelldaten von der Arbeitsvorbereitung bestimmt und in Arbeitsplänen festgelegt.

Von der Arbeitsvorbereitung wird auch der organisatorische Arbeitsablauf in seinen zeitlichen und örtlichen Beziehungen geplant und gesteuert.

In bestimmten Fällen kann es jedoch notwendig sein, dass die Arbeitstätigkeiten vom Facharbeiter weitgehend selbst vorbereitet und geplant werden müssen. Anhand der technischen Zeichnung legt er dann aufgrund seiner Fachkenntnisse und seiner Erfahrungen den Arbeitsablauf, die Arbeitsmittel u. a. fest. Dabei berücksichtigt er die Werkstattgegebenheiten.

Die Fertigung kann auf herkömmlichen Werkzeugmaschinen oder auf CNC-Werkzeugmaschinen erfolgen. Durch den Einsatz des Mikrocomputers in der Fertigung verändert sich die Arbeitsweise. Dabei ist eine direkte Programmierung in der Werkstatt an der Werkzeugmaschine möglich. Für komplizierte Werkstücke kann anstelle der Werkstattprogrammierung die Programmerstellung in der Arbeitsvorbereitung erfolgen.

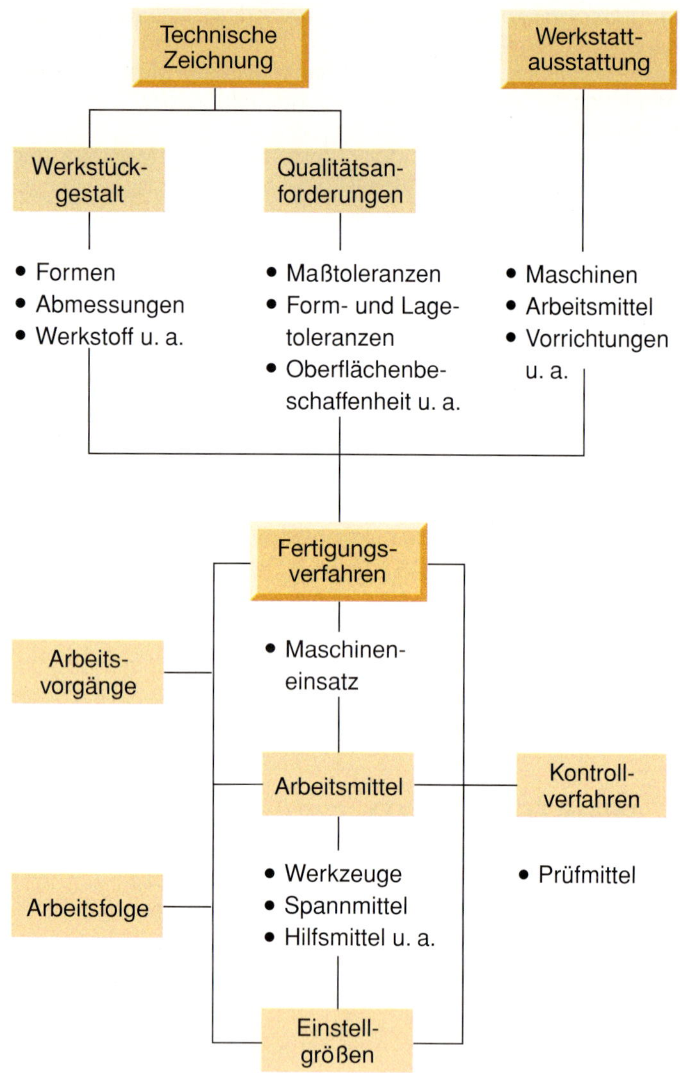

Abb. 1: Planungsstruktur

10.3.1 Ersatzteilanfertigung

Fertigungsauftrag

Die Abtriebswelle des Stirnrädergetriebes wurde beim Ausbau beschädigt. Der Rundlauf des Wellenendes, das aus dem Gehäuse herausragt, liegt nicht mehr innerhalb der geforderten Lauftoleranz von 0,01 mm.

Die schadhafte Abtriebswelle soll durch ein anzufertigendes Ersatzteil mit hoher Festigkeit ausgewechselt werden. Dazu stehen herkömmliche Werkzeugmaschinen ohne nummerische Steuerung zur Verfügung. Auf eine Ersatzlieferung wird verzichtet, damit sich die Instandsetzung des Getriebes nicht durch Lieferzeiten verzögert.

Für die Fertigung liegen die Gesamt-Zeichnung des Getriebes sowie die ausgebaute schadhafte Abtriebswelle (Abb. 2) vor.

Anfertigen einer Handskizze

Bevor das Ersatzteil gefertigt werden kann, ist erst einmal das schadhafte Teil auszumessen und Form und Abmessungen der Abtriebswelle in einer Handskizze zu dokumentieren (Abb. 3).

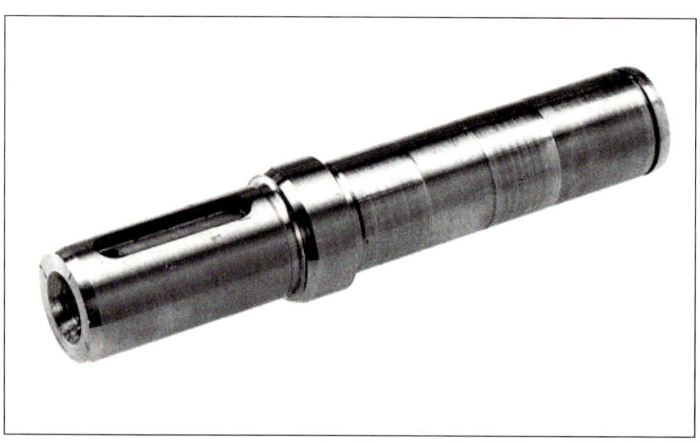

Abb. 2: Schadhafte Abtriebswelle

Die Maße und Toleranzen für genormte Werkstückdetails können anhand von Tabellen festgelegt werden. An der Abtriebswelle sind

- Zentrierbohrungen nach **DIN 332**,
- Freistiche nach **DIN 509**,
- Nuten für Passfedern nach **DIN 6885** und
- Nuten für Sicherungsringe nach **DIN 471** herzustellen (→📖).

Die Maßeintragungen sind fertigungs- und funktionsgerecht vorzunehmen. Die Angabe der Längenmaße muss berücksichtigen, dass die Abtriebswelle in zwei Aufspannungen gedreht wird. Maßbezugsebenen für die Längenmaße sind daher die beiden Stirnseiten.

Das Abstandsmaß für die Nut des Sicherungsringes muss aus Funktionsgründen vom Wellenabsatz (Anlagefläche des Rillenkugellagers) angegeben und besonders toleriert werden. Das Maß ergibt sich aus der Breite der beiden Rillenkugellager (11) und der zwischengesetzten Buchse (9) und des Sicherungsringes (16).

Zusätzlich zur Darstellung der Abtriebswelle und deren Abmessungen müssen noch weitere Einzelheiten festgelegt werden. Das ist notwendig, um eine zweckmäßige Fertigung und einwandfreie Funktion sicherzustellen. Dazu gehören Angaben über einzuhaltende Toleranzen (ISO-Toleranzen, Form- und Lagetoleranzen) und die notwendige Oberflächenbeschaffenheit.

Die Funktionsanforderungen müssen aus der Gesamt-Zeichnung entnommen werden. Besondere Anforderungen an Toleranzen und Oberflächenbeschaffenheit sind für die Passsitze der Wälzlager, des Zahnrades sowie für das aus dem Gehäuse herausragende Wellenende zu stellen.

Die **DIN 5425 - T1** enthält neben den Toleranzangaben für den Einbau von Wälzlagern auch Empfehlungen für die Oberflächenbeschaffenheit von Passflächen in Abhängigkeit vom Durchmesser und Toleranzgrad (→📖).

Für den Sitz des Wellendichtringes auf der Welle wird nach **DIN 3760** eine drallfrei geschliffene Oberfläche mit einer Rautiefe von 1 bis 4 µm gefordert (→📖). Die Wellenkante, über die der Wellendichtring aufgezogen wird, soll angefast, abgerundet und poliert sein.

Besondere Anforderungen an die Form- und Lagegenauigkeit ergeben sich aus der Funktion der Abtriebswelle. Der Rundlauf der Welle und der Planlauf des Wellenabsatzes, an dem das Rillenkugellager anliegt, ist besonders zu tolerieren. Die Lauftoleranzen haben sich auf die Lagersitze zu beziehen.

Aufgrund der Anforderungen wird als Werkstoff warmgewalzter Rundstahl aus E 360 mit einer Zugfestigkeit von 670 - 830 N/mm² gewählt. Er befindet sich mit einem Durchmesser von 32 mm im Materiallager. Eine Wärmebehandlung ist nicht vorgesehen.

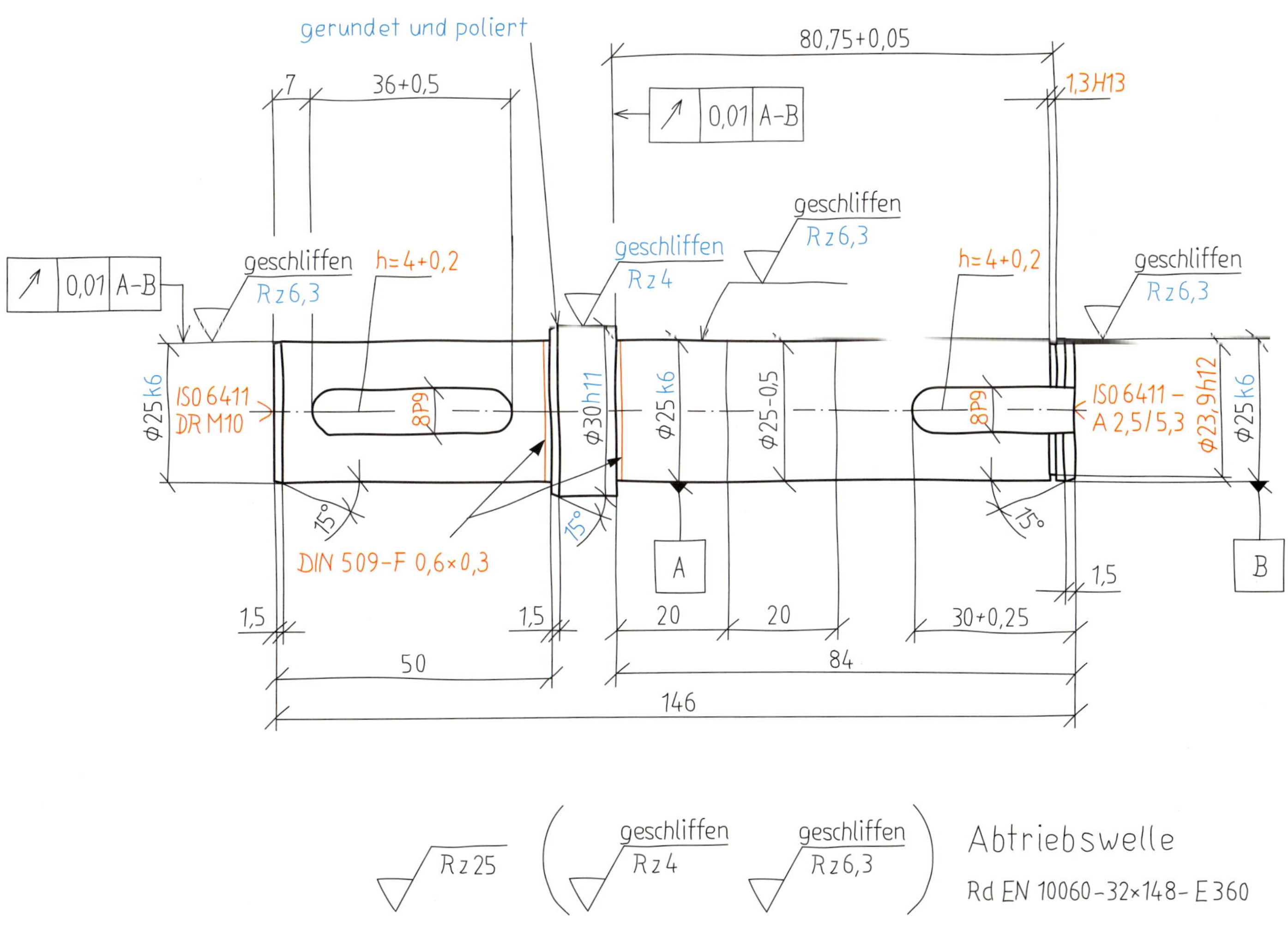

Abb. 3: Skizze der Abtriebswelle

10 ARBEITSPLÄNE

Arbeitsverfahren

Die Abtriebswelle ist überwiegend durch Drehen herzustellen. Daneben müssen weitere Fertigungsverfahren eingesetzt werden, um bestimmte Bearbeitungsformen herzustellen bzw. um besondere Maßtoleranzen und Oberflächenbeschaffenheiten zu erreichen.

Für die Ersatzanfertigung der Welle ergeben sich folgende Arbeitsvorgänge:

- Absägen des Rohlings,
- Vor- und Fertigdrehen der Abtriebswelle,
- Fräsen der Passfedernuten,
- Schleifen der Passflächen,
- Polieren der Fasenkante,
- Rundlaufprüfung.

Dabei sind folgende Abhängigkeiten zu beachten: Die Flächen für die Lagersitze, den Zahnradsitz und die Lauffläche für den Wellendichtring müssen eine Schleifzugabe beim Fertigdrehen erhalten. Die Aufmaße sind beim Drehen der Freistiche und beim Fräsen der Passfedernuten zu beachten.

Arbeitsplanung zum Drehen

Zuerst werden die Arbeitsvorgänge für das Drehen der Welle bestimmt. Es ist wichtig, dass die Welle mit möglichst wenig Aufspannungen hergestellt wird. Um Lageabweichungen zwischen den Zentrierbohrungen und den Stirnflächen zu vermeiden, muss das Querplandrehen und das Zentrieren in einer Aufspannung erfolgen.

Zum Schleifen wird die Welle zwischen Spitzen gespannt. Dadurch werden die kleinen Lauftoleranzen von 0,01 mm erreicht.

Für das Drehen ergeben sich folgende Arbeitsvorgänge (Abb.1):

1. Querplandrehen der erste Stirnseite,
2. Zentrierbohren der Zentrierbohrung ISO 6411 – DR M10,
3. Innengewindebohren M10,
4. Vordrehen Ø 30h11 auf Ø 30,3; ca. 70 lang
5. Umspannen, Drehen des Absatzes Ø 25k6; 50 lang auf Ø 25,3
6. Drehen der beiden Fasen 15°; 1,5 breit
7. Drehen des Freistichs für das Schleifen
8. Umspannen, Querplandrehen auf Länge 146
9. Zentrierbohren der Zentrierbohrung ISO 6411 – 2,5/5,3
10. Umspannen, Drehen des Absatzes Ø 25k6; 84 lang auf Ø 25,3
11. Fertigdrehen Ø 25-0,5; 20 lang
12. Drehen der Fase 15°; 1,5 breit
13. Drehen des Freistichs für das Schleifen
14. Einstechen der Nut für den Sicherungsring

Für die Planung sind anschließend die Arbeitsmittel festzulegen und die Einstellgrößen zu bestimmen.

Wahl der Arbeitsmittel

Beim Drehen der beiden Wellenabsätze ist das Werkstück jeweils durch eine Zentrierspitze abzustützen. Nur so können die Schnittkräfte sicher aufgenommen werden.

Da das Werkstück beim Drehen des Absatzes von 84 mm Länge auf einer vorgedrehten Spannfläche gespannt wird, ist ein Dreibackenfutter mit Weichbacken einzusetzen. Weichbacken beschädigen die Werkstückoberfläche nicht. Mit ihnen erreicht man außerdem genauere Rundlauftoleranzen.

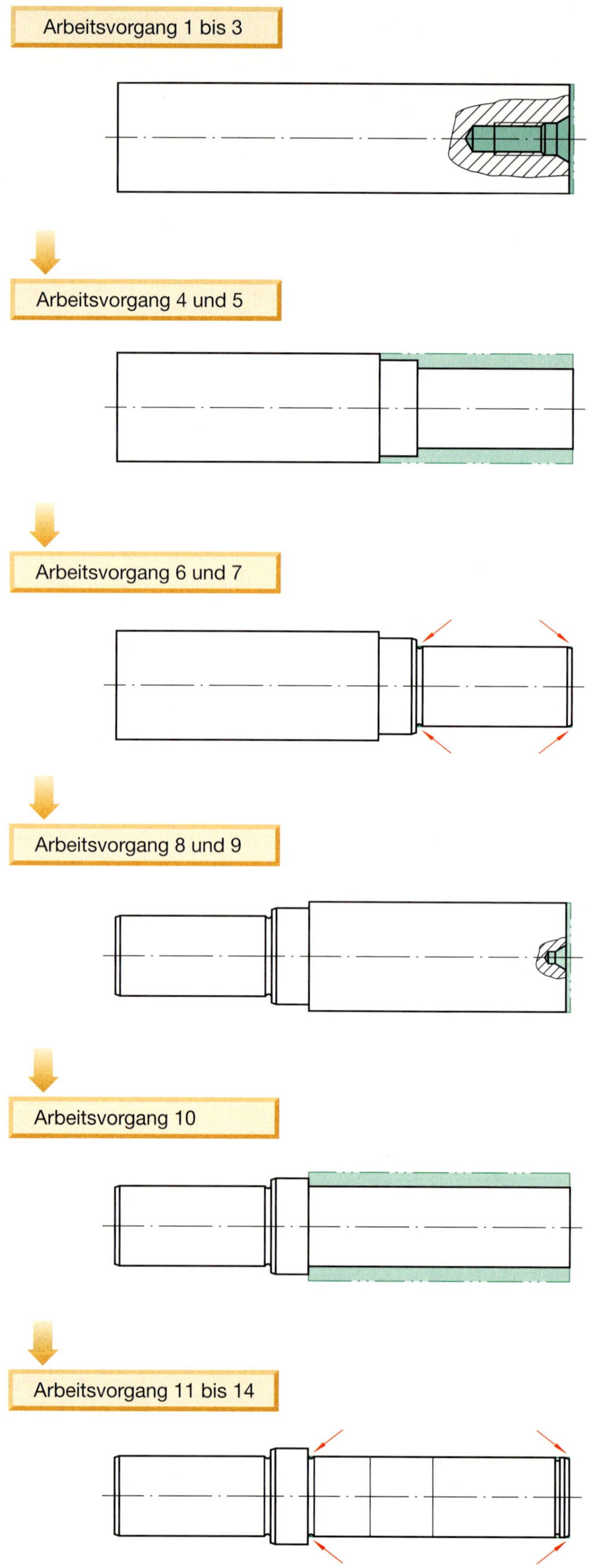

Abb. 1: Darstellung der Arbeitsvorgänge

Für unterschiedliche Drehverfahren stehen geeignete Drehmeißel zur Verfügung. Ein häufiger Werkzeugwechsel sollte jedoch vermieden werden. Sowohl für das Querplandrehen als auch für das Längsrundrehen der Welle ist ein abgesetzter rechter Eckdrehmeißel geeignet. Mit diesem Drehmeißel können auch die rechtwinkligen Absätze der Welle hergestellt werden.

Der Schneidstoff kann anhand von Richtwerttabellen der Schneidstoffhersteller bestimmt werden. Für das Drehen der Welle aus Baustahl E 360 mit einer Walzhaut wird die Hartmetallsorte P30 gewählt.

Zum Drehen der Freistiche auf konventionellen Drehmaschinen verwendet man Formdrehmeißel aus hochlegiertem Werkzeugstahl (HS).

Zum Fertigen der Zentrierbohrung wird ein genormter Zentrierbohrer nach **DIN 333** aus Schnellarbeitstahl verwendet. Zum Herstellen von Zentrierbohrungen mit Gewinde eignen sich Spezialstufenbohrer. Das Innengewinde wird mit einem Maschinengewindebohrer gebohrt. Der Gewindebohrer ist mit einem Gewindebohrerhalter, der vom Reitstock aufgenommen wird, zu spannen. Dadurch wird das Ausreißen von Gewindegängen verhindert.

Ermitteln der Einstellgrößen

Sind die Arbeitsverfahren und Werkzeuge festgelegt, können die an der Maschine einzustellenden Größen bestimmt werden. Es ist von Richtwerten auszugehen, die man Tabellen entnehmen kann, um so eine Überbeanspruchung der Werkzeugmaschine und des Werkzeugs (Standzeit) zu verhindern. Mit den Richtwerten können durch Berechnung oder mit Hilfe von Diagrammen die einzustellenden Größen wie Umdrehungsfrequenz und Vorschub bestimmt werden.

Einen beispielhaften Arbeitsplan für das Drehen der Abtriebswelle mit allen Arbeitsmitteln und Einstellgrößen zeigt Abb. 2.

westermann	ARBEITSPLAN	Blatt-Nr. 1	Anzahl Blätter 1
Benennung: Abtriebswelle; **Zeichn.-Nr. Sach.-Nr.:** Handskizze	**Auftrags-Nr.:**	**Name:**	
Werkst./Halbzeug: Rd DIN 1013 - Ø32x148 - E 360	**Ausstell-Datum:**	**Vorname:**	
[x] **Einzelteil** [ ] **Demontage**	**Stückzahl:** 1	**Klasse/Gr.:**	
[ ] **Montage**	**Termin:**	**Kontr.-Nr.:**	

Lfd. Nr.	Arbeitsvorgang	Arbeitsplatz	Arbeitsmittel	Arbeitswerte/ Bemerkungen
1	Querplandrehen 1. Stirnseite	Drehmaschine	Eck-Drehmeißel DIN 4978 - R 16 16 - P30	f=0,25mm; n=1400 1/min
2	Zentrierbohren der Zentrierbohrung		HS-Stufenbohrer für DR M10	n = 500 1/min
	ISO 6411 - DR M10			
3	Innengewindebohren M10		Gewindebohrerhalter, Maschinen-	n = 90 1/min
			gewindebohrer M10	
4	Umspannen, Vordrehen Ø30h11 auf		mitlaufende Zentrierspitze,	f=0,25mm; n=1400 1/min
	Ø30,3 ca. 70 lang		Eck-Drehmeißel DIN 4978 - R16 16 - P30	
5	Drehen des Absatzes Ø25k6 50 lang		Eck-Drehmeißel DIN 4978 - R16 16 - P30	f=0,25mm; n=1400 1/min
	auf Ø25,3			a_p = 3,3mm; i = 1
6	2 Fasen 15°; 1,5 breit drehen		Eck-Drehmeißel DIN 4978 - R16 16 - P30	n = 2800 1/min
7	Freistich drehen		Formdrehmeißel HS	n = 500 1/min
8	Umspannen, Querplandrehen auf		Eck-Drehmeißel DIN 4978 - R16 16 - P30	f=0,25mm; n=1400 1/min
	Länge 146			
9	Zentrierbohren der Zentierbohrung		HS-Zentrierbohrer DIN 333 - A2,5x5,3	n = 1400 1/min
	ISO 6411 - A2,5/5,3			
10	Umspannen, Drehen des Absatzes		Mitlaufende Zentrierspitze,	f=0,25mm; n=1400 1/min
	Ø25k6 auf Ø25,3 84 lang		Eck-Drehmeißel DIN 4978 - R16 16 - P30	a_p = 3,3mm; i = 1
11	Ø25-0,5 20 lang fertig drehen			f=0,25mm; n=2800 1/min
12	Fase 15°, 1,5 breit drehen		Eck-Drehmeißel DIN 4978 - R16 16 - P30	n = 2800 1/min
13	Freistich drehen		Formdrehmeißel HS	n = 500 1/min
14	Nut für Sicherungsring einstechen		Stech-Drehmeißel DIN 4981 - R 12 08 - P10	n = 1400 1/min
	Aufmaß für das Schleifen beim Drehen der Freistiche beachten			

Abb. 2: Arbeitsplan für das Drehen der Abtriebswelle

10.3.2 Planung einer CNC-Fertigung

Fertigungsauftrag

Die Ritzelwelle ist in einer größeren Stückzahl (Losgröße) herzustellen. Aus Wirtschaftlichkeitsgründen soll die Welle auf einer CNC-Drehmaschine gefertigt werden. Die Programmierung der Maschine soll dabei manuell erfolgen.

Aus der Teil-Zeichnung ist zu entnehmen, dass die Verzahnung der Ritzelwelle einsatzgehärtet werden muss (Abb. 1). Vor dem Härten ist die Welle unter Berücksichtigung des Schleifaufmaßes für die Passflächen komplett vor und fertig zu drehen. Das Vor- und Fertigdrehen erfolgt automatisch durch das zu erstellende CNC-Programm.

Alle Fertigungsvorgänge, wie sie zur Herstellung der Ritzelwelle notwendig sind, können dem Arbeitsplan entnommen werden (Abb. 2).

Der Vorteil der CNC-Fertigung besteht unter anderem darin, dass gleiche Werkstücke in verschiedenen Losgrößen und zu unterschiedlichen Zeiten kostengünstig gefertigt werden können. Das erreicht man durch ein CNC-Programm, in dem alle geometrischen und technologischen Daten für die Fertigung des Werkstückes gespeichert sind.

Um die Rüstzeiten bei einer Auftragswiederholung so gering wie möglich zu halten, ist es notwendig, alle Informationen nachvollziehbar festzuhalten. Nur so ist ein genau wiederholbarer Fertigungsablauf sicherzustellen. Dies erfordert entsprechende technische Unterlagen (Abb. 3).

westermann	ARBEITSPLAN		
Benennung Ritzelwelle	**Zeichn.-Nr. Sach-Nr.** 022.01.04		**Auftrags.-Nr.:**
Werkst./Halbzeug Rd EN 10060 - 30x75 - 16MnCr5			**Ausstell-Datum:**
[x] **Einzelteil** [ ] **Montage**	[ ] **Demontage** [ ] ______		**Stückzahl** **Termin**

Lfd. Nr	Arbeitsvorgang	Arbeitsplatz	Arbeit
1	Rohling absägen		
2	Ritzelwelle komplett vor- und fertigdrehen	CNC-Drehmaschine	
3	Verzahnung fräsen	Fräsmaschine	
4	Zähne entgraten		
5	Verzahnung einsatzhärten	Härterei	
6	Härteprüfung		
7	Sandstrahlen		
8	Nuten fräsen	Fräsmaschine	
9	Passflächen schleifen	Rundschleifmaschine	
10	Verzahnung schleifen		
11	Rund- und Planlaufprüfung		
12	Verzahnung kontrollieren		

Abb. 2: Arbeitsplan zur Herstellung der Ritzelwelle (Auszug)

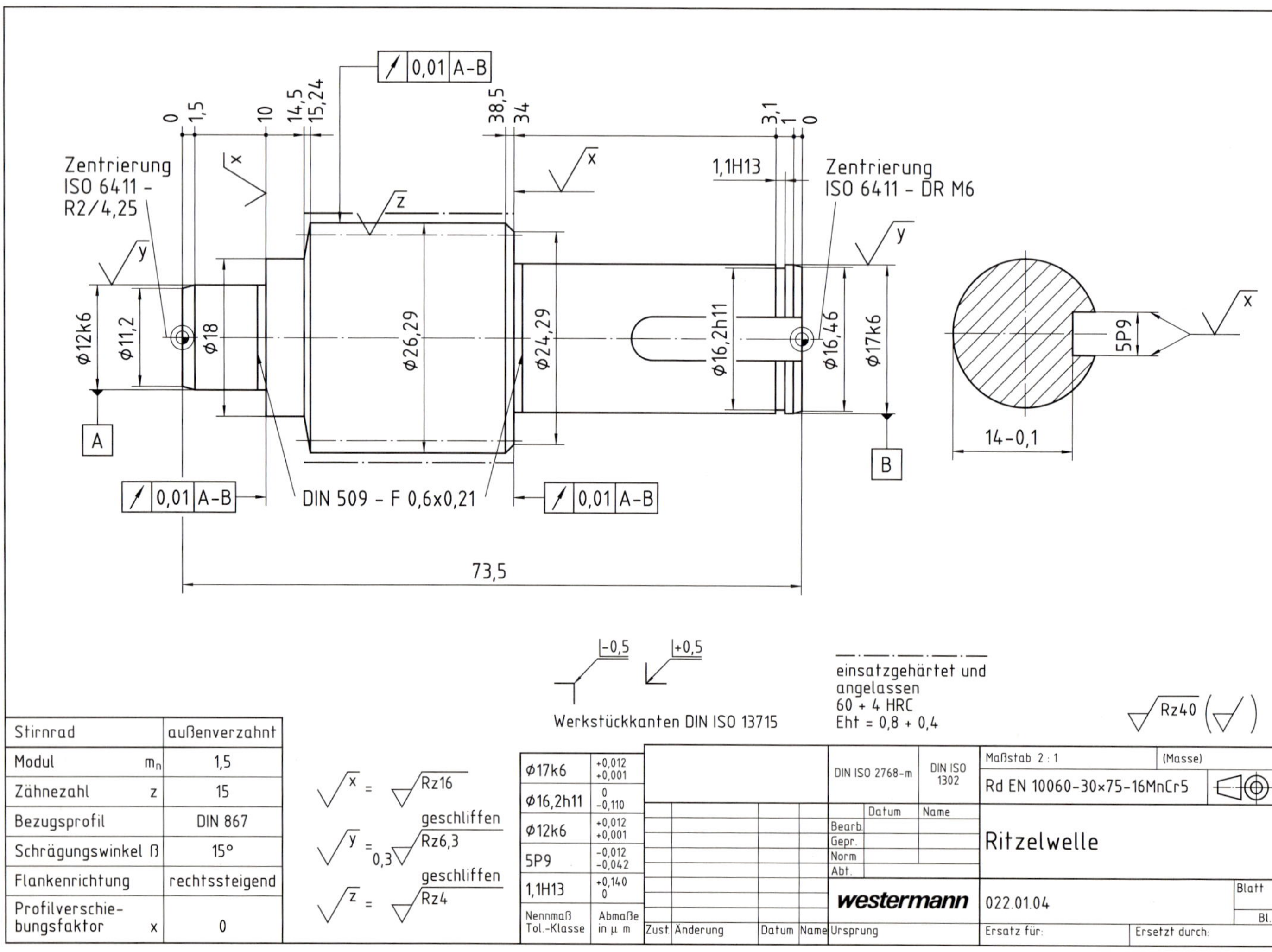

Abb. 1: Teil-Zeichnung der Ritzelwelle mit CNC-gerechter Bemaßung

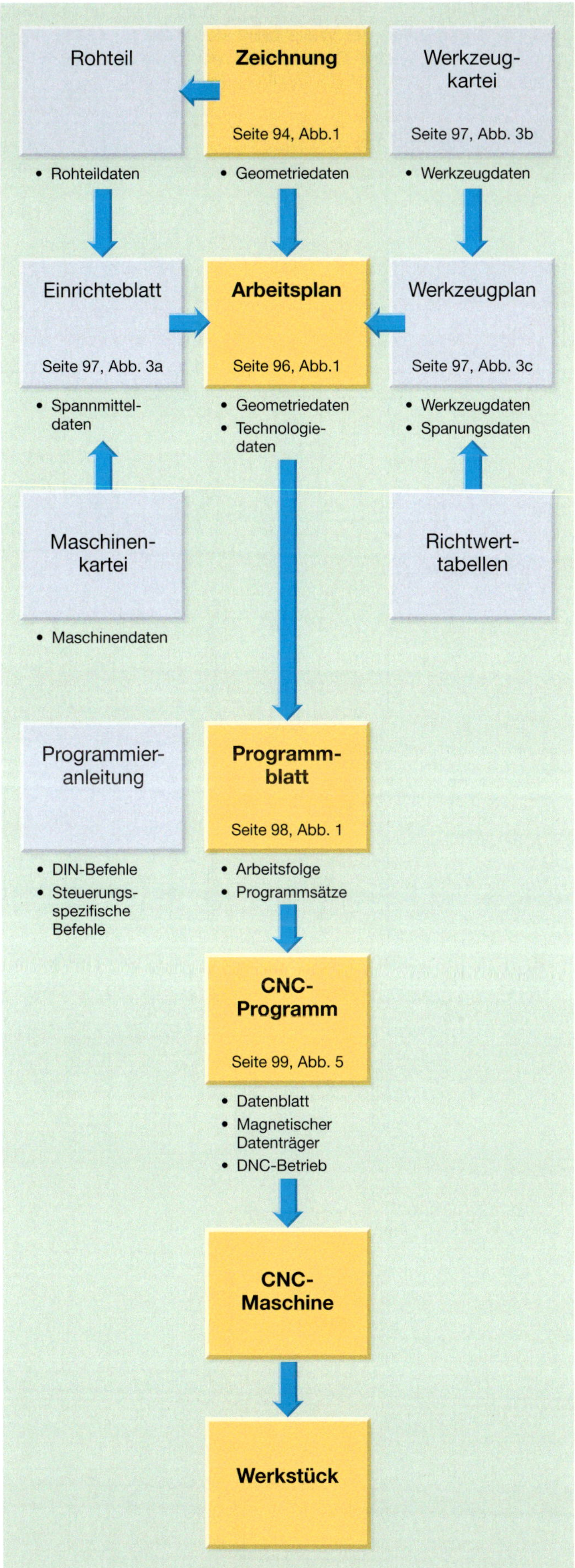

Abb. 3: Technische Unterlagen und Informationsfluss bei einer CNC-Fertigung

CNC-gerechte Bemaßung

Eine Zeichnung für die CNC-Fertigung sollte so bemaßt sein, dass beim Programmieren

- zusammengehörige Bearbeitungsblöcke erkannt und
- alle Maßangaben einfach in ein Programm umgesetzt werden können.

Eine sachgerechte Bemaßung erfordert Kenntnisse über den Fertigungs- und Programmiervorgang.

Drehteile bestehen vorwiegend aus Konturelementen. Bei einer CNC-gerechten Bemaßung wird die steigende Bemaßung angewandt. Bei der *steigenden Bemaßung* gehen die Maße von einem gemeinsamen Ursprung aus. In der CNC-Fertigung bezeichnet man den Ursprung als *Werkstücknullpunkt*. Der Werkstücknullpunkt wird mit einem genormten Symbol in der Zeichnung gekennzeichnet (Abb. 4).

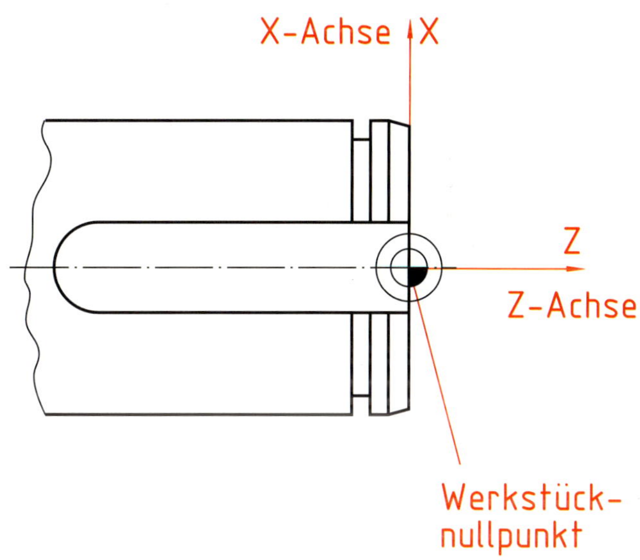

Abb. 4: Werkstücknullpunkt

Der Werkstücknullpunkt wird für Drehteile in X-Richtung immer auf die Drehachse (Mittellinie) gelegt. In Z-Richtung wird er in der Regel in eine der Planflächen gelegt. Liegt der Nullpunkt in der Planfläche, kann beim Einrichten der Maschine dieser Nullpunkt durch „Ankratzen" der Fläche einfach gesetzt werden.

Bei der Bemaßung für die CNC-Fertigung kann auf eine Toleranzangabe mit Allgemeintoleranzen verzichtet werden, da die Genauigkeit bei der CNC-Bearbeitung sicher innerhalb der zulässigen Abweichungen liegt.

Bei Maßen mit Angabe der Toleranzklasse wie z. B. Ø 16,2h11 (Ø 16,2-0,110) wird üblicherweise das Maß der Toleranzmitte (z. B. Ø 16,15) in das Programm eingegeben.

Bei der Ritzelwelle sind in beide Stirnflächen Werkstücknullpunkte gelegt. Die Längenmaße sind in der CNC-Zeichnung absolut auf die rechte bzw. linke Stirnfläche der Welle bezogen eingetragen.

Die X-Werte sind als Durchmesser eingetragen. Bei der Programmierung werden die X-Werte für die Werkstückeckpunkte auch als Durchmessermaße in die Maschinensteuerung eingegeben. Die Steuerungen sind so ausgerüstet, dass sie selbstständig aus dem Durchmesser die im Radius zu verfahrende Strecke errechnen.

Arbeitsplan – Drehen

Grundlage für die CNC-Fertigung eines Werkstückes ist wie bei der konventionellen Fertigung ein Arbeitsplan. Der Arbeitsplan enthält die einzelnen Bearbeitungsschritte in zeitlicher Reihenfolge. Allerdings unterscheiden sich die Bearbeitungsschritte bei der CNC-Fertigung von denen auf konventionellen Werkzeugmaschinen.

Bei Werkstücken mit häufigem Werkzeugwechsel oder komplizierten Bearbeitungsfolgen ist es zweckmäßig, einen Arbeitsplan zu erstellen, der folgende Informationen enthält:

- Maschinen- und Steuerungsart,
- Werkstoff des Werkstückes,
- Rohteildaten,
- Reihenfolge der einzelnen Bearbeitungsschritte,
- Festlegung der Werkzeuge,
- Schnittdaten wie Schnittgeschwindigkeit, Vorschub u. a.

Die *Rohteildaten* sind wichtig für die Festlegung der Werkzeugverfahrwege im Maschinenraum. Werden die Rohteilabmessungen bei der Programmierung nicht beachtet, kann es bei der Fertigung zur Kollision zwischen dem im Eilgang heranfahrenden Werkzeug und dem Werkstück kommen.

Die *Werkzeuge* werden mit der Werkzeugnummer im Arbeitsplan aufgeführt. Mit dieser Nummer sind die Werkzeuge im CNC-Programm einzugeben. Die Werkzeuge entnimmt man einem Werkzeugplan.

Die *Schnittdaten* werden aus Richtwerttabellen für die Kombination Werkstoff – Schneidstoff – Bearbeitungsverfahren unter Beachtung der Standzeit entnommen. Die Antriebsleistung der Maschine und die Art der Aufspannung begrenzen die maximalen Vorschübe und Schnitttiefen.

Aus dem Arbeitsplan für die Ritzelwelle kann man ersehen, dass die Welle in zwei Aufspannungen vor und fertig gedreht wird (Abb. 1). Das Fertigdrehen der beiden Wellenhälften erfolgt jeweils in einem Arbeitsvorgang. Nur das Einstechen der Nut für den Sicherungsring muss in einem gesonderten Arbeitsgang mit einem besonderen Werkzeug erfolgen.

westermann	ARBEITSPLAN		Programm-Nr. % 120		
		Tag: 2.10.	Blatt 1 / Name:	von:	gepr.:
Maschinen-Typ	TNS 60	Werkstück	Ritzelwelle		
Steuerungs-Typ	TX 8	Zeichnungs-Nr.	022.01.04		
Masch.-Nr.	444.027	Werkstoff	16MnCr5		
	Rohteil	Rdø30 x 75			

Lfd. Nr.	Arbeitsvorgang	Werkzeug-Nummer	Schnittgeschw. m/min	Umdrehungsfrequenz 1/min	Vorschub m/min	Spantiefe mm	Bemerkungen
1	rechte Stirnseite plandrehen	T 01	160		0,15		
2	Zentrierbohren	T 04		600	0,05		
	Zentrierung DR M6						
3	Innengewindebohren M6	T 06		90			
4	rechte Kontur vordrehen	T 01	160		0,3		Schnittzugabe
							1mm
5	rechte Kontur fertigdrehen	T02	200		0,1		Schleifaufmaß
							0,3mm
6	Nut einstechen	T 03	150		0,05		
7	linke Stirnseite plandrehen	T 01	160		0,15		
8	Kontur vordrehen	T 01	160		0,3		Schnittzugabe
							1mm
9	Zentrierbohren	T 05		1400	0,05		
	Zentrierung R 2x4, 25						
10	linke Kontur fertigdrehen	T 02	200		0,1		Schleifaufmaß
							0,3mm

Abb. 1: Arbeitsplan für das Drehen der Ritzelwelle

Der Darstellung der Arbeitsvorgänge kann man entnehmen, dass die Stirnflächen der Welle beim Vordrehen auf Maß plangedreht werden. Beim Drehen der rechten Kontur wird ein Reitstock zum Abstützen der Welle eingesetzt (Abb. 2).

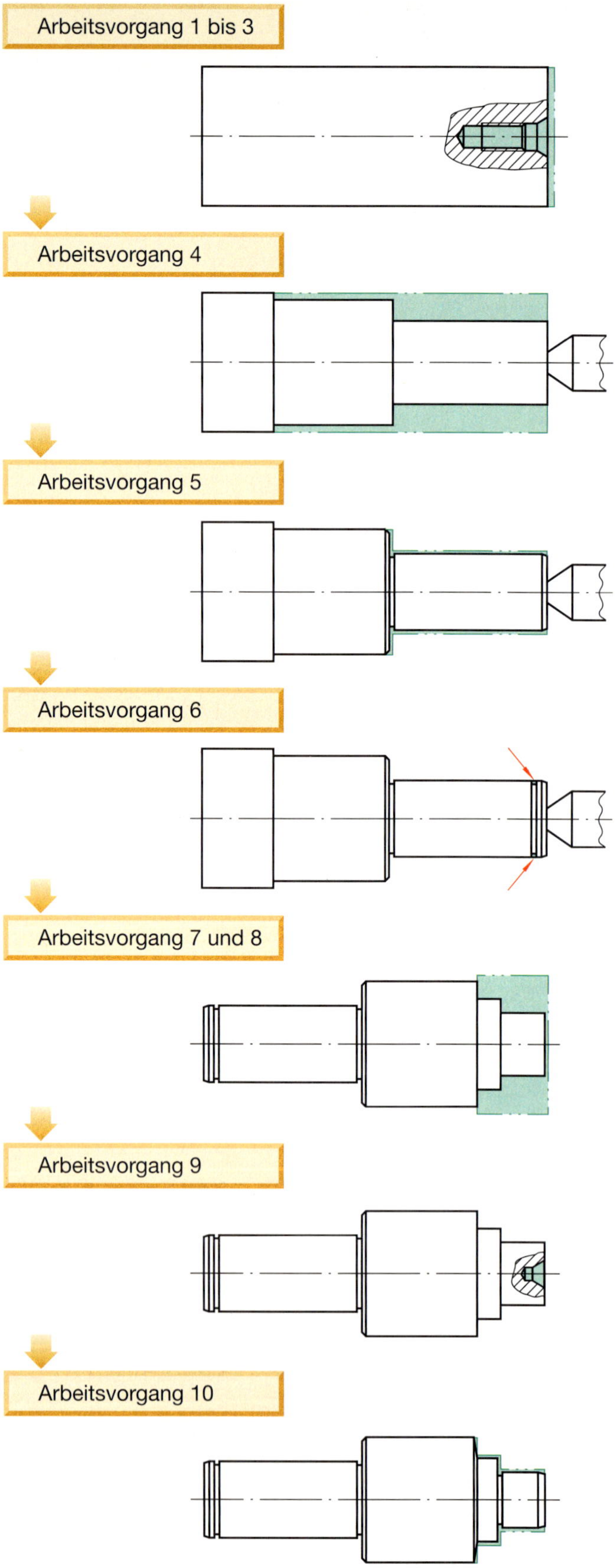

Abb. 2: Darstellung der Arbeitsvorgänge für die Ritzelwelle

Einrichteblatt

Das Einrichteblatt enthält die Spannzeichnung des Werkstückes (Abb. 3a). Außerdem ist der Werkzeugwechselpunkt eingetragen. Der Wechselpunkt ist unter Berücksichtigung des Schwenkbereiches des Werkzeugrevolvers so zu wählen, dass es beim automatischen Werkzeugwechsel nicht zu einer Kollision mit dem Werkstück kommt.

Werkzeugplan

Die notwendigen Werkzeuge haben unterschiedliche Formen und Abmessungen. *Kennzeichnende Abmessungen* für jedes Werkzeug in Bezug auf den Werkzeugeinstellpunkt sind

- die *Werkzeuglänge L* als Abstand der Schneidenecke vom Werkzeugeinstellpunkt in Z-Richtung und
- die *Querablage Q* als Abstand der Schneidenecke vom Werkzeugeinstellpunkt in X-Richtung.

Der *Werkzeugeinstellpunkt* liegt bei den meisten Werkzeugen in der Vorderseite des Werkzeugrevolvers. Er ist in der Maschinensteuerung festgelegt.

Um die Vielzahl der Werkzeuge überschaubar zu halten, werden alle Werkzeuge in einer *Werkzeugkartei* erfasst (Abb. 3b). Hier findet man sowohl für die Programmerstellung als auch für die Maschinenbedienung die geometrischen und technischen Daten der vorhandenen und einzusetzenden Werkzeuge.

Der Werkzeugplan gibt Auskunft über die Art der eingesetzten Werkzeuge und deren kennzeichnende Maße. In die Maschinensteuerung müssen die Maße der Werkzeuge eingegeben werden. Sie werden im Werkzeugkorrekturspeicher abgelegt, damit die Steuerung diese Werte während der Bearbeitung verrechnen kann.

Im Werkzeugplan werden alle für einen Fertigungsauftrag benötigten Werkzeuge mit der Werkzeuglänge L, der Querablage Q und dem Eckenradius R_s zusammengestellt (Abb. 3c).

a) Einrichteblatt mit Spannplan für das Drehen der Ritzelwelle

westermann	EINRICHTEBLATT		Programm-Nr. %120		
		Tag. 5.10.	Blatt 1	von:	
			Name	gepr.:	
Maschinen-Typ	TNS 60	Werkstück	Ritzelwelle		
Steuerungs-Typ	TX 8	Zeichnungs-Nr.	022.01.04		
Masch.-Nr.	444.027	Werkstoff	16MnCr5		
		Rohteil	Rd ø30x75		

	X	Y	Z		
				Spannmittel	Dreibackenfutter, hydr.
Referenzpunkt				Vorrichtung	
Werkstücknullpunkt				Spanndruck	
Werzeugwechselpunkt	150		50	Kühlschmierstoff	S3

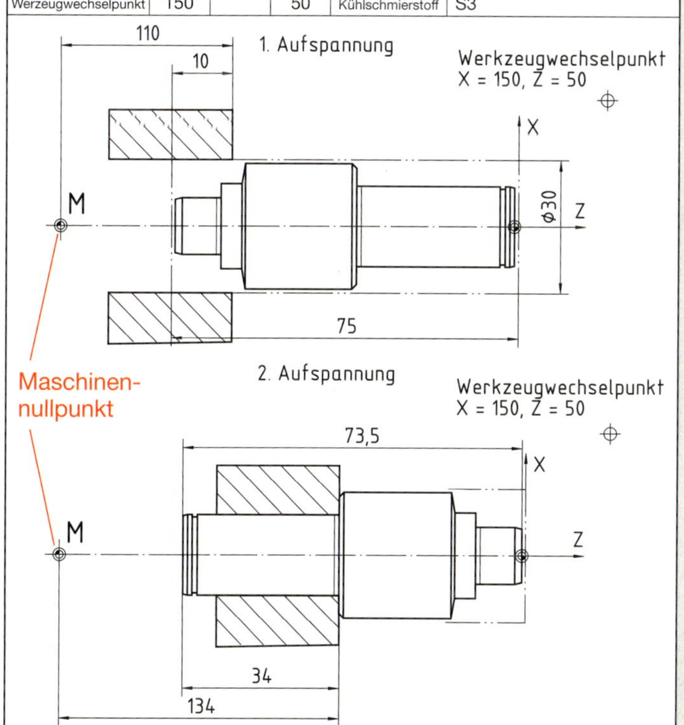

b) Blatt einer Werkzeugkartei

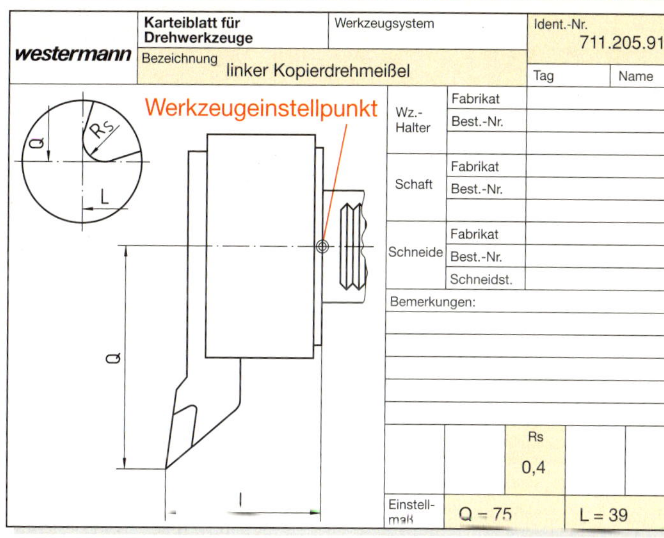

c) Werkzeugplan für das Drehen der Ritzelwelle

westermann	WERKZEUGPLAN		Programm-Nr. %120		
		Tag. 5.10.	Blatt 1	von: 1	
			Name	gepr.:	
Maschinen-Typ	TNS 60	Werkstück	Ritzelwelle		
Steuerungs-Typ	TX 8	Zeichnungs-Nr.	022.01.04		
Masch.-Nr.	444.027	Werkstoff	16MnCr5		
		Rohteil	Rd ø30x75		

Werkz. Nr.	Korr. Nr.	Werkzeug-Benennung	Ident.-Nr.	Ecken-radius	Q (X)	L (Z)
T01	01	linker Längs- und Plandrehmeißel	711.150.91	0,8	76	38
T02	02	linker Kopierdrehmeißel	711.205.91	0,4	75	39
T03	03	Stechdrehmeißel 1,1 mm	711.100.91		74,25	37,3
T04	04	Stufenbohrer M6	470.150.91			65,24
T05	05	Zentrierbohrer DIN-332 2/4,25	470.200.91			39,5
T06	06	Maschinengewindebohrer M6	450.215.91			35,4

Abb. 3: Technische Unterlagen für die CNC-Fertigung

Programmblatt

Die Daten aus dem Arbeitsplan und der Zeichnung müssen in eine für die Steuerung der Maschine verständliche Form gebracht werden. Für die manuelle Programmerstellung verwendet man Vordrucke. In sie werden die entsprechenden Daten in maschinenlesbarer Form eingetragen.

Ein solches Programmblatt erfüllt zwei wichtige Aufgaben:

- Es gibt für das Programmerstellen ein Gerüst für den Programmaufbau vor.
- Es erleichtert das Kontrollieren und Korrigieren des Programms sowie die Eingabe des Programms in die Steuerung.

Das Programmblatt für das Fertigdrehen der rechten Seite der Ritzelwelle zeigt Abb. 1.

Als Vorarbeit für die Programmerstellung werden anhand des Arbeitsplans, des Einrichteblattes und der Zeichnung die Bearbeitungsschritte festgelegt.

Für das Fertigdrehen der rechten Wellenseite ergeben sich folgende Schritte (Abb. 2):

1. Programmnullpunkt/Werkzeugwechselpunkt (P0) anfahren
2. Werkzeugwechsel Werkzeug T02
3. Vorschub, Schnittgeschwindigkeit, Spindeldrehrichtung und Kühlung schalten
4. Bearbeitungsstartpunkt (P1) im Eilgang anfahren
5. Abarbeiten der Kontur, Werkzeug frei fahren (P2 – P6)
6. Werkzeugwechselpunkt (P0) im Eilgang anfahren
7. Werkzeugwechsel Werkzeug T03
8. Vorschub und Schnittgeschwindigkeit schalten
9. Bearbeitungsstartpunkt für Nut (P7) im Eilgang anfahren
10. Nut einstechen (P8), Werkzeug frei fahren (P7)
11. Werkzeugwechselpunkt (P0) im Eilgang anfahren
12. Maschine stillsetzen

Kontur drehen

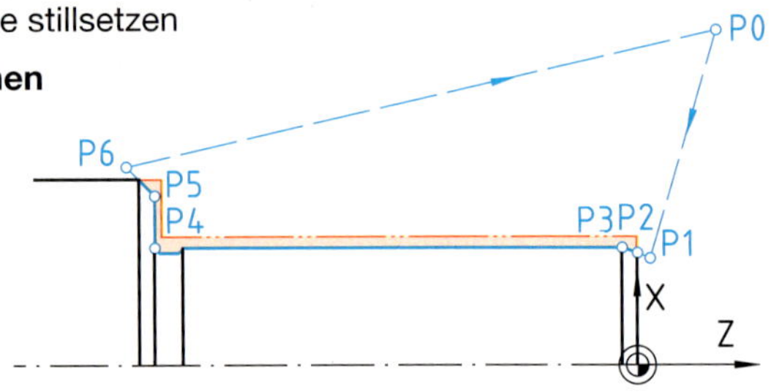

Nut einstechen

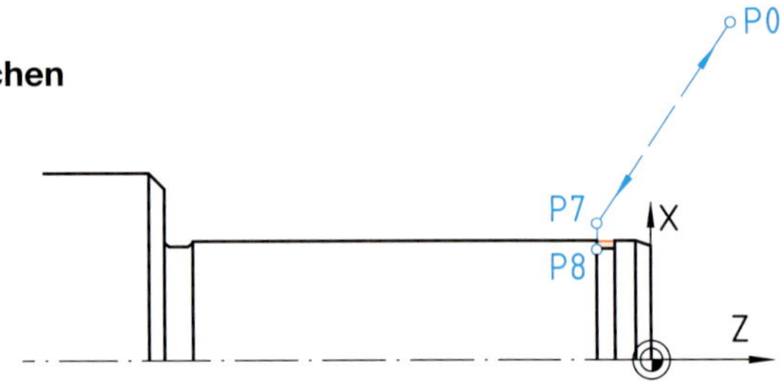

Abb. 2: Abspanvorgänge beim Fertigdrehen der rechten Kontur

PROGRAMMBLATT		Masch.-Nr.: 444.027				Programmnr.: % 120				Name:
		Zeichn.-Nr.: 022.01.04				Blatt: 1 von 1				Datum: 4.10.
Satz-Nr.	geometrische Anweisungen					technologische Anweisungen				Bemerkungen
	Wegbedingung	Koordinatenachsen		Interpolationsparameter		Vorschub	Geschwindk.	Werkzeug	Zusatzfunktionen	
N	G	X	Z	I	K	F	S	T	M	
% 120										
N 10	G 00 G 90	X 150	Z 50							Werkzeugwechselpunkt im Eilgang anfahren, absolute Maßeingabe
N 20	G 95 G 96					F 0,1	S 200	T 0202	M 06	Werkzeug 2 aufrufen, konst. Schnittgeschwindigkeit
N 30									M 55	Reitstockpinole vorfahren
N 40	G 00	X 16,1	Z 1						M 04	Bearbeitungsstartpunkt im Eilgang anfahren, Spindel im Gegenuhrzeigersinn ein
N 50	G 01 G 42	X 16,46	Z 0						M 08	mit Vorschub an Werkstück heran, Schneiderradiuskorrektur rechts, Kühlmittel ein
N 60		X 17,6	Z –1							Fase drehen, 0,3 mm Schleifaufmaß
N 70	G 83*	X 17	Z –34							Wellenzapfen mit Freistich drehen, Freistichzyklusaufruf
N 80	G 01	X 24,29								Querdrehen
N 90		X 28,29	Z –36						M 09	45°-Fase drehen, Werkzeug freifahren, Kühlmittel aus
N 100	G 00 G 40	X 150	Z 50							Werkzeugwechselpunkt im Eilgang anfahren
N 110	G 95 G 96					F 0,1	S 150	T 0303	M 06	Werkzeug 3 einwechseln, konst. Schnittgeschwindigkeit
N 120	G 00	X 18	Z –3,05						M 08 M04	an Nut bis auf 1mm im Eilgang heranfahren, Kühlmittel ein, Spindel ein
N 130	G 01	X 16,15								Nut im Vorschub einstechen
N 140	G 04								H1*	Verweilzeit 1s
N 150		X 18							M 09	Werkzeug freifahren, Kühlmittel aus
N 160	G 00	X 150	Z 50							Werkzeugwechselpunkt im Eilgang anfahren
N 170									M 54	Reitstockpinole zurückfahren
N 180									M 30	Programmende mit Rücksetzen

* steuerungsspezifische Anweisungen

Abb. 1: Ausgefülltes Programmblatt für die rechte Wellenkontur

Für das Fertigen der Kontur werden die einzelnen Werkstückeckpunkte als Koordinatenpunkte bezogen auf den Werkstücknullpunkt angegeben (Abb. 3).

Punkt	X	Z	Bemerkungen
P0	150	50	Werkzeugwechselpunkt
P1	16,1	1	Bearbeitungsstartpunkt für Konturfertigdrehen
P2	16,46	0	innere Fasenkante
P3	17,6	–1	äußere Fasenkante mit Schleifaufmaß 0,3 mm
P4	17	–34	innere Absatzkante
P5	24,29	–34	innere Kante der Fase 45°
P6	28,29	–36	1mm über äußere Fasenkante
P7	18	–3,05	Bearbeitungsstartpunkt für Nut einstechen
P8	16,15	–3,05	Nutgrund, Toleranzmitte

Abb. 3: Tabelle der Konturpunkte

CNC-Programm

Für die Programmerstellung sind nach **DIN 66 025** genormte Regeln über den Programmaufbau und die Datencodierung zu beachten. Daneben müssen steuerungsspezifische Regeln beachtet werden. Steuerungsspezifische Regeln gelten nur für die Steuerung eines bestimmten Herstellers. Sie können Programmieranleitungen entnommen werden (z. B. Freistichzyklen).

Der Programmaufbau nach **DIN 66 025** ist allgemeingültig (➜📖). Ein Programm besteht aus Daten, die in Form von Programmsätzen in die Steuerung eingegeben werden (Abb. 4). Jeder Satz kann aus mehreren Wörtern bestehen. Die Wörter eines Satzes beinhalten:

- programmtechnische Anweisungen,
- geometrische Anweisungen und/oder
- technologische Anweisungen.

Programm-technische Anweisungen	geometrische Anweisungen		technologische Anweisungen			
	Weg-bedingungen	Weg-informationen	Schnittdaten			Zusatz funktionen
N 10	G 00 G 90	X 150 Z50				
N 20	G 94 G 96		F0,1	S 200	T0202	M 06
Satz-nummern	G-Funktionen	Zielpunkt-koordinaten	Vor-schub	Geschwin-digkeit	Werk-zeug	M-Funk-tionen

Abb. 4: Programmaufbau

Programmtechnische Anweisungen legen die Reihenfolge des Programmablaufs fest. Die beiden wichtigsten sind

- die *Programmnummer* mit dem Zeichen zur Kennzeichnung des Programmanfangs (%-Zeichen) und
- der *Adressbuchstabe N* zur Kennzeichnung der einzelnen Programmsätze.

Die Steuerung arbeitet die Programmsätze in der Reihenfolge der Eingabe ab. Die Satznummern werden üblicherweise in Zehnersprüngen programmiert, um bei Änderungen Sätze einfügen zu können.

Geometrische Anweisungen teilen der Maschinensteuerung mit, zu welcher Koordinatenposition (Weginformation) unter welchen Bedingungen (Wegbedingungen) sich das Werkzeug bewegen soll.

Wegbedingungen geben an, auf welche Art (z. B. Eilgang G00) und/oder welcher Bahn (z. B. Gerade G01, Kreisbahn G02 bzw. G03) das Werkzeug fahren soll. Die Wegbedingungen setzen sich aus dem *Adressbuchstaben G* und einer meist zweistelligen Kennzahl zusammen.

Die *Weginformationen* enthalten die Koordinaten der Zielpunkte. Diese werden angegeben mit den *Adressen X, Y, Z* (beim Drehen nur X und Z) und den zugehörigen Koordinatenwerten.

Beim Programmieren ist darauf zu achten, dass die Wegbedingungen gespeichert (modal) oder satzweise wirksam sind. Die meisten sind gespeichert wirksam, d.h. sie gelten auch für die nachfolgenden Programmsätze (z. B. Eilgang G00). Sie müssen durch eine neue Anweisung ausdrücklich geändert werden. Andere sind nur in dem Satz gültig, in dem sie aufgerufen werden (z. B. G04 Verweilzeit). Dabei wird die vorher wirksame Wegbedingung nur unterdrückt und gilt für den nachfolgenden Programmsatz wieder.

Technologische Informationen enthalten Anweisungen, wie der Zerspanungsvorgang ausgeführt werden soll, d. h. welche Schnittdaten eingestellt, welche Werkzeuge eingesetzt und welche Zusatzfunktionen eingeschaltet werden.

Schnittdaten werden als *Vorschub* mit *F* und als *Schnittgeschwindigkeit* bzw. *Umdrehungsfrequenz* mit *S* eingegeben. Ihre Bedeutung hängt von der jeweils zugeordneten G-Funktion ab. Ein *Werkzeug* wird mit dem *Adressbuchstaben T* und der Werkzeugnummer aufgerufen (z. B. T02).

Zusatzfunktionen sind notwendig, um der Maschinensteuerung weitere Betriebsdaten mitzuteilen. Diese werden mit dem *Adressbuchstaben M* in Verbindung mit einer zweistelligen Zahl für die gewünschte Funktion (z. B. M08 Kühlmittel ein) angegeben.

Programme werden in der Regel nach dem Erstlauf geändert und optimiert. Für den erneuten Programmeinsatz ist es deshalb erforderlich, das optimierte Programm auf einen Datenträger zu speichern.

Gespeicherte Programme können ausgedruckt werden (Abb. 5). Kommentare zum Programm werden in Klammern gesetzt. Klammerangaben werden von der Steuerung beim Abarbeiten des Programms überlesen.

```
% 120 (rechte Kontur fertigdrehen)
N001 G00 G90 X150 Z50
N002 G95 G96 F0,1 S200 T0202 M06
N003 M55 (Reitstockpinole vor)
N004 G00 X16,1 Z1 M04
N005 G01 G42 X16,46 Z0 M08
N006 X17,6 Z–1
N007 G83* X17 Z–34 (Freistichzyklus)
N008 G01 X24,29
N009 X28,29 Z–36 M09
N010 G00 G40 X150 Z50 (Werkzeugwechselpunkt)
N011 G95 G96 F0,1 S150 T0303 M06
N012 G00 X18 Z–3.05 M08 M04
N013 G01 X16,15
N014 G04 H1* (1s Verweilzeit)
N015 X18 M09
N016 G00 X150 Z50 (Werkzeugwechselpunkt)
N017 M54 (Reitstockpinole zurück)
N018 M30 (Programmhalt)
*steuerspezifische Anweisungen
```

Abb. 5: Ausdruck eines CNC-Programms

10.4 Auswertung von Wartungsplänen

***Wartung** umfasst alle vorbeugenden Maßnahmen zum Erhalten der Funktionstüchtigkeit eines technischen Systems.*

Die vorbeugenden Maßnahmen sollen
- die Nutzungsdauer der Maschine verlängern,
- Reparaturen verringern und
- die Arbeitssicherheit gewährleisten.

Im Rahmen der Wartung können folgende Maßnahmen durchgeführt werden:
- *Reinigen* z. B. Späne oder Schmutz entfernen,
- *Konservieren* z. B. Einölen
- *Schmieren* z. B. Bohrspindel oder Führungsbahnen ölen,
- *Ergänzen* z. B. Getriebeöl oder Kühlschmierstoff nachfüllen,
- *Auswechseln* z. B. Ölwechsel, Keilriemen auswechseln,
- *Nachstellen* z. B. Keilriemen nachstellen, Lagerspiel einstellen.

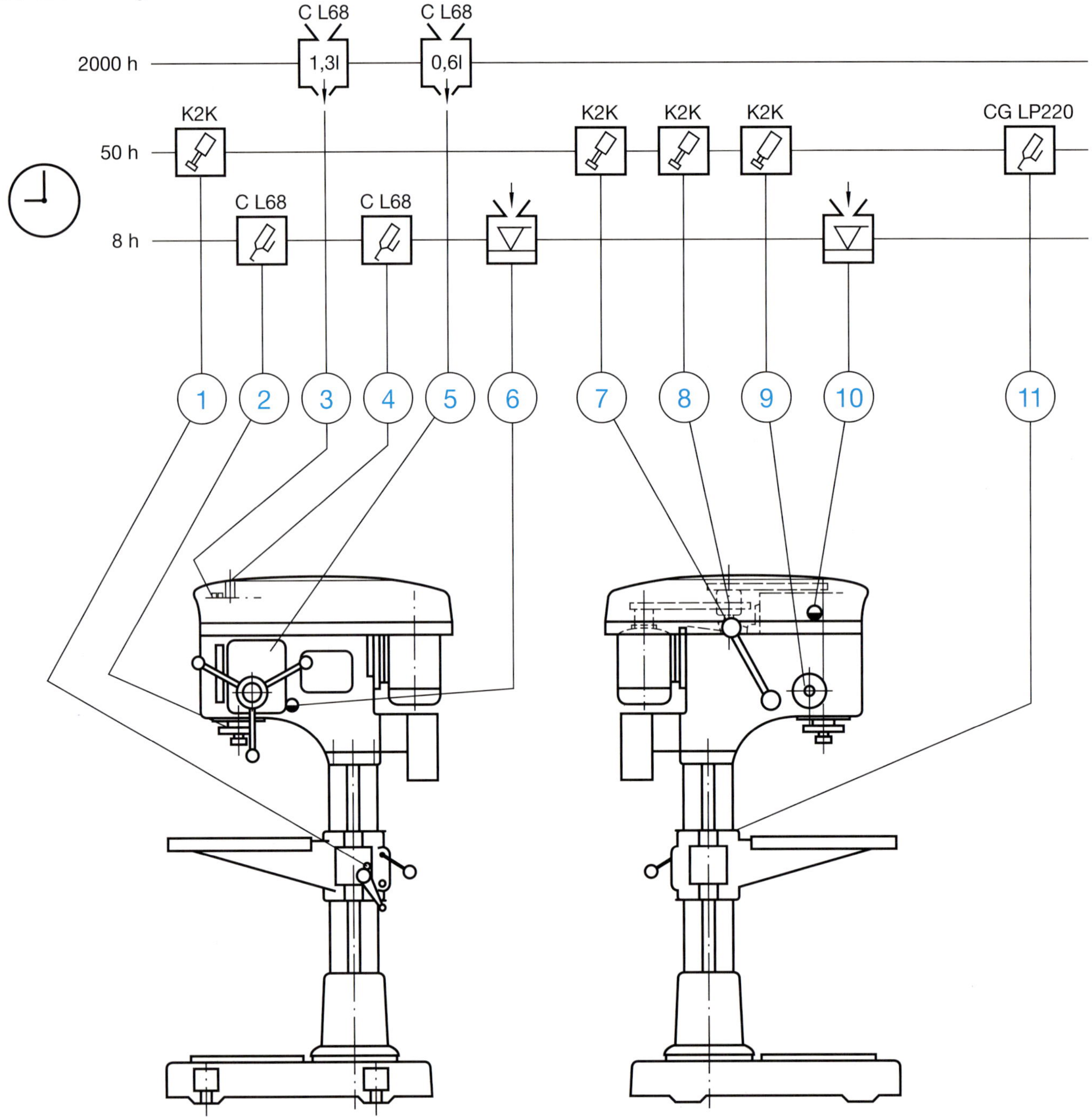

Beschreibung der Eingriffstellen

1 Tischhubgetriebe
2 Bohrspindel
3 Öleinfüllstopfen Schaltgetriebe
4 Spindelkeilwelle
5 Öleinfüllschraube Vorschubgetriebe
6 Ölschauglas Vorschubgetriebe
7 Umdrehungsfrequenz-Verstellung
8 Stufenloser Antrieb
9 Vorschubwelle
10 Ölschauglas Schaltgetriebe
11 Säule

Abb. 1: Schmierplan einer Säulenbohrmaschine

Zu jeder Maschine wird eine Betriebsanleitung mit einem Schmierplan mitgeliefert.

Dem *Schmierplan* der Säulenbohrmaschine kann man entnehmen, wann verschiedene Wartungsarbeiten notwendig sind. (Abb. 1). Im Schmierplan werden vom Hersteller auch die erforderlichen Schmierstoffe vorgeschrieben bzw. empfohlen.

In *Betriebsanleitungen* werden die wichtigsten Funktionsgruppen mit Hilfe von Bildern oder technischen Zeichnungen erläutert. Der Betrieb der Maschine ist anhand dieser Betriebsanleitung durchzuführen Die Betriebsanleitung dient auch zum Nachschlagen bei Funktionsstörungen und enthält Hinweise zur Durchführung von Wartungs- und Instandsetzungsarbeiten. Abb. 2 zeigt einen Auszug aus einer Betriebsanleitung für eine Säulenbohrmaschine.

Auf der Grundlage von Schmierplan und Betriebsanleitung erstellt der Betreiber einer Maschine einen *Wartungsplan*. Im Wartungsplan sind darüber hinaus die Einsatzverhältnisse der Maschine im Betrieb zu berücksichtigen.

In einem *Wartungsplan* (Abb. 3) sind alle Angaben enthalten über:

- die Art der durchzuführenden Wartungsarbeiten und
- die Zeitintervalle, in denen diese Arbeiten erfolgen müssen.

Die Arbeiten können im Wartungsplan nach Zeitintervallen oder nach Baugruppen geordnet sein.

...

7. Wartung

Erstmals nach 50-60 Betriebsstunden ist das Öl von Schalt- und Vorschubgetriebe zu erneuern, sonst je nach Einsatz der Maschine jährlich (2000 Betriebsstunden). Schaugläser beachten, Ölstand bis Mitte Ölschauglas.

Die sonstige Abschmierung hat nach Wartungsplan zu erfolgen. Das Schmieren des Führungsstückes und der mittleren Kegelscheiben im Getriebe geschieht durch die seitlichen Löcher in der Haube nach entsprechender Verschiebung des Scheibenblockes. Achtung, kein Öl oder Fett an die Keilriemen bringen.

Das stufenlose Regelgetriebe sollte täglich im Leerlauf zwei- bis dreimal durchgeregelt werden, um Bildung von Passungsrost an dem Verstelllager zu vermeiden.

Zum Schmieren der Bohrspindel ist diese zuerst ca. 100 mm herauszuziehen. Durch das Einschalten des Vorschubs wird die Bohrspindel in dieser Stellung gehalten. Nun das Öl mit einer Spritzkanne durch die Hauptbohrung an die Spindel spritzen (2-3 Spritzer). Die Bohrspindel erst nach einigen Minuten wieder einschalten, damit das Öl ablaufen kann.

8. Betriebsstörungen

Bei sämtlichen Arbeiten im Inneren des Maschinenkopfes ist der Stromanschluss vom Leitungsnetz zu trennen. ...

Abb. 2: Betriebsanleitung einer Säulenbohrmaschine (Auszug)

westermann	WARTUNGSPLAN	Säulenbohrmaschine		Masch.-Nr.: 21.193
Lfd.-Nr.	Auszuführende Arbeiten	Mess- u. Prüfgrößen/ Betriebsstoffe	Häufigkeit	Bemerkungen
1	Elektromotor			
1.1	Elektrische Anschlüsse auf Beschädigung prüfen		1 m	
1.2	Gehäuse auf Verschmutzung kontrollieren und evtl. reinigen		6 m	
2	Keilriemengetriebe			
2.1	Keilriemengeräusche beachten		24 h	
2.2	Keilriemenverschmutzung prüfen		1 m	
2.3	Keilriemenvorspannung kontrollieren	$F_V = 40$ N; $t_e = 6$ mm	6 m	
3	Schalt- und Vorschubgetriebe			
3.1	Ölstand kontrollieren		24 h	Ölstand bis Schauglasmitte
3.2	Getriebe auf Dichtheit kontrollieren		1 m	
3.3	Ölwechsel durchführen Schaltgetriebe	CL 68; 1,3 l	1 a	
3.4	Ölwechsel durchführen Vorschubgetriebe	CL 68; 0,6 l	1 a	
4	Tischhubgetriebe			
	...			

Häufigkeit: h = Stunden; w = Wochen; m = Monate; a = Jahre

Abb. 3: Wartungsplan einer Säulenbohrmaschine (Auszug)

11 ELEKTROPNEUMATISCHE SCHALTPLÄNE

11.1 Aufbau elektropneumatischer Schaltpläne

Elektropneumatische Steuerungen bestehen aus pneumatischen Baugliedern und elektrischen Baugliedern. Der Arbeitsteil besteht weiterhin aus pneumatischen Baugliedern. Der Steuerteil wird gegenüber der pneumatischen Steuerung durch elektrische Bauglieder ersetzt (Abb. 1 u. 2).

Der *pneumatische Arbeitsteil* elektropneumatischer Schaltungen wird grundsätzlich wie bei pneumatischen Schaltplänen dargestellt.

Pneumatische Schaltpläne werden in einzelne Schaltkreise aufgeteilt. Ein Schaltkreis umfasst alle Bauglieder zur Steuerung eines Arbeitsgliedes (Zylinder). Die einzelnen Bauglieder eines Schaltkreises sind entsprechend dem Energiefluss von unten nach oben angeordnet.

Mehrere Schaltkreise werden in der Reihenfolge des Steuerungsablaufes von links nach rechts nebeneinander angeordnet.

Die Zylinder und Ventile sollen möglichst waagerecht dargestellt werden. Sie sind dabei in Ausgangsstellung zu zeichnen. Diese Schaltstellung ergibt sich nach dem Einschalten der Anlage, aber vor Betätigung der Starttaster.

Jedes Bauglied erhält eine Kennzeichnung, die mit einem Rahmen versehen wird. Die Kennzeichnung besteht aus der Schaltkreisnummer, der Kennzeichnung der Bauteilart und einer fortlaufenden mit 1 beginnenden Bauteilnummer.

Beispiel:

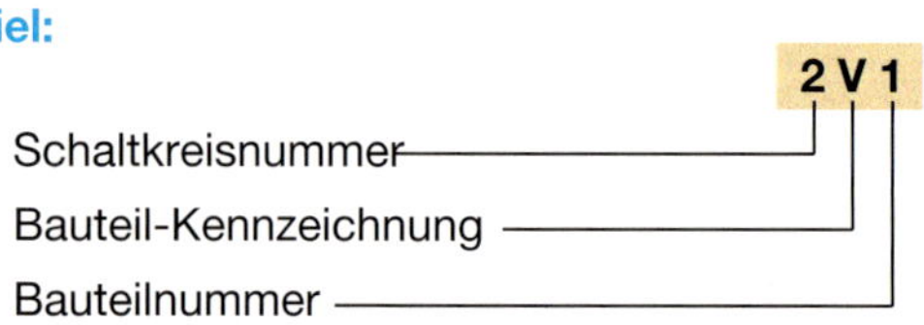

Die Einheiten zur Energieversorgung werden im pneumatischen Schaltplan in der Regel nicht dargestellt. Die Druckquelle wird stattdessen durch ein unausgefülltes Dreieck symbolisiert.

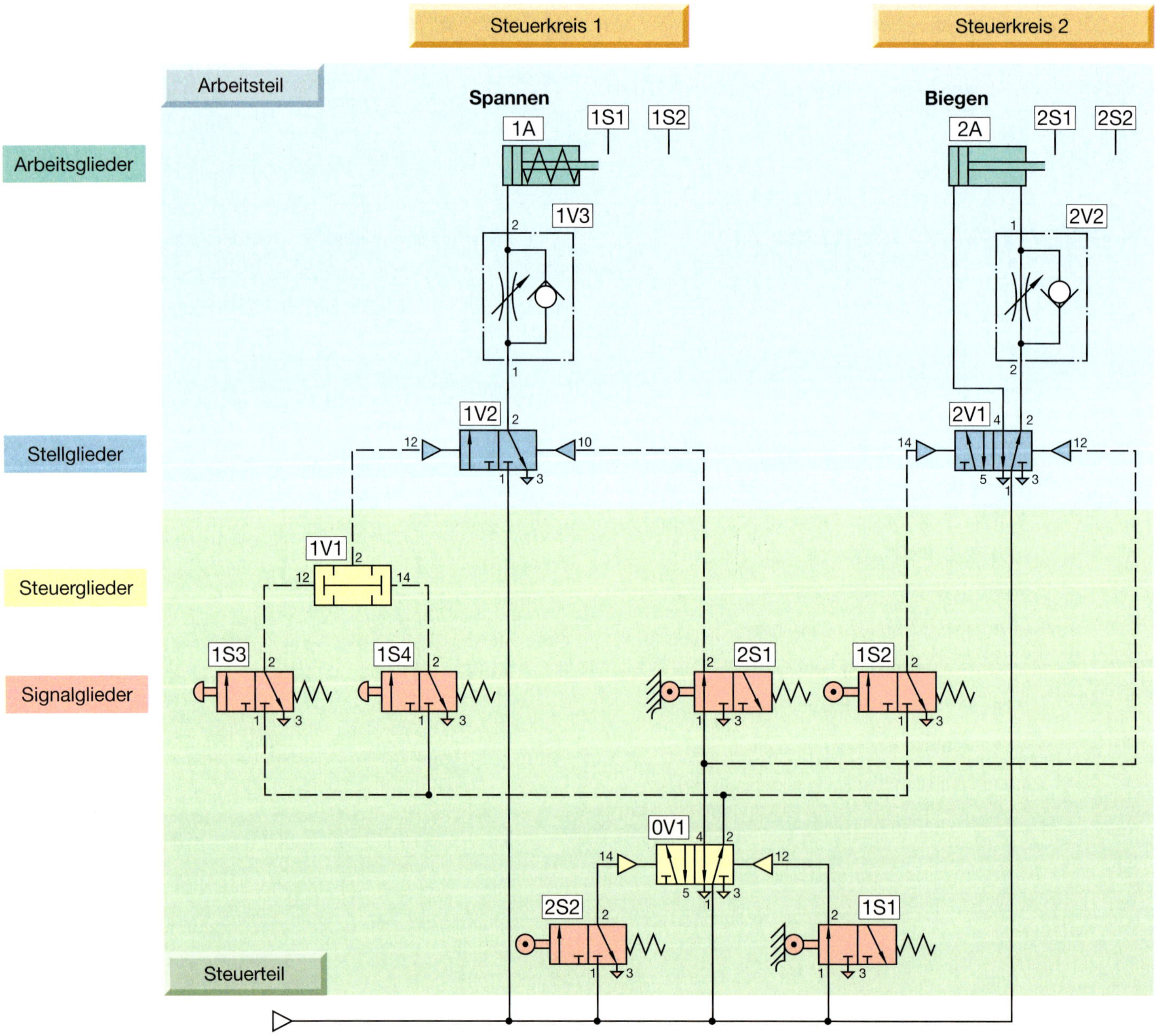

Abb. 1: Pneumatischer Schaltplan

Den *elektrischen Steuerteil* mit den elektrischen Baugliedern zeichnet man als Stromlaufplan.

Die Schnittstelle zwischen dem pneumatischen Arbeitsteil und dem elektrischen Steuerteil der Schaltung bilden die elektromagnetisch betätigten Wegeventile als Stellglieder (1V1 und 2V1). Sie werden in beide Schaltpläne eingezeichnet. Im pneumatischen Teil ist das Symbol nach **DIN ISO 1219** zu bilden, im elektrischen Teil nach **DIN 40 900** (➔📖).

Dem elektrischen Schaltzeichen nach **DIN 40 900** können keine Einzelheiten über den mechanischen Aufbau des Ventils entnommen werden (Abb. 3).

Bei elektropneumatischen Steuerungen wird der pneumatische Arbeitsteil der Steuerung vom elektrischen Steuerteil getrennt dargestellt.

Der Bezug zwischen beiden Plänen ergibt sich durch die Lagemarkierung der elektrischen Grenztaster (1B1 ... 2B2) im pneumatischen Teil und durch die Kennzeichnung der elektromagnetischen Ventile (–M1 ... –M4).

Schaltzeichen nach DIN ISO 1219

elektromagnetisch betätigtes 3/2-Wegeventil mit Federrückstellung

elektromagnetisch betätigtes 5/2-Wegeventil mit Vorsteuerventil

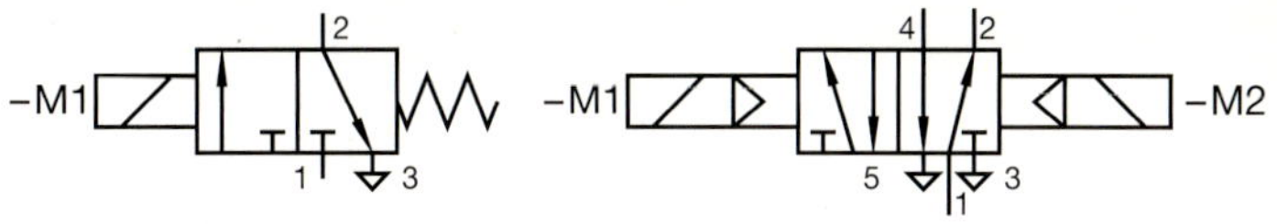

Schaltzeichen nach DIN 40 900

elektromagnetisch betätigtes Ventil

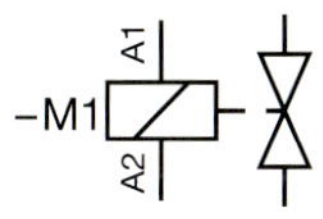

Abb. 3: Symbolhafte Darstellung von Wegeventilen

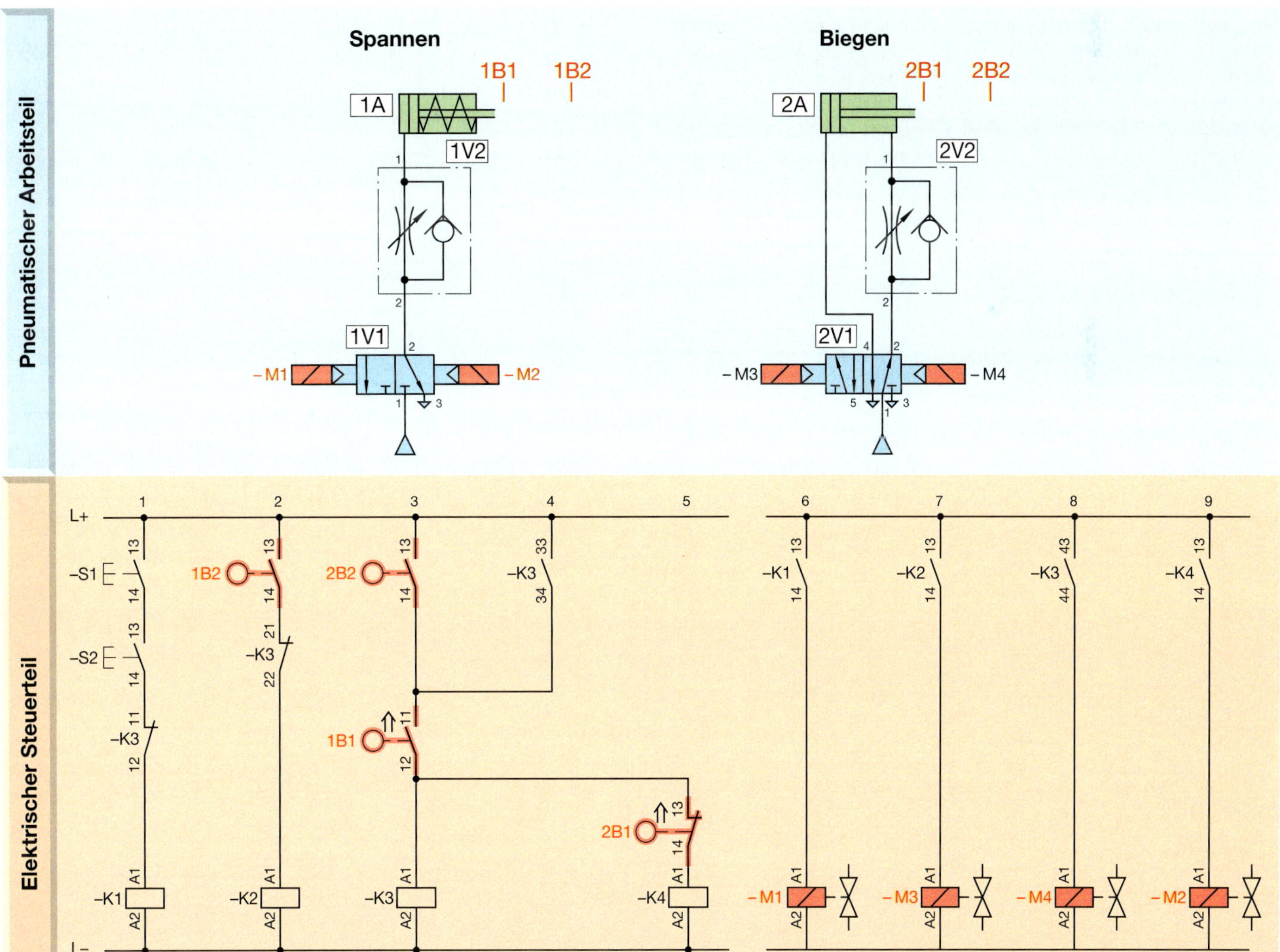

Kontakte	Pfad
13 - 14	6

Kontakte	Pfad
13 - 14	7

Kontakte	Pfad
11 - 12	1
21 - 22	2
33 - 34	4
43 - 44	8

Kontakte	Pfad
13 - 14	9

Abb. 2: Elektropneumatischer Schaltplan

11.2 Stromlaufpläne in aufgelöster Darstellung

In Stromlaufplänen werden nach **DIN EN 61 082** dargestellt (→📖). Sie zeigen die elektrischen Betriebsmittel mit genormten Schaltzeichen und ihre Verbindung durch elektrische Leitungen.

> ***Stromlaufpläne** stellen die Funktionsweise elektrischer Schaltungen dar. Sie zeigen nicht die Größe, Form und räumliche Anordnung der elektrischen Betriebsmittel.*

Stromlaufpläne können in zusammenhängender Darstellung und in aufgelöster Darstellung gezeichnet werden (Abb. 1). In der Steuerungstechnik werden Schaltpläne üblicherweise als *Stromlaufpläne in aufgelöster Darstellung* gezeichnet. Dabei sind die Stromkreise in einzelne Strompfade aufgelöst. Die bauliche Zusammengehörigkeit einzelner Betriebsmittelteile bleibt unberücksichtigt. Die Magnetspule und die einzelnen Relaiskontakte von z. B. Relais –K1 sind in verschiedene Strompfade eingetragen. Mechanische Verbindungen zwischen Spule und Kontakte eines Relais werden nicht dargestellt.

Sind der Steuerstromkreis und der Arbeitsstromkreis elektrisch getrennte Stromkreise, dann werden sie auch getrennt dargestellt (Abb. 2). Der *Steuerstromkreis* enthält Schalter für die Signaleingabe und Relais für die Signalverarbeitung. Im *Arbeitsstromkreis* befinden sich die elektromagnetisch betätigten Wegeventile (–M1 ... –M4) und die Relaiskontakte zum Schalten der Magnetventile.

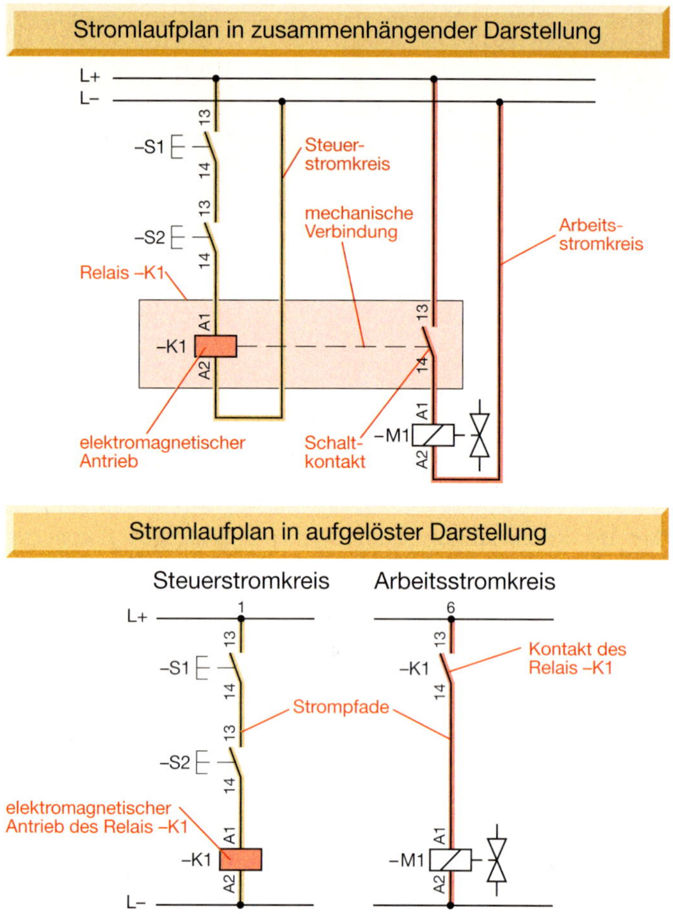

Abb. 1: Arten von Stromlaufplänen

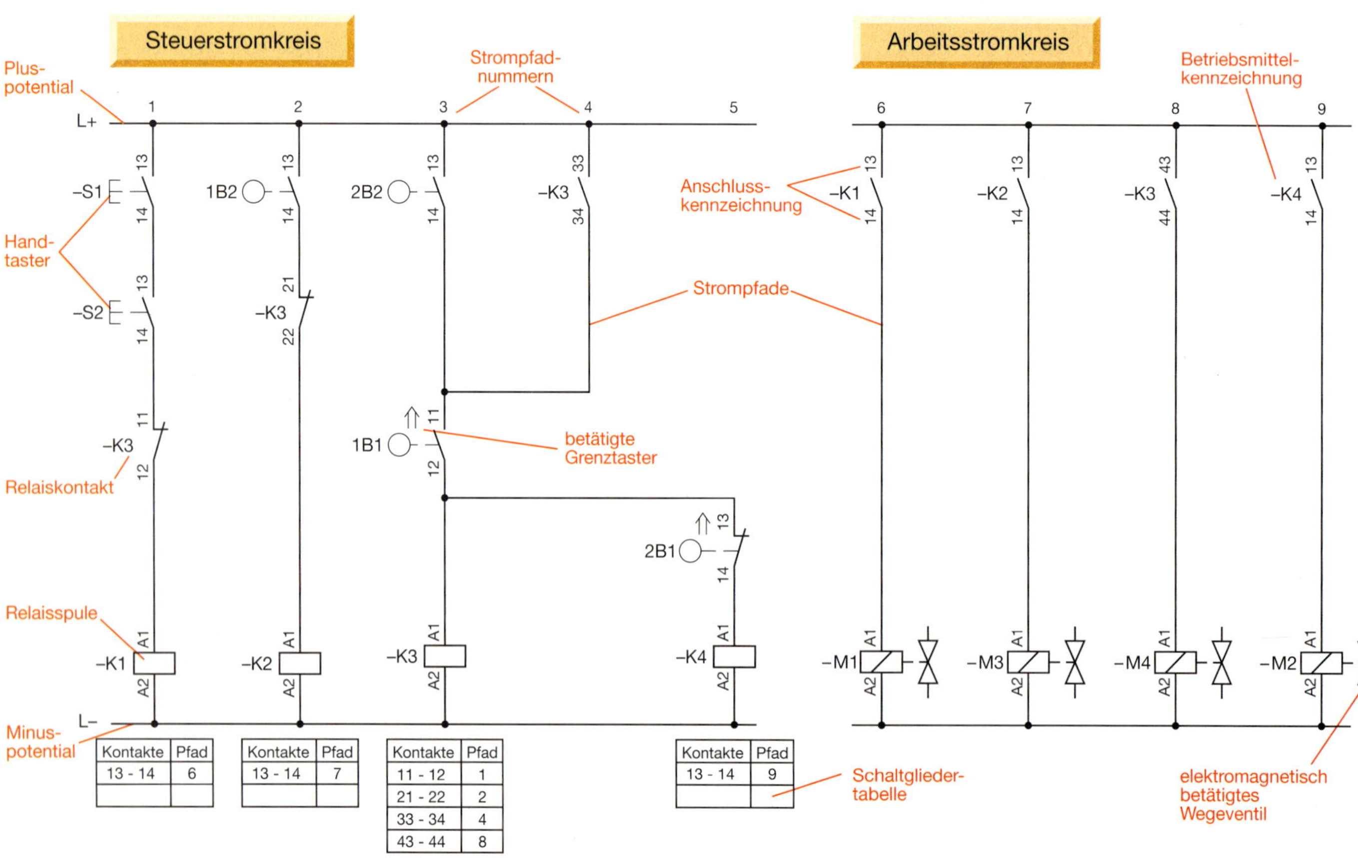

Abb. 2: Stromlaufplan in aufgelöster Darstellung

Stromlaufpläne in aufgelöster Darstellung werden nachfolgenden Regeln gezeichnet:

Elektrische Verbindungen

Elektrische Leitungen werden mit Volllinien dargestellt. Verzweigungen können durch einen Punkt gekennzeichnet werden.

Die beiden *Potentiallinien* L+ und L– werden meist waagerecht angeordnet.

Die *Strompfade* verlaufen geradlinig meist senkrecht vom Pluspol L+ zum Minuspol L–. Die einzelnen Strompfade sind entsprechend dem Steuerungsablauf von links nach rechts angeordnet.

Die einzelnen Strompfade können fortlaufend durchnummeriert werden. Die Nummern der Strompfade stehen dann über der Linie für den Pluspol L+.

Betriebsmittel

Die Schaltzeichen der Betriebsmittel werden so angeordnet, dass die Betätigung von links nach rechts erfolgt. Schalter werden unbetätigt dargestellt. Relais und Magnetventile werden im spannungslosen Zustand dargestellt. Diesen Zustand bezeichnet man als Ausgangszustand.

Schalter, z. B. Grenztaster, die in der Ausgangstellung betätigt sind, werden allerdings betätigt dargestellt. Sie werden dann besonders durch einen Doppelpfeil (⇑) gekennzeichnet (siehe Grenztaster 1B1 und 2B1).

Welche Teile zu einem Betriebsmittel gehören, wird aus der Betriebsmittelkennzeichnung ersichtlich. Das Relais –K3 ist in vier verschiedene Strompfade eingebaut. Die Magnetspule befindet sich im Strompfad 3. Je ein Schließerkontakt ist in den Strompfaden 4 und 8 und je ein Öffnerkontakt ist in den Strompfaden 1 und 2 angeschlossen. Spule und Kontakte haben die gleiche Betriebsmittelkennzeichnung –K3.

Die angeschlossenen Schaltkontakte eines Relais werden in einer Tabelle (Abb. 2) oder einem Diagramm (Abb. 3) eingetragen. Die Tabelle bzw. das Diagramm werden in der Regel unter der Magnetspule angeordnet. Sie geben an, in welchem Strompfad ein Kontakt des Relais zu finden ist.

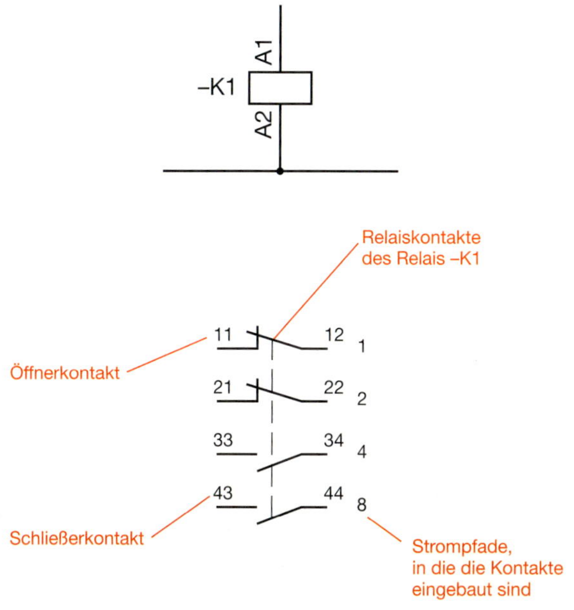

Abb. 3: Angabe der Kontaktbelegung durch Diagramm

11.3 Elektrische Betriebsmittel

Im elektrischen Steuerteil werden fast ausschließlich Schalter und Schaltgeräte eingebaut, die Schaltkontakte zum Schalten von Stromkreisen haben.

Schaltkontakte

Nach ihrer Grundfunktion werden *Schaltkontakte* eingeteilt in Schließer, Öffner und Wechsler (Abb. 4).

Schließer sind im Ruhezustand geöffnet und schließen bei Betätigung einen Strompfad.

Öffner sind im Ruhezustand geschlossen und unterbrechen bei Betätigung einen Strompfad.

Wechsler enthalten sowohl einen Schließer- als auch einen Öffnerkontakt. Bei Betätigung unterbrechen sie einen Strompfad und schließen gleichzeitig einen anderen.

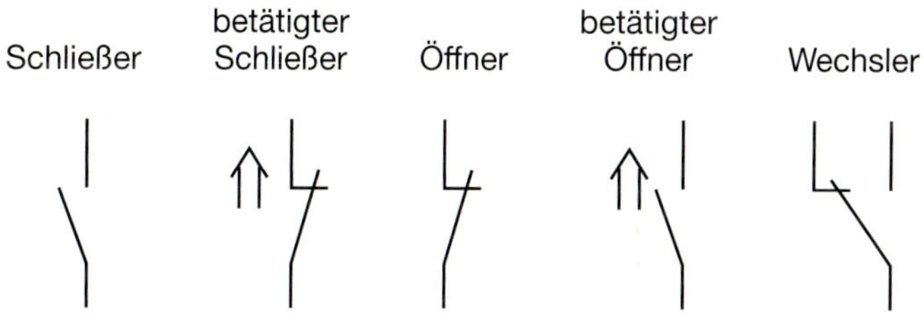

Abb. 4: Schaltkontakte

Schalter

Häufig verwendete *Schalter* sind Befehlstaster und Grenztaster (Abb. 5).

Bei *Befehlstastern* werden die Kontakte von Hand betätigt. Über sie werden Anlagen ein- oder ausgeschaltet.

Mit *Grenztastern* wird das Erreichen von Grenz- oder Endlagen beweglicher Maschinenteile abgetastet. Grenztaster können mechanisch, z. B. über Rollen, betätigt werden oder über berührungslose Näherungsschalter (Sensoren).

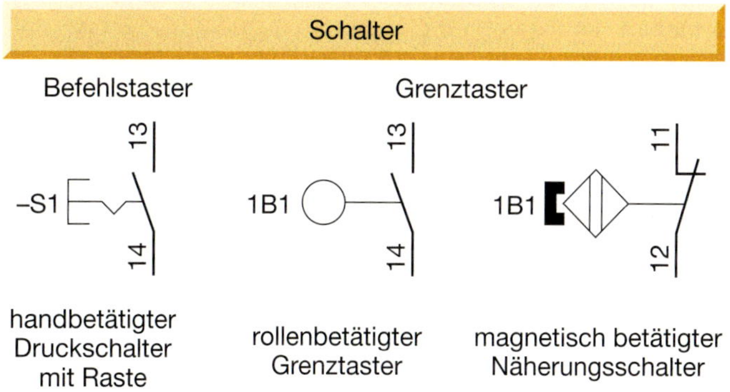

Abb. 5: Schalter

11 ELEKTROPNEUMATISCHE SCHALTPLÄNE

Schaltgeräte

Bei Schaltgeräten werden die Schaltkontakte elektromagnetisch betätigt (Abb. 1). Häufig verwendete *Schaltgeräte* sind Schütze und Relais. Relais und Schütze unterscheiden sich durch die Größe der schaltbaren Ströme. Relais haben gegenüber Schütze eine geringere Schaltleistung und sind fast ausschließlich für Gleichspannung geeignet.

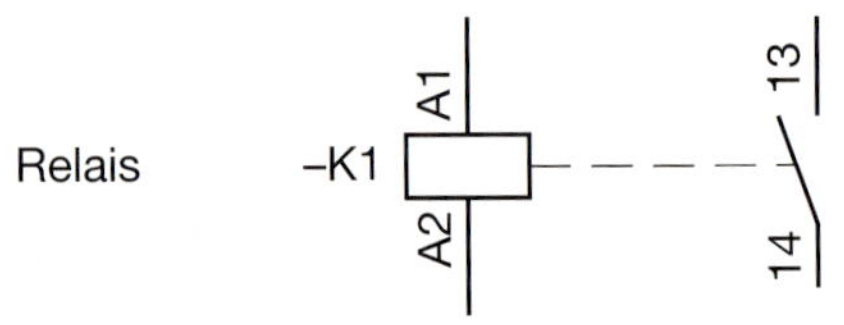

Abb. 1: Schaltgeräte

Betriebsmittelkennzeichnung

Alle Betriebsmittel müssen zur eindeutigen Identifizierung gekennzeichnet werden. Die Betriebsmittelkennzeichnung erfolgt nach **DIN 40719 – 2**. Die Art des Betriebsmittels wird mit einem Kennbuchstaben angegeben (Tab. 1). Dem Buchstaben wird eine Zählnummer angehängt. Jede Betriebsmittelart erhält eine fortlaufende mit eins beginnende Zählnummer. Vor den Kennbuchstaben kann ein Bindestrich als Vorzeichen gesetzt werden.

Beispiel:

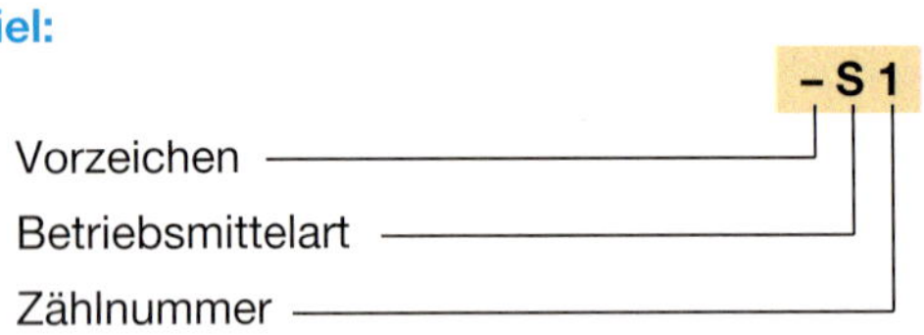

Die Kennzeichnung ist so in den Schaltplan einzutragen, dass sie von unten lesbar ist. Sie steht bei senkrechter Anordnung der Betriebsmittel links vom Schaltzeichen.

Anschlusskennzeichnung

Die Anschlüsse von Betriebsmitteln werden mit Anschlusskennzeichen versehen. Die Anschlusskennzeichen sind in unmittelbarer Nähe der Anschlüsse einzutragen. Die Kennzeichnung steht bei senkrechten Verbindungen oberhalb der Linien. Die Schreibrichtung ist entlang der Verbindungslinien (Abb. 2).

Schaltkontakte zum Schalten von Stromkreisen in Steuerungen erhalten eine zweistellige Kennziffer. Die 1. Ziffer ist die Ordnungsziffer, die 2. Ziffer die Funktionsziffer.

Ordnungsziffern kennzeichnen die Reihenfolge der Kontakte, mit eins beginnend.

Funktionsziffern kennzeichnen die Art der Schaltkontakte. Es ist folgende Funktionsziffernzuordnung genormt:

- Öffner 1 – 2
- Schließer 3 – 4
- Wechsler 1 – 2 – 4
- Zeitverzögerter Öffner 5 – 6
- Zeitverzögerter Schließer 7 – 8

Antriebe werden mit Buchstaben entsprechend der Antriebsart gekennzeichnet. *Spulenanschlüsse* erhalten den Kennbuchstaben A, für den Spuleneingang A1 und für den Spulenausgang A2.

Tab. 1: Kennbuchstaben für Betriebsmittel (DIN EN 61346-2)

Kennbuchstaben	Art des Betriebsmittels	Beispiele
B	Umsetzer nicht elektrischer Größen in elektrische Größen	magnetische Sensoren
F	Schutzeinrichtung	Sicherungen
H	Meldeeinrichtung	Signalleuchten
K	Relais, Schütze	Zeitrelais
S	manuell betätigte Schalter	Befehlstaster
X	Klemmen, Stecker	Klemmleisten, Buchsen
M	Elektrisch betätigte mechanische Einrichtungen	Magnetventile

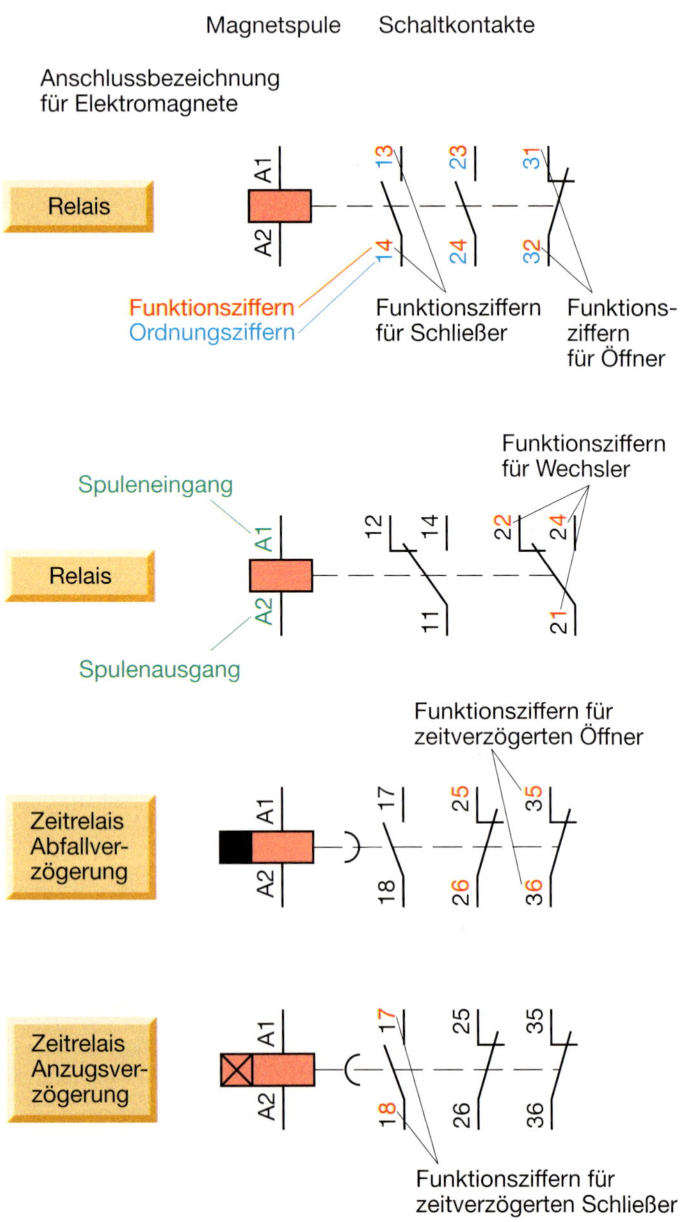

Abb. 2: Anschlussbezeichnungen für Schalter und Schaltgeräte

11.4 Grundschaltungen von Relaissteuerungen

In Verknüpfungssteuerungen und Ablaufsteuerungen treten grundlegende Schaltungsarten auf. Bei der Analyse oder dem Entwurf von Steuerungen ist es sinnvoll von diesen Grundschaltungen auszugehen.

Die Funktionsweise elektrischer Grundschaltungen kann geräteunabhängig in Funktionsplänen und Funktionstabellen beschrieben werden. In Funktionstabellen werden die Signalzustände mit 0 und 1 gekennzeichnet.

Bei einem 0-Signal ist ein Schalter unbetätigt oder eine Magnetspule eines Relais oder Magnetventils stromlos. Bei einem 1-Signal ist ein Schalter betätigt oder eine Spule stromdurchflossen.

Bei der Biegevorrichtung treten folgende Grundschaltungen auf:

UND-Verknüpfung

Im Strompfad 1 sind die Schaltkontakte der beiden Handtaster (-S1 und -S2) in Reihe hintereinander geschaltet (Abb. 3). Der Strompfad zum Relais -K1 ist geschlossen, wenn Taster -S1 und Taster -S2 gleichzeitig betätigt sind.

*In **Reihe geschaltete Schaltkontakte** haben die Funktion einer UND-Verknüpfung.*

Im Logiksymbol wird die UND-Verknüpfung durch ein &-Zeichen gekennzeichnet.

ODER-Verknüpfung

Werden die Schaltkontakte der beiden Handtaster (-S1 und -S2) in zwei Strompfaden parallel nebeneinander angeordnet, liegt eine ODER-Verknüpfung vor (Abb. 4). Der Strompfad zum Relais -K1 ist geschlossen, wenn Taster -S1 oder Taster -S2 oder beide Taster betätigt sind.

***Parallel geschaltete Schaltkontakte** haben die Funktion einer ODER-Verknüpfung.*

Im Logiksymbol wird die ODER-Verknüpfung durch ein ≥ 1-Zeichen gekennzeichnet.

Nicht-Verknüpfung

Im Strompfad 1 ist ein Öffnerkontakt des Relais -K3 angeordnet (Abb. 5). Bei Betätigung (1-Signal) wird der Strompfad zum Relais unterbrochen. Das Relais -K1 wird stromlos (0-Signal). Es findet eine Signalumkehrung statt.

***Öffnerkontakte** haben die Funktion einer NICHT-Verknüpfung.*

In Reihe geschaltete Öffnerkontakte unterbrechen immer einen Strompfad. Die Eingabesignale der Taster -S1 und -S2 für das Relais können nicht wirksam werden, wenn der Kontakt -K3 öffnet.

Am Logiksymbol wird die NICHT-Funktion durch einen kleinen Kreis am Eingang oder Ausgang gekennzeichnet.

UND-Verknüpfung

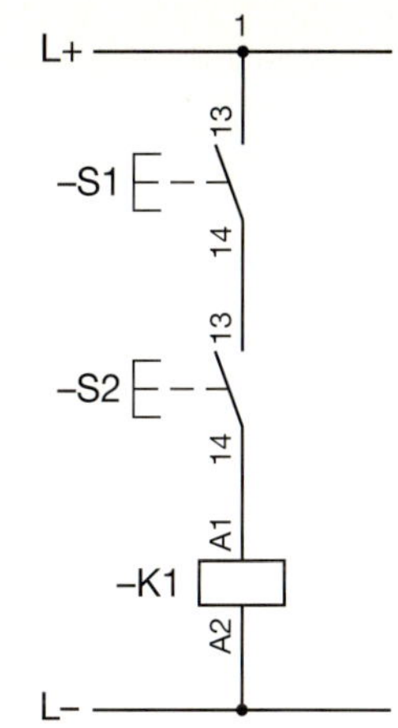

Funktionssymbol UND-Funktion

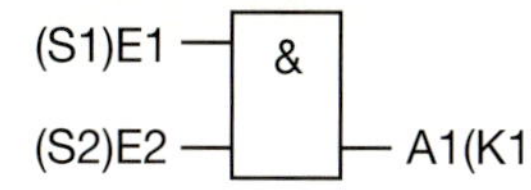

Funktionstabelle

E1	E2	A1
0	0	0
1	0	0
0	1	0
1	1	1

Abb. 3: UND-Verknüpfung

ODER-Verknüpfung

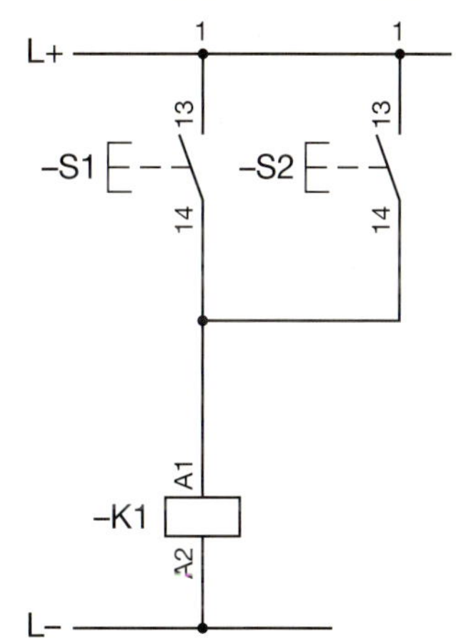

Funktionssymbol ODER-Funktion

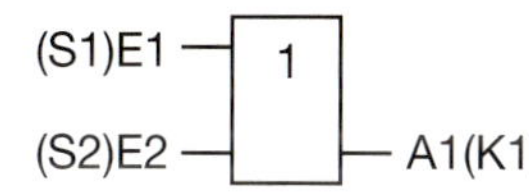

Funktionstabelle

E1	E2	A1
0	0	0
1	0	1
0	1	1
1	1	1

Abb. 4: ODER-Verknüpfung

NICHT-Verknüpfung

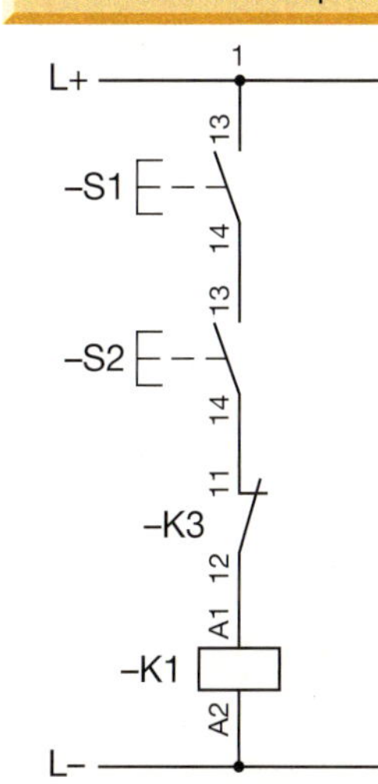

Funktionssymbol NICHT-Funktion

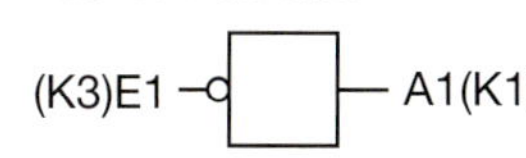

Funktionstabelle

E1	A1
1	0
0	1

Abb. 5: NICHT-Verknüpfung

Speicherfunktion

Im Strompfad 3 befindet sich ein Grenztaster mit Schließerkontakt (2B2) und ein Grenztaster mit Öffnerkontakt (1B1) vor der Magnetspule des Relais –K3. Parallel zum Grenztaster mit Schließerkontakt ist ein Schließerkontakt des Relais –K3 eingebaut (Abb. 1).

Durch die Betätigung des Grenztasters 2B2 wird der Strompfad 3 geschlossen und die Relaisspule –K3 mit Strom versorgt (Abb. 2). Das Relais zieht an und schließt den Kontakt –K3 im Strompfad 4. Über den Schließerkontakt –K3 bleibt die Relaisspule –K3 auch dann mit Strom versorgt, wenn der Grenztaster 2B2 nicht mehr betätigt wird. Das Relais –K3 fällt also nicht ab, sondern hält sich selbst. Einen solchen Schaltungsaufbau nennt man *Selbsthaltung*.

Durch die Selbsthaltung bleibt der über den Grenztaster 2B2 ausgelöste Schaltzustand solange erhalten (gespeichert), bis über den Öffnerkontakt des Grenztasters 1B1 der Strompfad 3 unterbrochen wird. Die Schaltung wird dadurch in den stromlosen Ausgangszustand zurückgeschaltet. Das Relais –K3 fällt ab und öffnet den Strompfad 4. Der Schaltungsaufbau in den Strompfaden 3 und 4 entspricht einer *Speicherfunktion mit Rücksetzung*.

Ein ***Relais mit einer Selbsthalteschaltung*** *besitzt Speicherfunktion. Eine Selbsthalteschaltung muss durch einen Öffnerkontakt wieder rückgesetzt werden.*

Die Speicherfunktion kann ausführlich mit logischen Grundsymbolen oder vereinfacht dargestellt werden. Bei der vereinfachten Darstellung werden die Eingänge im Logiksymbol mit S für Setzen und R für Rücksetzen gekennzeichnet.

Speicherfunktion

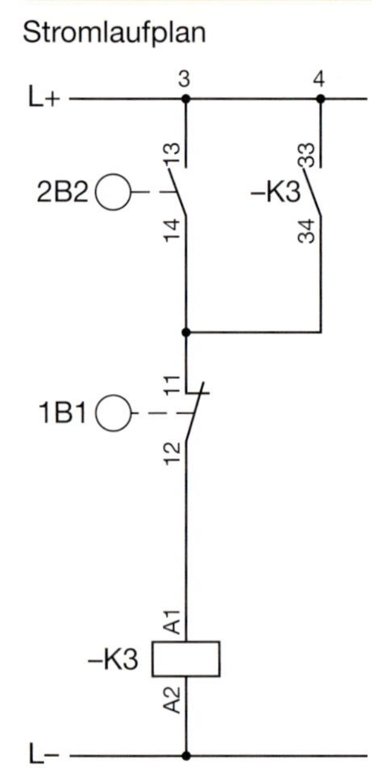

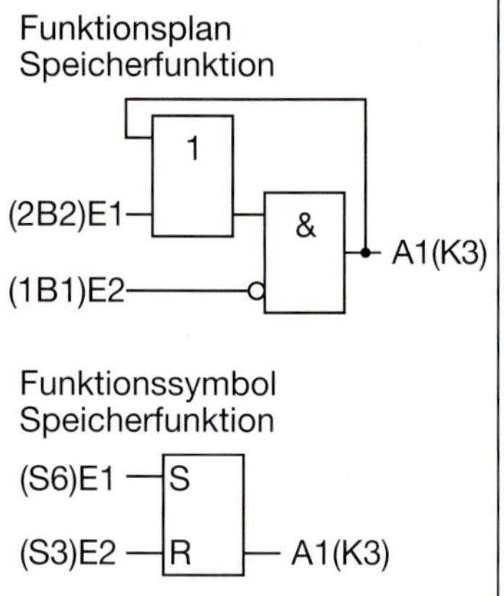

Funktionstabelle

E1	E2	A1
0	0	*
1	0	1
0	1	0
1	1	0

* vorhergehende Schaltstellung wird beibehalten (gespeichert)

Abb. 1: Speicherfunktion

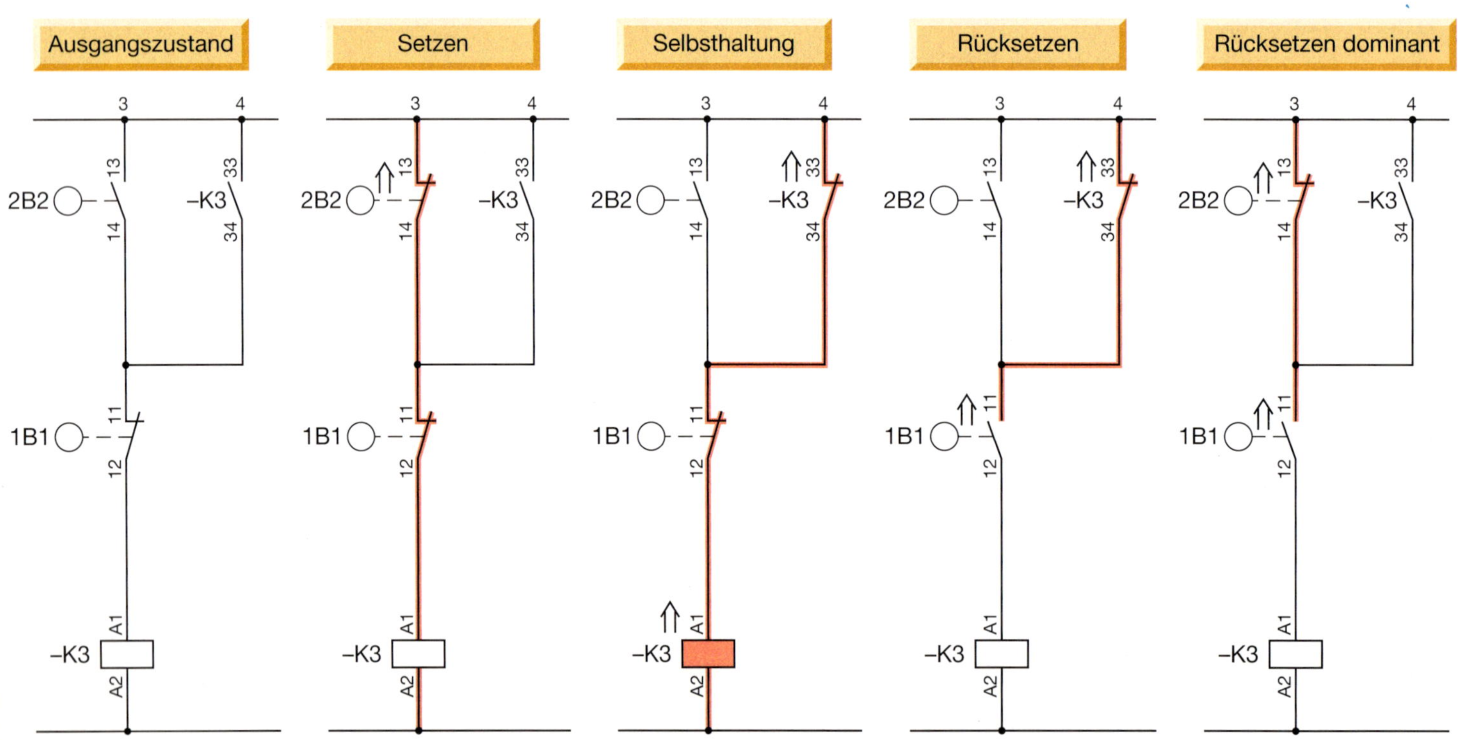

Ausgangszustand

E1	E2	A1
0	0	0
1	0	1
0	1	0
1	1	0

Setzen

E1	E2	A1
0	0	*
1	0	1
0	1	0
1	1	0

Selbsthaltung

E1	E2	A1
0	0	1
1	0	1
0	1	0
1	1	0

Rücksetzen

E1	E2	A1
0	0	*
1	0	1
0	1	0
1	1	0

Rücksetzen dominant

E1	E2	A1
0	0	*
1	0	1
0	1	0
1	1	0

Abb. 2: Schaltzustände einer Selbsthalteschaltung

Kontaktvervielfachung

Vom Relais –K3, dessen Magnetspule sich im Strompfad 3 befindet, ist in den Strompfaden 1 und 2 jeweils ein Öffnerkontakt und im Strompfad 4 und 8 ein Schließerkontakt angeschlossen (Abb. 3 u. 4).

Wird der Strompfad 3 geschlossen, zieht das Relais –K3 an und alle Schaltkontakte des Relais schalten gleichzeitig um. Über das Relais –K3 erfolgt eine Kontaktvervielfachung bzw. Signalvervielfachung.

Relais haben eine Kontaktvervielfachung oder Signalvervielfachung.

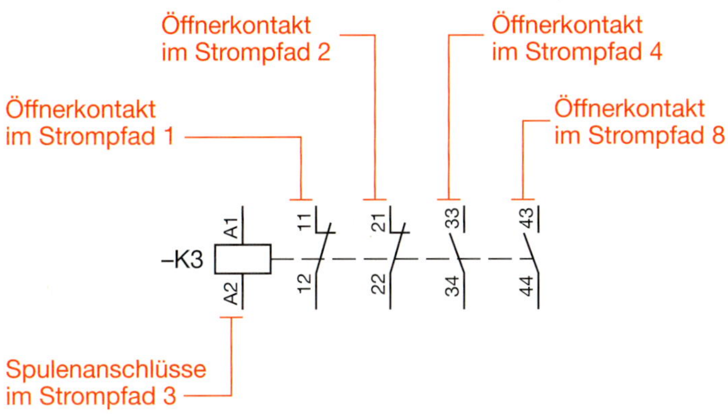

Abb. 3: Relais in zusammenhängender Darstellung

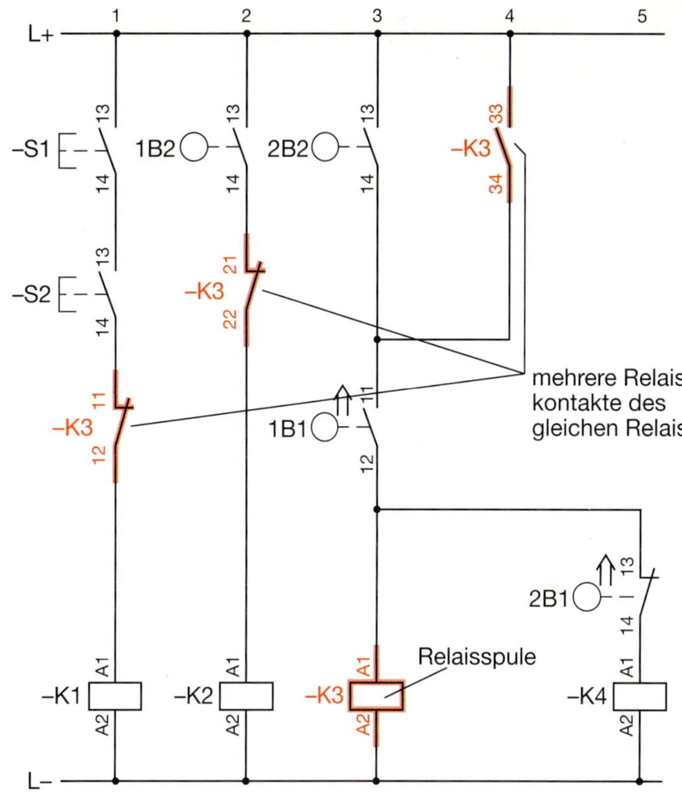

Kontakte	Pfad
11 - 12	1
21 - 22	2
33 - 34	4
43 - 44	8

Abb. 4: Kontaktvervielfachung durch Relais

Verstärkerschaltung

Das Relais –K1 im Strompfad 1 wirkt mit einem Schaltkontakt auf den Strompfad 6 im Arbeitsstromkreis (Abb. 5). Dadurch können mit kleinen Steuerströmen größere Arbeitsströme geschaltet werden. Diese Schaltung kann somit als Verstärker betrachtet werden.

Ein Relais benötigt zum Schalten nur geringe Ströme und Spannungen. Die Kontakte können hingegen vielfach größere Ströme und Spannungen schalten.

Mit Relais können elektrische Schaltleistungen verstärkt werden.

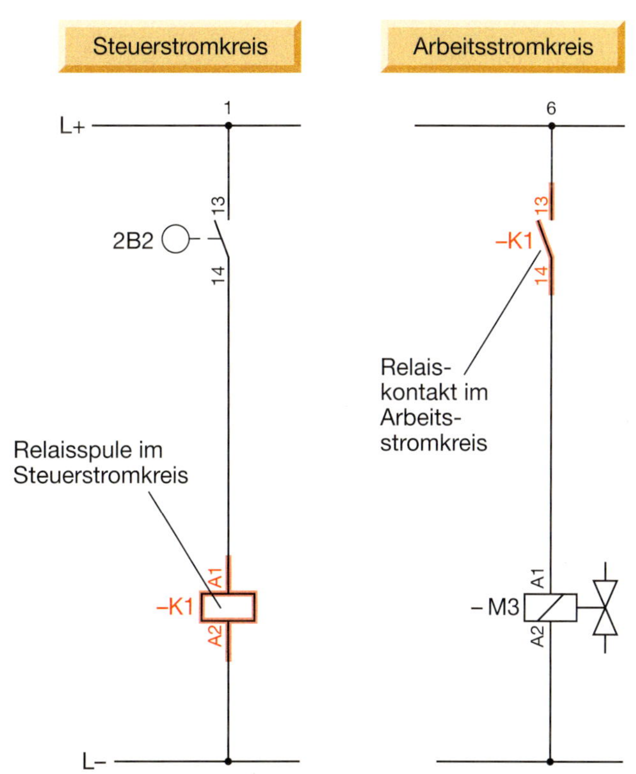

Abb. 5: Verstärkerschaltung durch Relais

Bei der Analyse elektrischer Schaltungen ist von diesen Grundschaltungen auszugehen.

Der Steuerungsablauf elektropneumatischer Schaltungen ergibt sich aus dem Zusammenwirken des elektrischen und pneumatischen Teils der Schaltung. Der Steuerungsablauf lässt sich ermitteln über das Verfolgen geschlossener Stromwege, die sich aus der Betätigung von Schaltern und Kontakten ergeben. Findet über ein Relais eine Kontaktvervielfachung statt, müssen die Auswirkungen durch das Schalten an allen Kontaktstellen weiterverfolgt werden.

In elektropneumatischen Steuerungen schalten Zylinderbewegungen elektrische Grenztaster und Elektromagnete wirken auf pneumatische Wegeventile.

11.5 Lesen von elektropneumatischen Schaltplänen

Grundsätzlich gibt es zwei Methoden beim Lesen von Stromlaufplänen:

Die eine Methode wendet man an, um die *Gesamtfunktion* der Steuerung zu erschließen. Man beginnt dort, wo der Steuerungsablauf gestartet wird. Entsprechend dem Steuerungsablauf folgt man dem Strom- und Signalfluss in der Schaltung *von oben nach unten* und *von links nach rechts*.

Bei der anderen Methode geht es darum, *Einzelfunktionen* festzustellen. Diese Methode wird vor allem bei der *Fehlersuche* angewendet. Dabei ist zu untersuchen, wann und wodurch die Kontakte im Stromweg schalten, um ein Relais mit Strom zu versorgen. Man liest im Stromlaufplan *von unten nach oben*.

Das Lesen von Stromlaufplänen zum Erschließen der Gesamtfunktion soll am Beispiel der elektropneumatischen Schaltung für eine Biegevorrichtung erfolgen. Die Endlagen der Zylinder werden über elektromechanische Grenztaster abgetastet.

Ausgangsstellung

Die Anlage kann nur gestartet werden, wenn der Kolben des Zylinders 1A eingefahren und der Grenztaster 1B1 betätigt ist. Der Grenztaster öffnet und unterbricht den Stromfluss zu den beiden Relais –K3 und –K4 im Strompfad 3 bzw. 4. Dadurch ist der Öffnerkontakt –K3 im Stromweg 1 geschlossen und der Elektromagnet –M2 des Wegeventils 1V1 stromlos (Abb. 1).

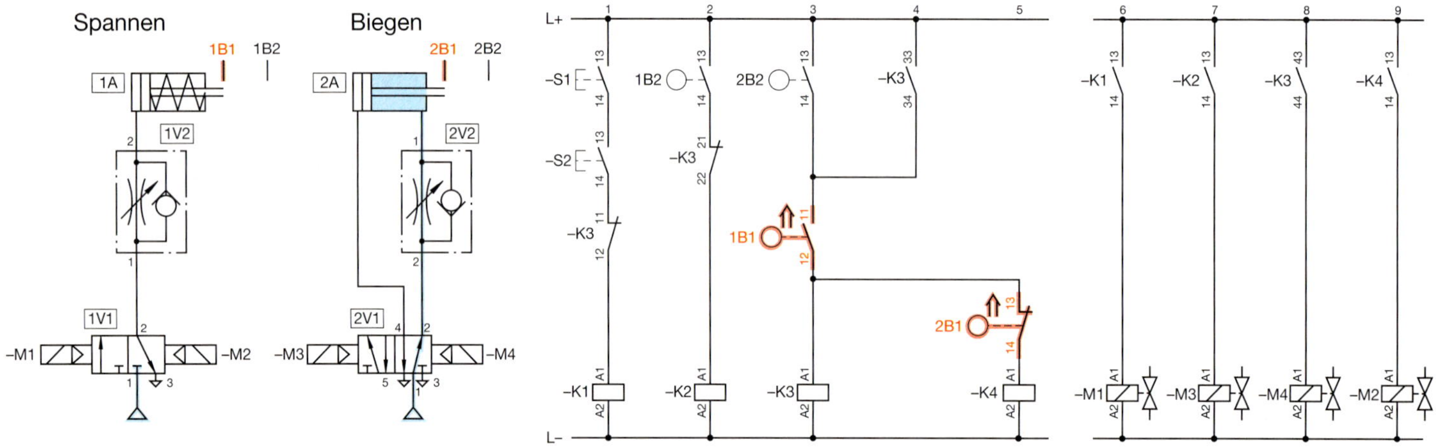

Abb. 1: Ausgangsstellung

Schritt 1: Start, Spannen

Durch gleichzeitiges Betätigen der beiden Tastschalter –S1 und –S2 wird der Biegevorgang gestartet. Der Strompfad 1 ist geschlossen, das Relais –K1 zieht an und der Schaltkontakt im Stromweg 6 wird geschlossen. Der Elektromagnet –M1 zieht an und setzt das Wegeventil 1V1. Der Kolben des Zylinders 1A fährt gedrosselt aus und spannt das Blech. Der Grenztaster 1B1 im Strompfad 3 ist nicht mehr betätigt und schließt (Abb. 2). Werden die beiden Tastschalter –S1 und –S2 nach kurzer Zeit nicht mehr betätigt, wird der Stromfluss im Strompfad 1 unterbrochen. Die Spule des Relais –K1 wird stromlos, der Schaltkontakt im Stromweg 6 fällt ab und der Elektromagnet –M1 wird stromlos.

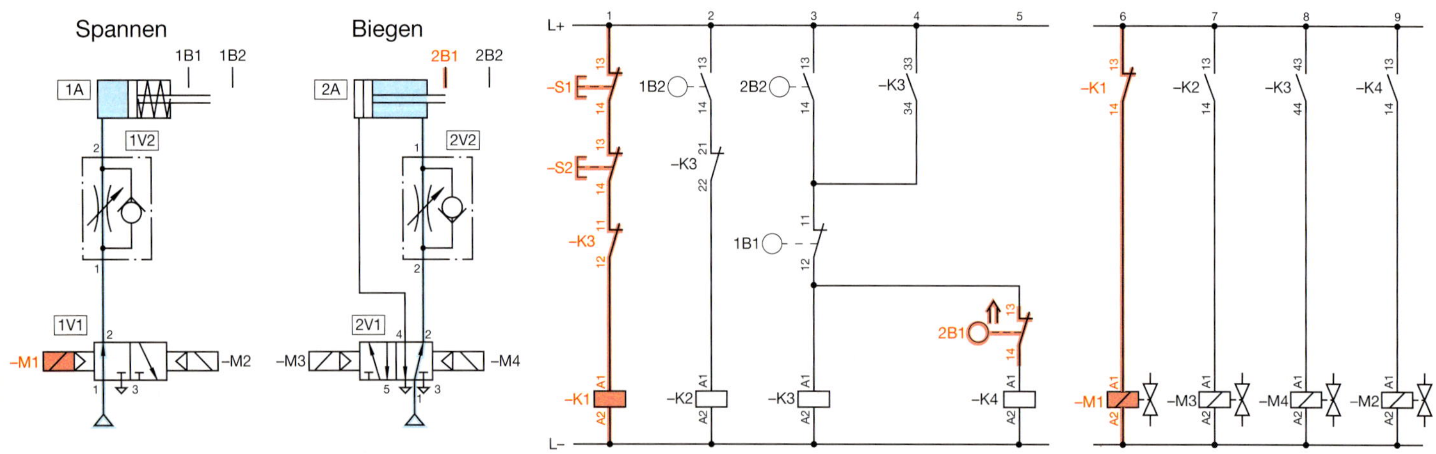

Abb. 2: Schaltschritt Spannen

Schritt 2: Biegen

Der Kolben des Zylinders 1A schließt mit Erreichen der Endstellung den Grenztaster 1B2. Das Relais –K2 im Stromweg 2 zieht an und schließt den Schaltkontakt im Stromweg 7. Der Elektromagnet –M3 zieht an und setzt das Wegeventil 2V1. Der Kolben des Zylinders 2A fährt gedrosselt aus und biegt das Blech. Der Grenztaster 2B1 ist nicht mehr betätigt und öffnet (Abb. 3).

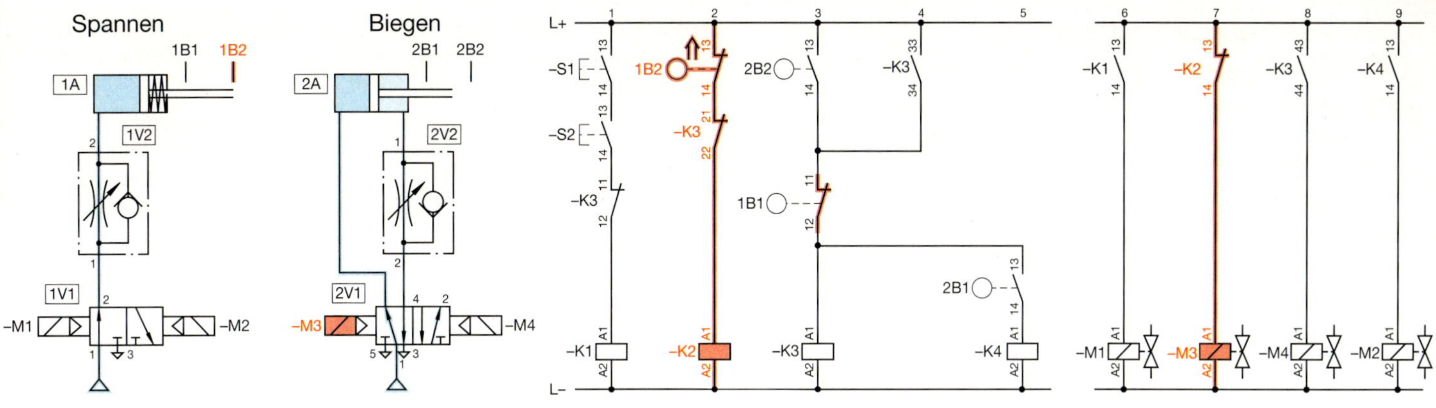

Abb. 3: Schaltschritt Biegen

Schritt 3: Zurückfahren des Biegestempels

In der Endstellung schließt der Kolben des Zylinders 2A den Grenztaster 2B2. Der Strompfad 3 ist geschlossen. Das Relais –K3 zieht an und schaltet die Öffnerkontakte –K3 in den Strompfaden 1 und 2 sowie die beiden Schließerkontakte –K3 in den Strompfaden 4 und 8. Der Öffnerkontakt –K3 im Stromweg 2 unterbricht den Stromfluss zum Relais K2. Das Relais fällt ab und öffnet den Schaltkontakt –K2 im Stromweg 7. Der Elektromagnet –M3 wird stromlos. Durch den geschlossenen Kontakt –K3 im Stromweg 9 wird eine Selbsthaltung aufgebaut, die das Relais –K3 auch dann noch mit Strom versorgt, wenn der Grenztaster 2B2 wieder öffnet. Der geschlossene Kontakt –K3 im Strompfad 8 schließt den Strompfad. Der Elektromagnet –M4 zieht an und setzt das Wegeventil 2V1 zurück in Ausgangsstellung (Abb. 4). Der Kolben des Zylinders 2A fährt ein. Der Grenztaster 2B2 ist nicht mehr betätigt.

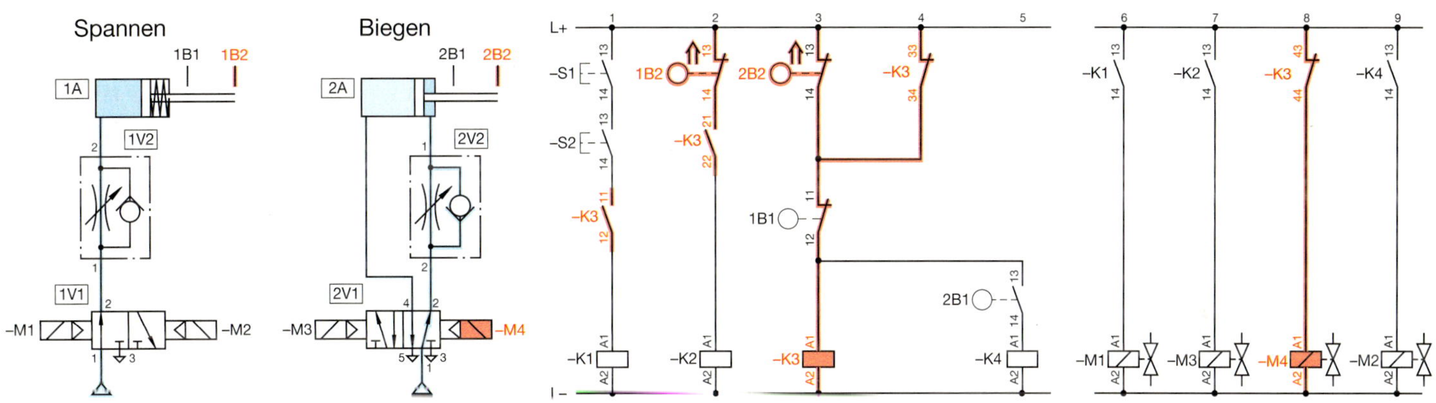

Abb. 4: Schaltschritt Zurückfahren

Schritt 4: Werkstück freigeben

Der eingefahrene Kolben des Zylinders 2A betätigt den Grenztaster 2B1. Der Strom fließt über den Schaltkontakt –K3 im Strompfad 4, den Grenztaster 1B1 und den Grenztaster 2B1 im Strompfad 5. Das Relais –K4 zieht an und schließt den Schaltkontakt –K4 im Strompfad 9. Der Elektromagnet –M2 zieht an und setzt das Ventil 1V1 zurück. Der Kolben des Zylinders 1A fährt durch Federkraft ein (Abb. 5). Der eingefahrene Kolben betätigt den Grenztaster 1B1. Der Grenztaster 1B1 öffnet und unterbricht den Strompfad 3. Die Relais –K3 und –K4 sind stromlos. Die Relaiskontakte –K3 im Strompfad 4 und 8 öffnen und die Kontakte im Stromweg 1 und 2 schließen. Der Relaiskontakt –K4 im Strompfad 7 öffnet ebenfalls. Alle Relais und Elektromagnete der Ventile sind stromlos (Ausgangsstellung).

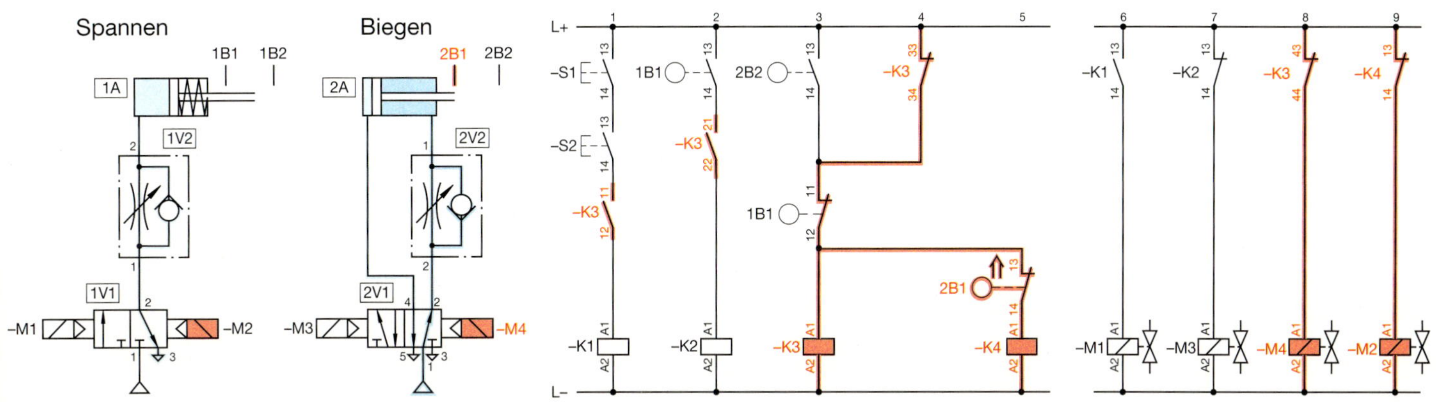

Abb. 5: Schaltschritt Werkstück freigeben

11.6 Verdrahtungspläne

Verdrahtungspläne sind Schaltungsunterlagen, die die inneren und äußeren Leitungsverbindungen zwischen elektrischen Betriebsmitteln einer Schaltung darstellen.

Verdrahtungspläne dienen als Unterlagen für die Montage und Instandhaltung von Steuerungsanlagen.

Zu den Verdrahtungsplänen gehören Geräteverdrahtungspläne, Verbindungspläne und Anschlusspläne.

Geräteverdrahtungspläne zeigen die Verbindungen innerhalb einer Baueinheit.

Verbindungspläne zeigen die Verbindungen zwischen verschiedenen Baueinheiten.

Anschlusspläne liefern Informationen über den Anschluss von inneren oder äußeren Leitungen einer Baueinheit, z. B. an Klemmleisten.

Der Kabelverlegungsplan zeigt alle Betriebsmittel der Steuerung in schematisch, räumlicher Darstellung, sowie die Leitungsverbindungen zwischen den einzelnen Betriebsmitteln (Abb. 2). Diese Art der Darstellung ist in der Praxis nicht gebräuchlich. Sie kann aber das Einarbeiten in Verdrahtungspläne erleichtern.

Der Verdrahtungsplan der Biegevorrichtung zeigt die inneren und äußeren Verbindungen zwischen den Betriebsmitteln. (Abb. 3). Es sind die inneren Verbindungen zwischen den Relais –K1 .. –K4 und den Starttastern –S1 und –S2 dargestellt. Sie sind in einem Bedienpult angeordnet. Außerdem sind die Anschlüsse der Eingangselemente (Grenztaster) 1B1 ... 2B2 und der Ausgangselemente (Stellglieder) –M1 ... –M4 der Steuerung dargestellt. Sie sind in der Anlage an unterschiedlichen Stellen montiert.

Elektrische Betriebsmittel werden in Verdrahtungsplänen durch einfache geometrische Konturen dargestellt, manchmal auch durch Schaltzeichen. Sie werden dabei lagerichtig angeordnet. Die Darstellung muss aber nicht maßstäblich sein. Umrahmungen mit Strich-Punkt-Linien kennzeichnen die räumliche Zusammengehörigkeit von Betriebsmitteln.

Leiter müssen eindeutig gekennzeichnet sein. Das kann durch eine beliebig zugeordnete Kennzahl erfolgen. Leiter können durch einzelne, zusammengefasste oder unterbrochene Linien dargestellt werden. Bei unterbrochener Darstellung sind Angaben über die Verknüpfung der Leiter vorzunehmen.

Im Verdrahtungsplan sind die inneren Verbindungen im Bedienpult durch einzelne Linien dargestellt. Bei den Anschlussdarstellungen der Grenztaster 1B1 ... 2B2 und den Magnetventilen –M1 ... –M4 sind die Verbindungen unterbrochen gezeichnet. Dabei bedeutet die Zielbezeichnung 1B2:13 an der Leitung beim Klemmenanschluss –X1:2, dass vom Anschluss 2 der Klemmleiste –X1 eine Leitung zum Grenztaster 1B2 an den Kontakt 13 verläuft.

An der Klemmleiste –X1 sind die Anschlüsse 1 und 2 sowie die Anschlüsse 11 bis 13 untereinander kurzgeschlossen. Das wird durch den Strich neben den Anschlussbezeichnungen angegeben.

Die Kennzeichnung von Anschlussstellen an einer Klemme kann auch in Stromlaufpläne eingetragen werden, besonders wenn die Pläne als Unterlagen für Instandhaltungszwecke dienen. In der Abb. 1 sind alle Klemmleistenanschlüsse –X1:1 bis –X1:13 im Stromlaufplan eingetragen.

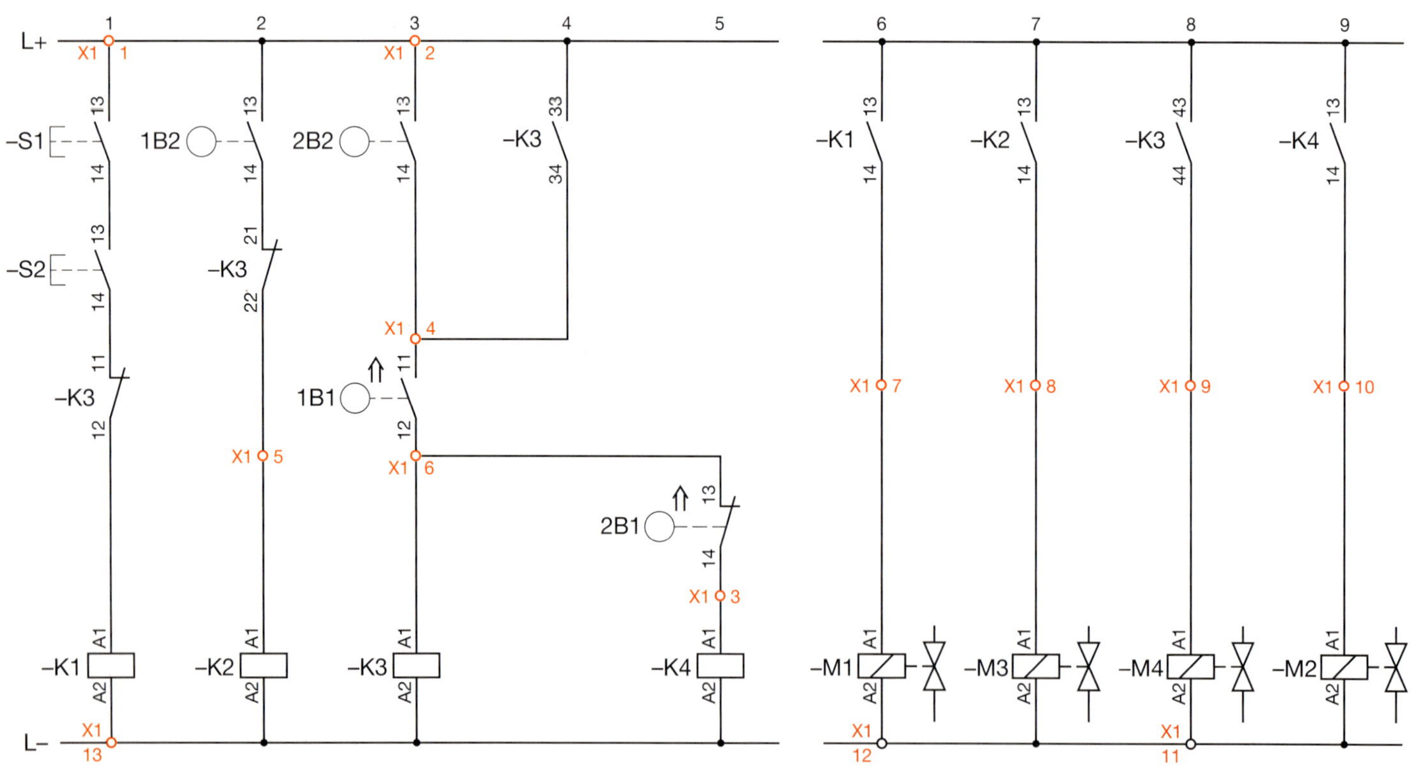

Kontakte	Pfad
13 - 14	6

Kontakte	Pfad
13 - 14	7

Kontakte	Pfad
11 - 12	1
21 - 22	2
33 - 34	4
43 - 44	8

Kontakte	Pfad
13 - 14	9

Abb. 1: Stromlaufplan mit Kennzeichnung der Anschlussstellen

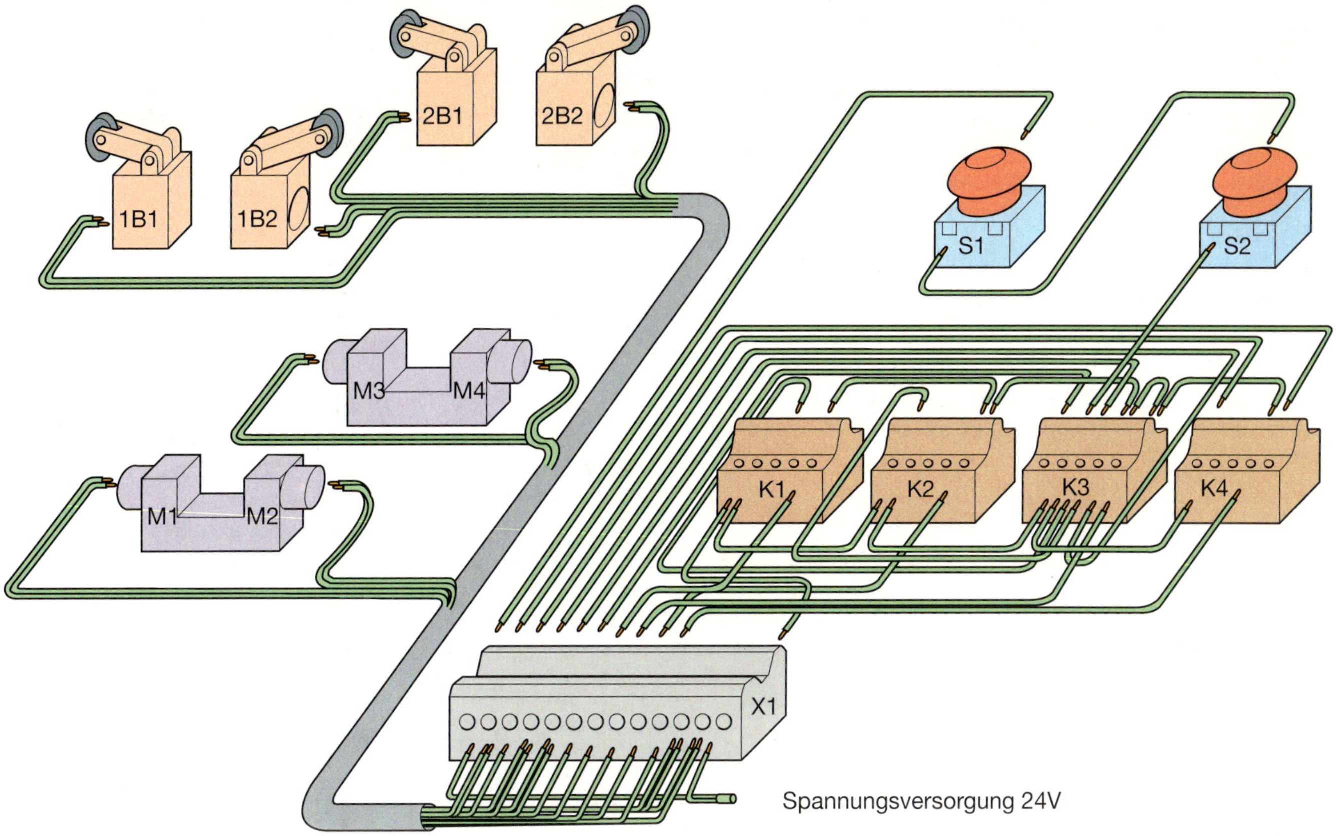

Abb. 2: Kabelverlegungsplan der Biegevorrichtung

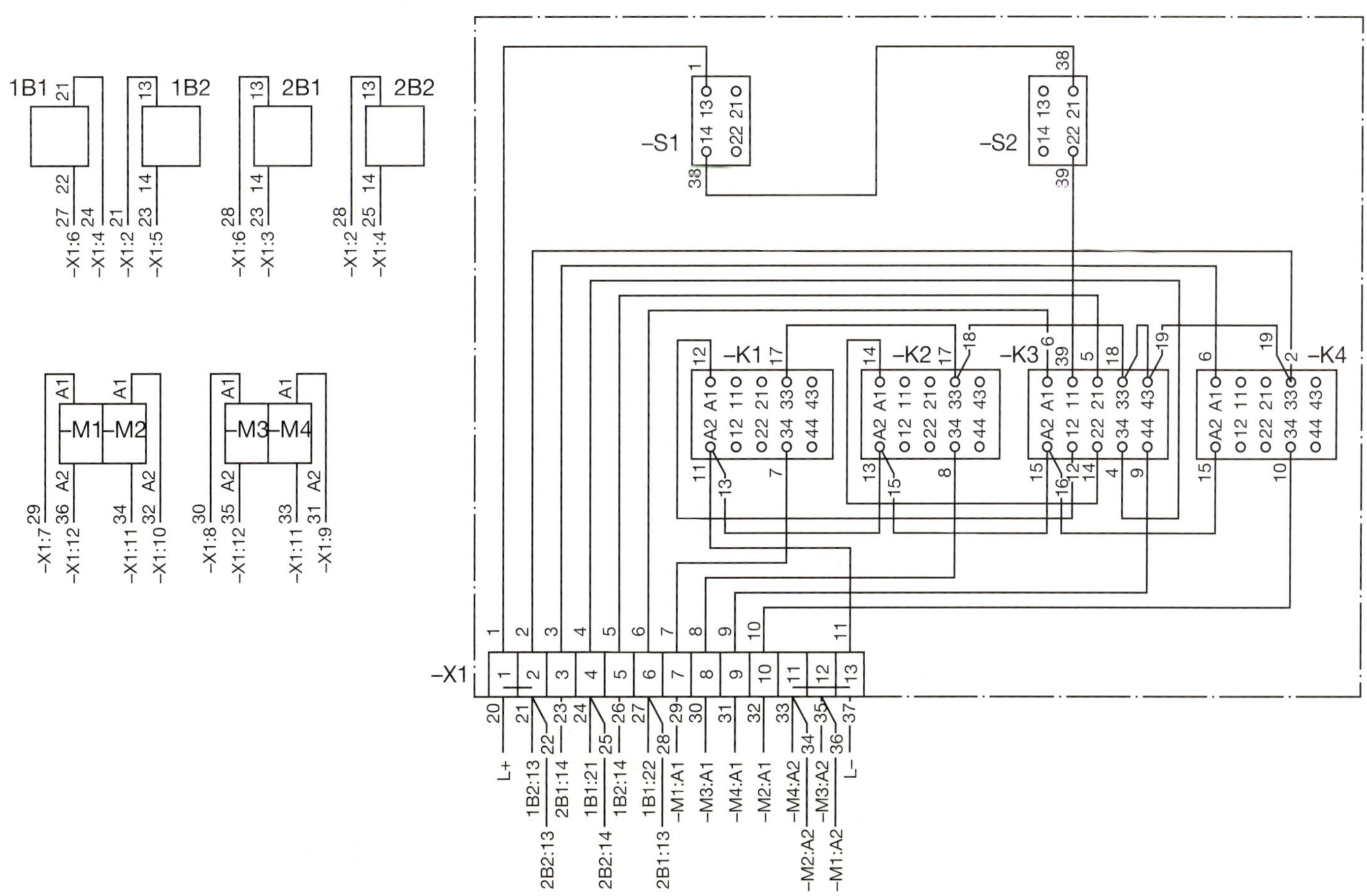

Abb. 3: Verdrahtungsplan der Biegevorrichtung

12.1 Aufbau und Anschluss einer SPS

Der Vergleich des Stromlaufplans einer fest verdrahteten Steuerung (Abb. 1) mit dem Anschlussplan einer speicherprogrammierbaren Steuerung SPS (Abb. 2) lässt folgendes Erkennen:

Lediglich die *Signalgeber* (Sensoren) wie die Starttaster – S1 und – S2 und die Grenztaster 1B1 ... 2B2 sowie die auf den Leistungsteil wirkenden *Stellgeräte* (Aktoren) wie die Elektromagnete – M1... – M4 sind an das Steuergerät der SPS angeschlossen.

Die *Signalgeber* sind dabei einzeln an die *Eingänge I* des Steuergerätes angeschlossen. Die *Stellgeräte* sind an die *Ausgänge Q* angeschlossen.

Bei einer speicherprogrammierbaren Steuerung entfällt der Einbau von Relais und die entsprechende Verdrahtung der Schaltkontakte. Die Signalverarbeitung wird in der SPS durch ein Steuerungsprogramm gesteuert.

Speicherprogrammierbare Steuerungen erhalten von den Signalgebern die Eingangssignale und geben entsprechend dem programmierten Steuerungsprogramm Ausgangssignale an die Stellglieder.

Speicherprogrammierbare Steuerungen sind im Allgemeinen modular aufgebaut und bestehen aus

- den *Eingangs-* und *Ausgangs-Baugruppen* zur Signaleingabe und Signalausgabe,
- dem *Mikroprozessor* zur Signalverarbeitung und
- den *Speichereinheiten* zum Speichern des Steuerprogramms (Programmspeicher) sowie zum Zwischenspeichern von Daten.

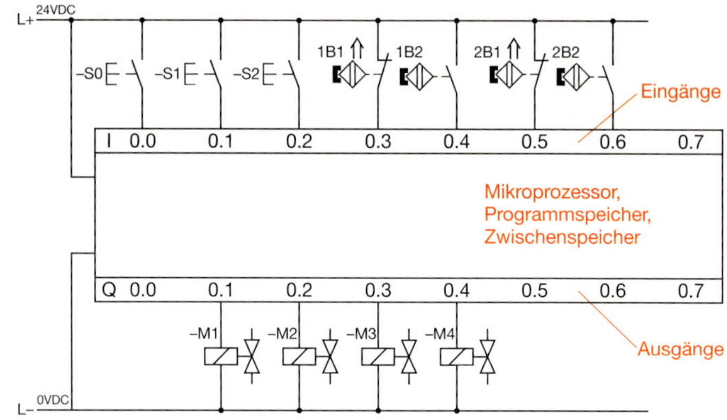

Abb. 2: Anschlussplan einer SPS

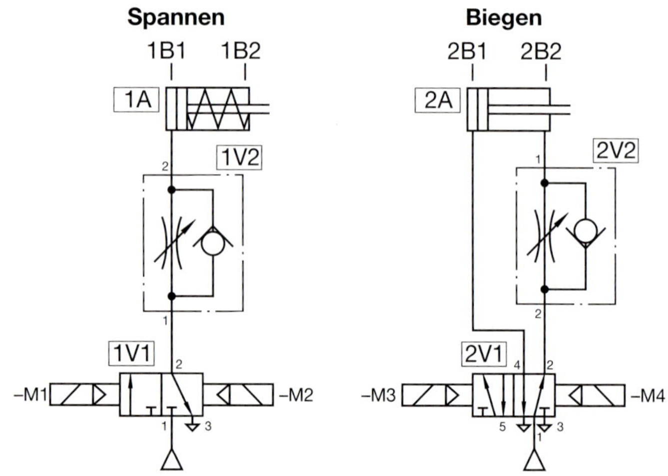

Abb. 3: Pneumatischer Leistungsteil der Biegevorrichtung

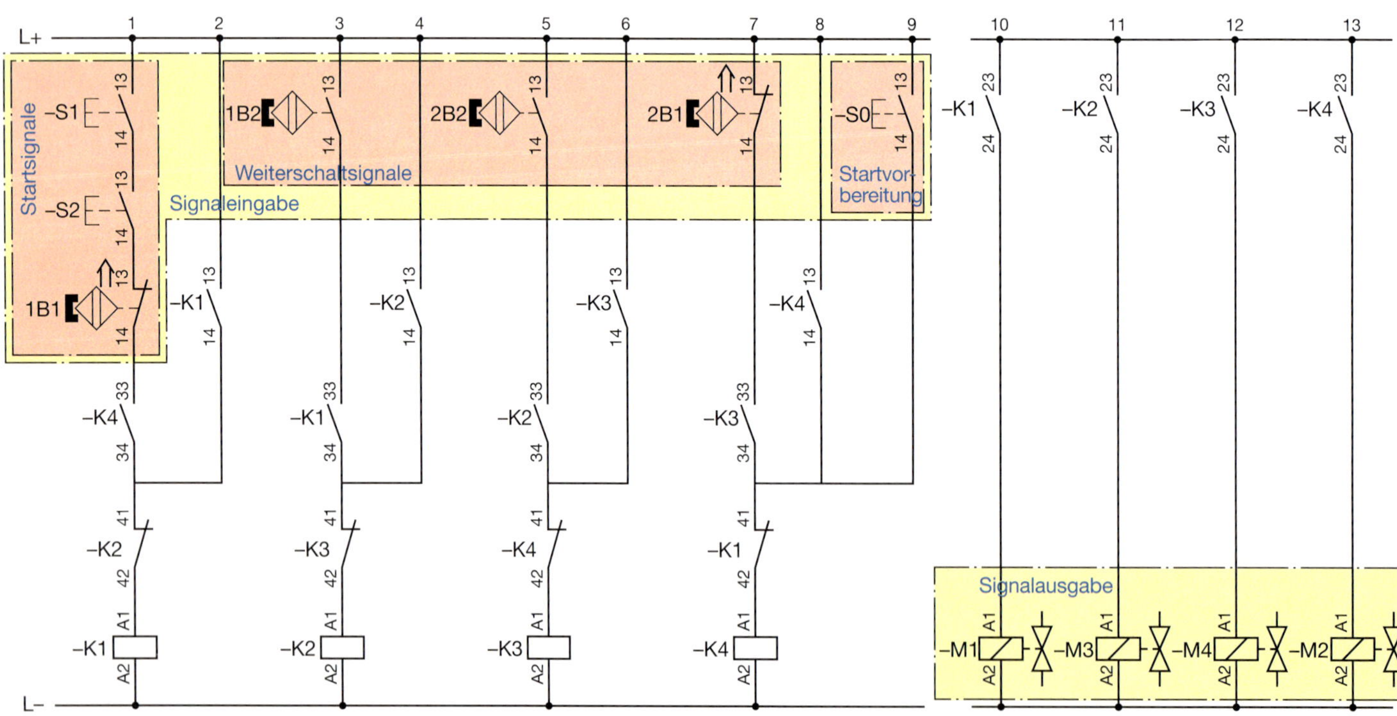

Kontakte	Pfad
13 - 14	2
23 - 24	10
33 - 34	3
41 - 42	7

Kontakte	Pfad
13 - 14	4
23 - 24	11
33 - 34	5
41 - 42	1

Kontakte	Pfad
13 - 14	6
23 - 24	12
33 - 34	7
41 - 42	3

Kontakte	Pfad
13 - 14	8
23 - 24	13
33 - 34	1
41 - 42	5

Abb. 1: Stromlaufplan der Biegevorrichtung mit schrittweiser Signalabschaltung

Die Zuordnung der Signalgeber und Stellgeräte (Betriebsmittel) zu den jeweiligen Eingängen und Ausgängen ist frei wählbar. Festgelegt wird der Anschluss der Signalgeber und Stellgeräte an die SPS über eine Zuordnungsliste (Abb. 4).

In der *Zuordnungsliste* sind die angeschlossenen Signalgeber, Stellgeräte u. ä. mit ihrer Betriebsmittelkennzeichnung den Eingängen und Ausgängen der SPS zugeordnet. Der Kommentar beschreibt die Funktion der angeschlossenen Betriebsmittel in der Anlage.

Zuordnungsliste		
Signalgeber/ Stellgerät	Eingänge/ Ausgänge	Kommentar/Funktion
– S0	I 0.0	Startvorbereitung
– S1	I 0.1	Starttaster, Schließer
– S2	I 0.2	Starttaster, Schließer
1B1	I 0.3	Grenztaster, Zylinder 1A eingefahren
1B2	I 0.4	Grenztaster, Zylinder 1A ausgefahren
2B1	I 0.5	Grenztaster, Zylinder 2A eingefahren
2B2	I 0.6	Grenztaster, Zylinder 2A ausgefahren
– M1	Q 0.1	Magnetventil, Zylinder 1A ausfahren
– M2	Q 0.2	Magnetventil, Zylinder 1A einfahren
– M3	Q 0.3	Magnetventil, Zylinder 2A ausfahren
– M4	Q 0.4	Magnetventil, Zylinder 2A einfahren

Abb. 4: Zuordnungsliste

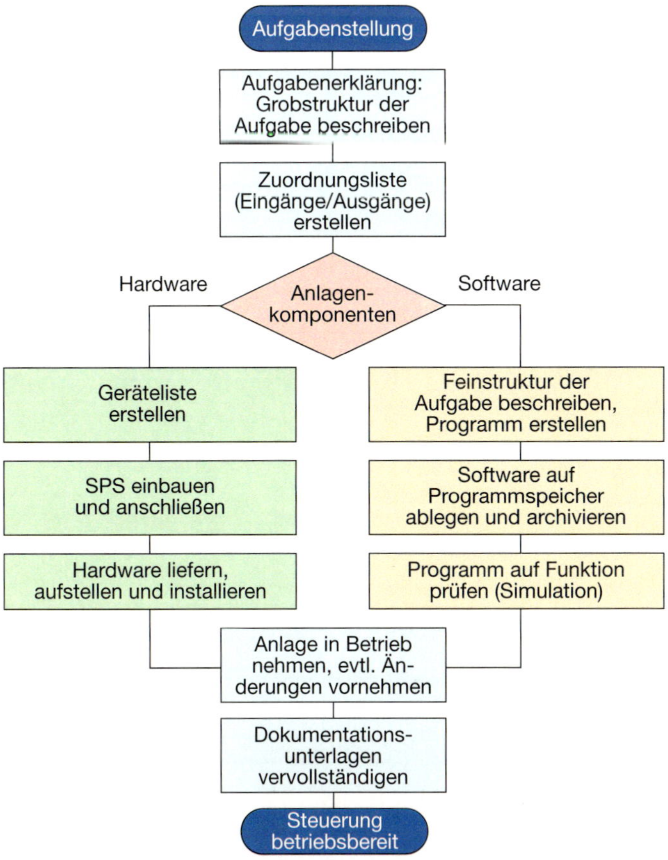

Abb. 5: Vorgehensweise beim Erstellen einer SPS

12.2 Entwerfen und Planen einer SPS

Die Vorgehensweise zum Erstellen einer speicherprogrammierten Steuerung unterscheidet sich gegenüber einer fest verdrahteten Steuerung vor allem in der Art der Programmerstellung und der Schaltungsdokumentation. Die gesamte Vorgehensweise zeigt der Programmablaufplan (Abb. 5).

Wichtige Voraussetzung für den Entwurf einer Steuerung ist eine klare Aufgabenstellung und umfassende Aufgabenklärung. Hilfsmittel dabei sind Technologieschemata, Lagepläne, Zustandsdiagramme und Funktionspläne.

Außerdem müssen die notwendigen Betriebsmittel zur Steuerung der Anlage bestimmt und in einer Zuordnungsliste den Eingängen und Ausgängen der SPS zugeordnet werden.

Die Zuordnungsliste dient dabei

- als Grundlage für das Erstellen des Steuerungsprogramms,
- zur Festlegung der Größe der SPS, d. h. der benötigten Eingänge und Ausgänge und
- der Installation und Inbetriebnahme der Steuerung vor Ort.

Die Arbeiten an Hardware und Software können unabhängig von einander erfolgen.

Es müssen die Art und die Größe der Betriebsmittel bestimmt und in Gerätelisten festgehalten und dokumentiert werden. Die SPS und die Betriebsmittel sind in die zu steuernde Anlage einzubauen und entsprechend anzuschließen.

Das Steuerungsprogramm wird zunächst mit einer Computersoftware am Bildschirm erstellt. Nach **DIN EN 61 131-3** stehen dazu fünf unterschiedliche Programmiersprachen zu Verfügung. Mit Hilfe von Simulationssoftware können die erstellten Programme auf Fehler überprüft werden.

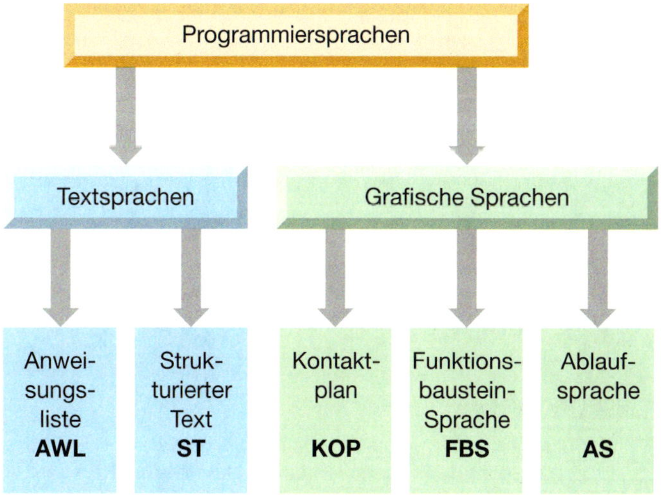

Anschließend wird das Programm über eine Verbindung vom Computer zur SPS übertragen.

Die Dokumentation soll die Problemlösung und Realisierung übersichtlich und verständlich beschreiben. Sie soll den Betreiber der Anlage sowie die Instandhalter umfassend informieren. Steuerungsprogramme werden deshalb mit einem Kommentar versehen.

Steuerungsprogramme können am Bildschirm angezeigt oder über einen Drucker ausgegeben werden.

12.3 Funktionsplan GRAFCET

Das Erstellen eines Steuerungsprogramms beginnt mit dem Erfassen und Beschreiben der Aufgabe, die die Steuerung erfüllen soll. Dazu eignet sich der Funktionsplan GRAFCET nach **DIN 60848** (→📖).

Der *Funktionsplan* ersetzt oder ergänzt die sprachliche Beschreibung der Steuerungsaufgabe. Er stellt den Steuerungsvorgang grafisch dar. Der Steuerungsvorgang wird dabei in Einzelschritte aufgegliedert. Die Aneinanderreihung mehrerer Schritte nennt man Ablaufkette.

GRAFCET beschreibt geräteunabhängig den Steuerungsablauf von Verknüpfungssteuerungen und Ablaufsteuerungen mit genormten grafischen Symbolen.

Der Steuerungsablauf für die Biegevorrichtung lässt sich in vier Steuerschritte gliedern. Jedem Schritt ist ein Steuerungsbefehl zugeordnet, der eine Zustandsänderung in der Anlage bewirkt (z. B. das Ausfahren und Einfahren eines Zylinders). Der Startschritt löst keinen Steuerungsbefehl aus. Mit diesem Schritt wird der Ausgangszustand vor dem Start der Anlage beschrieben.

12.3.1 Darstellungsregeln

GRAFCET stellt den Steuerungsvorgang mit grafischen Symbolen dar (Abb. 1 u. 2). Die Symbole kennzeichnen

- Schritte,
- Wirkverbindungen, die Schritte miteinander verbinden,
- Übergänge und
- Aktionen oder Befehle, die von den Schritten ausgelöst werden.

Schritte

① Das Schrittsymbol wird vorzugsweise als Quadrat dargestellt. Jeder Schritt erhält eine frei wählbare fortlaufende Schrittnummer.

② Der Startschritt wird durch einen doppelten Rahmen besonders gekennzeichnet. Es ist die Grundstellung der Steuerung; der Schritt, in dem Steuerung unmittelbar nach dem Einschalten steht.

Wirkverbindungen

③ Wirkverbindungen (Wirkungslinien) verbinden die Schritte, Übergänge und Aktionen entsprechend dem Steuerungsablauf. Die Eingänge sind vorzugsweise oben oder an der linken Seite der Symbole anzuordnen, die Ausgänge unten oder an der rechten Seite. Wirkungslinien verlaufen waagerecht oder senkrecht. Kreuzungen sollten vermieden werden.

④ Wirkverbindungen, die von unten nach oben oder von links nach rechts verlaufen, sind mit einem Pfeil zu kennzeichnen.

Übergänge

⑤ Ein Übergang wird durch einen kurzen waagerechten Strich dargestellt, der zwischen zwei Schritten gesetzt wird.

⑥ Jedem Übergang ist eine Übergangsbedingung zugeordnet. Übergangsbedingungen können durch Textaussagen, boolsche Gleichungen (z. B. S1 ∧ S2 ∧ 1B1) oder grafische Symbole beschrieben werden.

⑦ Soll nach Ablauf einer festgelegten Zeit (z. B. 10s) in den nächsten Schritt weitergeschaltet werden, so ist Weiterschaltbedingung die Zeit und der boolsche Zustand des aktiven Schrittes (z. B. X2), getrennt durch einen Schrägstrich, anzugeben.

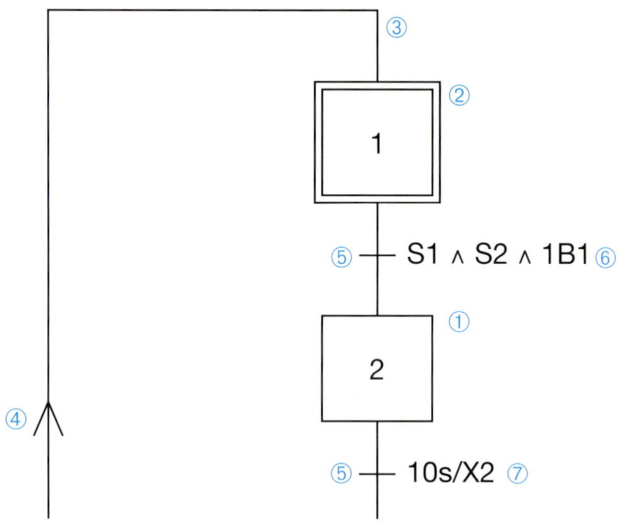

Abb. 1: Schrittsymbole und Übergangsbedingungen

Schritte und Übergänge wechseln sich immer miteinander ab.

Aktionen

⑧ Aktionen werden mit dem zugehörigen Schnittsymbol verbunden und mit einem Rechteck umrahmt. Durch eine textliche Aussage wird der Befehl beschrieben (z. B. Zylinder 1A ausfahren). Die Aktion wird solange ausgeführt, wie der zugehörige Schritt aktiv ist.

⑨ Speichernde Aktionen bei Aktivierung eines Schrittes werden mit einem Pfeil nach oben gekennzeichnet. Die Aktion bleibt solange ausgeführt (gespeichert), bis sie durch eine andere Aktion überschrieben (rückgesetzt) wird.

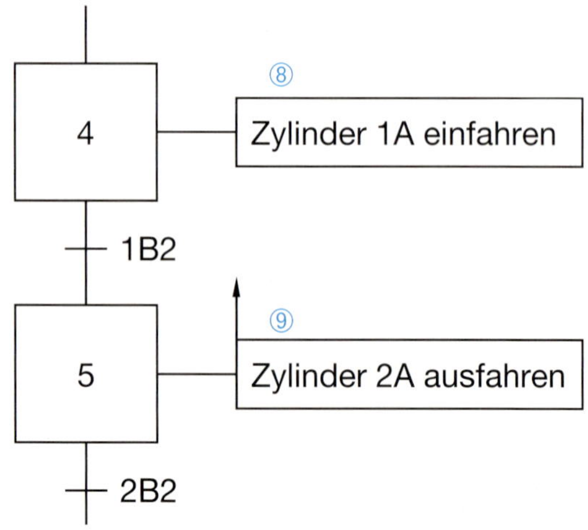

Abb. 2: Symbole für Befehle

12.3.2 Symbolbedeutung

Ein Schritt in einem Funktionsplan ist die kleinste funktionale Einheit eines Steuerungsvorganges. Die Schritte des Funktionsplanes werden nacheinander abgearbeitet (Abb. 3). Nur ein Schritt des Funktionsplans ist jeweils aktiv (gesetzt).

Der Übergang zu einem nachfolgenden Schritt wird ausgelöst, wenn der vorangehende Schritt gesetzt ist und die Übergangsbedingungen des Schrittes erfüllt sind. Es liegt eine UND-Verknüpfung (&) zwischen dem vorangehenden Schritt und den Übergangsbedingungen vor.

Die Übergangsbedingung 1B2 bedeutet, wenn der Grenztaster 1B2 betätigt ist, erfolgt der Übergang zum dritten Schritt.

Das Auslösen eines Überganges führt gleichzeitig zum Setzen des nachfolgenden Schrittes und zum Rücksetzen des unmittelbar vorangehenden Schrittes.

Solange ein Schritt gesetzt ist, sind seine Ausgänge aktiviert. Die Steuerungsbefehle werden ausgeführt. Die Ausführung des Befehls wird unwirksam, sobald der nachfolgende Schritt gesetzt wird.

Nach dem Durchlaufen aller Schritte wird mit dem Steuerungsablauf wieder von vorn begonnen. Mit dem letzten Schritt der Ablaufkette wird der Startschritt gesetzt. Der Startschritt wird auch beim Aufruf eines Steuerungsprogramms aktiviert.

Man erkennt folgenden wiederkehrenden Steuerungszusammenhang:

1. Jeder Steuerschritt wird speichernd gesetzt, wobei immer nur ein Schritt gesetzt sein kann.

2. Durch einen gesetzten Schritt wird der zugehörige Befehl aktiviert und eine Zustandsänderung eingeleitet.

3. Ein Schritt wird durch den jeweils folgenden Schritt in den Ausgangszustand zurückgesetzt.

4. Das Weiterschalten auf den nachfolgenden Schritt erfolgt nur, wenn der vorangehende Schritt gesetzt ist und zugleich die Übergangsbedingung erfüllt ist.

Es wird eine Zwangsfolge bei der Abarbeitung der Schritte bewirkt. Der Steuerungsablauf wird sicher, da eine absichtliche oder unbeabsichtigte Betätigung eines Signalgebers nicht zwangsläufig einen Steuerschritt auslöst.

Neben dem hier beschriebenen automatischen Steuerungsablauf müssen in der Praxis noch andere Betriebsarten wie Einrichtbetrieb oder Einzelschrittbetrieb berücksichtigt werden. Auf ihre Darstellung wird hier aus Gründen der Vereinfachung verzichtet.

Funktionsplan GRAFCET

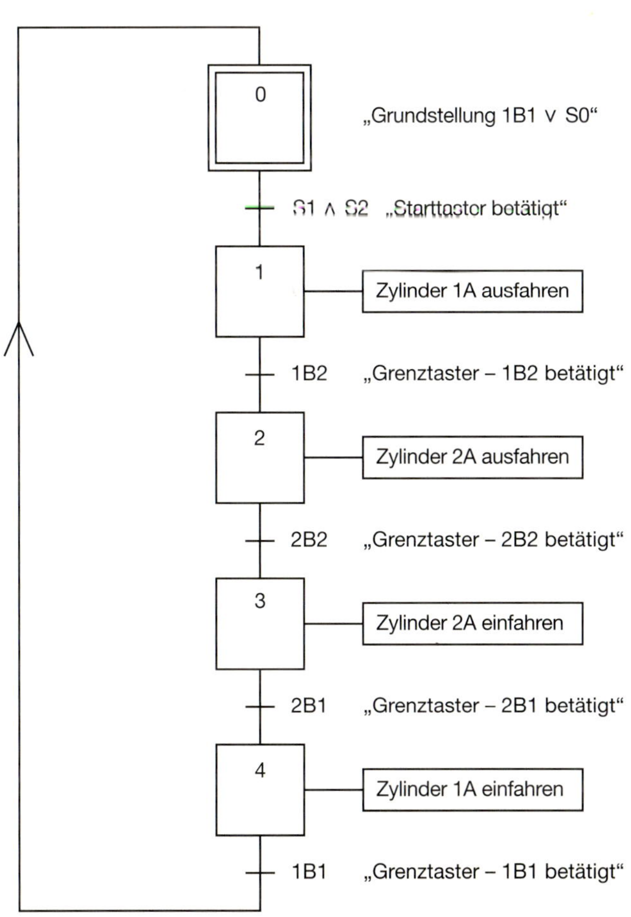

Ablaufkette mit Logiksymbolen

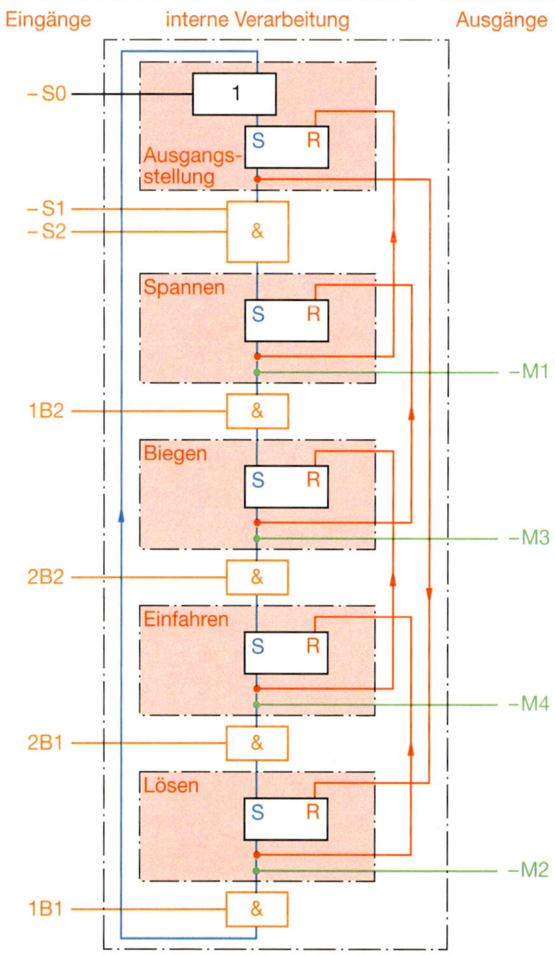

Abb. 3: Beschreibung der Ablaufkette mit Funktionssymbolen

12.4 Programmiersprachen

Die Signalverarbeitung in einer speicherprogrammierten Steuerung wird durch ein Programm gesteuert. Dafür stehen mehrere Programmiersprachen zur Verfügung. Hier soll nur auf die gebräuchlichsten Programmiersprachen in ihren Grundzügen eingegangen werden. Die Sprachelemente entsprechen der **DIN EN 61 131-3**. Die einzelnen Sprachelemente einer Steuerung können je nach Hersteller davon abweichen.

12.4.1 Programmieren in Anweisungsliste AWL

Die Programmiersprache AWL ist eine Textsprache und verfügt nur über einen geringen genormten Operationsumfang (➡📖). Die Anweisungsliste setzt sich aus einer Folge von Steueranweisungen zusammen.

Aufbau von Steueranweisungen

Steueranweisungen werden in einer Zeile geschrieben. Sie sind die kleinsten Einheiten einer Anweisungsliste.

Steueranweisungen gliedern sich in einen Operationsteil und einen Operandenteil. Außerdem werden beim Laden der Anweisungsliste in den Programmspeicher die Steueranweisungen unter sogenannten Adressen abgelegt. Aus Gründen der Übersichtlichkeit wird auf die Angabe von Adressen verzichtet.

Im *Operationsteil* wird die Art der Operation, die in der Anweisung ausgeführt werden soll, durch genormte Zeichen für Operatoren angegeben. Operationen dienen der Signalverarbeitung oder der Programmorganisation.

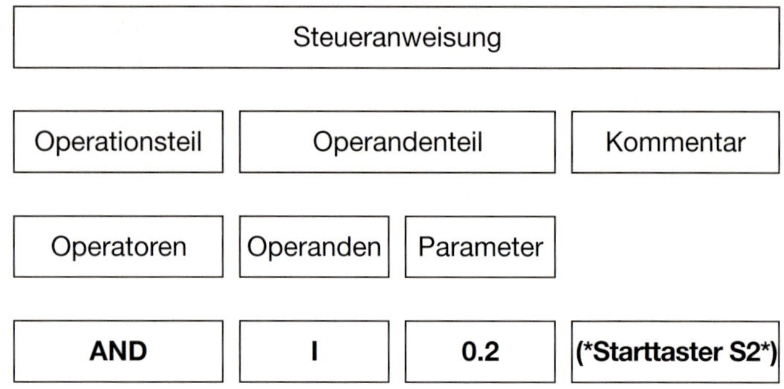

Operationen zur Signalverarbeitung sind die Grundverknüpfungen und die Zuweisung oder das Setzen bzw. Rücksetzen von Ausgängen und Merkern (Tab. 1).

Tab. 1: Bezeichnung von Operationen

Operator	Beschreibung
LD	Ladeanweisung
AND	UND-Verknüpfung
OR	ODER-Verknüpfung
ANDN	UND-Verknüpfung mit Negation des Operanden
S	Setzen einer Operation
R	Rücksetzen einer Operation
=	Zuweisung einer Operation

Funktionsplan GRAFCET

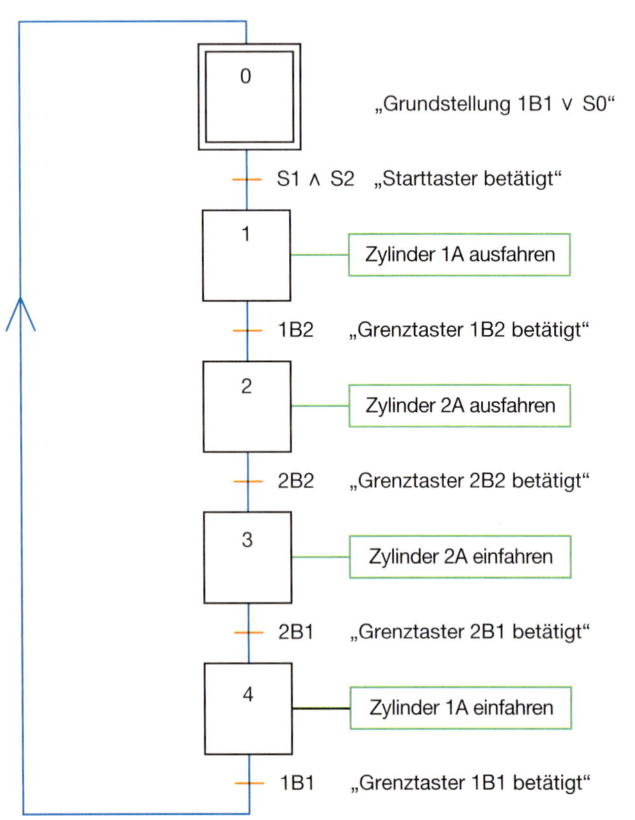

Anweisungsliste

```
LD   M 0.4
AND  I 0.3   (*Grenztaster –B1*)
OR   I 0.0   (*Startvorbereitung*)
S    M 0.0
LD   M 0.1
R    M 0.0

LD   M 0.0
AND  I 0.1   (*Starttaster –S1*)
AND  I 0.2   (*Starttaster –S2*)

S    M 0.1
LD   M 0.2
R    M 0.1
LD   M 0.1
=    Q 0.1   (*Zyl. 1A ausfahren*)

LD   M 0.1
AND  I 0.4   (*Grenztaster –B2*)
S    M 0.2
LD   M 0.3
R    M 0.2
LD   M 0.2
=    Q 0.3   (*Zyl. 2A ausfahren*)

LD   M 0.2
AND  I 0.6   (*Grenztaster –B4*)
S    M 0.3
LD   M 0.4
R    M 0.3
LD   M 0.3
=    Q 0.4   (*Zyl. 2A einfahren*)

LD   M 0.3
AND  I 0.5   (*Grenztaster –B3*)
S    M 0.4
LD   M 0.0
R    M 0.3
LD   M 0.3
=    Q 0.2   (*Zyl. 1A einfahren*)
```

Abb. 1: Funktionsplan und Anweisungsliste der Biegevorrichtung

Im *Operandenteil* stehen die Operanden, mit denen die Operation durchgeführt werden sollen. *Operanden* sind Eingänge, Ausgänge und Merker (Tab. 2). Merker sind Speicher, mit denen Zwischenergebnisse von Signalverknüpfungen gebildet und rechnerintern zwischengespeichert werden können. Durch ihre Anwendung ergeben sich einfache und übersichtliche Programme.

Die Operanden erhalten *Parameter* zur eindeutigen Kennzeichnung. Sie ergeben sich aus der Bezeichnung der Eingänge und Ausgänge an der SPS. Die Angabe **I 0.2** bezeichnet den Eingang **I** der Baugruppe **0** am Anschluss **2**.

Tab. 2: Kennzeichen für Operanden

Kennzeichen	Beschreibung
I	Eingang
Q	Ausgang
M	Merker

Kommentare erleichtern das Lesen von Programmen. Sie werden in einer Klammer mit einem Stern den jeweiligen Steueranweisungen angefügt. Sie haben keine Auswirkung auf die Verarbeitung der Steueranweisungen in der SPS.

Aufbau einer Anweisungsliste

Mehrere Anweisungen bilden eine Sequenz. Eine Sequenz beginnt mit der Ladeanweisung *LD*. Ihr können weiter Anweisungen mit Operationen zur Signalverarbeitung folgen. Eine Sequenz endet mit der Zuweisung = oder dem Setzen *S* bzw. Rücksetzen *R* von Ausgängen und Merkern.

Beispiel:

```
LD  I 0.0
OR  M 0.4
S   M 0.0
```

Mehrere Sequenzen bilden das Steuerungsprogramm.

Abb. 1 zeigt die Anweisungsliste für die Biegevorrichtung. Die Anweisungsliste zeigt folgende Struktur für einen Steuerschritt:

- Nach dem Vorliegen der Übergangsbedingungen wird ein Merker **M** ... gesetzt.

Das mit dem Merker **M** ... gebildete Zwischenergebnis leitet verschiedene Vorgänge ein.

- Der Merker **M** ... wird geladen und auf dem zugehörigen Ausgang **Q** ... wird ein Signal ausgegeben. Durch das Signal erfolgt das Umschalten der angeschlossenen Stellgeräte (Ventile –M1 ... –M4).

- Durch das Laden des Merkers **M** ... wird rechnerintern der vorangehende Schritt rückgesetzt **R**.

- Durch das Laden des Merkers **M** ... wird außerdem rechnerintern der nachfolgende Schritt vorbereitet.

Die Anweisungsliste kann unmittelbar aus dem Funktionsplan abgeleitet werden.

12.4.2 Programmieren in Kontaktplan KOP

Die Programmiersprache KOP ist eine grafische Sprache. Sie ist aus dem Stromlaufplan in aufgelöster Darstellung abgeleitet. Allerdings sind die „Strompfade" beim KOP waagerecht angeordnet.

Die grafische Sprache KOP hat ähnliche Strukturen wie ein Stromlaufplan in aufgelöster Darstellung.

Symbolbildung im Kontaktplan

Die Programmiersprache kennzeichnet Eingänge (Kontakte) und Ausgänge (Spulen) mit zwei unterschiedlichen Symbolen (Tab. 3). Eingänge und Ausgänge können negiert (umgekehrt) werden. In die Symbole wird dann ein Schrägstrich eingefügt.

Ausgänge, die speichernd gesetzt werden, erhalten im Spulensymbol ein *S* für Setzen bzw. ein *R* für Rücksetzen.

Tab. 3: Symbole für Ein- und Ausgänge

Symbol	Beschreibung
-] [-	Symbol für einen Eingang (Kontakt)
-]/[-	Symbol für einen Eingang (Kontakt), der das Eingangssignal umkehrt (NICHT-Funktion)
-( )-	Symbol für einen Ausgang (Spule), der bei Ansteuerung ein Signal unverändert weiter gibt
-(/)-	Symbol für einen Ausgang (Spule), der das Ausgangssignal umkehrt (NICHT-Funktion)
-(S)-	Symbol für das Setzen eines Ausgangs (Spule)
-(R)-	Symbol für das Rücksetzen eines Ausgangs (Spule)

Kennzeichnung von Ein- und Ausgängen

Die Kennzeichnung der Eingänge und Ausgänge entspricht der in der Anweisungsliste. Die Kennzeichnen werden über die Symbole für die Eingänge und Ausgänge geschrieben. Merker können Eingänge oder Ausgänge sein.

Beispiel:

```
   I 0.0        M 0.1
--] [------( )-
```

Signalverknüpfungen

Die Darstellung einer Verknüpfung von Eingängen und Ausgängen entspricht der im Stromlaufplan. UND-Verknüpfungen werden in Reihe hintereinander angeordnet (Tab. 4). ODER-Verknüpfungen werden parallel untereinander angeordnet.

Tab. 4: Signalverknüpfungen

Verknüpfung	Bedeutung
-] [- -]/[-	UND-Verknüpfung zweier Eingänge
-+-] [-+- +-]/[-+	Oder-Verknüpfung zweier Eingänge

Aufbau eines Kontaktplanes

Die Wege werden in einem Kontaktplan waagerecht dargestellt und untereinander angeordnet (Abb. 1). Die Spulensymbole für einen Ausgang sind an der rechten Seite des Kontaktplanes anzugeben. Sie schließen jeweils einen Stromweg ab.

Der Kontaktplan wird links und rechts durch senkrechte Linien begrenzt. Der Zustand der linken senkrechten Linie wird immer als EIN betrachtet. Das entspricht einem angenommenen Stromfluss von links nach rechts.

Bei der UND-Verknüpfung von Eingängen werden die Kontaktsymbole hintereinander angeordnet.

Bei der ODER-Verknüpfung von Eingängen werden die Kontaktsymbole untereinander angeordnet.

Die Rückkopplung von Ausgangssignalen kann über eine ODER-Verknüpfung erfolgen. Es entspricht einer Selbsthaltung. Die Selbsthaltung kann durch einen negierten Eingang hinter der ODER-Verknüpfung gelöst werden.

Der Kontaktplan wird in einen Steuerteil und einen Leistungsteil gegliedert. Im Leistungsteil werden die Ausgänge angesteuert.

Man erkennt deutliche Parallelen zum Aufbau und zur Funktion von Stromlaufplänen (vgl. Abb. 2). Der Kontaktplan eignet sich darum besonders zur Umsetzung eines Stromlaufplanes in ein Steuerprogramm.

Parallelgeschaltete Kontakte ergeben dabei ODER-Verknüpfungen und in Reihe geschaltete Kontakte ergeben UND-Verknüpfungen. Öffner werden negiert in den Kontaktplan übernommen. Die Kontaktsymbole stellen jedoch nicht die an das Steuergerät angeschlossenen Signalgeber dar. Sie geben lediglich an, wie die Eingangssignale verarbeitet werden sollen.

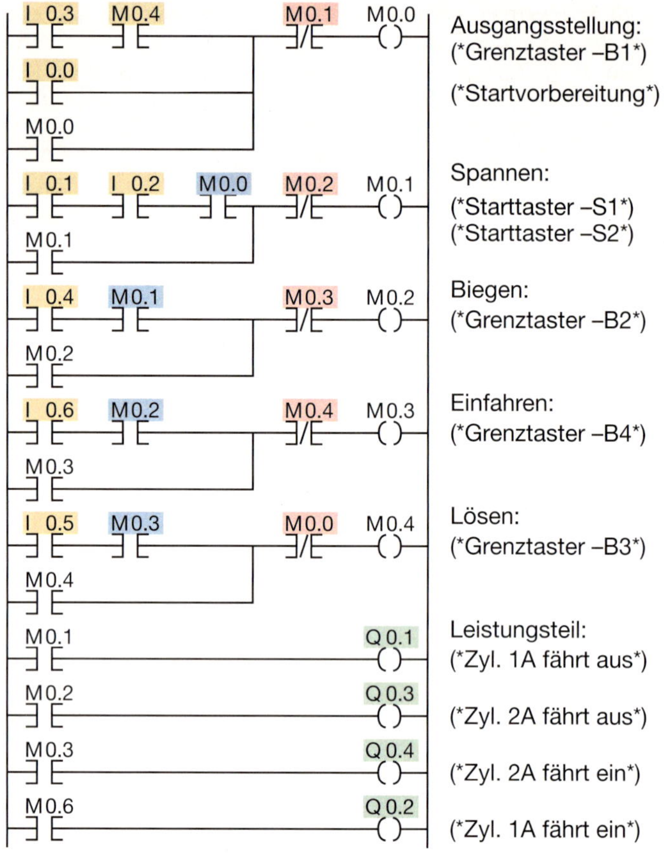

Abb. 1: Kontaktplan der Biegevorrichtung

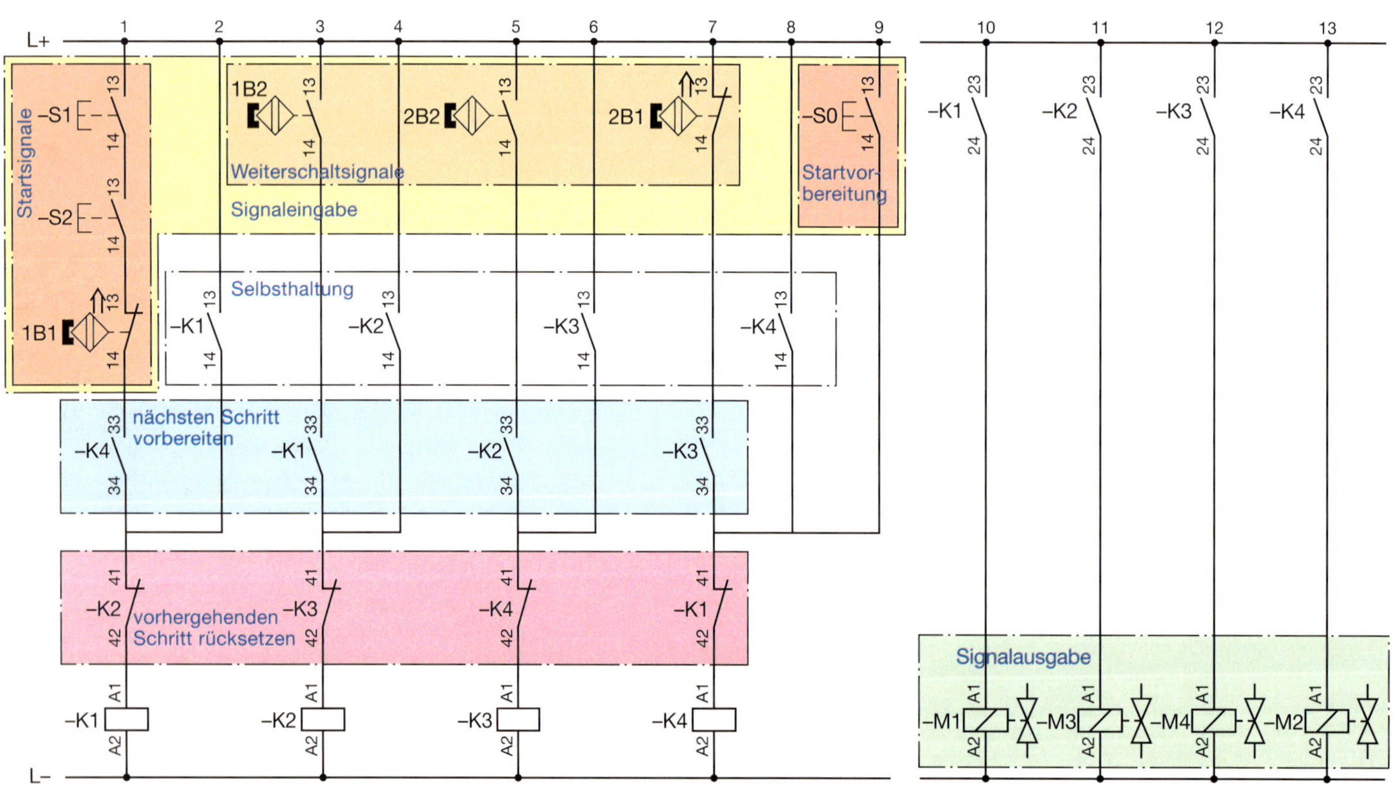

Kontakte	Pfad
13 - 14	2
23 - 24	10
33 - 34	3
41 - 42	7

Kontakte	Pfad
13 - 14	4
23 - 24	11
33 - 34	5
41 - 42	1

Kontakte	Pfad
13 - 14	6
23 - 24	12
33 - 34	7
41 - 42	3

Kontakte	Pfad
13 - 14	8
23 - 24	13
33 - 34	1
41 - 42	5

Abb. 2: Stromlaufplan mit schrittweiser Signalabschaltung

12.4.3 Programmieren in Funktionsbaustein-Sprache FBS

Die Funktionsbaustein-Sprache FBS ist eine grafische Sprache. Sie verwendet weitgehend Sinnbilder wie sie in der **DIN 40 900-12** genormt sind (→📖).

Bei der Funktionsbaustein-Sprache werden Funktionen und Funktionsbausteine zum Erstellen eines Steuerungsprogramms verwendet.

Standart-*Funktionen* für die Verknüpfung zweiwertiger Signale sind die UND-Funktion, ODER-Funktion und die NICHT-Funktion.

Standart-*Funktionsbausteine* sind Speicherfunktionen und Zeitfunktionen.

Die Programmierung erfolgt in der Regel grafisch auf dem Monitor des Personalcomputers mit Hilfe einer Programmiersoftware. Die für die Programmerstellung notwendigen Funktionen und Funktionsbausteine lassen sich über ein Menü aufrufen. Anschließend müssen nur noch alle Eingänge und Ausgänge entsprechend der Zuordnungsliste gekennzeichnet werden.

Symbolbildung

Funktionen oder Funktionsbausteine werden durch Rechtecke dargestellt. Die Größe der Rechtecke richtet sich nach der Anzahl der Eingänge, der Ausgänge und der weiteren Informationen, die darzustellen sind.

Die Verarbeitungsrichtung erfolgt von links nach rechts. Eingänge werden auf der linken Seite angetragen, Ausgänge auf der rechten. Negierte Eingänge oder Ausgänge werden mit einem Kreis gekennzeichnet. Innerhalb des Rechtecks können an den Eingängen und Ausgängen weitere Kennzeichnungen angetragen werden. Die Funktionen werden als Name oder Symbol innerhalb des Rechtecks angegeben.

Kennzeichnung von Ein- und Ausgängen

Die Kennzeichnung der Eingänge und Ausgänge entspricht der in der Anweisungsliste. Die Kennzeichen werden an die Eingänge und Ausgänge geschrieben.

Beispiel:

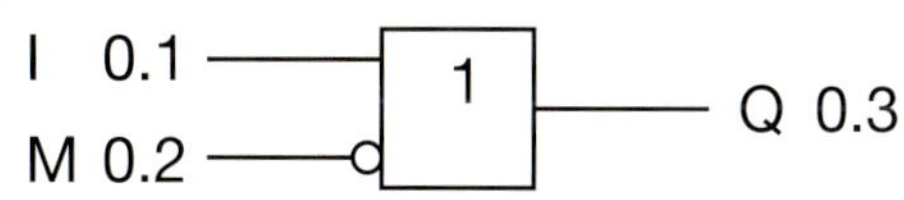

Verknüpfung von Funktionen und Funktionsbausteinen

Mehrere Funktionen oder Funktionsbausteine können miteinander verknüpft werden. Dabei muss der Ausgang einer Funktion oder eines Funktionsbausteins mit der Eingangsseite einer Funktion oder eines Funktionsbausteins verbunden werden.

Abb. 3 zeigt den vollständigen Steuerungsablauf der Biegevorrichtung in Funktionsbaustein-Sprache.

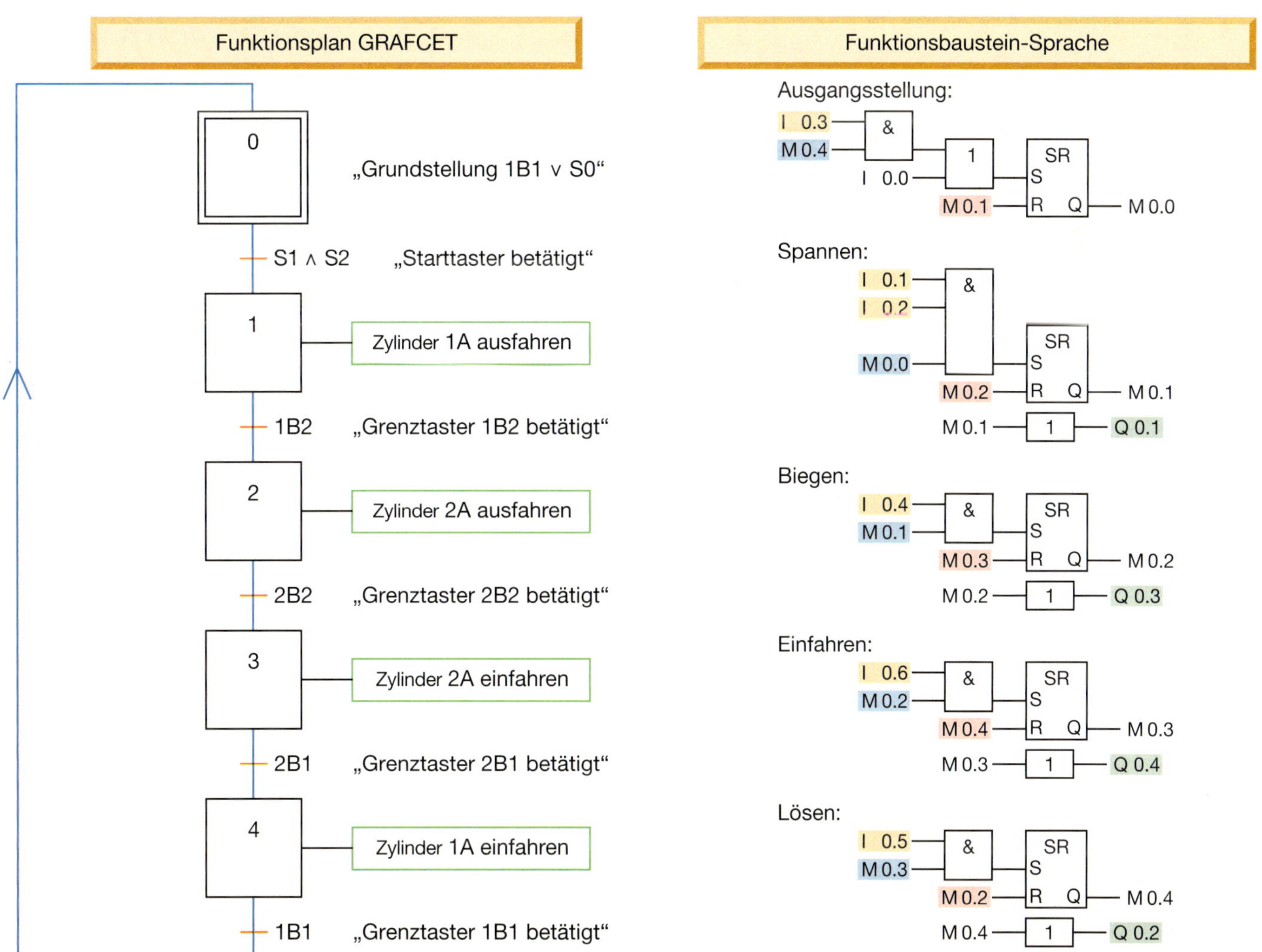

Abb. 3: Steuerungsablauf in Funktionsbaustein-Sprache

13 HYDRAULISCHE SCHALTPLÄNE

Der Aufbau und die Funktionsweise hydraulischer Schaltungen werden wie bei pneumatischen Steuerungen dokumentiert durch

- Schaltpläne,
- Gerätelisten und
- Zustandsdiagramme.

Der Schaltplan ist dabei die wichtigste technische Unterlage zur gerätetechnischen Darstellung einer hydraulischen Steuerung.

13.1 Aufbau hydraulischer Schaltpläne

Die Darstellungsregeln für hydraulische Schaltpläne sind weitgehend identisch mit dem pneumatischer Schaltpläne. Deshalb sollen im Wesentlichen nur noch Besonderheiten in der Darstellung hydraulischer Schaltpläne und Bauteile aufgezeigt werden.

Für die symbolhafte Darstellung der Bauteile gilt ebenfalls die **DIN ISO 1219** (→📖). In Schaltplänen hydraulischer Anlagen findet man allerdings Schaltzeichen für Behälter und Rückleitungen, die in pneumatischen Anlagen nicht vorkommen.

In Hydraulikanlagen werden immer auch Druckventile eingesetzt. Sie haben hier eine erheblich größere Bedeutung als in pneumatischen Steuerungen. Bei Druckventilen ist im Schaltplan der Einstelldruck anzugeben.

Schaltplanaufbau

Hydraulische Schaltpläne werden in einzelne *Schaltkreise* aufgeteilt (Abb. 1). Ein Schaltkreis umfasst alle Bauglieder zur Steuerung eines Antriebsgliedes, z. B. eines Zylinders. Die einzelnen Bauglieder sind entsprechend dem Energiefluss von unten nach oben anzuordnen. Mehrere Schaltkreise werden in der Reihenfolge des Steuerungsablaufes von links nach rechts hintereinander angeordnet.

Jede hydraulische Anlage hat dabei ihre eigene Energieversorgungseinheit. Einheiten zur Energieversorgung werden meist als komplette Baueinheiten geliefert. Solche Baueinheiten werden als *Antriebsaggregat* (Hydraulikaggregat) bezeichnet. Es besteht meist aus folgenden Einzelgeräten (Abb. 1):

- dem *Ölbehälter* (0Z1), zum Aufbewahren und Kühlen der Hydraulikflüssigkeit,
- der *Pumpe* (0P1), die die Flüssigkeit aus dem Behälter zu den Zylindern fördert,
- dem *Elektromotor* (0M1), zum Antreiben der Pumpe,
- dem *Druckbegrenzungsventil* (0V1), mit dem der Druck in der Anlage nach oben begrenzt wird,
- dem *Rückschlagventil* (0V2), mit dem bei Ausfall des Motors verhindert wird, dass durch äußere Kräfte auf den Zylinder Druckflüssigkeit zur Pumpe zurückläuft,
- dem *Filter* (0Z2), um die Flüssigkeit von Fremdstoffen zu reinigen,
- dem *Druckmesser* (0Z3) zum Ablesen des Systemdruckes.

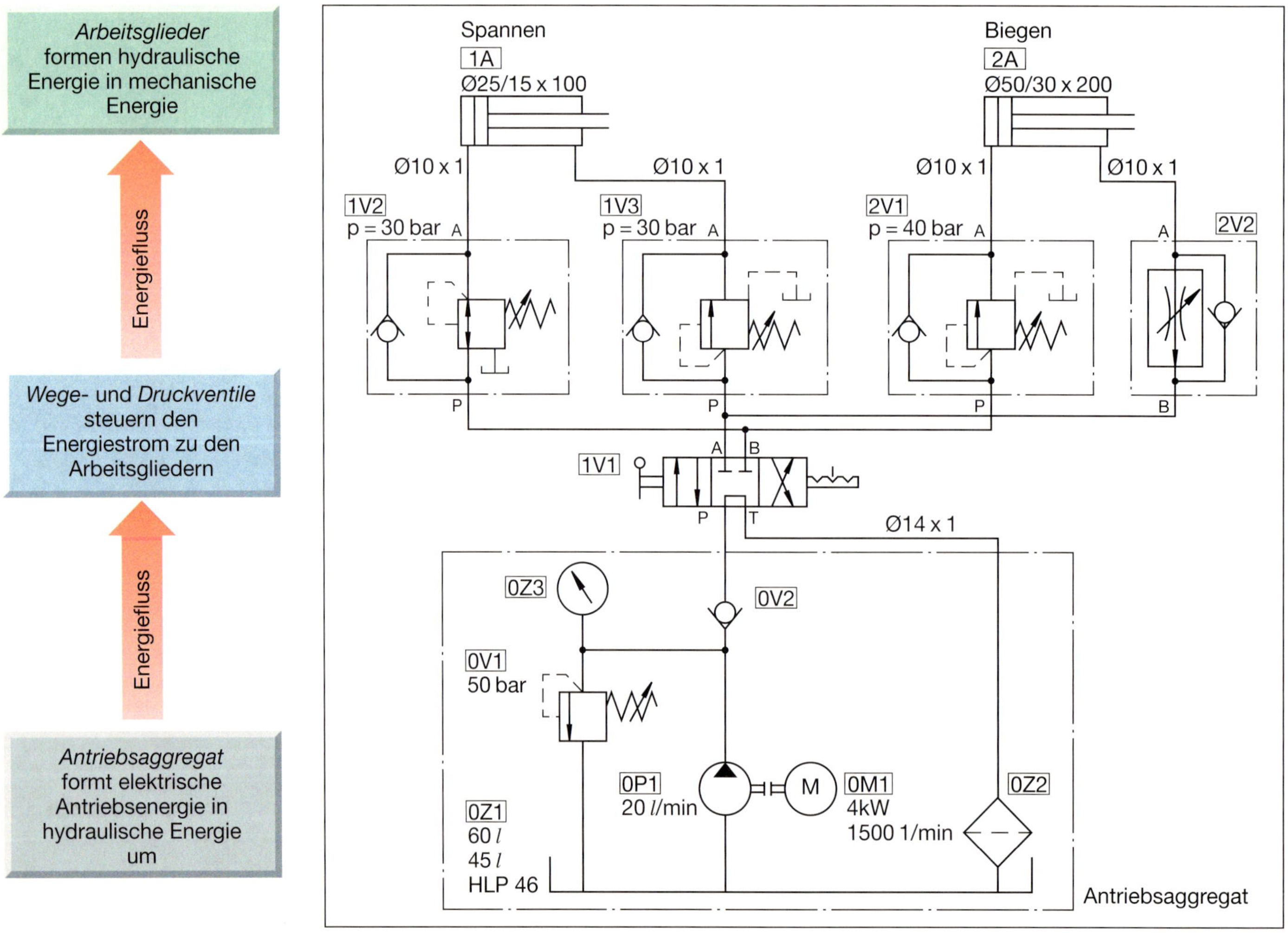

Abb. 1: Hydraulischer Schaltplan

Hydraulische Ventile haben im Unterschied zu Ventilen für pneumatische Steuerungen Anschlüsse für Rückleitungen zum Behälter und teilweise noch für besondere Leckölleitungen. Diese Leitungen reichen bis zum Flüssigkeitsbehälter. Das Symbol für einen Behälter kann auch direkt an den Ventilanschluss gezeichnet werden. Dadurch vermeidet man Leitungskreuzungen und die Schaltpläne werden übersichtlicher.

Die Leitungsanschlüsse sind mit Kennbuchstaben, wie sie am Bauteil angebracht sind, zu kennzeichnen. Die *Anschlusskennzeichnung* erfolgt in der Regel durch Buchstaben (Tab. 1).

Tab. 1: Kennzeichnung von Anschlüssen

Anschlussarten	Bezeichnung
Anschlüsse für Arbeitsleitungen	**A, B, C**
Anschluss der Druckleitung von der Pumpe	**P**
Anschluss der Abflussleitung zum Behälter	**T**
Anschluss für Leckölleitungen	**L**
Anschlüsse für Steuerleitungen	**X, Y, Z**

Jedes Bauteil erhält eine *Kennzeichnung* aus Zahlen und Buchstaben. Sie wird mit einem Rahmen versehen. Die Kennzeichnung besteht aus der Schaltkreisnummer, der Bezeichnung der Bauteilart und der Bauteilnummer (vgl. Kapitel 11.1). Bauteile, die zum Antriebsaggregat gehören, erhalten die Schaltkreisnummer 0.

In praxisgerechten Schaltplänen sind folgende *technische Daten* einzutragen (Abb. 1):

- größtes und kleinstes Behältervolumen, z. B. *60 l, 45 l*;
- Bezeichnung der Hydraulikflüssigkeit, z. B. *HLP 46*;
- Nennvolumenstrom der Pumpe, z. B. *20 l/min*;
- Nennleistung und Umdrehungsfrequenz des Antriebsmotors, z. B. *4 kW, 1500 1/min*;
- Einstelldruck der Druckventile, z. B. *50 bar*;
- Zylinderinnendurchmesser, Kolbenstangendurchmesser und Hub der Zylinder, z. B. *Ø 50/30 x 200*;
- Außendurchmesser und Wanddicke der Rohrleitungen, z. B. *Ø 14 x 1*.

13.2 Elemente der Energiesteuerung

Der Energiefluss in hydraulischen Anlagen kann über den Volumenstrom oder über den Druck der Flüssigkeit beeinflusst werden.

Zu den Einheiten der Energiesteuerung gehören Wegeventile, Druckventile, Stromventile und Sperrventile.

13.2.1 Wegeventile

Wegeventile öffnen und sperren den Durchfluss der Hydraulikflüssigkeit und ändern deren Durchflussrichtung.

Die symbolische Darstellung der Wegeventile für Hydraulik unterscheidet sich grundsätzlich nicht von denen für Pneumatik. Allerdings werden in hydraulischen Steuerungen häufig Wegeventile mit drei Schaltstellungen und vier Leitungsanschlüssen verwendet. Als Beispiel soll darum der Aufbau und die Funktionsweise eines 4/3-Wegeventils betrachtet werden.

Bei Wegeventilen mit drei Schaltstellungen unterscheiden sich die Durchflusswege in der Mittelstellung. Die Durchflusswege können gesperrt oder miteinander verbunden sein. Je nach Ausführung ergeben sich dabei unterschiedliche Funktionen (Abb. 2).

Funktionsweise

Bei einem *4/3-Wegeventil mit Sperr-Mittelstellung* kann der Zylinder in jeder Lage gestoppt werden (Abb. 2a). Das ist wichtig zum Beispiel bei Not-Stop. In beiden Arbeitsleitungen zum Zylinder befindet sich Hydraulikflüssigkeit mit dem Anlagendruck. Die Pumpe muss allerdings gegen den am Druckbegrenzungsventil eingestellten Anlagendruck arbeiten.

Verwendet man ein *4/3-Wegeventil mit Umlauf-Mittelstellung*, kann mit der Schaltung die gleiche Funktion erreicht werden (Abb. 2b). Es ergibt sich allerdings eine Energieeinsparung, da in der Mittelstellung die Pumpe die Hydraulikflüssigkeit nur mit geringem Druck zum Hydraulikbehälter pumpen muss.

Bei einem *4/3-Wegeventil mit Schwimm-Mittelstellung* ist in der Mittelstellung der Zylinder frei beweglich (Abb. 2c). In beiden Arbeitsleitungen steht die Hydraulikflüssigkeit nicht unter dem Anlagendruck. Die Pumpe muss allerdings gegen den am Druckbegrenzungsventil eingestellten Anlagendruck arbeiten.

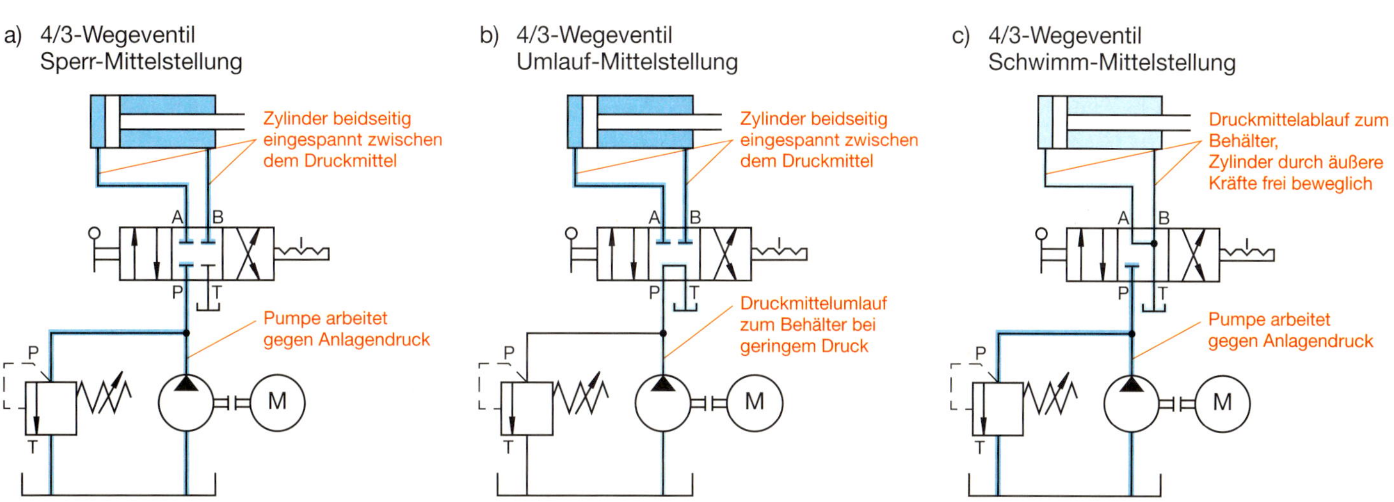

Abb. 2: Funktionsweise von 4/3-Wegeventilen

13.2.2 Druckventile

Druckventile steuern den Druck in hydraulischen Anlagen. Sie öffnen oder schließen Leitungen je nach Druckzustand in der Anlage.

Symbolbildung

Druckventile werden nur durch ein quadratisches Kästchen dargestellt (Abb. 1). Ein Pfeil in dem Quadrat zeigt die Durchflussrichtung an. Der Pfeil wird gegenüber den Leitungsanschlüssen versetzt dargestellt, wenn der Durchfluss in Ausgangsstellung gesperrt ist. Seitlich an das Quadrat werden die Betätigungsarten angetragen. Auf der einen Seite ist das Element angetragen, mit dem der Druck eingestellt wird, meist eine Feder. Auf der gegenüberliegenden Seite wirkt der Steuerdruck über eine interne oder externe Steuerleitung. Interne Steuerleitungen gehen unter einen Winkel von 45° von einem der Leitungsanschlüsse ab.

Funktionsweise

Man unterscheidet Druckbegrenzungsventile, Folgeventile und Druckreduzierventile.

- *Druckbegrenzungsventil*

Druckbegrenzungsventile sind in Ausgangstellung geschlossen (Abb. 2a). Der Steuerdruck wird durch eine interne Steuerleitung auf der Eingangsseite am Anschluss P abgenommen.

Steigt der Druck über die eingestellte Federkraft, öffnet das Ventil den Anschluss T zum Behälter. Hydraulikflüssigkeit kann drucklos abfließen (Abb. 2b). Der Druck am Anschluss P und damit in der Anlage bleibt erhalten. Sinkt der Druck am Anschluss P, schließt die Federkraft das Ventil wieder.

Das Druckbegrenzungsventil wird in einer Nebenleitung zum Hydraulikkreislauf eingebaut. Der Anschluss P wird dabei mit dem Teil der Anlage verbunden, in dem unzulässig hohe Drücke entstehen können.

- *Folgeventil*

Folgeventile sind in Ausgangsstellung geschlossen (Abb. 3a). Der Steuerdruck wird durch eine interne Steuerleitung auf der Eingangsseite am Anschluss P abgenommen.

Druckbegrenzungsventil

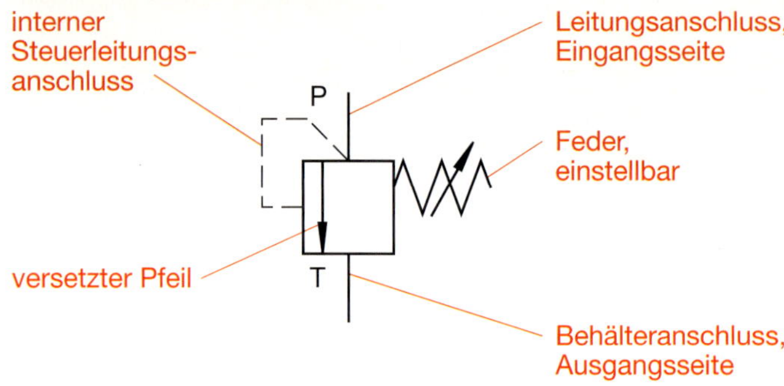

Abb. 1: Symbole für Druckventile

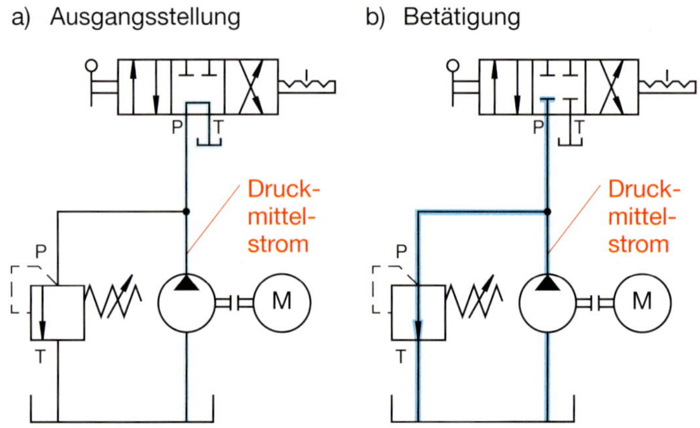

Abb. 2: Funktionsweise von Druckbegrenzungsventilen

Ist der Eingangsdruck größer als die eingestellte Federkraft, öffnet das Ventil und gibt den Durchfluss zum Anschluss A frei (Abb. 3b).

Hydraulikflüssigkeit kann in Folgeventilen nur in der Durchflussrichtung von P nach A strömen. Ein entgegengesetzter Flüssigkeitsstrom muss über ein parallel geschaltetes Rückschlagventil abgeleitet werden (Abb. 3c).

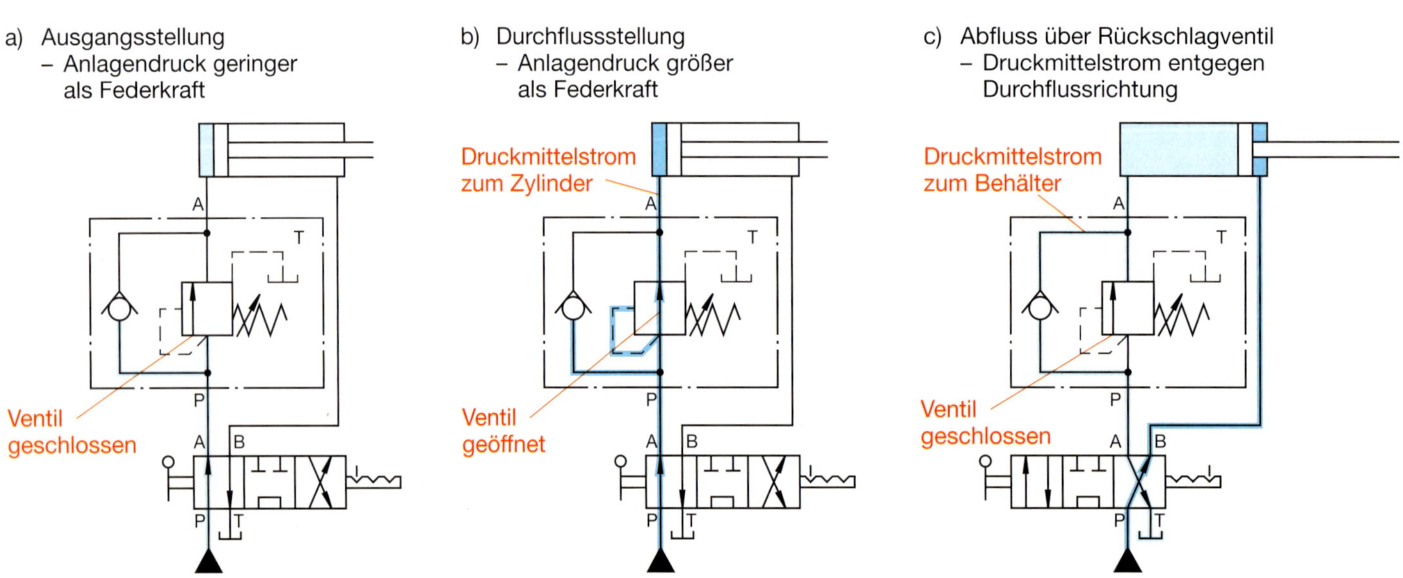

Abb. 3: Funktionsweise von Folgeventilen

- *Druckreduzierventil*

Druckreduzierventile sind in der Ausgangsstellung geöffnet (Abb. 4a). Die Durchflussrichtung ist von P nach A.

Der Steuerdruck wird durch eine interne Steuerleitung auf der Ausgangsseite am Anschluss A abgenommen. Steigt der Druck über die am Ventil eingestellte Federkraft, verringert sich der Durchfluss. Der Ausgangsdruck wird unabhängig vom Eingangsdruck konstant gehalten. Befindet sich der Zylinder in der Endlage, ist das Ventil geschlossen (Abb. 4b).

Steigt der Druck auf der Ausgangsseite durch äußere Kräfte am Zylinder, öffnet das Ventil den Anschluss T zum Behälter (Abb. 4c). Es fließt soviel Hydraulikflüssigkeit ab, dass der Druck nicht weiter steigt. Durch das Druckreduzierventil in 3-Wege-Ausführung erhält man eine Druckabsicherung auf der Ausgangsseite. Das Druckreduzierventil kann nicht in der Richtung von A nach P durchströmt werden. Ein entgegengesetzter Flüssigkeitsstrom muss über ein parallel geschaltetes Rückschlagventil abgeleitet werden.

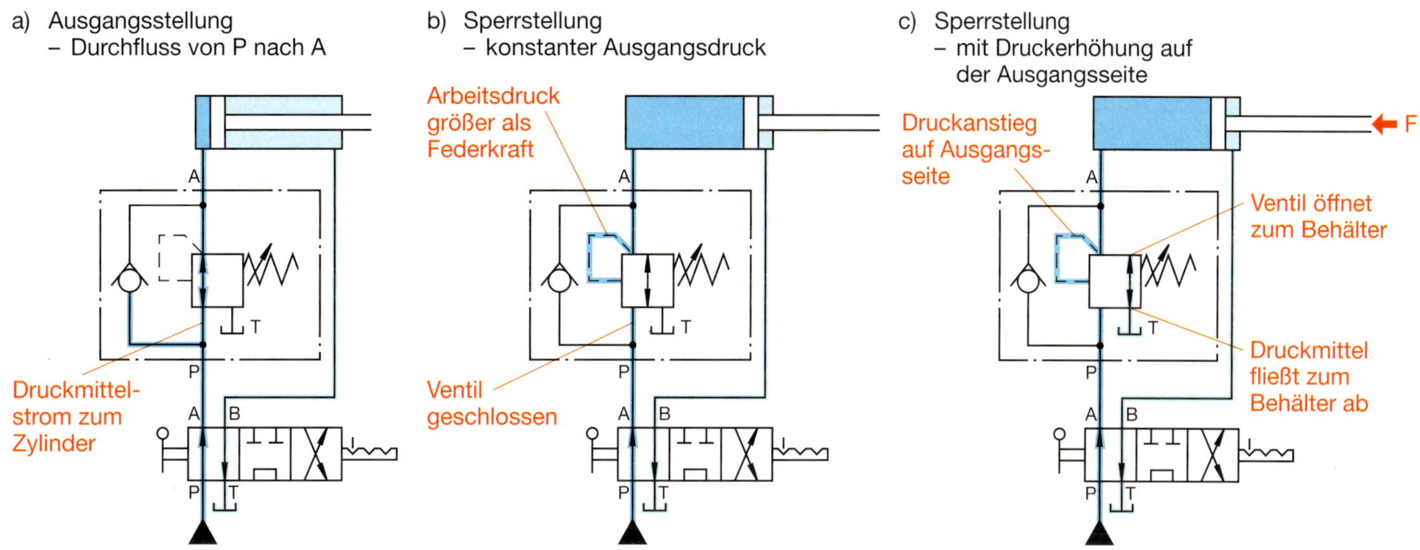

Abb. 4: Funktionsweise von Druckreduzierventilen

13.2.3 Stromregelventile

Stromregelventile regeln den Volumenstrom der durchströmenden Hydraulikflüssigkeit. Sie dienen zur Geschwindigkeitssteuerung von Antriebsgliedern.

Symbolbildung

Stromregelventile können ausführlich oder vereinfacht dargestellt werden (Abb. 5). Die ausführliche Darstellung lässt erkennen, dass Stromregelventile aus einem Druckventil und einer verstellbaren Drossel bestehen.

In der vereinfachten Darstellung werden Stromregelventile mit einem rechteckigen Kasten dargestellt. An die kurzen Seiten des Rechteckes werden die Anschlüsse A und B angetragen. Der Pfeil gibt die Richtung an, in die die Hydraulikflüssigkeit durchgelassen wird. Das Drosselsystem deutet einen verengten Querschnitt an.

Hydraulikflüssigkeit kann in Stromregelventilen nur in der Durchflussrichtung von A nach B strömen. Muss der Flüssigkeitsstrom in entgegengesetzter Richtung abgeleitet werden, wird ein Rückschlagventil parallel geschaltet.

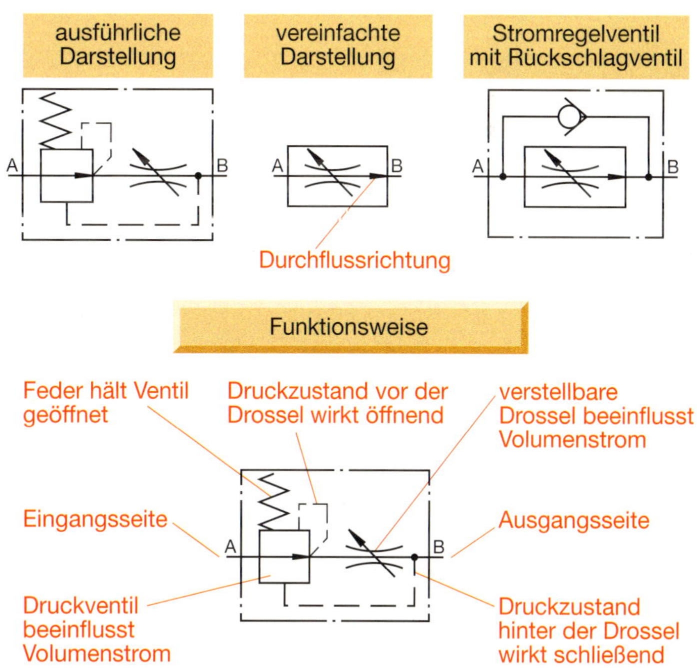

Abb. 5: Symbolaufbau von Stromregelventilen

Funktionsweise

Durch Drosseln strömen in Abhängigkeit von Druckunterschieden vor und hinter der Drossel unterschiedlich große Volumenströme. Ist der Druckunterschied groß, strömt ein großer Volumenstrom zum Ausgangsanschluss B. Ist der Druckunterschied klein, strömt ein kleiner Volumenstrom zum Ausgangsanschluss B.

Die ausführliche Darstellung zeigt, dass der Druck vor und hinter der Drossel auf das Druckventil wirkt. Ein großer Druckunterschied vor und hinter der Drossel verringert den Durchfluss im Druckventil. Ein kleiner Druckunterschied vor und hinter der Drossel vergrößert den Durchfluss im Druckventil.

Die Wirkungen von Drossel und Druckventil sind entgegengesetzt. Dadurch lässt das Stromregelventil unabhängig von Druckschwankungen in der Anlage immer den gleichen gedrosselten Volumenstrom fließen. Die Geschwindigkeit der nachgeschalteten Arbeitsglieder bleibt konstant.

13.3 Lesen von hydraulischen Schaltplänen

Das fachgerechte Lesen hydraulischer Schaltpläne ist die Voraussetzung für die Montage von hydraulischen Anlagen und für die Fehlersuche in den Anlagen.

Für die *Montage* kann aus dem Schaltplan in Verbindung mit der Geräteliste die Art der einzubauenden Bauglieder und deren Verbindung durch Leitungen entnommen werden. Bei der *Funktionskontrolle* oder der *Fehlersuche* lässt sich aus dem Schaltplan in Verbindung mit dem Zustandsdiagramm ersehen, welche Bauglieder die Schaltschritte auslösen und steuern.

Um die Gesamtfunktion der Steuerung zu erfassen, beginnt man beim Schaltplanlesen dort, wo der Steuerungsablauf gestartet wird und folgt dem Weg der Hydraulikflüssigkeit als Energiefluss in der Anlage.

Das Lesen soll beispielhaft an der hydraulisch gesteuerten Biegevorrichtung erfolgen. Der Schaltplan zeigt ein vereinfachtes Beispiel einer hydraulischen druckabhängigen Folgeschaltung. Bei dieser Schaltung sind keine Grenztaster eingebaut. Die Schaltfolge wird allein durch Druckventile gesteuert.

Beschreibung des Steuerungsablaufes

Ausgangsstellung

In der Ausgangsstellung befindet sich das 4/3-Wegeventil in Mittelstellung. Die Pumpe fördert mit geringem Druck die Hydraulikflüssigkeit zum Behälter. Die beiden Zylinder (Spannen und Biegen) sind eingefahren (Abb. 1).

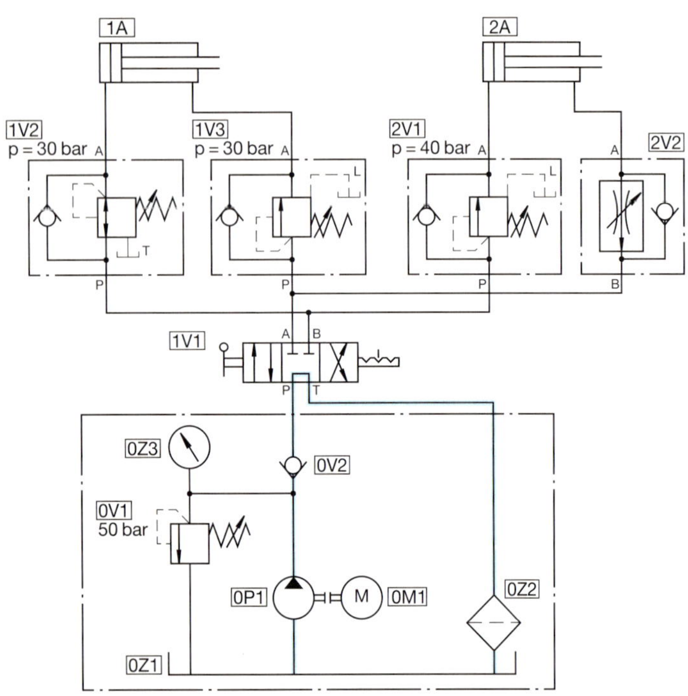

Abb. 1: Ausgangsstellung

Schritt 1: **Start, Spannen**

Das 4/3-Wegeventil 1V1 wird von Hand in die vordere Schaltstellung geschaltet. Die Hydraulikflüssigkeit strömt durch das Druckreduzierventil 1V2 zum Zylinder 1A. Die Arbeitsleitung zum Zylinder 2A ist durch das Folgeventil 2V1 gesperrt. Der Kolben des Zylinders 1A fährt aus. Die Hydraulikflüssigkeit, die sich im Zylinder auf der Kolbenstangenseite befindet, strömt über das Rückschlagventil des Folgeventils 1V3 zum Wegeventil und vom Anschluss T zurück zum Behälter.

Sobald der Zylinder 1A ausgefahren ist, steigt der Druck in der Anlage. Steigt der Druck über die eingestellte Federkraft des Druckreduzierventils 1V2, schließt das Ventil (Abb. 2).

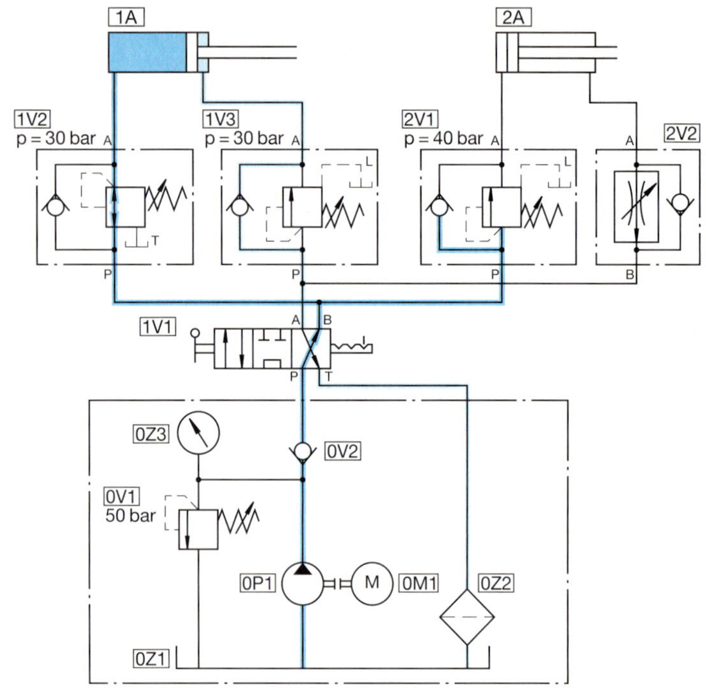

Abb. 2: Schaltschritt Spannen

Schritt 2: **Biegen**

Steigt der Anlagendruck weiter, öffnet das Folgeventil 2V1. Die Hydraulikflüssigkeit strömt nun zum Zylinder 2A. Auf der Kolbenstangenseite des Zylinders 2A strömt die Hydraulikflüssigkeit über das Stromregelventil 2V2 zum Wegeventil 1V1 und von dort zum Behälter. Da die abströmende Flüssigkeit geregelt strömt, fährt der Kolben des Zylinders mit eingestellter, konstanter Geschwindigkeit aus (Abb. 3).

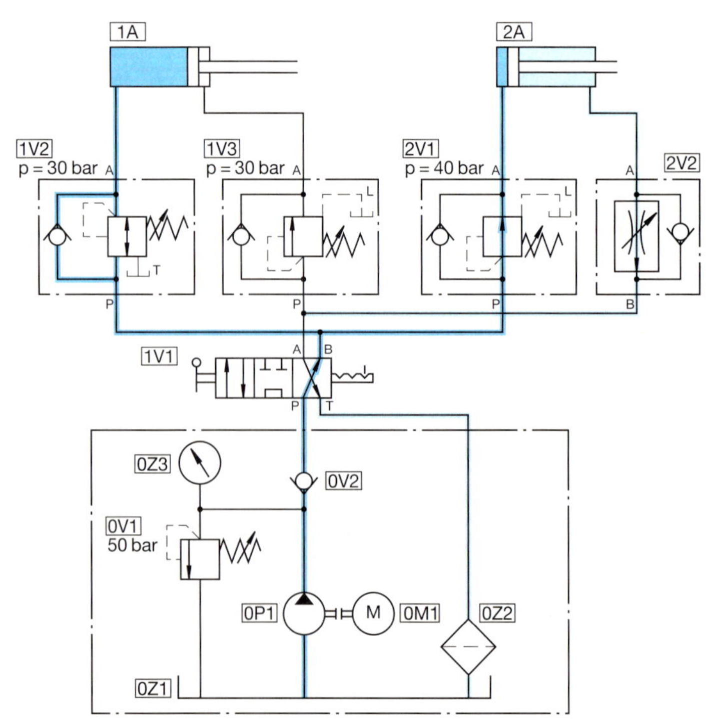

Abb. 3: Schaltschritt Biegen

Schritt 3: **Zurückfahren**

Das 4/3-Wegeventil 1V1 wird von Hand in die hintere Schaltstellung umgeschaltet. Über das Rückschlagventil des Stromregelventils 2V2 strömt die Hydraulikflüssigkeit zum Zylinder 2A. Der Kolben des Biegezylinders fährt ein. Über das Rückschlagventil des Folgeventils 2V1 strömt die Flüssigkeit zum 4/3-Wegeventil 1V1 und vom Anschluss T zum Behälter (Abb. 4).

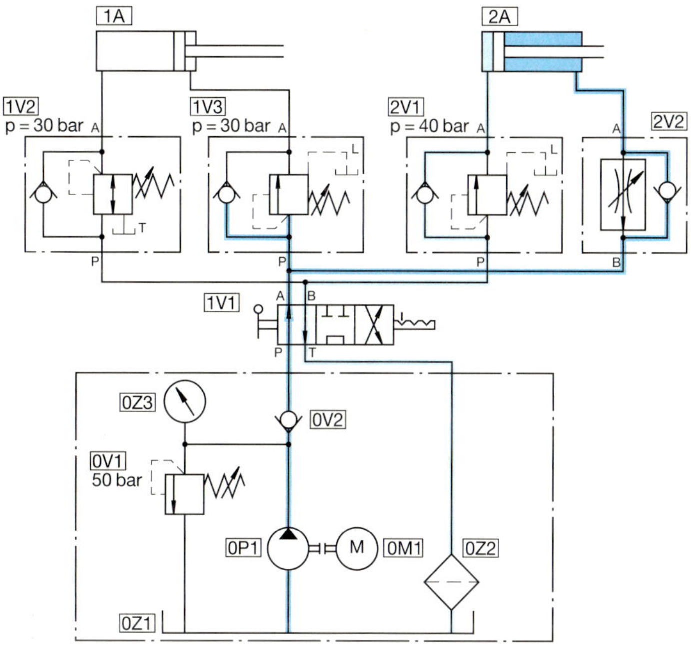

Abb. 4: Schaltschritt Zurückfahren

Schritt 4: **Entspannen**

Sobald der Zylinder 2A in die Ausgangsstellung gefahren ist, steigt der Druck in der Arbeitsleitung am Anschluss A. Steigt der Druck über die eingestellte Federkraft, öffnet das Folgeventil 1V3. Die Hydraulikflüssigkeit strömt zum Zylinder 1A und der Kolben des Zylinders fährt ein. Über das Rückschlagventil des Druckreduzierventils 1V2 strömt die Flüssigkeit zurück zum 4/3-Wegeventil und vom Anschluss T zum Behälter (Abb. 5).

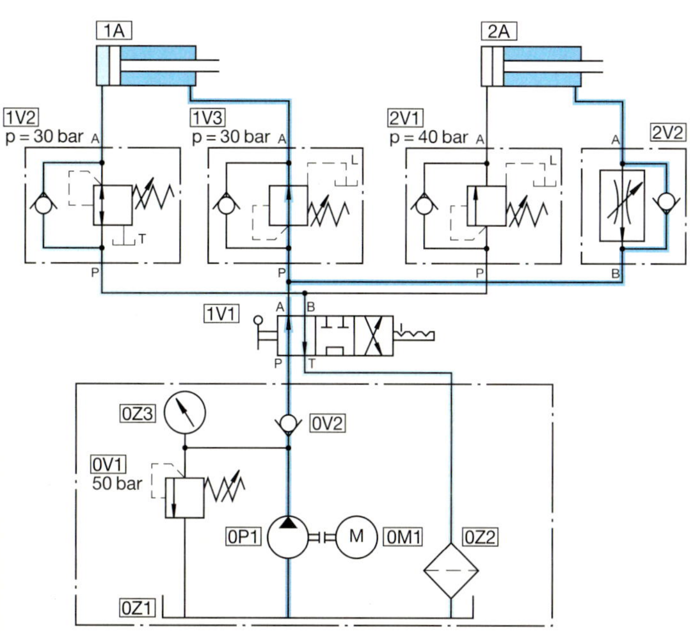

Abb. 5: Schaltschritt Entspannen

13.4 Elektrohydraulische Schaltpläne

In der Industrie werden bevorzugt elektrohydraulische Steuerungen eingesetzt. Bei elektrohydraulischen Steuerungen werden die Antriebsglieder hydraulisch angetrieben und die Stellglieder elektrisch gesteuert.

Schaltplanaufbau

Es gelten die gleichen Darstellungsregeln wie für elektropneumatische Schaltpläne.

Elektrohydraulische Anlagen bestehen aus dem hydraulischen Arbeitsteil und dem elektrischen Steuerteil. Beide Teile werden in getrennten Schaltplänen dokumentiert.

In Abb. 6 ist der hydraulische Arbeitsteil der Schaltung dargestellt. Als Signalglieder sind Grenztaster eingesetzt. Sie werden durch die Antriebsglieder (Zylinder) betätigt. Die Lage der Grenztaster ist durch Markierungsstriche (1B1 ... 2B2) im Hydraulikplan gekennzeichnet.

Der elektrische Steuerteil wird als Stromlaufplan in aufgelöster Darstellung gezeichnet (vgl. Kapitel 11.2).

Im Hydraulikplan werden zwei elektromagnetisch betätigte 4/3-Wegeventile (1V1, 2V1) mit Umlaufmittelstellung verwendet. Die Ventile schalten durch Federkraft in Mittelstellung, sobald keine Spannung an den Magnetventilen (–M1 ... –M4) anliegt.

Die beiden Wegeventile sind parallel geschaltet, da beide Ventile über eine Druckleitung gleichzeitig mit Hydraulikflüssigkeit versorgt werden. Die Ausfahrgeschwindigkeit der beiden Zylinder (1A, 2A) wird über Stromregelventile (1V2, 2V2) eingestellt. Sie sind im Rückfluss zum Tank eingebaut.

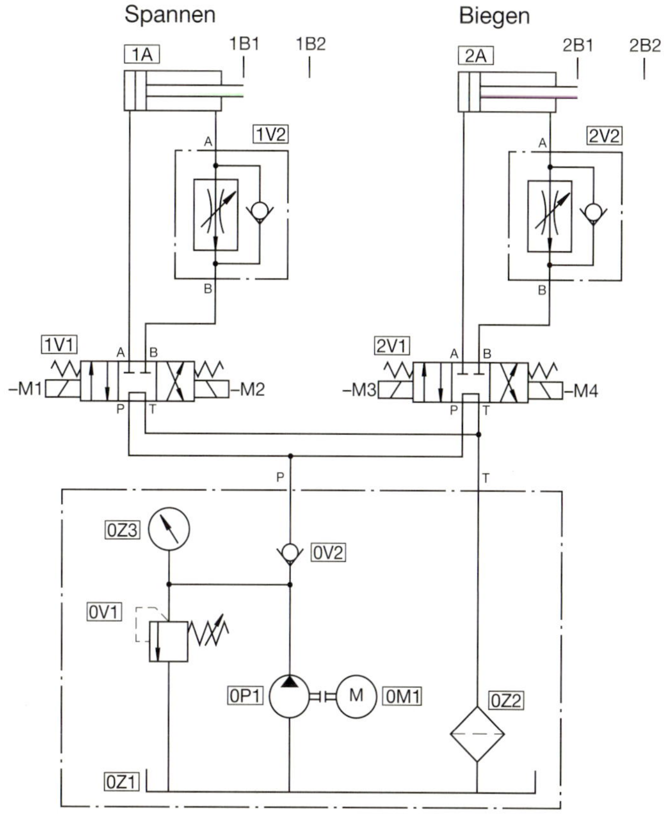

Abb. 6: Hydraulischer Arbeitsteil einer elektrohydraulischen Schaltung

14 GRUNDLAGEN DER CAD-TECHNIK

Zeichnungen werden meist nicht mehr von Hand am Zeichenbrett, sondern mit Computern erstellt. Mit der hierzu notwendigen Hard- und Software können elektronisch erstellte Zeichnungen z. B. beliebig oft verwendet, geändert und gedruckt werden. Das beschleunigt den Konstruktionsprozess wesentlich. Elektronische Zeichnungen lassen sich außerdem in einem Firmennetzwerk und im Internet für die gemeinsame Nutzung (z. B. für Arbeitsgruppen) bereitstellen.

*Alle Konstruktions-, Berechnungs- und Zeichnungstätigkeiten mit Computern, werden als **CAD** (**C**omputer **A**ided **D**esign) bezeichnet.*

Zur Durchführung von CAD wird ein CAD-Programm benötigt, welches in Verbindung mit einer geeigneten Hardware die Zeichnungsobjekte am Bildschirm darstellen kann.

14.1 Komponenten

Die *Hardware-Ausstattung* eines CAD-Arbeitsplatzes umfasst z.B.:

- PC (Windows Betriebssystem) oder MAC-Rechner,
- Arbeitsspeicher ab 1024 MB,
- Grafikkarte ab 1024 x 768 Punkten Bildauflösung,
- Farbmonitor ab 43 cm (17 Zoll) Bilddiagonale oder LCD-Flachbildschirm,
- CD-ROM/DVD-Laufwerk,
- Festplatte,
- Maus und/oder Digitalisiertablett (Eingabetablett),
- Tastatur,
- Drucker und/oder Plotter.

Die *Software-Ausstattung* eines CAD-Arbeitsplatzes umfasst z.B.:

- Windows Betriebssystem und die CAD-Software,
- Eventuell ein zusätzliches *Branchenmodul*. Damit lassen sich branchenspezifische Funktionen zur effizienten Zeichnungserstellung nutzen. Branchenmodule gibt es z. B. für die Bereiche Maschinenbau, Elektrotechnik, Architektur, Hausbau.
- Eventuell eine *Teile-Bibliothek*. Darin werden z. B. genormte Maschinenelemente oder Symbole aus der jeweiligen Branche angeboten. Damit müssen Normteile, sonstige Wiederholteile oder Symbole nicht immer erneut gezeichnet werden, sondern können aus der Bibliothek in der gewünschten Größe in die Zeichnung eingefügt werden.

Abb. 1: CAD-Ausbildungsplatz

14.2 Arbeitstechniken

14.2.1 Datenmodelle

CAD-Software unterscheidet sich durch die Art der Datenverwaltung und der Darstellung der Objekte am Bildschirm.

2D-Darstellung

CAD-Systeme mit einer 2D-Darstellung bilden die Objekte nicht räumlich ab, sondern wie auf dem Zeichenbrett nur in einer Ebene. Meist kann man mit solchen Systemen Objekte perspektivisch zeichnen und auch aus verschiedenen Ansichten betrachten (Abb. 3).

Volumenberechnungen sind hier nicht möglich. An 2D-Objekten lassen sich jedoch Umfangs- und Flächenberechnungen durchführen.

3D-Darstellung

3D-Systeme bilden die Objekte am Bildschirm räumlich ab. Die Objekte lassen sich frei im Raum drehen, wobei auch Licht, Schatten und Oberflächenstrukturen simuliert werden können (Abb. 2).

An den Objekten können u. a. Volumenberechnungen durchgeführt werden.

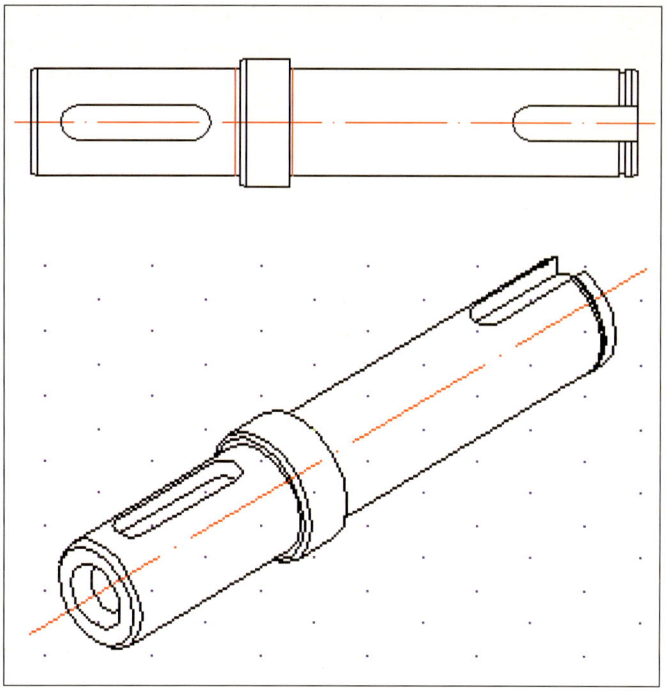

Abb. 3: 2D-Objekt und perspektivische Darstellung

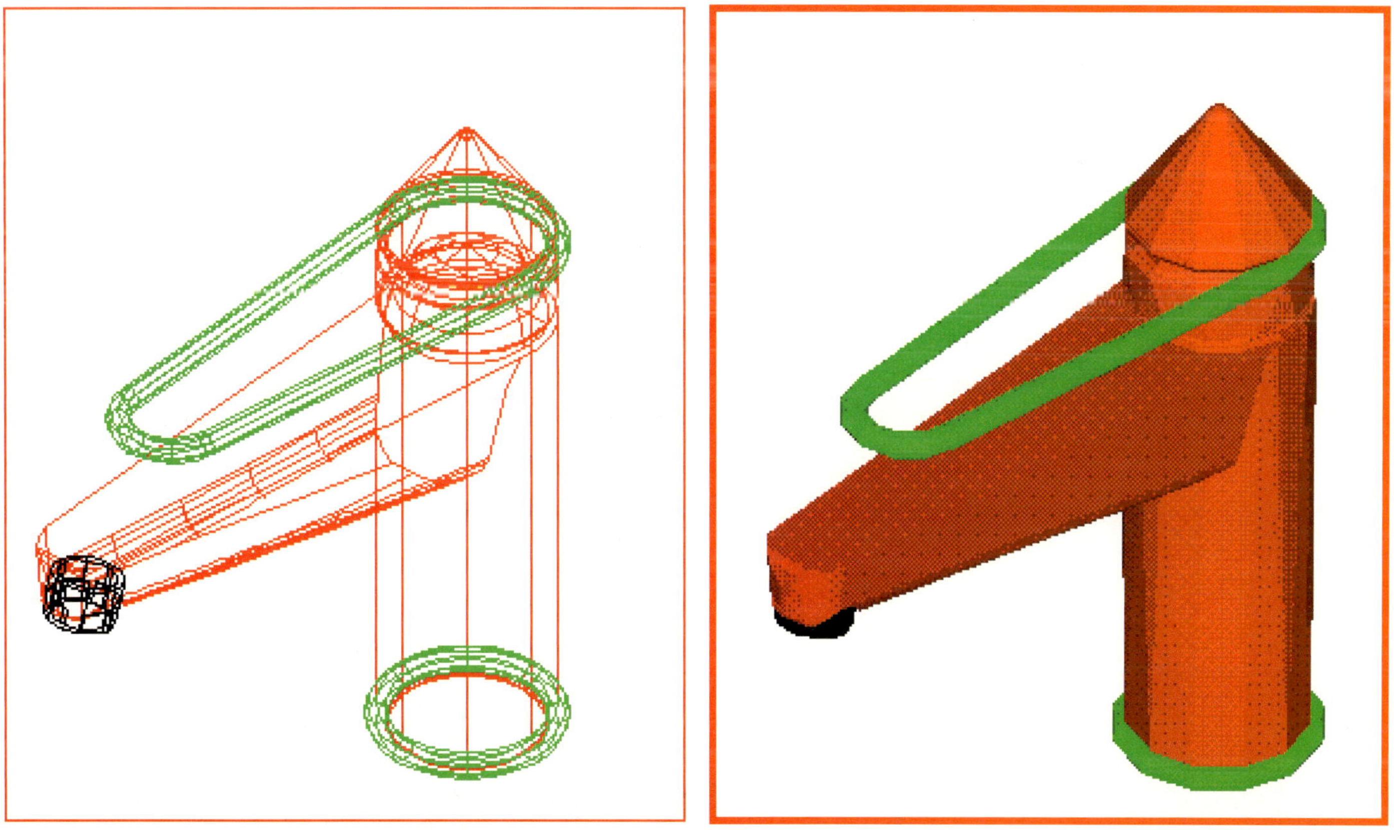

Abb. 2: 3D-Objekt als Drahtgittermodell und als Modell mit Farbflächen

14.2.2 Interaktive Arbeitsweise

CAD-Programme sind für eine *interaktive Arbeitsweise* ausgelegt (Abb. 1). Hierzu ruft der Anwender eine Funktion auf, z. B. KREIS. Das Programm „erfragt“ dann in einem festgelegten und folgerichtigen „Wechselgespräch“ (= Funktionsdialog) alle Informationen, die zur Ausführung der Funktion notwendig sind. Beim Beispiel KREIS wird zuerst die Lage des Mittelpunktes abgefragt. Ist dieser bestimmt, wird der Radius abgefragt. Nach Eingabe des Wertes über die Tastatur ist der Funktionsdialog durchgelaufen. Jetzt „antwortet“ das Programm durch die Ausführung der Funktion bzw. Darstellung am Bildschirm.

Der Anwender kann jetzt die eben verwendete Funktion erneut aufrufen (Befehlswiederholung) oder eine andere Funktion aufrufen.

14.2.3 Menütechnik

CAD-Programme unter dem Betriebssystem *Windows* bieten einen Befehlsaufruf mit der Maus. Er läuft im Wesentlichen so ab, wie es der Anwender von der Bedienung der üblichen Windowsprogramme (z. B. Textverarbeitung Word) gewohnt ist.

Die Befehle werden entweder über eine Menüzeile oder über Symbolleisten (Werkzeugleisten) aufgerufen (Abb. 2).

Die Menüzeile fasst die Befehle in Kategorien zusammen, z. B. ZEICHNEN oder ÄNDERN. Die Befehle werden in Textform angezeigt.

Auch Symbolleisten sind nach Kategorien aufgebaut, nur dass hierin die Befehle als Symbol (Icon) angezeigt werden.

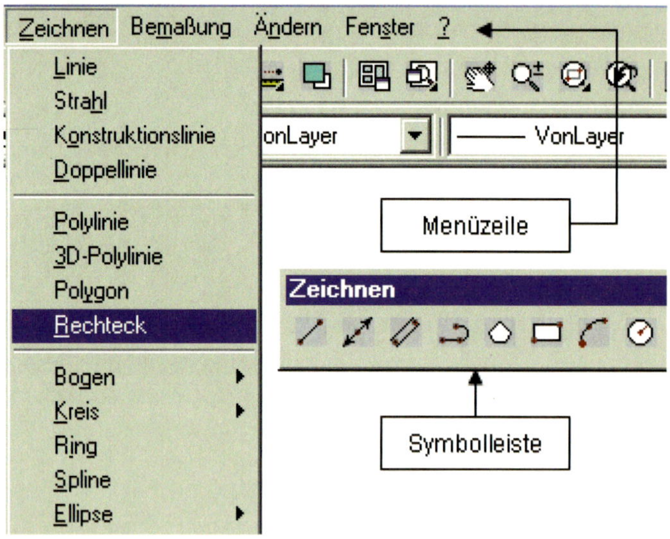

Abb. 2: Menüs und Symbolleisten

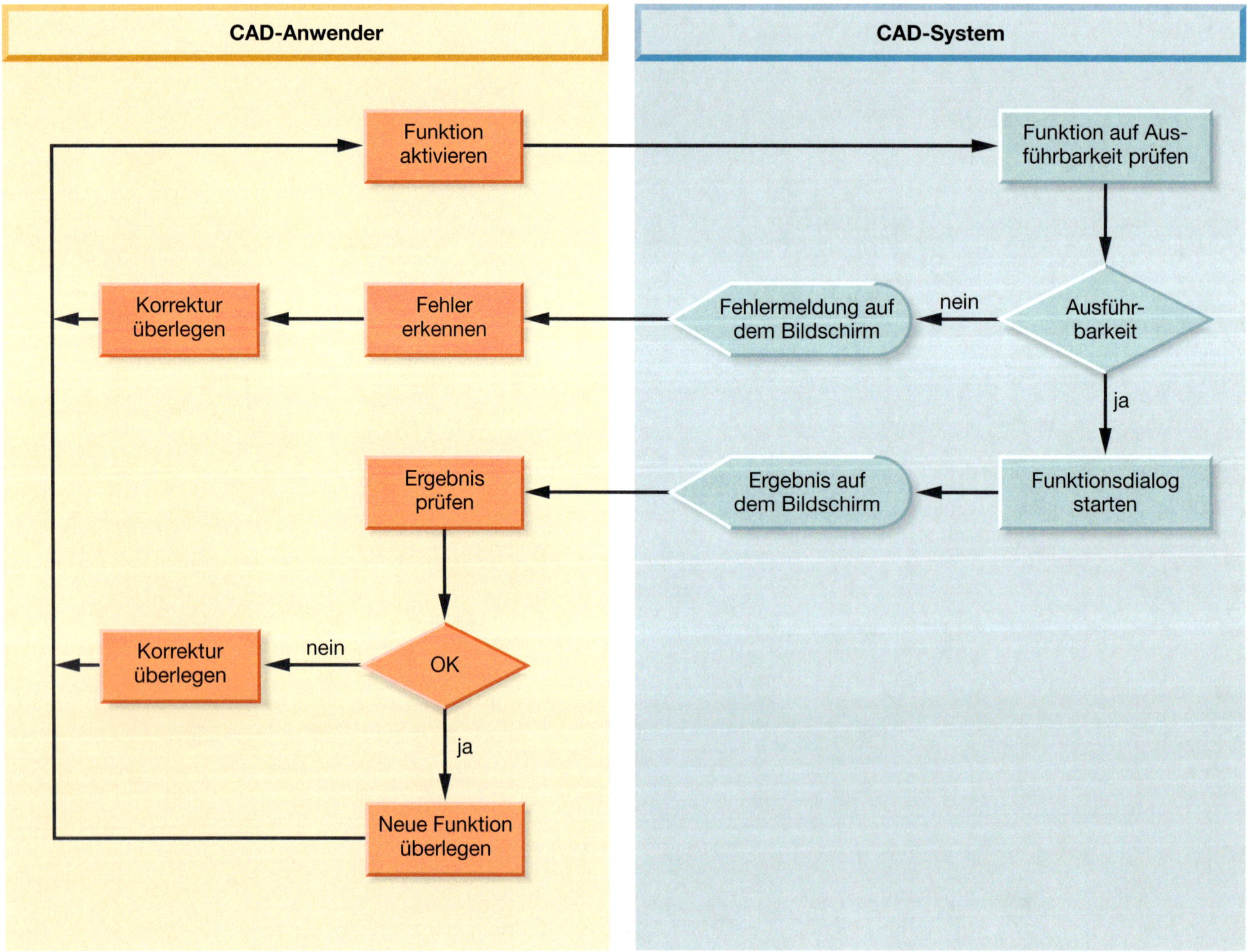

Abb. 1: Interaktive Arbeitsweise

14.2.4 Layertechnik

Verschiedene Informationen einer Zeichnung werden auf unterschiedlichen *Layern* (Ebenen, Folien) dargestellt (Abb. 3). Das ist vergleichbar mit Folien, die auf einen Overheadprojektor gelegt werden. Jede Folie enthält eine andere Information.

Layern können Namen, Farben und Linienarten zugeordnet werden. So können z. B. Schraffurlinien auf dem Layer SCHRAFFUR gezeichnet werden, die automatisch in der Farbe BLAU und in der Linienart VOLLLINIE dargestellt werden. Ein anderes Beispiel ist, alle Mittellinien auf den Layer MITTELLINIEN mit der Farbe ROT und der Linienart STRICH-PUNKT zu zeichnen.

Zusätzlich können Layer sichtbar bzw. unsichtbar geschaltet werden. Soll eine Zeichnung z. B. ohne Bemaßung gedruckt werden und liegt die Bemaßung auf dem Layer BEMASSUNG, wird dieser Layer unsichtbar geschaltet. Alle anderen Informationen der Zeichnung bleiben hingegen sichtbar.

Mit dieser Arbeitstechnik kann man gezielt nur die Informationen anzeigen, bearbeiten und drucken, die gerade benötigt werden (Abb. 3).

Die Verwaltung der Layer (Farbe, Linienart, sichtbar/unsichtbar) läuft über ein eigenes Menü, welches der Anwender nach eigenem Ermessen gestalten kann (Abb. 4).

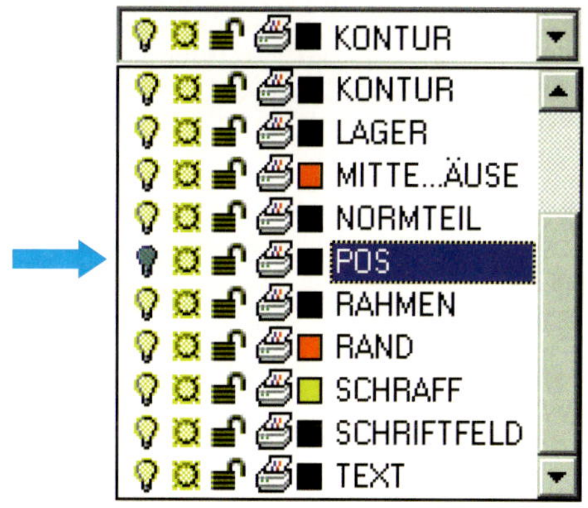

Abb. 4: Layermenü

Beispielsweise erfolgt das Ein- und Ausschalten eines Layers durch einen Mausklick auf das Symbol *Glühlampe*. Sie wechselt von einer hellen zu einer dunklen Farbe als Kennzeichnung für einen ausgeblendeten Layer.

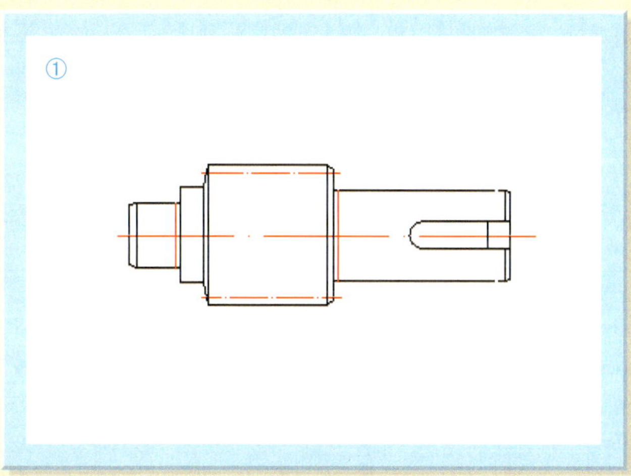

Layer „Ritzelwelle"

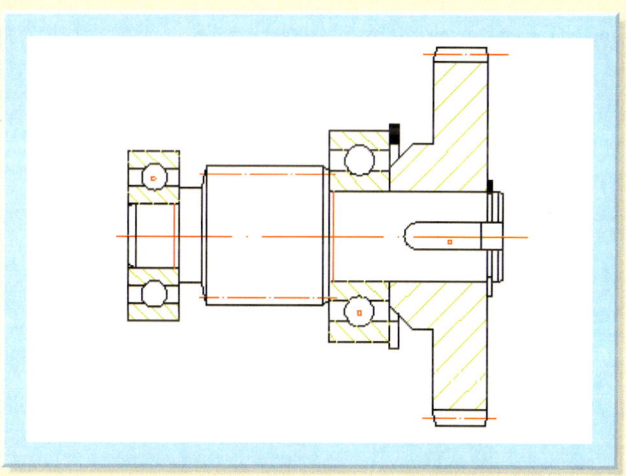

Layer „Lager" zusätzlich eingeblendet

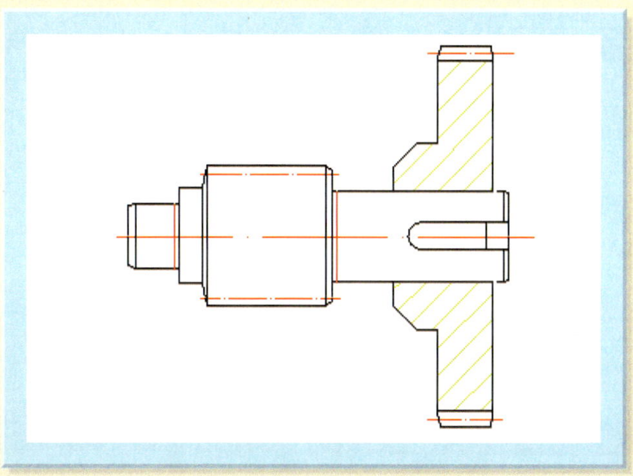

Layer „Ritzelwelle" und „Zahnrad"

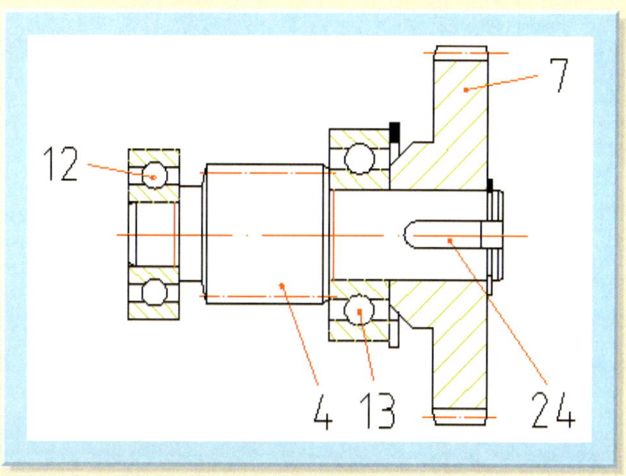

Layer „Pos.-Nr." zusätzlich eingeblendet

Abb. 3: Layertechnik

14.3 Zeichnungserstellung

14.3.1 Anlegen einer CAD-Zeichnung

Beim manuellen Erstellen einer Zeichnung wird zuerst ein DIN-Format mit Rand und Schriftfeld ausgewählt, auf welches die Darstellung passt. Dann wird die Zeichnung erstellt. Dabei muss der Maßstab berücksichtigt werden.

Mit CAD kann die Zeichnung unabhängig von einem DIN-Format im Maßstab 1 : 1 erstellt werden. Erst für den Ausdruck wird festgelegt, auf welchem Format und in welchem Maßstab gedruckt werden soll.

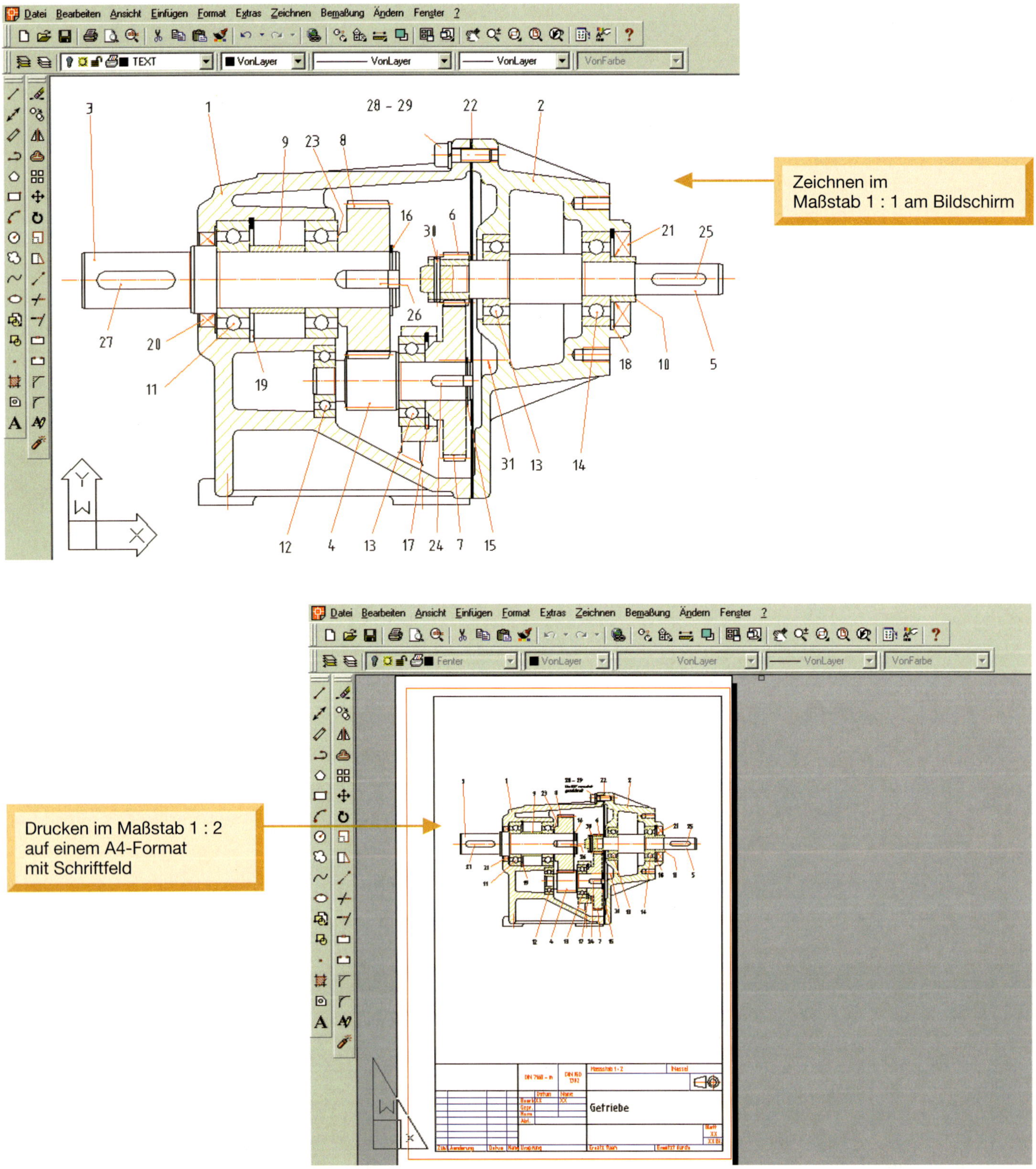

Abb. 1: Konstruktion und Darstellung zum Drucken

14.3.2 Zeichnen mit Koordinaten

Zum Zeichnen am Bildschirm wird ein Fadenkreuz mit Hilfe der Maus bewegt. So wird z. B. der Anfangspunkt einer Linie durch Klicken der linken Maustaste gesetzt. Die Länge der Linie wird als nummerische Eingabe über die Tastatur vorgenommen. Dabei wird ein Koordinatenpaar (durch Komma getrennt) eingegeben, welches die Maße in X- und Y-Richtung bestimmt. Grundlage ist das *Kartesische Koordinatensystem* (Abb. 2 – siehe auch Kap. 7).

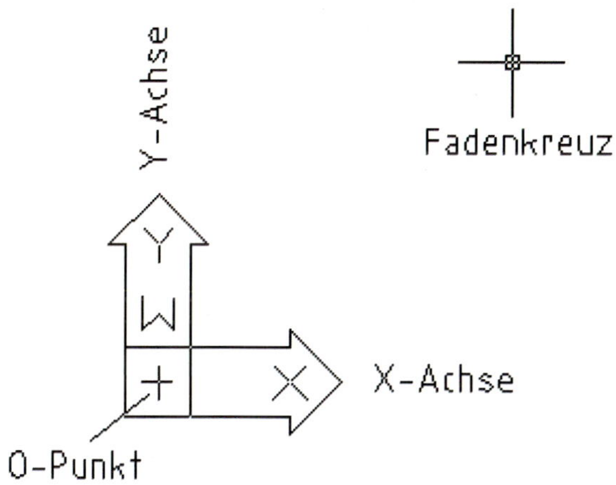

Abb. 2: Koordinatenachsen

Nachdem der Startpunkt der Linie mit dem Fadenkreuz bestimmt wurde, erfolgt z. B. folgende Eingabe:

@ 80,0

Das Zeichen @ bedeutet „bei". D. h. der Endpunkt der Linie liegt bei Koordinate 80,0. Der erste Wert bestimmt die X-Länge, der zweite Wert bestimmt die Y-Länge. Gemessen wird vom zuvor eingegebenen Startpunkt. In diesem Beispiel wird eine horizontale Linie erzeugt (Abb. 3).

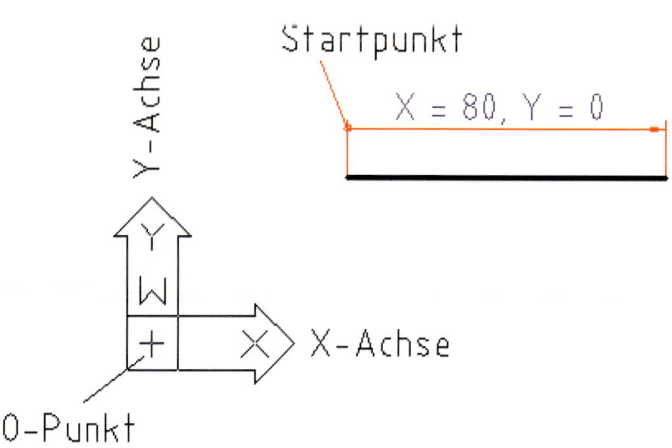

Abb. 3: Koordinateneingabe

Auch Winkeleingaben sind möglich. Hier ist die Grundlage das *Polarkoordinatensystem* (siehe Kap. 7). Soll eine Linie von einem angegebenen Startpunkt 100 lang sein und unter 60° verlaufen, erfolgt z. B. folgende Eingabe:

@ 100 < 60

Dabei wird der Winkel von der horizontalen X-Achse aus – entgegen des Uhrzeigersinns – gemessen.

14.3.3 Befehle zum Zeichnen

Jedes CAD-System stellt eine umfangreiche Sammlung an „Zeichenwerkzeugen" zur Verfügung, mit denen Objekte erstellt werden. Objekte sind u. a. Linien, Kreise, Bögen, Rechtecke, Vielecke, Ellipsen, Kurven. Auch Texte, Schraffuren und Bemaßungen gehören dazu. Diese Zeichenwerkzeuge werden meist in Form einer Symbolleiste angeboten (Abb. 4) und sind mit nur einem Mausklick schnell zu aktivieren.

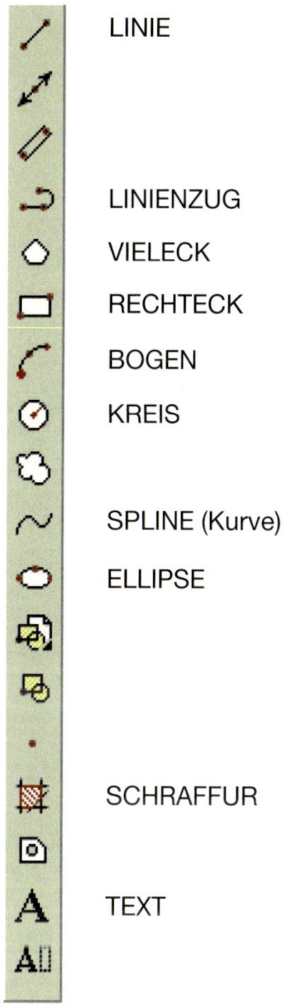

Abb. 4: Auswahl typischer Zeichenwerkzeuge

Beispiel 1: Linienzug

Mit dem Zeichenwerkzeug  LINIENZUG wird eine Folge von aneinander anschließenden Linien erzeugt. Der Endpunkt einer Linie ist gleichzeitig der Anfangspunkt der nächsten Linie.

Damit kann z.B. die Außenkontur der Antriebswelle (Pos. 3 des Getriebes) in einem Arbeitsgang gezeichnet werden.

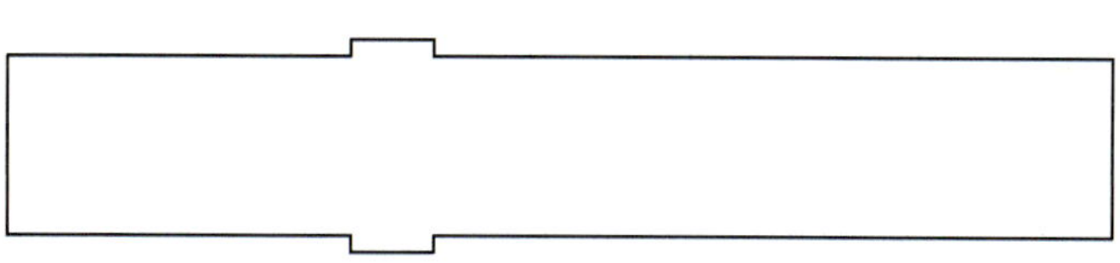

Abb. 5: Linienzug für die Kontur der Antriebswelle

Beispiel 2: Objektfang

Einzelne umlaufende Kanten können mit der Funktion LINIE eingezeichnet werden. Hierzu ist es notwendig, das Ende einer bestehenden Linie genau auszuwählen, damit die neue Linie exakt dort beginnt. Das gelingt nur, indem man mit *Objektfängen* arbeitet. Objektfänge ziehen das Fadenkreuz wie von einem Magneten gezogen, genau auf einen möglichen Punkt am Objekt. Das kann z. B. ein ENDPUNKT sein (Abb. 1).

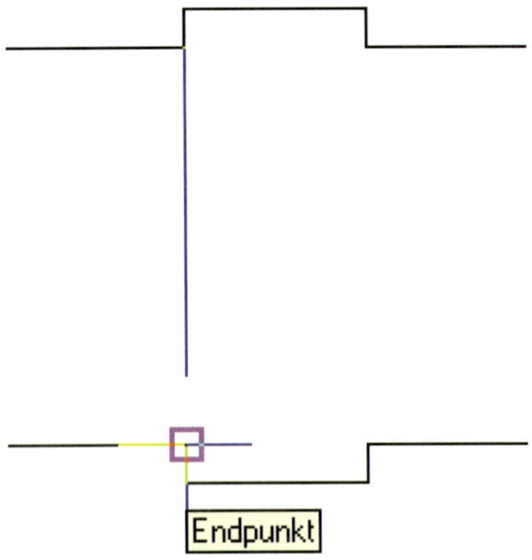

Abb. 1: LINIE zwischen ENDPUNKTEN zeichnen

Objektpunkte können auch Schnittpunkte zwischen zwei kreuzenden Linien, der Zentrumspunkt eines Kreises oder ein Tangentenpunkt sein. Beim Zeigen mit der Maus auf einen Punkt, werden die möglichen Objektfänge automatisch angezeigt (Abb. 2).

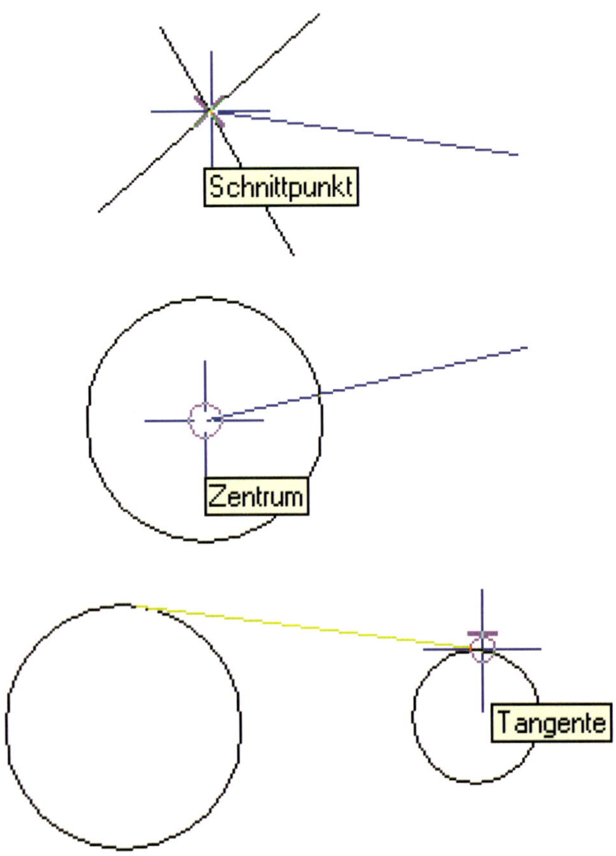

Abb. 2: Automatischer Objektfang

Beispiel 3: Schraffur

Im Gegensatz zum manuellen Zeichnen sind Schraffuren mit CAD sehr schnell zu erstellen.

Nach dem Funktionsaufruf SCHRAFFUR sind drei Angaben erforderlich:

① Schraffurmuster,

② Schraffurwinkel,

③ Abstand der Schraffurlinien.

Danach wird mit dem Fadenkreuz in die zu schraffierende Fläche geklickt ④.

Erkennt das CAD-System eine geschlossene Fläche um das Fadenkreuz herum, wird die Schraffur eingesetzt ⑤ (Abb. 3). Ist eine zu schraffierende Fläche nicht exakt geschlossen, wird die Schraffurfunktion nicht ausgeführt.

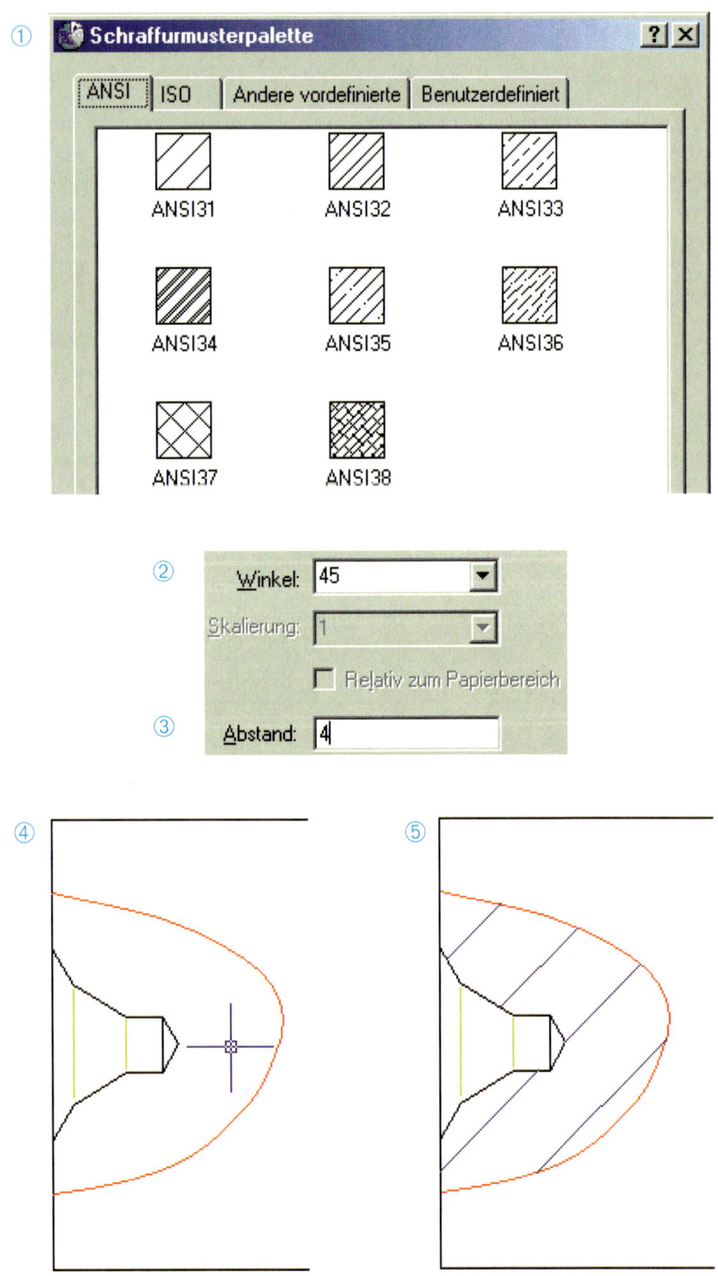

Abb. 3: Schraffur einsetzen

Beispiel 4: Texte

CAD-Systeme unter Windows können alle Schriftarten nutzen, die das Betriebssystem verwalten kann.

Nach dem Funktionsaufruf A TEXT wird der Textstil – Schriftart und Schrifthöhe – eingestellt (Abb. 4).

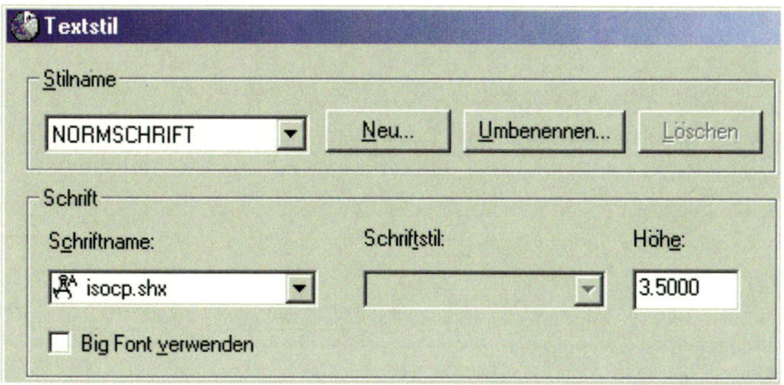

Abb. 4: Textstil einstellen

Die Stelle in der Zeichnung, an der der erste Buchstabe stehen soll, wird mit dem Fadenkreuz angeklickt. Danach kann der Text über die Tastatur eingegeben werden. Texte können geändert, gedreht, verschoben oder kopiert werden. Dadurch lassen sich CAD-Zeichnungen wesentlich schneller und komfortabler beschriften, als das beim manuellen Beschriften mit Schablonen der Fall ist.

14.3.4 Befehle zum Ändern

Jedes CAD-System stellt eine umfangreiche Sammlung an „Änderungswerkzeugen“ zur Verfügung, mit denen Objekte verändert werden können. Hierzu zählen z. B. die Änderungsfunktionen VERSCHIEBEN, DREHEN, KOPIEREN, SPIEGELN, FASEN oder LÖSCHEN.

Abb. 5: Auswahl typischer Änderungswerkzeuge

Zusätzlich können die Eigenschaften eines Objektes geändert werden. Hierzu zählen u. a. *Ändern des Layers, Ändern der Farbe, Ändern des Linientyps, Ändern der Länge* (z. B. einer Linie), *Vergrößern oder Verkleinern* in X- und Y-Richtung.

Beispiel 1: Fasen

An der Antriebswelle des Getriebes sollen Fasen unter 15° und einer Länge von 1,5 mm eingesetzt werden.

Zuerst wird die Funktion FASEN aufgerufen und Fasenlänge und Fasenwinkel über die Tastatur eingegeben. Durch Anklicken der beiden Linien, zwischen denen die Fase eingefügt werden soll, zeichnet das CAD-System eine neue Linie und löscht die überflüssigen Teilstücke der Ecke automatisch (Abb. 6).

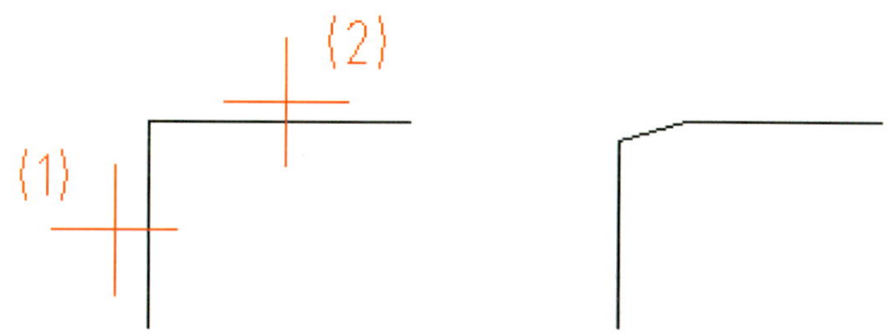

Abb. 6: Fasen einsetzen

Beispiel 2: Spiegeln

Mit der Funktion SPIEGELN können spiegelbildliche Kopien von Objekten erstellt werden. Dabei wird ein Ausgangsobjekt um eine zu definierende Spiegelachse geklappt.

Von der Antriebswelle wird nur die obere Hälfte vollständig gezeichnet, die untere Hälfte wird durch die Spiegelfunktion erstellt (Abb. 7).

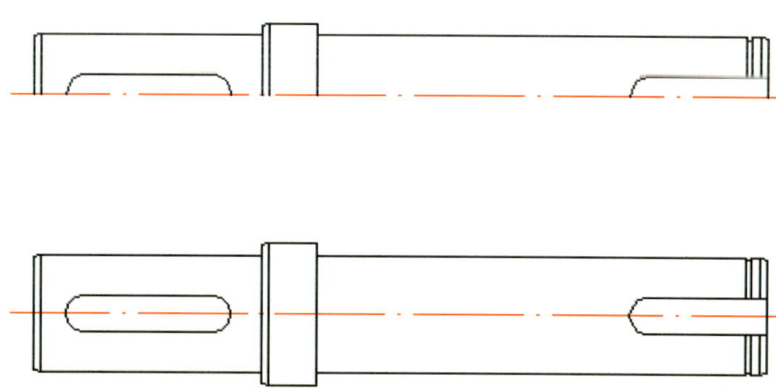

Abb. 7: Spiegeln von Objekten

Beispiel 3: Eigenschaften ändern

Die Mittelachse der Antriebswelle wurde als Volllinie in der Farbe Schwarz gezeichnet. Sie soll jedoch als Strich-Punkt-Linie in der Farbe Rot dargestellt werden. Dazu wird die Linie mit der Maus angeklickt (markiert) und dann der Befehl EIGENSCHAFTEN aufgerufen. In einem Fenster werden in Tabellenform alle zu ändernden Eigenschaften des Objekts angezeigt (Abb. 1). Per Mausklick auf eine Eigenschaft und durch Eingabe von neuen Werten über die Tastatur, lässt sich die gewünschte Änderung durchführen.

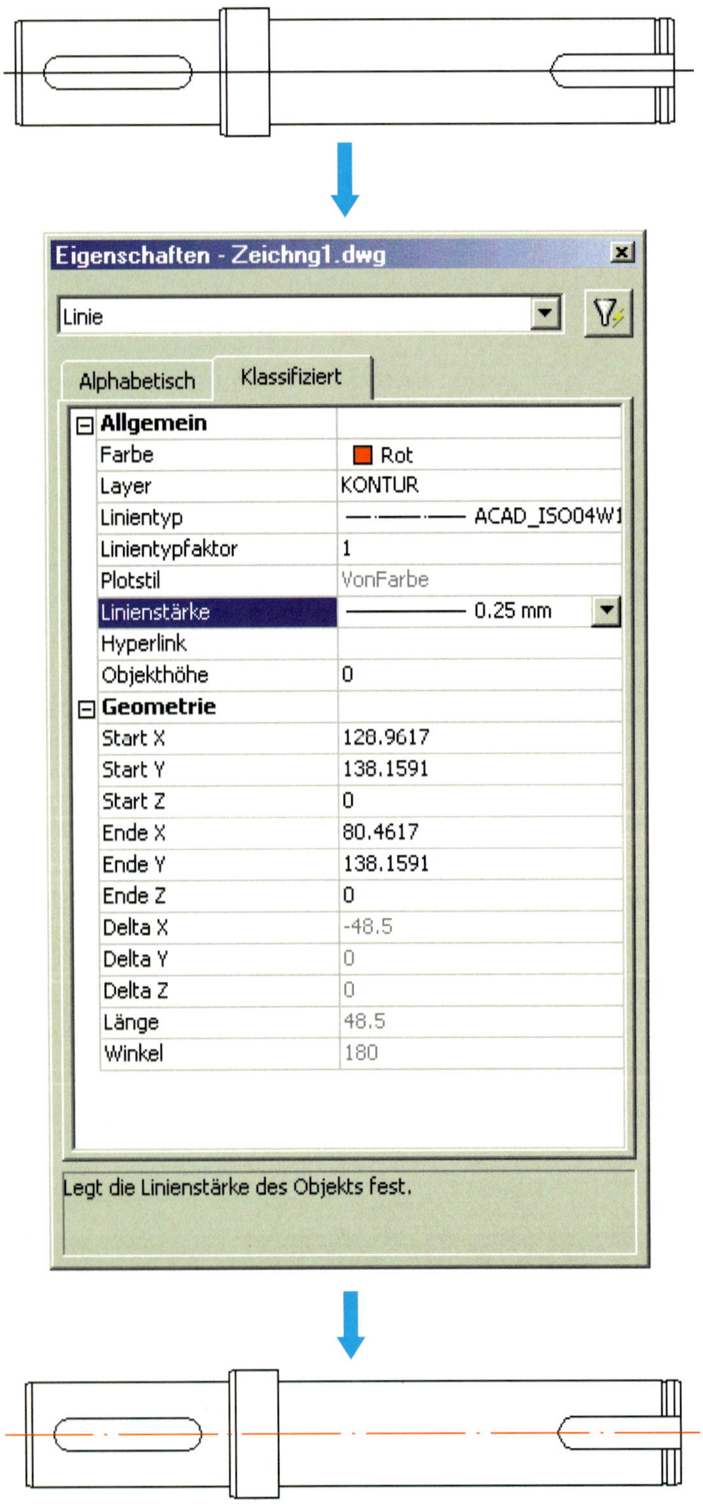

Abb. 1: Objekt-Eigenschaften ändern

14.3.5 Bemaßung

Jedes CAD-System stellt eine umfangreiche Sammlung von „Bemaßungswerkzeugen“ zur Verfügung, mit denen Objekte bemaßt werden können. Hierzu zählen z. B. LINEARMASS, WINKELMASS, DURCHMESSERMASS, RADIUSMASS oder BEZUGSMASS (Abb. 2).

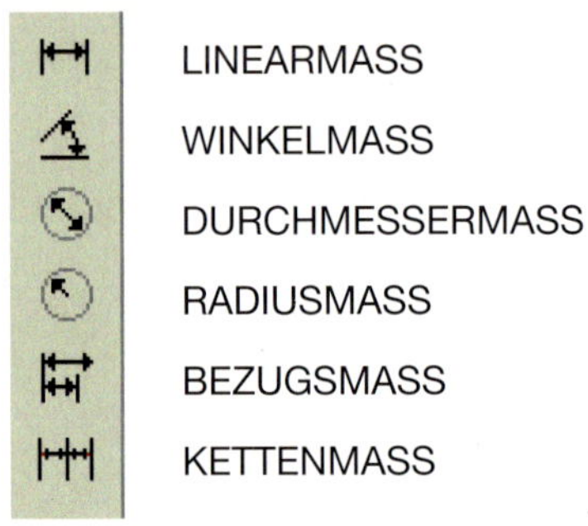

Abb. 2: Auswahl typischer Bemaßungswerkzeuge

Für jedes gezeichnete Objekt speichert das CAD-System Geometriedaten. Das sind z. B. bei einer Linie der Längenwert oder bei einem Kreis der Durchmesserwert.

Wird ein Objekt bemaßt, holt sich die Bemaßungsfunktion den Wert aus den Geometriedaten und schreibt automatisch die Maßzahl an die Maßlinie. Zusätzlich können jedoch beliebige Punkte in der Zeichnung angeklickt und deren Distanz bemaßt werden.

Zum Einsetzen der Bemaßung muss man entweder das Objekt anklicken (markieren) oder mit Objektfängen zwei Punkte bestimmen, zwischen denen die Bemaßung eingesetzt werden soll (Abb. 3). Die Position der Maßlinie und der Maßzahl kann frei bestimmt werden.

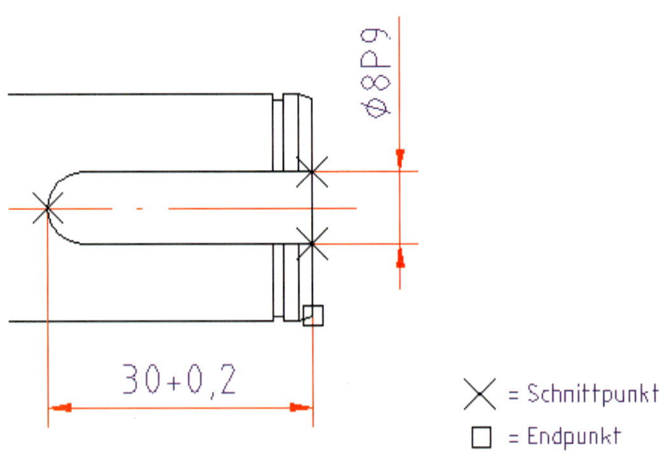

Abb. 3: Linearbemaßung

Bemaßungen können nachträglich über den Befehl EIGENSCHAFTEN (siehe diese Seite links) geändert werden.

Beispielsweise kann nachträglich eine Toleranzangabe hinzugefügt oder die Maßzahl auf der Maßlinie verschoben werden.

Die Bemaßungsfunktionen sind sehr vielfältig und können individuell eingestellt werden. So kann z. B. für Maschinenbauzeichnungen ein Maßpfeil eingestellt werden und für Bauzeichnungen Schrägstriche. Auch die Anzahl der Kommastellen für die Maßzahl ist einstellbar.

14.3.6 Bibliotheken

Bibliotheken dienen zur rationellen Zeichnungserstellung. In ihnen sind Normteile (z. B. Schrauben, Muttern, Lager) oder selbst erstellte Bauteile als eigenständige Zeichnungen gespeichert (Abb. 4).

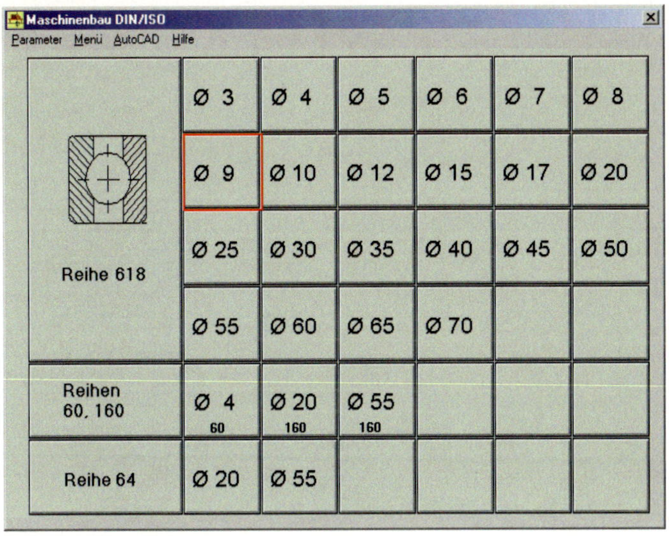

Abb. 4: Bibliothek Rillenkugellager

In Symbolbibliotheken sind z. B. Symbole für Oberflächen nach **ISO 2768** oder Form- und Lagetoleranzen als eigenständige Zeichnungen gespeichert (Abb. 5).

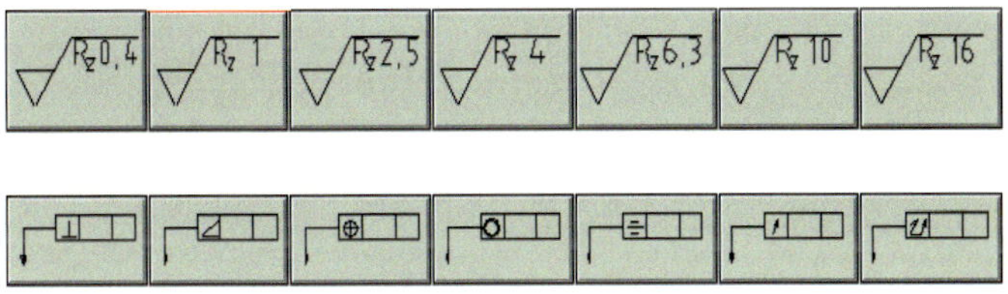

Abb. 5: Symbolbibliotheken

Die Zeichnungen aus der Bibliothek werden über ein Menü aufgerufen und per Mausklick in jede beliebige Zeichnung eingefügt. Beim Einfügen kann die Größe und der Drehwinkel angegeben werden. Damit entfällt das immer wieder erneute Zeichnen von Objekten, die sehr oft in unterschiedlichen Zeichnungen benötigt werden. In der Abb. 6 wurde die Antriebswelle mit zwei Rillenkugellagern aus der Normteilbibliothek ergänzt, um eine Gruppen-Zeichnung zu erstellen.

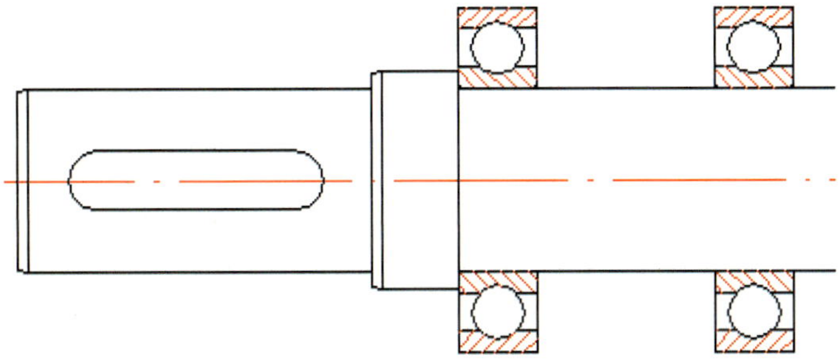

Abb. 6: Normteile aus der Bibliothek in der Zeichnung

14.3.7 Abfragen von Geometriedaten

Für jedes gezeichnete Objekt speichert das CAD-System Geometriedaten. Diese können jederzeit abgefragt werden. Damit wird kontrolliert, ob z. B. die Länge einer Strecke korrekt ist oder der Durchmesser eines Kreises stimmt.

Beispiel 1: Abstand messen

Es soll überprüft werden, ob die beiden Rillenkugellager auf der Antriebswelle einen Abstand von 25 mm haben. Hierzu wird die Funktion ABSTAND aufgerufen. Danach wird am linken Lager mit dem Objektfang ENDPUNKT ein Punkt bestimmt. Dieser Vorgang wird am rechten Lager wiederholt. Das Ergebnis wird anschließend am Bildschirm angezeigt (Abb. 7).

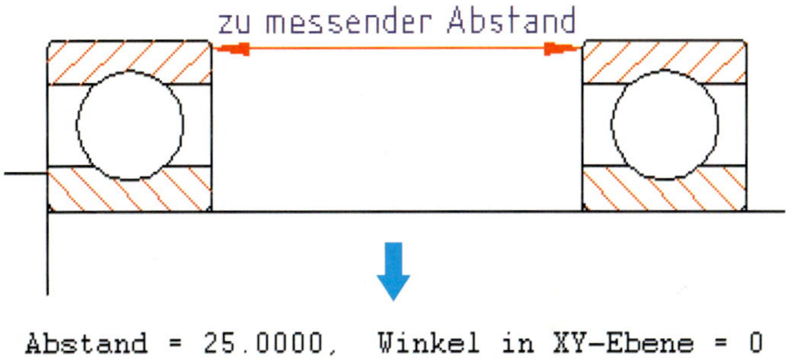

Abb. 7: Abstand zwischen Objekten messen

Beispiel 2: Flächenberechnung

Von dem Winkel (Abb. 8) soll die Fläche berechnet werden. Dazu wird der Befehl FLÄCHE aufgerufen. Zuerst wird in den Rechenmodus ADDIEREN geschaltet und auf die Außenkontur geklickt. Das CAD-System zeigt sofort die ermittelten Geometriedaten an. Danach wird in den Rechenmodus SUBTRAHIEREN geschaltet und nacheinander die beiden Kreise angeklickt. Das Endergebnis ist dann wieder auf dem Bildschirm lesbar.

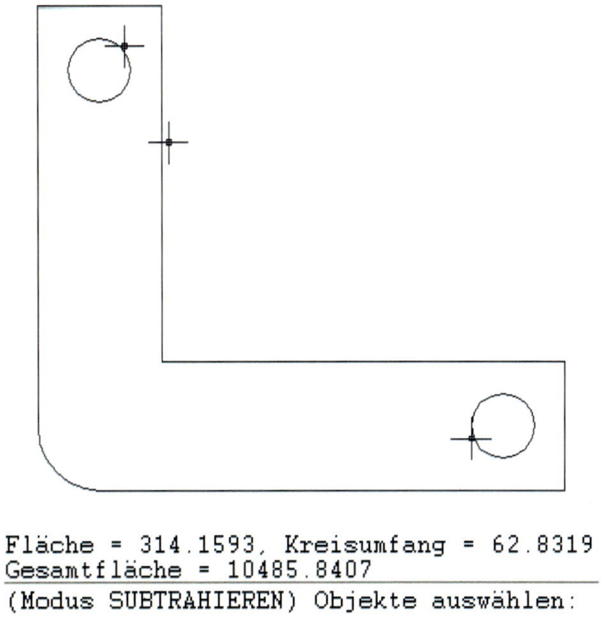

Abb. 8: Flächenberechnung

Die ermittelten Geometriedaten können gespeichert und als Text in die Zeichnung eingefügt werden.

14.4 Darstellung am Bildschirm

Damit Details einer Zeichnung besser bearbeitet und betrachtet werden können, lässt sich die Zeichnung vergrößern, verkleinern oder in mehreren Ausschnitten (Ansichtsfenstern) darstellen. Zum Vergrößern wird der Befehl ZOOM aufgerufen. Dann wird mit der Maus ein Fenster um den zu vergrößernden Bereich aufgezogen. Ist das Fenster definiert, erfolgt sofort eine bildschirmfüllende Darstellung des Details (Abb. 1) Es kann jederzeit zur Gesamtdarstellung zurückgewechselt oder ein anderer Bildausschnitt eingestellt werden.

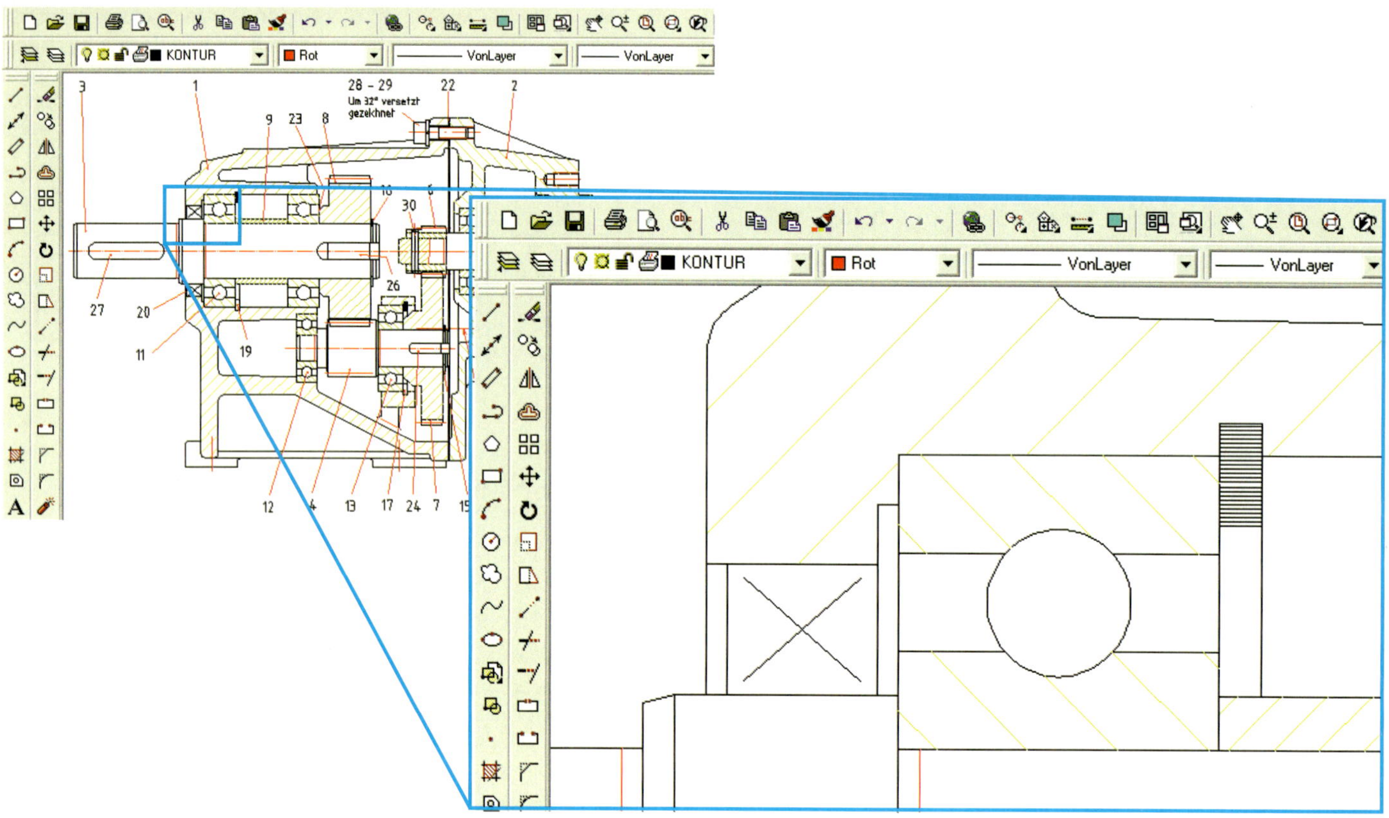

Abb. 1: Zoom-Darstellung

Eine Zeichnung kann auch in unterschiedlichen Ansichtsfenstern bearbeitet und betrachtet werden. Ein Fenster zeigt z. B. die Gesamtdarstellung, während andere Fenster unterschiedliche Details zeigen (Abb. 2).

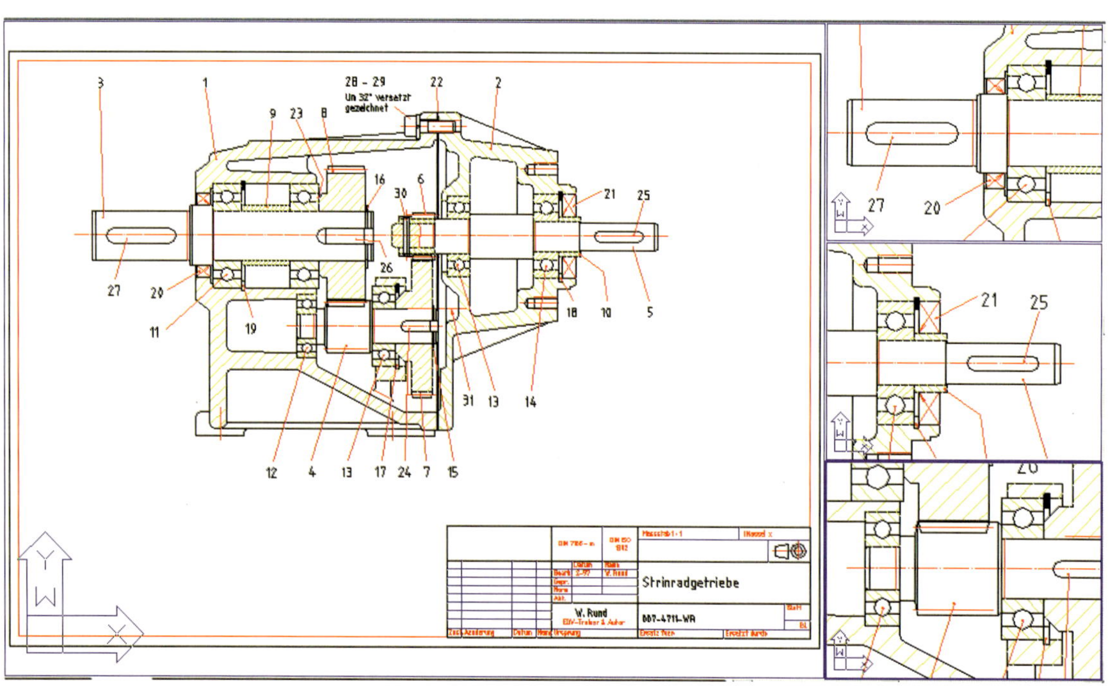

Abb. 2: Ansichtsfenster

14.5 Zeichnungsausgabe

Die Ausgabe der Zeichnung auf Papier oder Folie erfolgt mit Großformatdruckern, die auch als *Plotter* bezeichnet werden. Plotter sind Geräte, die Zeichnungen bis zum A0-Format ausgeben können, Spezialplotter auch darüber hinaus (Abb. 3). Meist werden Plotter verwendet, die als Hochleistungs-Tintenstrahlgerät konzipiert sind. So können bestimmte Geräte eine Farbzeichnung in der Größe A0 in ca. 60 Sekunden drucken. Ebenso können Zeichnungen auf herkömmlichen Tintenstrahl- oder Laserdruckern ausgegeben werden.

Abb. 3: Plotter

Die Zeichnungsausgabe kann unterschiedlich gesteuert werden. Beispiele:

- **Zuordnung von Linienbreiten zu Farben**

  Im Steuerprogramm für den Plotter/Drucker kann jeder in der Zeichnung verwendeten Farbe eine Linienbreite zugeordnet werden. Beispielsweise wird der Farbe Schwarz die Linienbreite 0,5 und der Farbe Rot die Linienbreite 0,25 zugeordnet. Durch diese Zuordnung wird bestimmt, welche Linien als schmale oder breite Volllinien ausgedruckt werden (Abb. 4).

- **Plotbereich**

  Mit dem Plotbereich wird u.a. bestimmt,

  - ob die Zeichnung so ausgegeben werden soll, wie sie gerade am Bildschirm angezeigt wird,
  - ob sie vollständig ausgegeben werden soll oder
  - ob die Zeichnung in unterschiedlichen Ansichtsfenstern ausgegeben werden soll (Abb. 2),
  - ob nur ein Ausschnitt ausgegeben werden soll (Abb. 5).

- **Plotmaßstab**

  Der Plotmaßstab bestimmt, in welchem Maßstab die Zeichnung ausgegeben wird. So können z. B. Details im Maßstab 5 : 1 ausgegeben werden, obwohl die Zeichnung im Maßstab 1 : 1 erstellt wurde (Abb. 6).

  Auch eine an das Papierformat des Druckers angepasste Ausgabe ist möglich. So kann z. B. eine A3-Zeichnung automatisch so weit verkleinert (skaliert) werden, dass sie vollständig auf einem A4-Drucker ausgegeben werden kann.

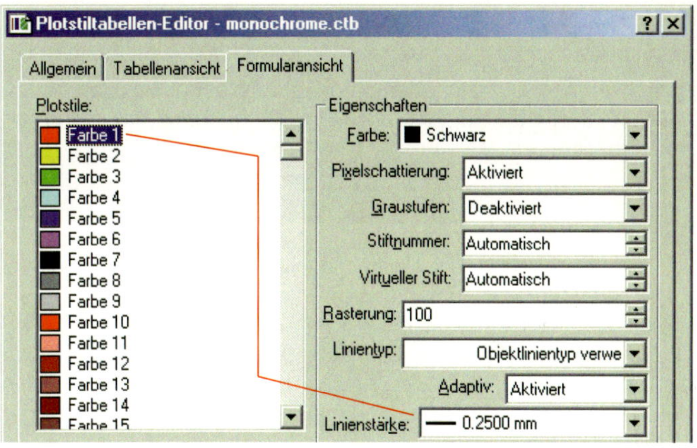

Abb. 4: Linienbreite einer Farbe zuordnen

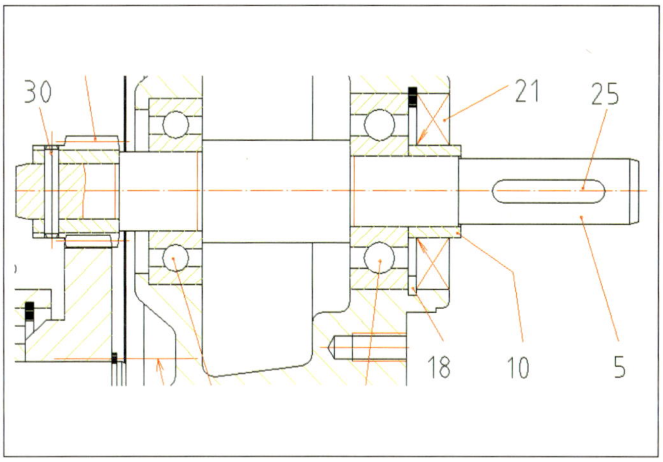

Abb. 5: Geplotteter Ausschnitt

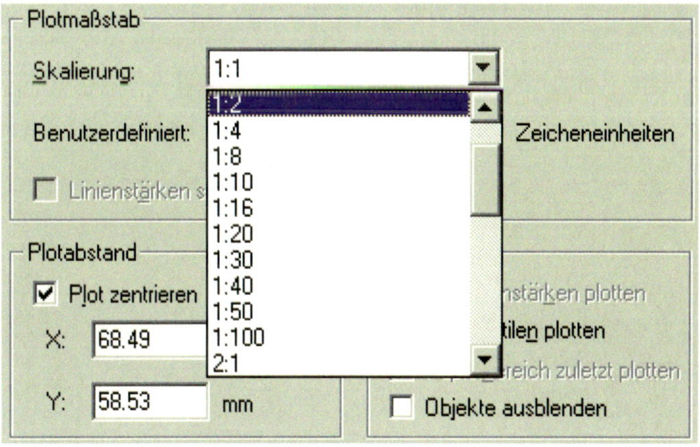

Abb. 6: Plotmaßstab einstellen

14.6 CAD-NC-Kopplung

Die in der CAD-Konstruktion erzeugten Geometriedaten können zur Fertigung des Werkstückes verwendet werden. Dazu werden die Daten für eine *NC-Programmierung* übernommen und weiterbearbeitet.

NC-Software

An die CAD-Software ist eine NC-Software gekoppelt, die je nach Ausstattung verschiedene Werkzeugmaschinen unterstützt. Das können z. B. Maschinen für das Drehen, Fräsen, Drahterodieren, Laser- oder Wasserstrahlschneiden sein. Die zur Unterstützung der Maschinen notwendigen Daten sind in einer *Maschinen-Bibliothek* gespeichert. Nach Auswahl einer geeigneten Maschinensteuerung wird das NC-Programm im interaktiven Dialog erstellt. Hierzu steht eine grafische Benutzeroberfläche zur Verfügung. Darin können u. a. Koordinaten, Werkzeugnummer, Vorschub oder Drehzahl eingestellt werden (Abb. 1).

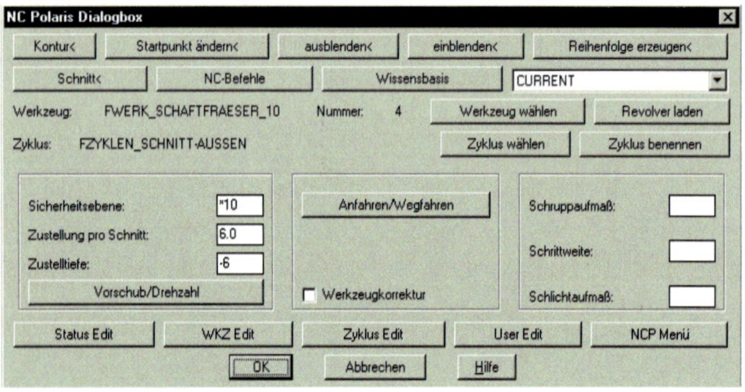

Abb. 1: Dialogfenster für NC-Programmierung

Simulation der Fertigung

Ist das NC-Programm erstellt, kann die Fertigung des Werkstückes am Bildschirm simuliert werden. Dabei wird der komplette Zerspanungsablauf dargestellt. Eine Optimierung und Fehlerkorrektur des Programmablaufs ist jederzeit möglich. So werden Schäden an den Werkzeugen und Maschinen vermieden.

Aus der Simulation kann die *Bearbeitungszeit* berechnet werden. Diese Zeitdaten können z. B. von der Arbeitsplanung verwendet werden.

Fertigung

Das fertige NC-Programm kann jetzt an die CNC-Maschine übertragen werden. Das kann entweder manuell mit einem Datenträger (z. B. Diskette) oder im *DNC-Betrieb* erfolgen. Im DNC-Betrieb (Direct-Numerical-Control) werden die Daten online an die CNC-Maschine übertragen.

Speichern des NC-Programms

NC-Programme können in einer *NC-Programmbibliothek* gespeichert werden. Sie stehen damit auch noch für eine spätere Modifizierung zur Verfügung. Das NC-Programm kann aus der Bibliothek heraus gedruckt werden.

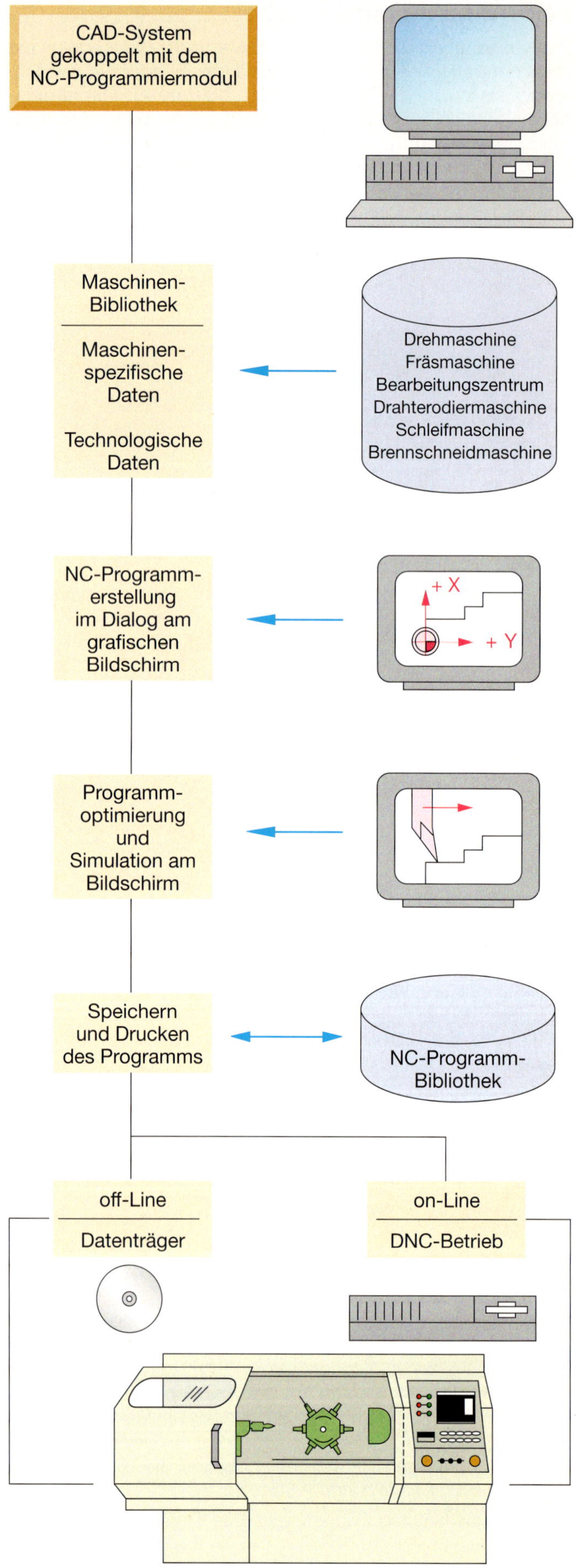

Abb. 2: CAD-NC-Kopplung

14.7 Integrierter EDV-Einsatz im Betrieb

Die Kopplung von CAD- und NC-Systemen ist in vielen Betrieben realisiert und wichtiger Bestandteil des Arbeitsablaufes geworden. Zusätzlich können die mit CAD gewonnenen Daten auch anderen Betriebsbereichen zugänglich gemacht werden. Dazu müssen die Betriebsbereiche und deren Computersysteme miteinander verknüpft werden.

Neben *CAD* können folgende Systeme bestehen:

CAP – Computer Aided Planning

CAP bezeichnet die EDV-Unterstützung bei der Arbeitsplanung. Hierbei handelt es sich um Planungsaufgaben, die auf die mit **CAD** erzeugten Daten aufbauen.

Ergebnisse des CAP sind:
Arbeitspläne, Betriebsmittelauswahl, Fertigungsanweisungen, Montageanweisungen, NC-Programmierung.

CAM – Computer Aided Manufacturing

CAM bezeichnet die EDV-Unterstützung zur technischen Steuerung und Überwachung der Betriebsmittel und deren Funktionen. Maschinen, Anlagen etc. können hierbei direkt gesteuert werden. In das **CAM** fließen die aus dem **CAP** gewonnenen Daten ein.

Ergebnisse des CAM sind:
Fertigungssteuerung, Handhabungssteuerung, Transportsteuerung, Lagersteuerung.

CAQ – Computer Aided Quality Assurance

CAQ bezeichnet die EDV-unterstützte Planung und Durchführung der Qualitätssicherung.
Die aus **CAD**, **CAP** und **CAM** gewonnenen Daten werden dabei laufend mit CAQ ausgetauscht bzw. optimiert.

Ergebnisse des CAQ sind:
Prüfpläne, Prüfprogramme, Prüfvorschriften, Prüfung am Objekt.

Abb. 3: Computergestützte Einzelsysteme

14.7.1 CAD/CAM

Die EDV-technische Verknüpfung von *CAD, CAP, CAM und CAQ* zu einem Verbundsystem, wird als CAD / CAM bezeichnet (Abb. 4).

Auf der Basis der im CAD erzeugten Daten, werden im *CAP* Steuerinformationen erzeugt. Diese werden im *CAM* zum automatisierten Betrieb der Fertigungseinrichtungen eingesetzt. Das *CAQ* unterstützt dabei die anderen CA-Systeme mit rechnerunterstützten Mess- und Prüfverfahren, Prüfplänen und Prüfprogrammen.

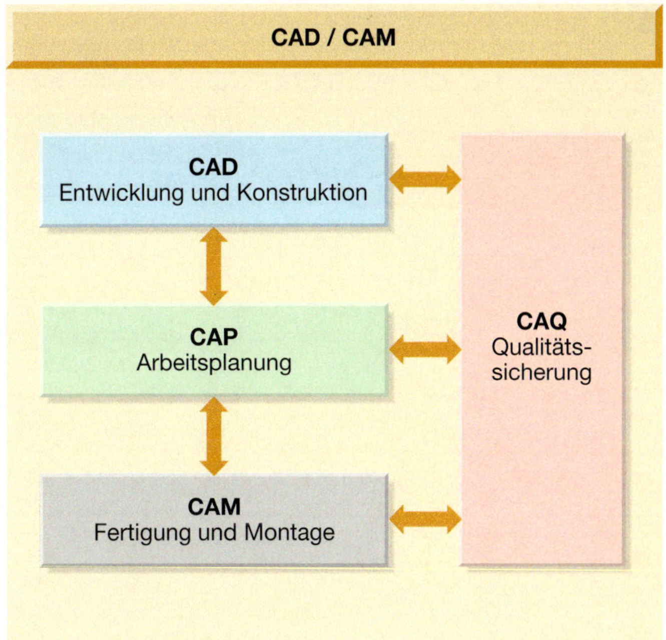

Abb. 4: CAD/CAM-Definition

14.7.2 CIM

Kennzeichnend für die moderne Fertigung ist der durchgängige Informationsfluss, bei dem die EDV alle mit der Produktion zusammenhängenden Betriebsbereiche verknüpft. Das beginnt beim Entwurf eines Produkts, geht über seine Herstellung bis zum Versand an den Kunden.

Die EDV-technische Verknüpfung aller Betriebsbereiche wird als *CIM* (Computer Integrated Manufacturing) bezeichnet. Hierbei findet ein Zusammenwirken zwischen *CAD, CAP, CAM, CAQ und PPS* statt. *PPS* bezeichnet die Produktionsplanung und Produktionssteuerung (Abb. 5).

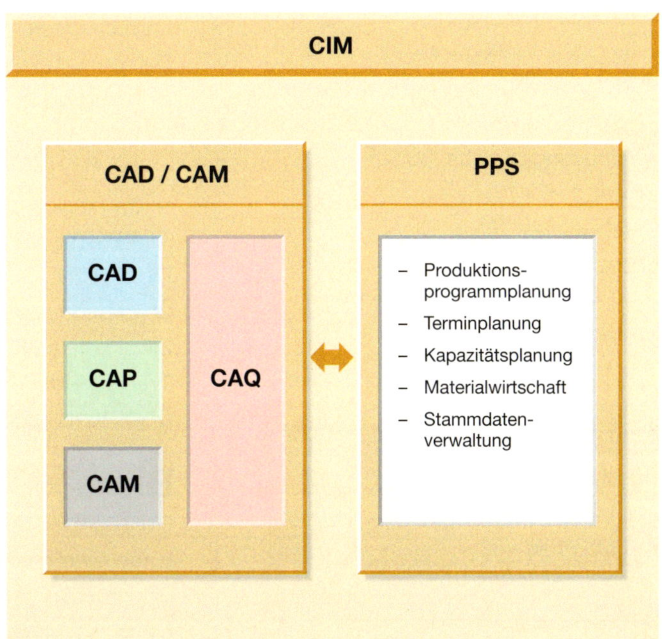

Abb. 5: CIM-Definition

SACHWORTVERZEICHNIS

SACHWORTVERZEICHNIS

SACHWORTVERZEICHNIS

Bildquellenverzeichnis

Hinweis: Ziffern vor dem Komma = Seitenzahl
Ziffern nach dem Komma = Bild-Nr.

Photostudio Druwe & Polastri, Cremlingen-Weddel (40,1; 41,4; 42,2; 43,4; 44,3; 46,3; 57,2; 58,1; 59,4; 61,4; 62,1; 62,3; 63,5; 66,1; 67,3; 71,2; 71,5; 72,2; 74,1; 76,1; 86,1; 90,2; 128,1)